高等学校摄影测量与遥感系列教材

摄影与空中摄影学

乔瑞亭　孙和利　李欣　编

图书在版编目(CIP)数据

摄影与空中摄影学/乔瑞亭,孙和利,李欣编．—武汉:武汉大学出版社,2008.3(2024.6 重印)
高等学校摄影测量与遥感系列教材
ISBN 978-7-307-06129-3

Ⅰ.摄…　Ⅱ.①乔…　②孙…　③李…　Ⅲ.①摄影技术—高等学校—教材　②航空摄影—高等学校—教材　Ⅳ.TB8

中国版本图书馆 CIP 数据核字(2008)第 011099 号

责任编辑:王金龙　　　责任校对:刘　欣　　　版式设计:詹锦玲

出版发行:**武汉大学出版社**　(430072　武昌　珞珈山)
(电子邮箱:cbs22@ whu.edu.cn 网址:www.wdp.com.cn)
印刷:湖北云景数字印刷有限公司
开本:787×1092　1/16　印张:16.5　字数:397 千字
版次:2008 年 3 月第 1 版　　2024 年 6 月第 6 次印刷
ISBN 978-7-307-06129-3/TB · 22　　定价:48.00 元

前　言

摄影就是利用光学成像原理，通过物镜成像，用影像记录介质（感光材料或影像传感器）并把它们真实地记录下来的过程。空中摄影就是从空中对地球表面进行摄影。与地面摄影不同，空中摄影有其自身的特点和特殊的要求，这些特点和要求都是与所获资料的用途和摄影的特殊条件有关的。

一般来说，在离地面10km高度以下进行的摄影称为航空摄影，在高度超越稠密大气层（40km），但仍处于地球引力范围以内的摄影称为航天摄影。本课程在有些章节中，当讨论具有共性的问题时，常统称为航空摄影，所摄取的资料则统称为航摄资料。

空中摄影是以摄影学为原理的一种主要遥感技术。遥感就是不直接接触物体本身，而是通过电磁波来探测地球或其他星体的物体性质与特点的一门综合性的探测技术。具体地讲，是指在高空和外层空间的各种平台上，运用各种传感器获取反映地表特征的各种图像数据，通过传输、变换和处理，提取感兴趣的信息，实现研究物体空间形状、位置、性质、变化及其与环境间相互关系的一门现代应用技术科学。

图像就是对物体反射或辐射能量的记录。用图像的色调浓淡（密度）表示能量强度并记录在胶片上的就是摄影图像或称为模拟图像（简称影像）。用数字的大小表示能量强度，并以二进制为单位记录在磁带上的图像称为数字扫描图像或离散图像。

按照图像获取的方式，可以将遥感技术分成被动方式和主动方式。凡是遥感器自身不发射信号，只接收来自物体所反射或辐射能量而获取数据的方式称为被动方式。被动方式遥感包括了光学摄影法（摄影与空中摄影）、光电摄像法（反束光导管电视摄像系统）和光学机械扫描法（多光谱扫描仪）。遥感器通过自身发射信号，然后再接收物体反射回来的信号的方式称为主动方式。主动方式遥感包括微波雷达和激光雷达。

显然，摄影在遥感技术的原始数据获取中占有重要的地位。早在1839年成功地摄取第一张像片以来，就建立了“摄影术”，这是遥感的雏形，是遥感技术发展的最初阶段。由于航空技术的兴起，在20世纪初期形成了航空摄影测量学，并利用航空像片进行地形测绘、资源调查和军事侦察。到60年代初期，在美国的水星MA-4飞船上第一次摄取了地面像片。随着航天技术的不断发展，在1983年11月30日，又第一次从航天飞机上利用测图航摄仪（RMK30/23）成功地拍摄到1：82万的航空像片，成为编制1：10万地形图或修测1：5万地形图的宝贵资料。2000年在ISPRS阿姆斯特丹大会上，首次展示了大幅面的数码航空摄影相机以来，数码量测航空相机的发展受到了很大的重视。目前，数码航摄仪已由试验阶段开始进入实际使用中，为遥感技术获取原始数据增添了新的技术手段。

随着航空、航天和宇航技术的不断完善，光学工业、感光材料制造工业和电子工业的不断发展，空中摄影技术在诸如地形测绘、国土整治、航空地质、农业、林业、水利、环境保护、能源交通和城市规划等方面取得了不少可喜的成果，显示了巨大的生命力。从当前发展的趋势来看，摄影遥感不但正在向多光谱和航天摄影方向发展，而且也在向低航高（航高低于500m）、小像幅和数字化方向发展，以便快捷、经济地获取现势性强的资料，从而使摄影遥感技术得到更广泛的应用。

本书在宣家斌1992年编著的《航空与航天摄影技术》基础上进行了改编，增加了摄影学基本理论一章内容，使读者能够全面、系统地了解摄影理论，以便指导后续学习。随着空中摄影这门学科的快速发展，在这次教材的编写过程中，增加了数码摄影和数码航空摄影、无人机航空摄影、GPS在空中摄影的应用、数字图像质量评定的方法等新内容。全书共分5章，第1章介绍摄影学基本理论，其中包括黑白摄影、彩色摄影和数码摄影的基本知识；第2章介绍空中摄影物理基础，通过对辐射传输方程的分析，了解大气条件及地物特征对空中摄影的影响；第3章介绍航摄仪的结构及特点，并介绍了航摄仪辅助设备的工作原理、航摄仪内方位元素的测定和平差计算方法；第4章介绍传统航空摄影技术、小像幅航空摄影技术、彩色航空摄影技术、数码航空摄影技术、航天摄影技术及多光谱成像技术；第5章论述遥感图像的质量评定的原理及方法。为配合学习、加深理解，书中各章均附有练习题。

本书可作为高校遥感、地理信息系统、地质、农林等相关专业本科生和研究生教材，也可供相关领域的科研人员和工程技术人员参考。

本书第1章、第5章、无人机航空摄影、数码航空摄影以及各章的练习题由乔瑞亭编写，第2章和附录由李欣编写，第3章和第4章由孙和利编写，乔瑞亭对全书进行了统一编审。

由于作者水平有限，全书难免出现错误和不足之处，敬请读者批评指正。

作　者

2007年11月于武昌

目　　录

第 1 章　摄影学基础

1.1　概　　述

摄影就是利用光学成像原理，通过摄影机物镜，将被摄物体构像于焦平面上，并利用感光材料把它们真实地记录下来的过程。摄影经历的第一个过程是一个光学过程，主要工具是摄影机（亦称照相机）。摄影经历的第二个过程是影像（图像）记录过程，对于传统的胶片摄影而言，这一过程是一个化学过程，使用的感光材料是银盐感光材料——胶卷或胶片来记录影像；对于数码摄影而言，这一过程是一个光电转换过程，使用的感光材料是影像传感器——电荷耦合器件（CCD，Charge Couple Device）或互补型金属氧化物半导体（CMOS，Complementary Metal Oxide Semiconductor）进行“感光”，然后将光学信号转变为模拟电信号，经模数转换后记录在影像储存卡上。

在摄影史上，首先发明的是黑白摄影，在此基础上，发明了彩色摄影。随着科学技术的突飞猛进，在摄影术发明了一百多年后的今天，又出现了数码摄影。

黑白摄影的一般技术过程如图 1-1 所示。

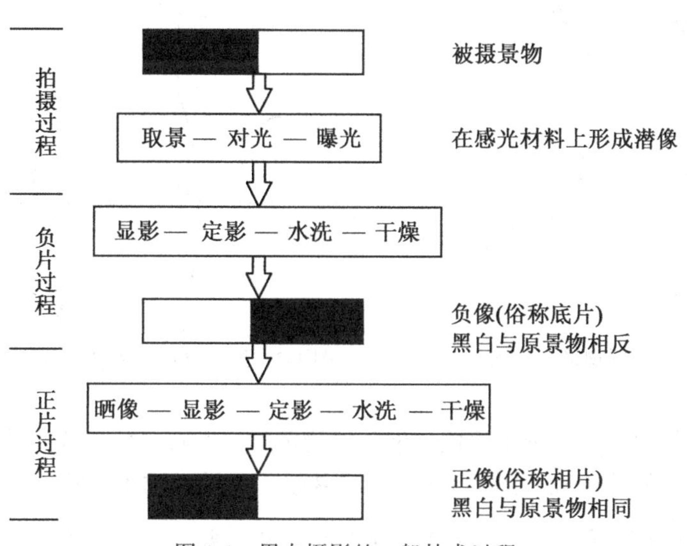

图 1-1　黑白摄影的一般技术过程

无论是拍摄黑白照片还是拍摄彩色照片，都要使用摄影机（照相机）和银盐感光材料。黑白摄影和彩色摄影使用的摄影机是一样的，其区别主要是使用的感光材料不同，黑白摄影使用黑白胶卷，彩色摄影使用彩色胶卷。而数码摄影使用的数码相机与传统相机相比，其性能与结构存在着较大的差异。数码相机涉及的影像传感器及其衡量传感器质量的一些概念在传统相机中是不涉及的。

本章首先介绍摄影机物镜的光学特性，然后介绍传统的胶片摄影机及感光材料，最后介绍数码相机的成像原理及特性。

1.2 摄影机物镜的光学特性及景深

物镜是摄影机的最主要部件之一，是由凸透镜和凹透镜组合而成的光学系统。最简单的情况是，一个凸透镜也可作为物镜。任何凸透镜都可以在焦平面上构成物体的光学影像，但是由于单透镜存在着多种像差（球面像差、彗形像差，像散差、像场弯曲、色差和畸变差等），为了消除像差，任何摄影机物镜都至少由两个或更多的单个透镜组合而成。在设计、加工和装配摄影机物镜时，总是有目的地选择不同品种和不同折射率的光学玻璃，制作成各种具有一定曲率和一定厚度的透镜组，使各单个透镜的曲率中心都调试在同一条直线上，以形成主光轴。因此，摄影机物镜是一个复杂的光学系统。多数物镜是由4片3组或6片4组组成的。航摄仪物镜一般由7~13个单透镜所组成，如图1-2所示。

图1-2　航摄仪物镜示意图

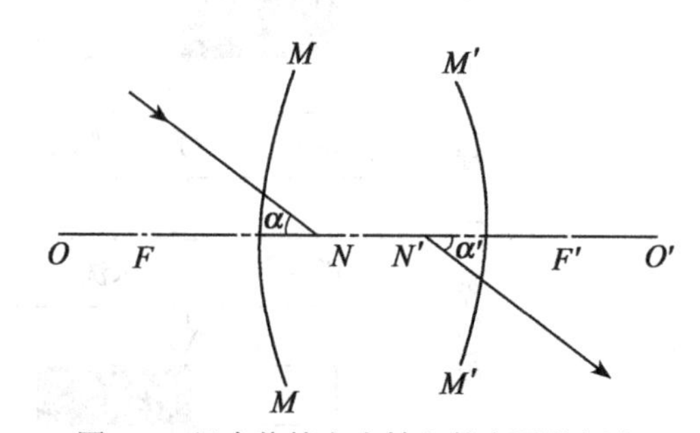

图1-3　组合物镜主光轴上的主要特征点

摄影物镜虽然由多个单透镜组成，但叙述物镜的光学特性时，为了简单起见，仍可以将它看做一个组合的凸透镜。图1-3表示组合物镜主光轴上的主要特征点。

图中$\overset{\frown}{MM}$、$\overset{\frown}{M'M'}$表示凸透镜的两个分别与物方和像方空间接触的球面，OO'为主光轴，F、F'分别称为前、后主焦点，表示平行于主光轴的一束光线通过物镜后的焦点，N、N'分别称为前、后节点或主点。在地面摄影或航空摄影时，一般物方空间和像方空间处于同一介质（空气）中，所以节点与主点是重合的。对于一个无像差的理想物镜而言，节点有一个重要的特性：所有投射到前节点N上的入射光线，其出射光线必定通过后节点N'，并且与相应的入射光线平行，即 $\alpha=\alpha'$。

1.2.1 摄影机物镜的光学特性

普通摄影机物镜的光学特性主要包括焦距、相对孔径、像场角、物镜加膜，专业航摄仪还需考虑焦平面上的照度分布、色差、畸变差和分辨率等，现分述如下。

一、焦距

物镜的后主点（节点）到像方焦点的距离称为焦距。摄影机物镜的焦距通常以 f 表示，并以毫米为单位标注在物镜框上，例如，物镜框上标注“$f=50$mm”表示该物镜焦距为50mm。物镜的焦距实际上是构成物镜的共轴光学系统的焦距。为了讨论问题方便起见，以下有关物镜特征的讨论都用透镜表示。

如图1-4，根据几何光学作图法可知，

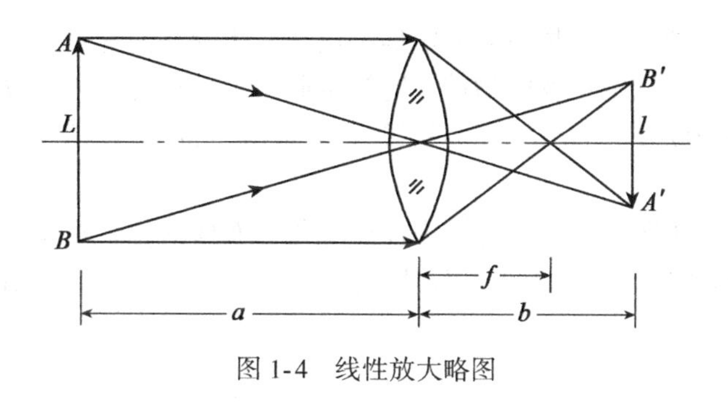

图1-4　线性放大略图

$$\frac{1}{a}+\frac{1}{b}=\frac{1}{f} \tag{1-1}$$

式中：a——物距；

b——像距。

式（1-1）称为透镜公式，摄影时，如果物距 a、像距 b 和焦距 f 满足上式要求，在像面上可以得到清晰的光学影像。

透镜公式反映了物距、像距和焦距之间的定量关系，在这三个量中，只要有两个量确定，则第三个量也就可以确定。

从图1-4可见，被摄物体长度为 L，相应于相片上影像的长度 l，它们的比值 $\beta=l/L$ 称为线性放大率（或称放大倍数）。若 $\beta>1$，则影像放大，若 $\beta<1$，则影像缩小，即 β 可写作：

$$\beta=\frac{1}{m}=\frac{l}{L}=\frac{b}{a} \tag{1-2}$$

式中：$\frac{1}{m}$——影像比例尺。

因此，将 $a=bm$，$b=\frac{a}{m}$ 或 $a=\frac{b}{\beta}$，$b=a\beta$ 分别带入透镜公式得：

$$\begin{cases} a=f\ (1+m) \\ b=f\left(1+\dfrac{1}{m}\right) \end{cases}$$

或

$$\begin{cases} a=f\left(1+\dfrac{1}{\beta}\right) \\ b=f\ (1+\beta) \end{cases} \tag{1-3}$$

分析（1-3）式可以知道物镜焦距在摄影实践中的应用。当物距相同时（即 a 相同），用长焦距物镜摄影可得到较大的影像，用短焦距物镜摄影，得到较小的影像。同理，欲得到相同大小的影像时，在物距大时可用长焦距物镜摄影，物距较小时用短焦距物镜摄影。总之，了解焦距在摄影中与成像大小的关系，就可以根据摄影的实际情况选择摄影机。

用（1-3）式计算得到的 a 和 b 值有一定的比例关系，可在放大、缩小、翻拍等摄影实践中应用。

在普通摄影中，通常可将物镜分为定焦物镜和变焦物镜两种。

定焦物镜——焦距固定不变的物镜。物镜按照焦距长短可以分为以下四种：

远摄物镜（f=100~500mm）、标准物镜（f=50~75mm）、广角物镜（f=30mm）和超广角物镜（f=22mm）。

变焦物镜——其焦距可在一定范围内连续变化，而像的位置不变。它在物距不变的情况下，改变像平面成像的大小。变焦物镜用变焦倍率表示其变焦范围，如式（1-4）所示。

$$\text{变焦倍率} = \text{最大焦距值} / \text{最小焦距值} = \frac{f_{max}}{f_{min}} \tag{1-4}$$

对于空中摄影而言，物距 a 相当于飞机的航高，一般以 H 表示，通常 H 是一个很大的数值，所以实际上像距就相当于航摄仪的焦距，因此，在空中摄影中，摄影比例尺按下式计算：

$$\frac{1}{m} = \frac{f}{H} \tag{1-5}$$

式中，H——航摄飞机相对于摄区平均平面的高度。

在空中摄影技术中，经常接触到焦距和（检定）主距两种不同的名称。对任何摄影物镜而言，物镜的光学系统一旦调试完毕后，主光轴上的特征点位就是固定的，因此焦距是一个固定的常数，焦距值可以用光学方法直接测量；而主距则是仪器检定后的平差计算值，不同的平差方法将得到不同的主距值。由于航摄仪物镜总是对无穷远的物体成像，所以焦距与主距在数值上相差不大，都以毫米为单位，焦距以整数表示，主距的有效数据保留到小数点后两位。

二、相对孔径和物镜光强度

相对孔径和物镜光强度是摄影物镜的重要特征之一，与物镜的光圈密切相关。

光圈是摄影物镜组中的一个光阑，通常安装在物镜的两个透镜组之间，其孔径大小可根据需要改变。

从原则上说，一个开有圆孔的金属片就可作为光圈。为改变光孔的大小，可以制造一套孔径大小不一的金属片，根据需要选择适当孔径插入物镜的中间（物镜框上有切口），这种光圈，称为插入光圈（见图 1-5（a））。现代摄影机中广泛采用由许多弧形的长条金属薄片组成的虹形光圈（如图 1-5（b）），这些薄片的一端各自固定在物镜框上，另一端则固定在可以转动的公共圆环上，当圆环旋转时，由金属片组成的圆孔便随之缩小或放大，如图 1-5（c）所示。

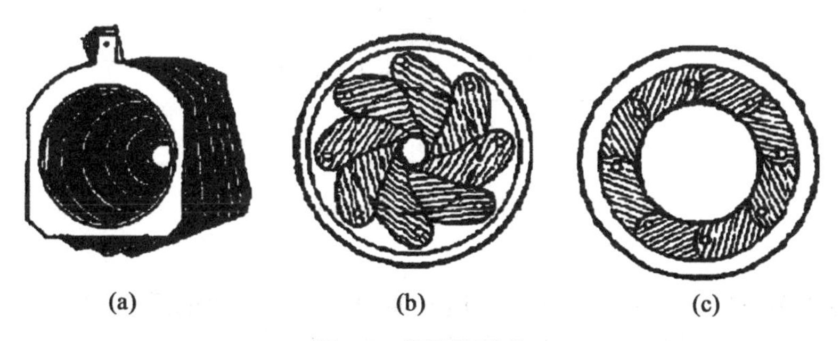

图 1-5　光圈的形状

（a）插入光圈；（b）（c）虹形光圈；（b）光圈缩小时；（c）光圈完全打开时

摄影机物镜中的光圈有三个作用：

（1）调节物镜的使用面积。在整个摄影物镜的范围内，像差的修正是不均匀的，近轴部分（中央部分）修正得好，远轴部分（边缘部分）修正得差。因此，限制物镜边缘部分的使用，有利于增进像点的清晰度。

（2）调节进入物镜的光通量。可以根据被摄物体的光照强弱，适当选择光孔的大小，以控制进入物镜的光通量。

（3）调节景深（景深将在 1. 2. 2 节中单独讨论）。

下面再进一步谈谈光圈的作用效果。

设有一摄影物镜，其前透镜组如图 1-6 所示，在紧靠前透镜组之后，设置有一个光圈Ⅰ，其光孔直径为 D。若一束平行于光轴的光线投向物镜，通过前透镜组后，便受到光圈Ⅰ的阻拦。从图中看出，AB 以外的光线不能构像，相当于物镜前有一个光孔直径为 d 的光圈Ⅱ限制着进入物镜的光束大小。我们称这个不存在的光圈Ⅱ的孔径 d 为有效孔径。图 1-6 是一种有效孔径 d 大于实际孔径 D 的图形。

物镜的相对孔径就是有效孔径 d 与物镜的焦距 f 之比，即

$$\text{相对孔径} = \frac{d}{f} \tag{1-6}$$

显然，光圈孔径大小改变时，有效孔径 d 随之变化，所以相对孔径也相应地发生变化。当光圈孔径完全张开时，相应的有效孔径 d_{max} 称为最大有效孔径，此时算得的相对孔径称为最大相对孔径。通常，最大相对孔径都标注在物镜框上，形式为 1 : 4. 5 或 F :4. 5。

物镜的光强度是指物镜产生光学影像亮度的能力，反映被摄物体发射或反射的光线通过摄影物镜后，在焦平面上能产生多大的照度。

由几何光学知，焦平面中心的照度为

$$E = K_a \frac{\pi \cdot B}{4}\left(\frac{d}{b}\right)^2 \tag{1-7}$$

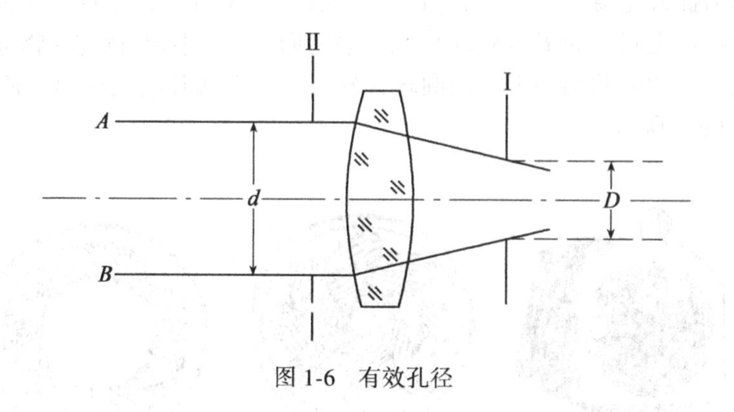

图 1-6　有效孔径

其中，K_a 为比例系数，它决定于物镜的透光能力，称为物镜的透光率，其数值的大小随具体的物镜而定，b 为像距，B 为被摄景物的亮度。

当物体离物镜较远时，则像距 b 近似于焦距 f，代入式（1-7）有

$$E = K_a \frac{\pi \cdot B}{4}\left(\frac{d}{f}\right)^2 \tag{1-8}$$

分析式（1-8）可知，像面照度与物镜的有效光孔的面积有关，面积越大，进入物镜的光线就越多。由于光孔的面积与光孔直径的平方成正比，所以，像面照度也与物镜的有效孔径的平方成正比。若两个焦距相同的物镜，其中一个物镜的最大有效孔径是另一个物镜的两倍，显然，前者在焦平面上的照度是后者的 4 倍。

像面照度在一定条件下也与焦距有关，与焦距的平方成反比。若两物镜有效孔径相同，其中一个物镜的焦距是另一个物镜的两倍，则前者在焦平面上的照度是后者的 1/4。

可见，摄影物镜在焦平面上产生光学影像亮度的能力，称为物镜的光强度，它等于物镜的透光率与相对孔径平方的乘积，即

$$物镜的光强度 = K_a\left(\frac{d}{f}\right)^2 \tag{1-9}$$

因此，要比较两个物镜的光强度应将它们的最大相对孔径的平方相比。例如，比较最大相对孔径分别为 1∶4.5 和 1∶2 的两个物镜，则

$$\left(\frac{1}{2}\right)^2 : \left(\frac{1}{4.5}\right)^2 = \frac{20.25}{4} \approx 5$$

即最大相对孔径为 1∶2 的物镜，其光强度是最大相对孔径为 1∶4.5 的物镜光强度的 5 倍。

显然，最大相对孔径分母越小，物镜的光强度越大。

物镜的最大相对孔径数值除了表示物镜焦平面上产生光学影像亮度的能力外，在某种程度上还反映了物镜的光学质量。对一个物镜而言，焦距是一个常数，最大相对孔径越大，就表示有效孔径越大，这就意味着该物镜像差消除较好，可以使用的物镜的有效面积较大。即最大相对孔径越大，其分母值越小，光学质量越高。

光圈大小变化时，物镜的有效孔径 d 跟着改变，因此相对孔径也随之改变，从而改变了通过物镜的光通量。称相对孔径的倒数为光圈号数，以小写字母 k 表示之，即

$$k=\frac{f}{d} \tag{1-10}$$

可见，焦平面上的照度与光圈号数 k 的平方成反比。光圈号数均标注在物镜的外框上，按国际系统为：

1.0，1.4，2，2.8，4，5.6，8，11，16，22，32，…

是一个以$\sqrt{2}$为公比的等比级数。其原因是摄影时感光材料表面上单位面积所要求的曝光量 H 是一个定值，它等于照度 E 和曝光时间 t 的乘积，即：$H=E\cdot t$，由于照度与光圈号数的平方成反比，有

$$\frac{E_1}{E_2}=\frac{t_2}{t_1}=\frac{k_2^2}{k_1^2} \tag{1-11}$$

由式（1-11）可知，当摄影条件相同时，曝光时间与光圈号数的平方成正比。如果曝光时间改变一倍，则相应的光圈号数应改变$\sqrt{2}$倍，因此光圈号数 k 以$\sqrt{2}$为公比排列。

例如，原来准备采用光圈号数为5.6、曝光时间为1/125s进行摄影，如果现在需要改用光圈号数为11，则为了获得同样的摄影效果（相同的曝光量），其相应的曝光时间应为：

$$t_2=t_1\cdot\frac{k_2^2}{k_1^2}=\frac{1}{125}\cdot\left(\frac{121}{31}\right)\approx\frac{4}{125}\approx\frac{1}{30}\text{s}$$

在实际工作中，不需要计算，只需记住：

（1）随着光圈号数的增大，相应的曝光时间也需增加，反之亦然。

（2）光圈号数每变更一挡，相应的曝光时间应增加或减少一倍。在使用时可以一挡一挡推算下去。

三、物镜像场角

由物镜后节点 N' 至像幅（像场）对角线两端点 a、b 的连线所夹的角度 2β 称为摄影机物镜的像场角。如图 1-7 所示。

由图 1-7 可知，像场角 2β 可按下式计算：

$$\tan\beta=\frac{d/2}{f}$$

故

$$2\beta=2\arctan\frac{d}{2f} \tag{1-12}$$

式中，d 为像片对角线的长度，f 为物镜的焦距。

显然，当像幅一定时，焦距 f 越大，像场角 2β 越小。反之，当焦距 f 一定时，像幅越大，像场角 2β 也越大。实际摄影中，在同一地点，宽像场角物镜所摄取的空间范围要比小像场角物镜大，但影像比例尺小。

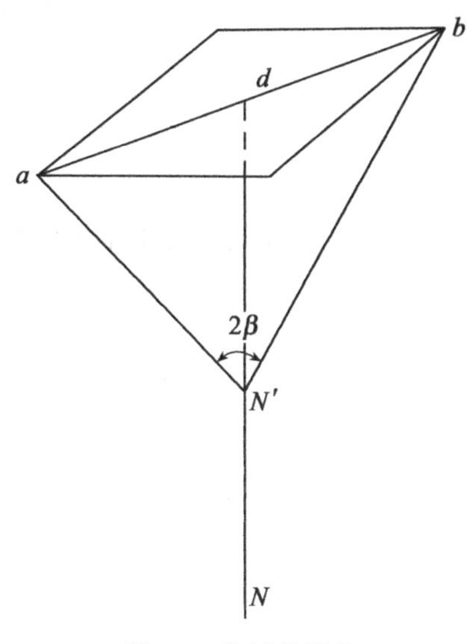

图 1-7　物镜像场角

航摄仪的物镜根据像场角的大小分为四种：

窄角物镜	$2\beta<50°$
常角物镜	$50°<2\beta<75°$
宽角物镜	$75°<2\beta<100°$

特宽角物镜　　$2\beta>100°$

四、航摄仪焦平面上的照度分布

光通过物镜后，在焦平面上的照度分布是不均匀的，焦面照度由中心向边缘逐渐减小，并与光线倾斜角余弦的四次方成正比，即

$$E_\omega = E_0 \cdot \cos^4\omega \tag{1-13}$$

式中：E_0——焦平面中央的照度；

ω——通过任意像点的主光线（倾斜光线）与主光轴的夹角；

E_ω——与主光轴成 ω 角的倾斜光线通过物镜后在焦平面上的照度。

显然，式中 ω 角的最大值即为像场角的一半（β）。

根据几何光学原理，可以比较简单而直观地推导出（1-13）式。在图1-8中，po 表示焦平面，p 为任意像点，d 为平行于主光轴的光线进入物镜的光束直径（即有效孔径），d' 为与主光轴交角成 ω 的倾斜光线进入物镜后沿纵向的光束直径，由图可见：

$$d' = d \cdot \cos\omega$$

$$sp = \frac{f}{\cos\omega}$$

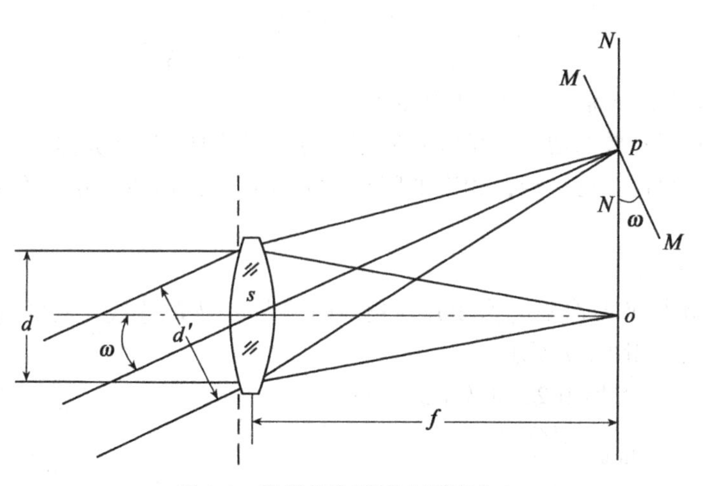

图1-8　航摄仪焦平面上照度分布

通过像点 P 垂直于 sp 的面积 MM 上的照度 E_M 与焦平面中心 o 处面积上的照度 E_0 有下式关系：

$$\frac{E_M}{E_0} = \frac{f^2}{(f/\cos\omega)^2}$$

即

$$E_M = E_0 \cdot \cos^2\omega \tag{a}$$

将 MM 投影到焦平面 NN 上，设 F 为光通量，则

$$\frac{E_M}{E_N} = \frac{F/MM}{F/NN} = \frac{NN}{MM} = \frac{1}{\cos\omega}$$

即

$$E_N = E_M \cdot \cos\omega \tag{b}$$

另外，有效孔径 d 在焦平面 o 处的投影在纵横方向上均为 d，而在焦平面 MM 处的投

影横向为 d，纵向为 d'，所以，到达 MM 面上的光通量为到达 o 处光通量的 $\cos\omega$ 倍，即

$$E_M = E_0 \cdot \cos\omega \tag{c}$$

综合（a）、（b）、（c）三式得：$E_N = E_\omega = E_0 \cdot \cos^4\omega$

表 1-1 是根据（1-13）式计算的结果，表中列出随着 ω 角的增大，像面照度与中央照度的比值。

表 1-1　　　　**摄影机像面照度与中央照度的比值**

$\omega°$	0	5	10	15	20	25	30
$\cos^4\omega$	1	0.985	0.941	0.870	0.780	0.675	0.562
$\omega°$	35	40	45	50	55	60	65
$\cos^4\omega$	0.450	0.345	0.250	0.171	0.108	0.063	0.032

从表中可以看出焦平面上的照度由中心向边缘减弱的情况。对于普通的小型摄影机，因为像场角较小，这种影响不大。但是，航摄仪的像场角比较大，当 ω>40°时，影像边缘照度的降低就很严重。如果利用特宽角航摄仪进行航空摄影时，则很难选择正确的曝光时间，因为，如果负片边缘部分曝光正确，则负片中央部分就会曝光过度，而要使负片中央部分曝光正确，边缘部分则将曝光不足，这必然会造成地物细部的损失。因此，为了提高影像质量，必须采取补偿措施。

现代航摄仪同时采用以下两种补偿措施：

（1）在设计物镜时，使物镜的有效孔径在纵向的投影设计成随着光束倾角的增大而增大，从而消去一个 $\cos\omega$ 项，于是，焦平面照度按下式分布：

$$E_\omega = E_0 \cdot \cos^3\omega$$

这样对特宽角物镜而言，边缘照度可提高到中心照度的 16%。

（2）由第 2 章可知，由于空中蒙雾亮度的影响，航空摄影时总要使用滤光片，为此，将航摄仪使用的滤光片设计制造成其密度从中心向边缘减小，也就是有目的地增加像场边缘处的曝光量，从而又进一步补偿了焦面照度不均匀的现象。

上述两种方法同时采用后，可使特宽角航摄仪的边缘照度达到中心照度的 40%以上，从而最大限度地补偿了照度不均匀的现象。

五、色差

对航摄物镜而言，由于最小光圈号数不小于 4，物镜被使用的有效面积比较小，加之在设计航摄物镜时的精密考虑，单透镜所固有的六种像差都已基本消除，但色差和畸变差还存在着或多或少的残余像差。由几何光学可知

$$\frac{1}{f} = (n - 1)\left(\frac{1}{r_1} - \frac{1}{r_2}\right) \tag{1-14}$$

式中：n——光学玻璃的折射；

　　r_1、r_2——透镜两个球面的曲率半径。

对同一种光学玻璃而言，当入射光线的波长不同时，光学玻璃的折射率是不相同的，波长越长，折射率越小，因此，摄影时在焦平面上将形成各自的焦点，从而分别形成横向

色差和纵向色差，如图 1-9 所示。

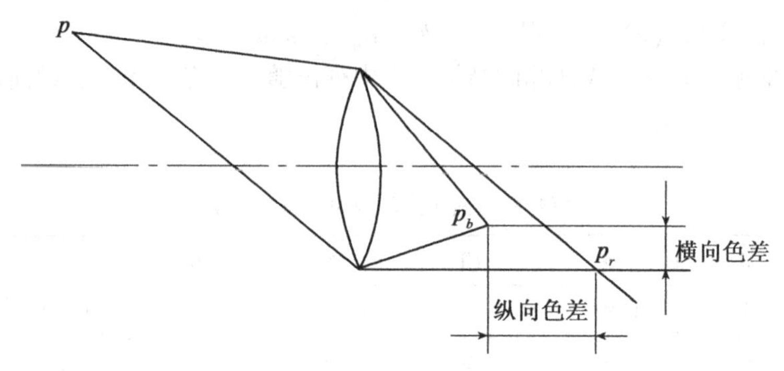

图 1-9　横向色差和纵向色差

色差将使反射不同波长光线的地物不能同时清晰地聚焦在同一个焦平面上，尤其在航空摄影中，摄影的波长范围不但包括可见光谱区，而且还要求包括近红外波谱段，因此，航摄仪物镜在消色差方面的要求很高，航摄仪制造厂商一般都向用户指明该物镜的色差校正范围。现代优质航摄仪的色差校正范围为 400~900nm 波谱段。

六、畸变差

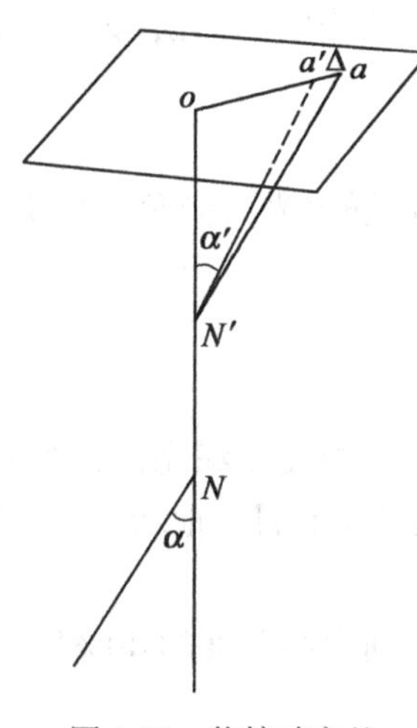

图 1-10　物镜畸变差

对于无像差的理想物镜，所有向前节点 N 投射的入射光线，其出射光线必定通过后节点 N'，并且与相应的入射光线平行，即 $\alpha=\alpha'$。但实际上，设计物镜时，总存在一些残余像差，而且即使在光学设计上能满足这一要求，在加工、安装和调试物镜时也难免存在一定的残差，这样就使被摄景物与影像之间不能保持精确的相似性，从而造成了影像的几何变形。实际像点到主光轴的距离（$a'o$）与理想像点到主光轴的距离（ao）之差称为该点影像的畸变差，用符号 Δ 表示，如图 1-10 所示。

应该指出，在航摄像片上，由于像幅较大（23cm×23cm），像片上任何一点的畸变差都不相等，即

$$\frac{a_1'}{a_1} \neq \frac{a_2'}{a_2} \neq \frac{a_3'}{a_3} \neq \cdots \neq 1$$

当航摄像片用于量测时，对航摄物镜畸变差值有一定的限制，一般要求畸变差小于 15μm，以保证量测精度。现在，由于光学制造工艺水平的提高，采用非球面研磨技术制造出的摄影物镜，物镜畸变差进一步减小。有关畸变差更深入的概念和其测定方法将在第 3 章 3.6 节中详细讨论。

七、物镜的分辨率

分辨率是摄影物镜的重要特征之一，它能确定物镜对被摄物体微小细节的表达能力。分辨率以 1mm 宽度内所能清晰分辨的线条数目来表示，单位为线对/mm。

测定物镜分辨率利用一种特制的检验图片，称为分辨率测试觇板。目前，国际推荐的是三线条图案的测试觇板，如图 1-11 所示。三线条测试觇板的底层为白色或透明体，上

面有许多黑线条组，每组有三根黑线，线条的宽度和间隔相等，每根线的长度为宽度的5倍，如图1-12所示。各线条组的线条宽度按$\sqrt[6]{2}$的规律递减，也就是说，线条一组比一组细。测试觇板上白色底层与黑色线条的亮度之比称为觇板反差。国际规定测试觇板的反差有两种：一种是1000：1的高反差觇板，另一种是1.6：1的低反差觇板。后者专门用于测定航空摄影机物镜的分辨率。因为这样的反差符合航摄的实际条件（低反差景物）。

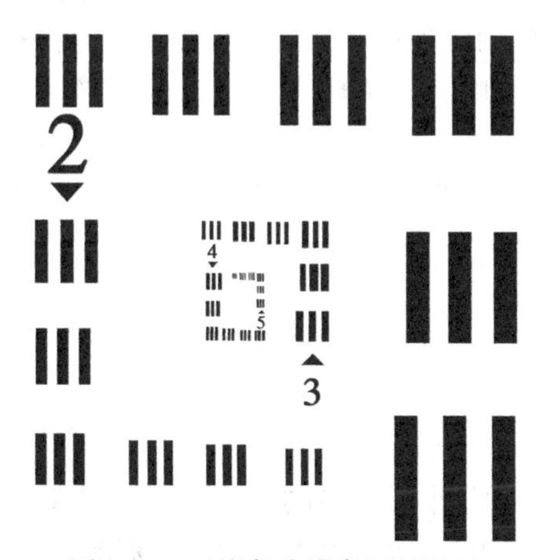

图1-11　三线条分辨率测试觇板

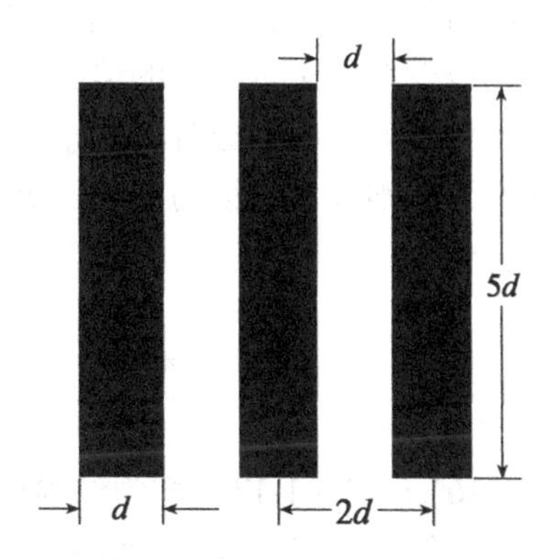

图1-12　测试觇板中各组线条长度和宽度之间的关系

测定物镜分辨率的方法一般分为目视法和摄影法两种。

1. 目视法

先把分辨率测试觇板放在准直仪（平行光管）的焦平面上，准直仪的后面放置光源，面对准直仪镜头放置的是待测定物镜，如图1-13所示。由准直仪发出的平行光束，通过被测试的物镜后，聚焦在物镜的焦平面上。如果在焦平面上放一块毛玻璃，并用显微光学仪器（分辨率检定器）目视观察毛玻璃上的光学现象，并找出刚能清楚分辨的线条组号，再考虑分辨率测试觇板影像的缩小倍数（$f_{准}/f_{物}$），即可算出该物镜的分辨率。例如，假定测试某物镜时，觇板影像的缩小倍数为20，目视观察中，找到刚能分辨的线条组号，并从这组号查得该组线条在觇板上的实际宽度为0.1mm，则该物镜的分辨率根据定义为：

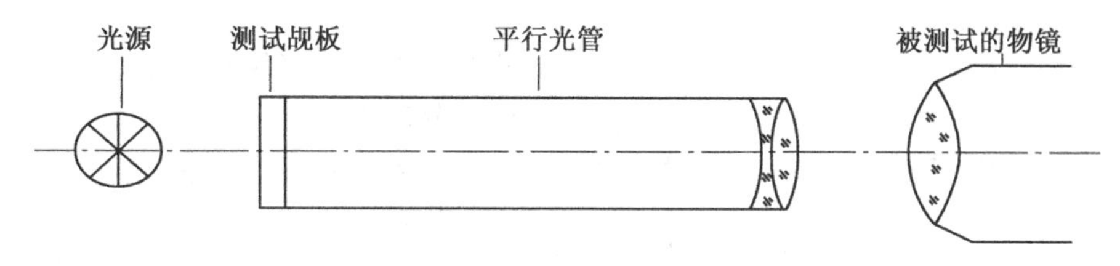

图1-13　实验室测定分辨率的原理图

$$R=\frac{1}{2d} \tag{1-15}$$

式中：R为物镜的分辨率；d为线条影像的宽度。则该物镜的分辨率为：

$$R=\frac{1}{2\times0.1/20}=100\text{ 线/mm}$$

实际上 100 线就是 100 个黑白相间的线对。

2. 摄影法

摄影法与目视法不同之处在于原来放置毛玻璃的位置，替换为感光材料，经曝光、冲洗之后，把负片影像放在显微镜下观察，其分辨率的推算方法与目视法相同，只是此时算得的分辨率为镜头和胶片的组合分辨率，较符合实际使用的条件。无论是目视法还是摄影法，观察时所用的放大倍数对分辨率测定的数值没有影响，因为放大只是改变影像的大小，而不会改变线条是否相连的情况。

如果已知感光材料的分辨率 R_n，又求得了物镜和软片的组合分辨率 R_S，可以采用下列公式之一近似地算出物镜的分辨率 R_0：

$$\frac{1}{R_S}=\frac{1}{R_0}+\frac{1}{R_n} \tag{1-16}$$

或

$$\frac{1}{R_S^2}=\frac{1}{R_0^2}+\frac{1}{R_n^2} \tag{1-17}$$

式（1-16）、式（1-17）均为经验公式，很少有人用它计算物镜的分辨率。公式的真正意义在于：组合分辨率 R_S 永远小于 R_0 或 R_n，并且与 R_0 或 R_n 中的最小值相接近。

航摄仪的像幅较大，由于物镜残余像差和照度分布不均匀的影响，焦平面上各个位置的分辨率都不相同，一般由中心向边缘递减。为了更好地评定航摄物镜的分辨率，用面积加权平均分辨率（Area Weighted Average Resolution）来表征航摄物镜的质量，其英文缩写词为 AWAR。

AWAR 的测定方法如下：在像场内布设一系列三线条分辨率觇板，这些觇板的位置要尽可能对称于像幅的中心，而且每一个觇板都包括两组，其线条方向互相垂直，以便在像幅同一位置上同时测定两个方向的分辨率。用摄影法经摄影、冲洗后就可以用显微镜读出在像幅各个位置上的分辨率数值。

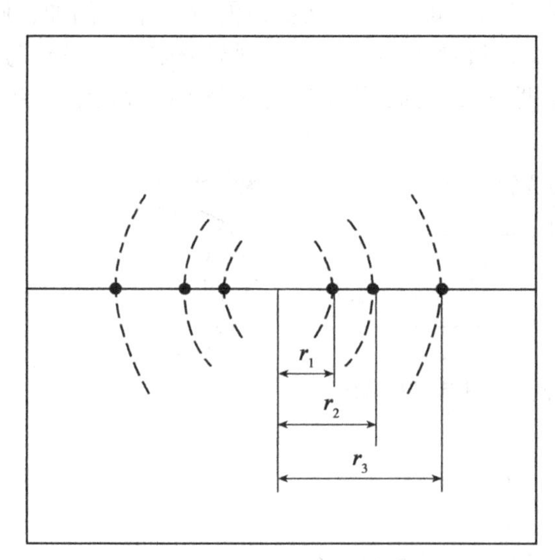

图 1-14　求解面积加权平均分辨率示意图

参照图 1-14，面积加权平均分辨率的计算公式为

$$\mathrm{AWAR}=\sum\frac{A_i}{A}\sqrt{R_{xi}R_{yi}} \tag{1-18}$$

式中：R_{xi}——离像幅中心第 i 点的沿 x 方向的分辨率；

R_{yi}——离像幅中心第 i 点的沿 y 方向的分辨率；

A_i——以像幅中心为原点、相邻两标志影像（i，i-1）所包络的环形面积；

A——以像幅中心为原点，离像幅中心最远处标志影像的距离 r_n 为半径的圆面积。显然，

$$\frac{A_i}{A}=\frac{r_i^2-r_{i-1}^2}{r_n^2} \tag{1-19}$$

在（1-18）式中，$\sqrt{R_{x_i}R_{y_i}}$表示互相垂直的两个方向上分辨率读数的几何平均值，而$\frac{A_i}{A}$表示权系数。从（1-19）式可以看出，离开像幅中心越近，权系数取值越小，离开像幅中心越远，权系数取值越大。因为一般来说，像幅中心的影像质量较高，边缘影像的质量较低，这就是面积加权平均分辨率的实际含义。

一般沿像幅 x 和 y 两个方向（或沿像幅两条对角线方向）各测定一次，取其平均值作为该航摄仪物镜的面积加权平均分辨率。

1.2.2 景深和超焦距

一、景深

根据透镜成像公式（1-1）可知，当摄取物距为 a 的某一景物时，只有当像距为 b 时方能得到清晰的构像，而物距大于 a 或小于 a 的其他景物在像面上的影像都是一些模糊圆斑。这种圆斑，摄影上称为模糊圆，如图 1-15 所示，B 和 C 点在像面上的构像 B'和 C'为模糊圆。

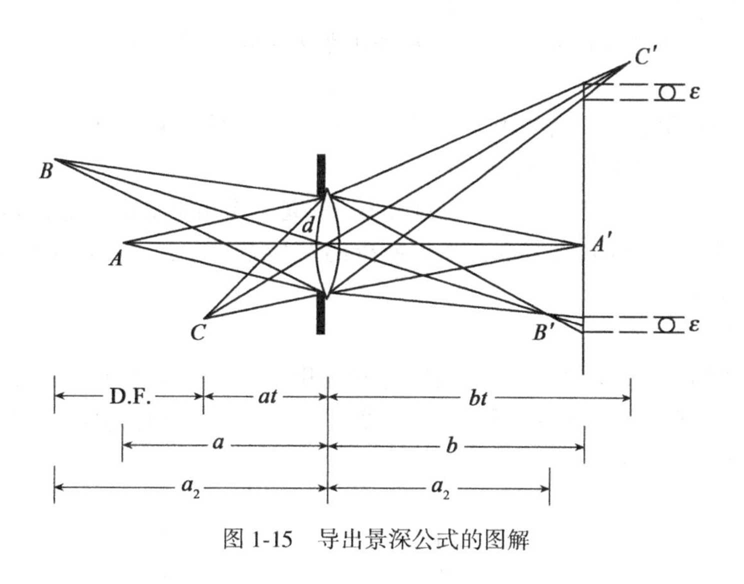

图 1-15　导出景深公式的图解

当模糊圆的直径小到一定的限度，人眼感觉不出它是一个圆，而是一个点时，可以认为这些圆构成的影像仍然是清晰的。实际上在摄影实践中，每张像片都存在这种情况。因此，当摄取一有限距离的景物时，若景物的前面最近处与该景物后面的最远处之间的景物，其构像都是清晰的（即模糊圆直径 ε 小于某一容许值），则此最近处与最远处之间的距离称为景深（Depth of Field，缩写为 D. F. ）。

设物点 C、A 和 B 的构像分别为 C'、A'和 B'，其相应的物距分别为 a_1、a 和 a_2。当像平面放在 A'点上时，C'和 B'点在像平面上的构像均为直径等于 ε 的模糊圆。假定 ε 的大小刚好等于规定的容许模糊圆直径，则由图 1-15 可知：

$$\text{D. F.} = a_2 - a_1 \tag{1-20}$$

式中：a_1 称为前景距；a_2 称为后景距。由透镜公式及相似三角形的比例关系可得：

$$a_1 = \frac{a \cdot f^2}{f^2 + (a - f)k\varepsilon} \tag{1-21}$$

$$a_2 = \frac{a \cdot f^2}{f^2 - (a - f)k\varepsilon} \tag{1-22}$$

因为焦距 f 比物距 a 小得多，故可略去项 $a-f$ 中的 f，即得

$$\begin{cases} a_1 = \dfrac{af^2}{f^2 + ak\varepsilon} \\ a_2 = \dfrac{af^2}{f^2 - ak\varepsilon} \end{cases} \tag{1-23}$$

由此可得景深公式为

$$\text{D. F.} = a_2 - a_1 = \frac{2a^2 f^2 k\varepsilon}{f^4 - a^2 k^2 \varepsilon^2} \tag{1-24}$$

根据景深公式，可以得出以下三点结论：

（1）景深与物距有关。物距越大，景深越大；反之，物距越小，景深越小。因此，对近距离目标摄影时，对光必须特别仔细。

（2）景深与光圈号数有关。当物距 a 和焦距 f 为固定时，光圈号数越大，景深也越大。

（3）景深与焦距有关。当物距 a 与光圈号数 k 一定时，采用短焦距摄影机摄影时所得的景深要比用长焦距摄影机所得的景深大。

最后应该指出，关于模糊圆直径 ε 的大小，它是一个很灵活的数值，如果所摄的像片只用于目视观察，那么可取 0. 1mm；如果所摄的像片需要放大，则应考虑到放大倍数 β，即 ε 应取 $0.1/\beta$mm。

二、超焦距

如图 1-16 所示，当物镜向无穷远目标（实际摄影中，所谓无穷远一般指几十米以外的距离）对光时，在距离物镜某一距离 H 至无穷远范围内的所有物体，其构像都很清晰，这个距离 H 就称为超焦距。

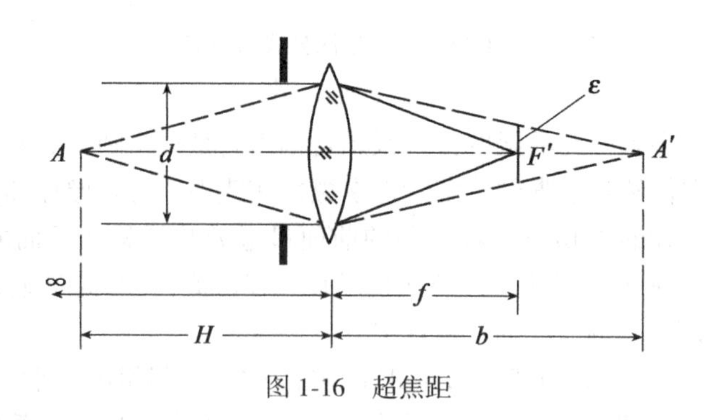

图 1-16　超焦距

根据式（1-23）

$$a_1=\frac{f^2}{\frac{f^2}{a}+k\varepsilon} \tag{1-25}$$

令 $a_1=H$，$a=\infty$，代入式（1-25）得：

$$H=\frac{f^2}{k\varepsilon} \tag{1-26}$$

式（1-26）即为计算超焦点距离的公式。由此可知，对某一给定焦距 f 的物镜，当安置好光圈号数 k，并确定模糊圆大小 ε 后，超焦点距离即可算出。此时，对某一摄影距离 a 上的物体对光时，则其前景距 a_1、后景距 a_2、景深 D. F. 又可以表示为：

$$\begin{cases} a_1=\dfrac{Ha}{H+a} \\ a_2=\dfrac{Ha}{H-a} \\ \text{D. F.}=\dfrac{2Ha^2}{H^2-a^2} \end{cases} \tag{1-27}$$

1.2.3 物镜加膜

物镜都是由光学玻璃制成的。光学玻璃不是绝对透明的介质，它要吸收少量的光线。通常每 1cm 厚度的透镜，大约要吸收 1%的投射光。优质的光学玻璃是没有颜色的，也就是说在可见光谱区内对各波长的光线的吸收量都是相同的，这对彩色摄影甚为有利。但是，光学玻璃在光谱的短波区域内，具有明显的选择吸收作用，实际上所有 350~360nm 以下的紫外光线全部被吸收了。因此，如果要在紫外光范围内摄影就必须采用能透过紫外线的石英玻璃制的物镜。

光损失的另一个原因就是透镜表面对光线的反射。由于摄影物镜是由多个单透镜组成的，因而在与空气接触的透镜表面上，两边的折射率不同，通过物镜的光线会在这些界面上产生反射。根据实验资料可知，每个与空气接触的透镜表面上大约要损失入射光线的 4%~5%。这些反射光线一部分离开物镜，一部分被物镜框壁所吸收，大部分反射光线经过多次反射、折射后又落到了焦平面上，使整个焦平面上均匀地产生一层散光，这一部分散光便使光学影像的反差（明暗对比）减小，图 1-17 表示光在物镜中的散射情况。

如果在焦平面上有明暗不同的两部分影像，明亮部分影像的亮度为 B_2，阴暗部分影像的亮度为 B_1，则其亮度之比 u 为：

$$u=\frac{B_2}{B_1}$$

如果在焦平面上均匀地增加一层散光，其亮度为 δ，则此时影像的亮度之比 u' 为

$$u'=\frac{B_2+\delta}{B_1+\delta}$$

很明显 $u'<u$，这样，得到的影像反差比没有散光时减小了。对光学影像来说，这种降低影像反差的影响远比损失光线的影响要严重，因为后者只是减少了通过物镜的光线，

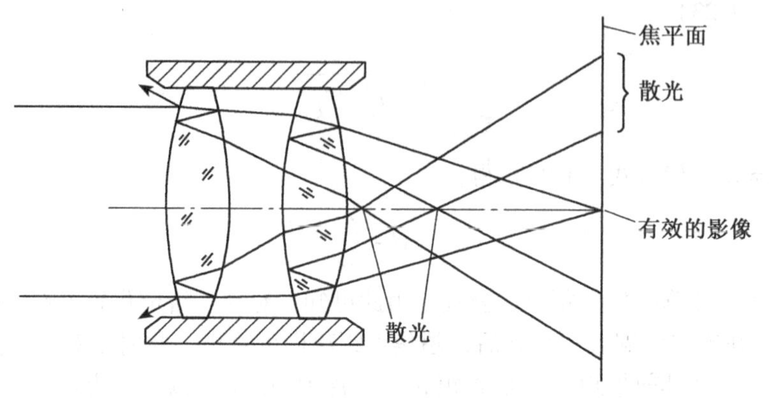

图 1-17　光在物镜内的散射

这个缺陷，可以在摄影时用延长曝光时间的办法来弥补，但前者将严重地影响到构像的质量。除此以外，当散光使光学影像光亮部分的反差稍稍减小时，阴暗部分的反差就会降低很多。

现代摄影物镜，由于透镜的吸收和散射而损失的投射光可达到 25%~30%。为了减少光在透镜表面的反射，就需要在与空气接触的各个透镜的表面上涂上一层薄膜，这层薄膜称为增透膜。目前都采用物理涂膜的方法，即将已经加工好的透镜片放在真空涂膜机里，然后在高温下使氟化镁或氟化钠等物质蒸发，从而在透镜的表面上涂上一层氟化盐薄膜。

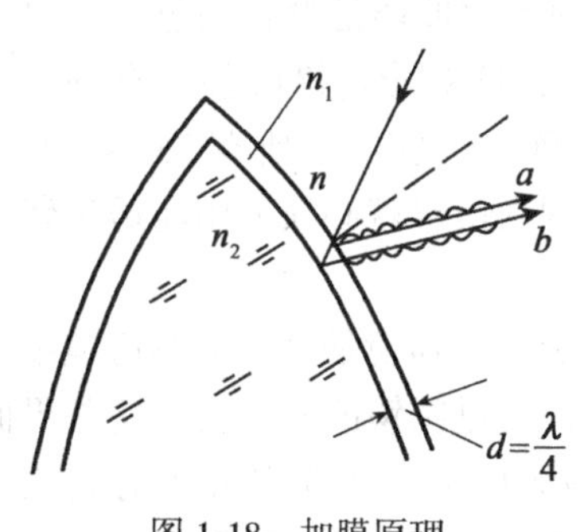

图 1-18　加膜原理

透镜表面上涂一层薄膜可以减少光的反射，其理论依据是光干涉原理（图 1-18）。透镜表面涂上一层薄膜以后，光到达加膜层表面会发生一次反射，如图 1-18 中的反射光 a。透过薄膜后到达透镜表面的光线又一次发生反射，如图 1-18 中的反射光 b。如果同一波长的 a、b 两条反射光线强度相等，而且两反射光线的光程差为 $\lambda/2$ 或 $\lambda/2$ 的奇数倍（即反射光线 a 的波峰与反射光线 b 的波谷相遇），则两反射光线就可以因干涉而互相抵消。对相干光而言，由于振幅相消，光强为零，所以增加了透射光。

由几何光学可知，当光线由折射率为 n_1 的介质到达折射率为 n_2 的介质表面上时，其反射光线的强度与这两个介质的折射率有关，可按费涅耳反射系数公式计算，即

$$反射系数\ R=\left(\frac{n_2-n_1}{n_2+n_1}\right)^2$$

为了使薄膜上反射光线与透过薄膜到达透镜表面的反射光线强度相等就必须使

$$\left(\frac{n_2-n_1}{n_2+n_1}\right)^2=\left(\frac{n_1-n}{n_1+n}\right)^2$$

式中：n——空气的折射率；

n_1——薄膜的折射率；

n_2——透镜的折射率。

因为空气的折射率 $n \approx 1$，所以

$$\left(\frac{n_2-n_1}{n_2+n_1}\right)^2=\left(\frac{n_1-1}{n_1+1}\right)^2$$

化算得

$$2n_1^2=2n_2$$

$$n_1=\sqrt{n_2} \tag{1-28}$$

通常玻璃的折射率为 1.5~1.7，则有 $n_1=1.2\sim1.3$。

如果薄膜的折射率与透镜的折射率之间满足（1-28）式的关系，则两反射光线的强度是相等的。其次，为了使两反射光线的光程差为 $\lambda/2$，就必须考虑薄膜的厚度 d。

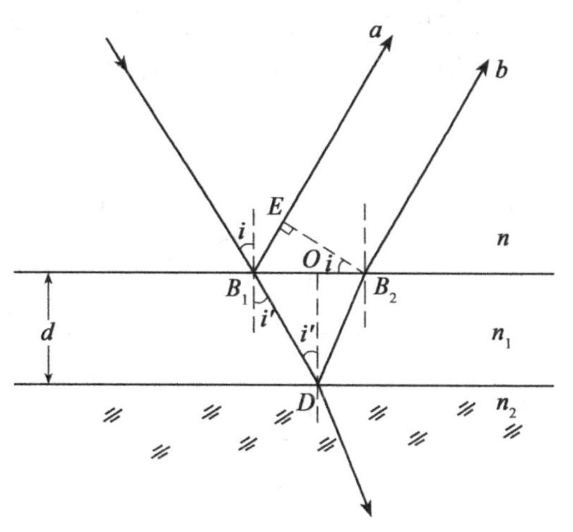

图 1-19　光线通过薄膜时的反射和折射情况

由图 1-19 可知，两反射光线的光程差 Δ 为：

$$\Delta=(B_1D+DB_2)\ n_1-B_1E=2n_1B_1D-B_1E$$

因为 $B_1E=B_1B_2\sin i=2B_1O\sin i$

$$=2d\tan i'\sin i$$

又

$$B_1D=\frac{d}{\cos i'}$$

故

$$\Delta=2d\left(\frac{n_1}{\cos i'}-\tan i'\sin i\right)$$

又

$$\sin i=n_1\sin i'$$

则得

$$\Delta=2d\left(\frac{n_1}{\cos i'}-\frac{\sin i'}{\cos i'}n_1\sin i'\right)$$

$$=2d\sqrt{n_1^2-\sin^2 i}\approx2d$$

要是光程差 Δ 为 $\lambda/2$，则

$$\Delta=2d=\frac{\lambda}{2}$$

所以

$$d=\frac{\lambda}{4} \tag{1-29}$$

由此可见，如果同一波长的反射光线 a 和 b 的强度相等，即满足 $n_1=\sqrt{n_2}$，而且薄膜的厚度 d 为 $\lambda/4$ 或 $\lambda/3$ 奇数倍时，就可以达到消除反射光的目的。但是同一种介质对不同波长的色光有不同的折射率，所以加膜物镜并不能完全消除各种色光的反射。因为可见光波长为 400~700nm，膜的厚度要综合考虑。通常加膜的厚度和它的折射率是根据可见光线中的绿色光（$\lambda=550$nm）来确定的，因此，该膜层只抑制了绿光的反射，这时可见光谱区两端的光线即红光和紫光的反射还会存在，因此，这样的加膜物镜都带有紫红色彩。对于彩色摄影而言，这种加膜物镜还不能满足要求，因为彩色摄影用的物镜并不要求某一波长处具有 100%的透光率，而重要的是要求在较宽的光谱范围内，其反射率都比较小，而且接近一致。为了达到这一要求，采用多层加膜法。多层加膜以后的残余反射一般为 0.2%~0.4%，有效程度比单层加膜要好得多。但是如果在镜筒内壁作有效的发黑处

理，也可以有效地减少反射光。

1.3　普通照相机的结构和种类

1.3.1　普通摄影机的结构

摄影机的种类很多，归纳起来大致可以分为：普通摄影机和专业摄影机。本章介绍普通摄影机，专业摄影机——航摄仪留待第3章介绍。

普通摄影机一般是指业余摄影用的小型照相机，其一般结构如图1-20所示，主要由物镜、光圈、快门、调焦和取景器（检影器）、机身五大部件组成。

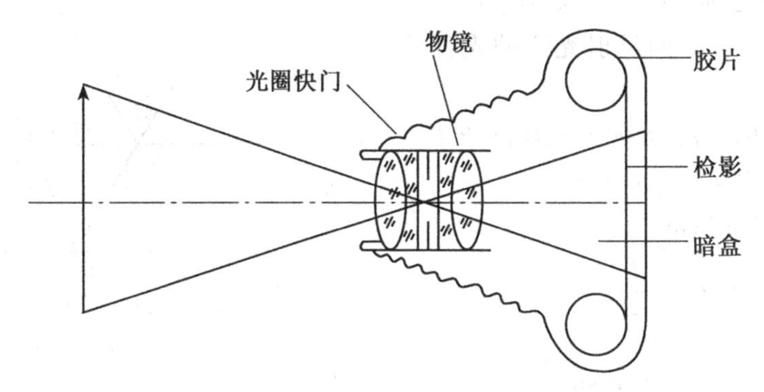

图1-20　摄影机的基本结构示意图

由图可以看出，被摄物体的反射光沿直线前进，通过物镜在像面上得到光学影像。相机的成像面上装有一块毛玻璃，在毛玻璃上可以观察被摄物体的影像是否清晰以及摄影范围和构图情况，该毛玻璃称为检影器；物镜和检影器之间由一个不透光的匣子（暗盒）把它们连接成一个整体，物镜可以在其中前后移动，以便调节物镜与检影器之间的距离，从而满足构成清晰影像光学条件；物镜中光圈和快门是控制获得正确摄影条件的重要部件。其他如电器部分（包括闪光连动机构、测光机构、输片马达等）、机械部分（包括卷片、倒片、计数器机构等）则是照相机的附属部件，它们根据照相机的类型、用途和档次而异。

一、快门

照相机快门是调节摄影时曝光时间的装置。它是照相机的重要部件之一，能在预先安置的曝光时间内，让光线通过物镜使感光材料曝光。快门从打开到关闭所经过的时间称曝光时间，或称快门速度。它可以根据摄影的需要加以变更。快门速度与光圈配合使用，可以控制感光材料上所受的曝光量。

现代照相机快门速度已标准化，两级快门速度之间的通光量相差大约1倍。其标准序列是：

B，1，2，4，8，15，30，60，125，250，500，1000，…

快门的各挡曝光时间的数值都是标注其分母值，单位为秒，如2表示为1/2s，60表示 1/60s 等，因此，快门上的曝光数值越大，对应的曝光时间便越短。

B 门是照相机中用手控制曝光时间的一种慢门装置。按下快门揿钮不放，则快门开启，曝光开始；松开快门揿钮则快门关闭，曝光结束。

与光圈相似，两挡快门速度之间如果相差 n 挡，那么快门开启时间之比是 2^n 倍。

目前在普通摄影机上使用的快门大致有以下三种。

1. 中心快门（镜间快门）

位于镜头前后透镜组中间，由于曝光时由中心打开向四周扩大，关闭时由四周向中心关闭，故称为中心快门。中心快门与光圈紧挨在一起，由单片、两片、三片或五片薄金属片组成，平时快门叶片处于闭合状态，防止外界光线进入暗箱。只有当按动快门钮时，叶片才开启，形成一个孔，让光线通行，开启一定时间后即自行闭合，叶片恢复原来位置，如图 1-21（a）所示。

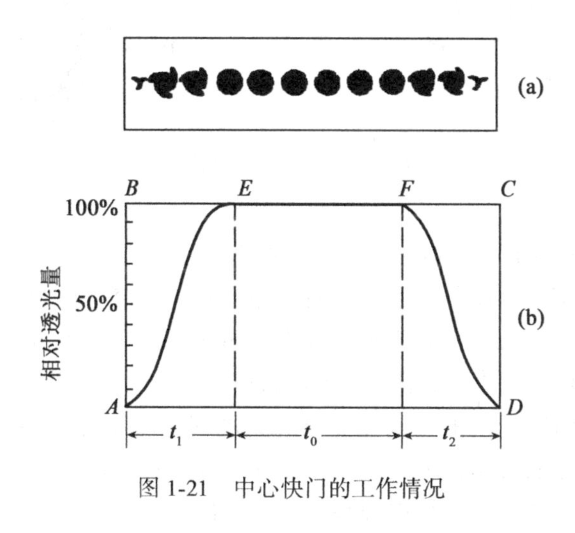

图 1-21　中心快门的工作情况

由图 1-21 可以看出，快门的整个工作过程分为三个阶段，即打开、开足和关闭，若这三段所需要的时间分别为 t_1、t_0、t_2，则总有效曝光时间为

$$t_{有效} = t_1 + t_0 + t_2 \tag{1-30}$$

如果以快门工作时间为横轴，快门启闭期间的相对透光量（以百分比表示）为纵轴，则得到快门工作情况的图解如图 1-21（b）所示。长方形 $ABCD$ 的面积表示理想快门在启闭期间所做的工作（曝光时间为 t），而梯形 $AEFD$ 的面积则表示快门实际所做的工作（有效曝光时间 $t_{有效}$），其面积之比称为快门光效系数 η，以百分数表示，即

$$\eta = \frac{AEFD}{ABCD} = \frac{t_{有效}}{t} \tag{1-31}$$

显然 η 越大，透过的光量越多，快门工作得越好。一般中心快门的光效系数在60%~80%范围内变化，新型的中心快门的光效系数达 80%以上，当 $t_0=0$ 时，其面积呈三角形，此时快门光效系数最低，只有 50%。

中心快门因受机械力及机械惯性的限制，一般最高速度很难超过 1/500s；它比较坚固耐用；开启时声音小、震动小；进行闪光摄影时不受快门速度的限制，每一级均与闪光同步。进行闪光摄影时，只要快门打开，不管全打开或只打开一半，都能使整张底片曝光。由于闪光灯的闪光时间很短，一般为1/1000s甚至更短，而且是快门全打开时才触发闪光灯闪光的，中心快门最高快门速度的开启时间比闪光时间长得多，所以每一级快门速度均可进行闪光同步摄影，使整张底片都曝光。

2. 焦面快门（帘幕快门）

焦面快门位于感光片之前，紧靠物镜焦平面。它由前后不透光的两块帘幕组成，前帘和后帘之间保持一定的距离，组成一个缝隙，缝隙宽以 Z 表示，如图1-22所示。

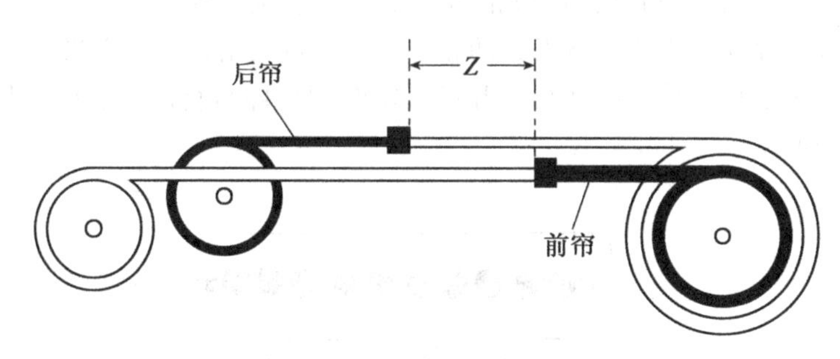

图1-22　焦面快门工作原理图

在结构上，焦面快门又分成两类，一类是横走形式，缝隙从左向右掠过焦平面；另一类是纵走形式，缝隙自上而下掠过焦平面。曝光时，卷帘在焦面前滑动，缝隙所过之处便使感光材料曝光。照相机更换镜头时帘幕快门能保护感光片免遭曝光，而且快门速度较快，一般可少于1/1000s，便于抓拍高速运动的物体。

焦面快门的曝光时间直接由两帘幕形成的宽度 Z 和帘幕运动的速度 V 决定。改变这两个参数便可以改变曝光时间，可由公式 $t=Z/V$，计算焦面快门的有效曝光时间。通常都是采用固定帘幕运动速度，改变缝隙宽度 Z 来获得不同的有效曝光时间。这样就有利于提高快门的工作性能，使缝隙变窄，就能提高快门速度。这就是为什么焦面快门的速度可短于1/1000s的曝光时间的原因。

例如，采用固定帘幕运动速度为25m/s，根据 $t=Z/V$ 便可算出有效曝光时间 t 与缝宽 Z 的关系，缝隙越窄，曝光时间越短，如表1-2所示。

表1-2　**缝隙宽度与曝光时间之间的关系**

t/s	1/1000	1/500	1/125	1/60	1/30
Z/mm	2.5	5	20	41.5	83

焦面快门的光效系数比较高，一般光效系数可达90%～95%。另外，焦面快门的快门速度可以调节到很高，一般可高于1/500s，最高可达1/2500s。

但是帘幕快门也有如下的缺点：

（1）拍摄动体时会变形，尤其是距离近、被摄物运动速度快、运动方向与镜头光轴呈90°角时，变形更严重。产生变形的状态如何，视物体运行的方向和快门缝隙运行的方向而定。

如图 1-23 所示，当二者方向一致时，则影像被拉长；二者方向相反，则影像被压缩，如图 1-23（a）、（b）所示。如果快门是纵走形式，而物体横过物镜，其影像不是前倾，就是后仰，如图 1-23（c）、（d）所示。

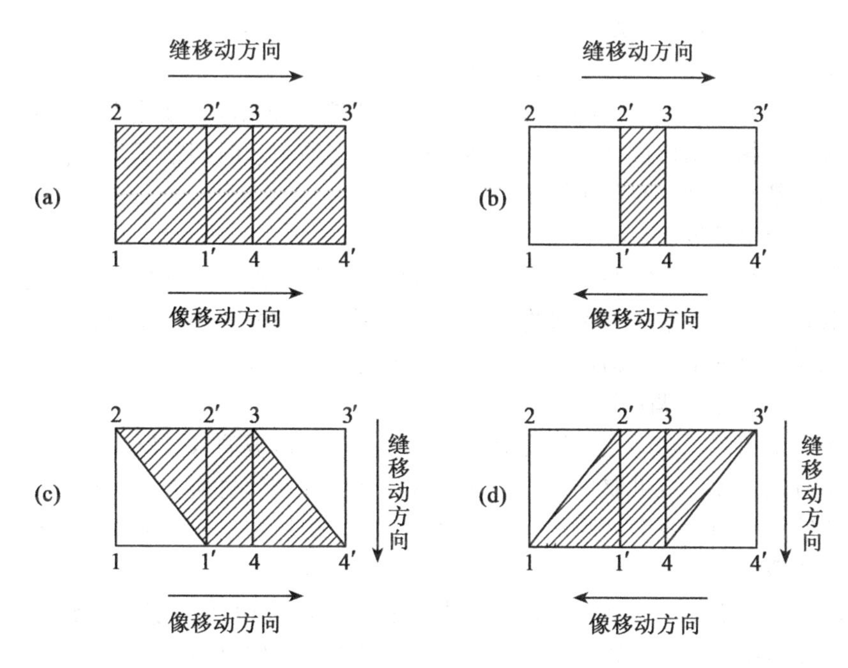

图 1-23　用焦面快门摄取动体时所引起的影像畸变

（2）闪光同步速度低。由于电子闪光灯的闪光时间在 1/1000s 左右甚至更短，而帘幕快门靠缝隙来调节曝光量，同一张底片曝光有先有后，只有快门开启较长时间，即帘幕缝隙足够大，使整张底片全暴露而不被帘布遮挡时闪光，才能进行闪光同步摄影。当第一帘运动至尽头触发了闪光，若此时第二帘还未开始运动，即整张底片都暴露，此时闪光使整张底片都曝光，称闪光同步。如果用高速快门拍摄闪光照片，当第一帘运动至尽头触发了闪光时，第二帘已开始运动并行走了一段距离，此时部分底片暴露，部分底片被第二帘遮住，拍出的底片一部分曝光，另一部分不曝光而透明，称闪光不同步。有些相机的最高闪光同步速度可达 1/60s 甚至 1/125s。

3. 电子快门

电子快门指通过延时电路等装置自动控制快门速度，遮挡光路的元件与机械快门一样为快门叶片或帘幕等。在曝光方式上，电子快门有如下几种：

（1）程序快门 P（Program，即程序）。程序快门预先将曝光组合按程序输入到照相机内部，根据光线的强弱，自动给出快门速度及光圈号数的组合。光线越暗，快门速度越慢，光圈越大；光线越强，快门速度越高，光圈越小。这种快门操作简便、曝光基本准确、有利于抓拍，特别适用于初学者及家庭生活摄影、旅游摄影。

（2）光圈优先式电子快门 A（Aperture，即光圈）。当摄影者自己设定了光圈大小后，电子快门便会根据光线的强弱自动控制快门速度，使曝光正确。

（3）快门优先式电子快门 S（Shutter，即快门）。当摄影者自己设定了快门速度后，电子快门便会根据光线的强弱自动控制光圈，使曝光正确。

（4）光圈和快门速度都要人工调校的电子快门 M（Manual，即手动）。光圈和快门速度都要摄影者手动调节，但快门的开启和关闭仍要用电力。这种 M 方式可根据拍摄者的意图随意改变光圈和快门速度，以达到调节景深、控制动体的清晰度以及增减曝光量的目的。所有机械快门的相机都属于这种手动方式。

目前不少电子快门的相机都具有 P、A、S、M 这几种功能，使用十分方便。

电子快门照相机结构设计和布局灵活，机械结构简单、时间精密度高、稳定性可靠性好、自动曝光基本准确，有利于抓拍。

二、调焦和取景器

调焦器又叫测距器，它的作用是调整拍摄距离，使像点落在感光片上，达到成像清晰的目的。取景器用来观察所拍摄景物的范围，以便对景物取舍和画面构图。相机的测距和取景一般在同一个框子里。调焦取景器一般可分为以下几种：

1. 磨砂玻璃式取景调焦器

多用于大型相机。在感光片位置上装置可移动的磨砂玻璃取景器，在同一块磨砂玻璃上既可观察对焦情况，也可取景构图。调焦后移开磨砂玻璃再换上底片盒拍摄，适合一张一张的页片使用，拍一张即可冲洗一张，没有视差。但操作不便，不能拍摄动体。

2. 反光式调焦取景器

这种取景器的基本结构是机内装有一块与镜头成 45°角的反光镜，光线通过镜头进入暗箱，经反光镜反射到上面磨砂玻璃上，在这磨砂玻璃上即可观察到聚焦是否清晰，同时也观察到所要拍摄的景物范围。

反光式调焦取景器有两种：

（1）俯视反光式调焦取景器

有单镜头和双镜头两种，其结构和原理如图 1-24 所示。这种取景方法，照相机拍摄位置较低，适合仰拍；也可以将照相机倒过来举起俯视取景，这可以拍到比较广阔的场面。使用这种取景器观察到的影像和实物是左右相反的，在拍摄时应注意保持照相机水平或垂直，防止画面歪斜。120 相机均采用这种调焦取景器。

（2）平视反光式调焦取景器

这种调焦设备除了仍有一面反光镜外，在反光镜上方还装有一块五棱镜，反射光再经过两次反射即变成与镜头平行的光线，而且观察到的影像和实物左右是相同的。135 单反相机均采用这种调焦取景器，所以相机顶部均呈屋脊形。由于取景与拍摄均是同一镜头，所以视差很小，见图 1-25。

反光式调焦取景器的影屏是磨砂玻璃制成的，对光线有一定的扩散作用，同时光线又经过一系列的折射、反射过程，因此当景物光线不足时，取景器中所见的影像晦暗，以至调焦是否正确难以辨认。为此，许多照相机还采用裂像式调焦系统。如图 1-26 所示，即在磨砂玻璃中央安装了一套小棱镜，它由一块凸透镜和两块楔形镜组成，构成一个独立的调焦系统。两个楔形镜形成一条横线，把影像分割成上下两个部分。在调焦时，除了磨砂玻璃的影像渐渐清晰外，同时上下两个部分会渐渐靠近到接合成一体，如果上下两部分合

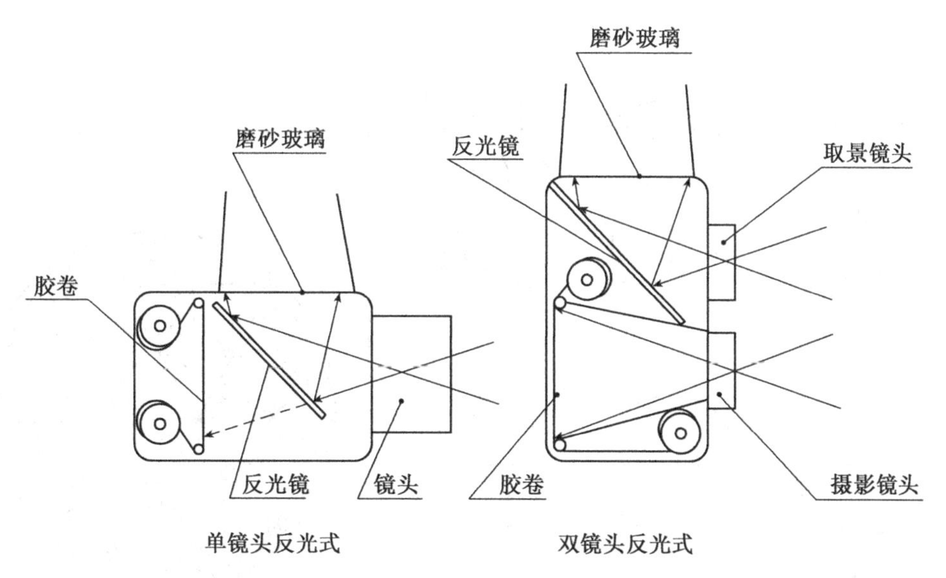

图 1-24　俯视反光式调焦取景器

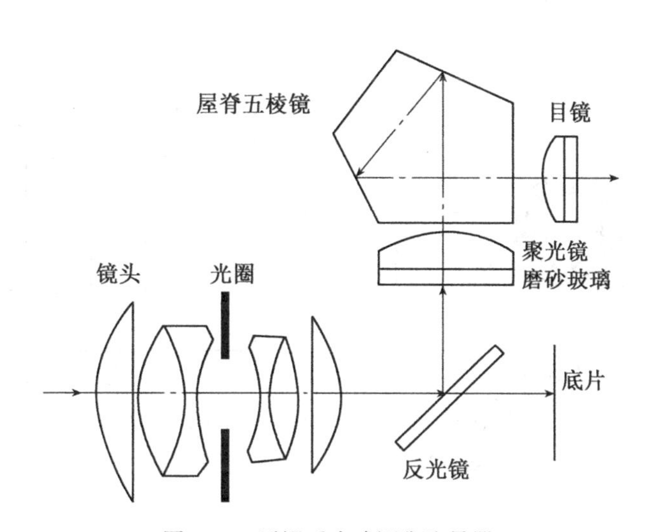

图 1-25　平视反光式调焦取景器

拢，磨砂玻璃上的影像也是最清晰的，这时调焦准确，裂像调焦器影像格外明亮，在光线较暗时特别有用。

还有一种微棱镜调焦系统。在取景框中部，内外圆之间，会见到很多闪光的微棱形，当调焦准确时，棱形消失，见图 1-27。

现代 135 单镜反光式照相机都具有以上 3 种调焦方式，即当调焦准确时：①中间圆内的裂像成为一个整体；②内外圆间的微棱形消失；③取景框内磨砂玻璃上的影像清晰，如图 1-28 所示。

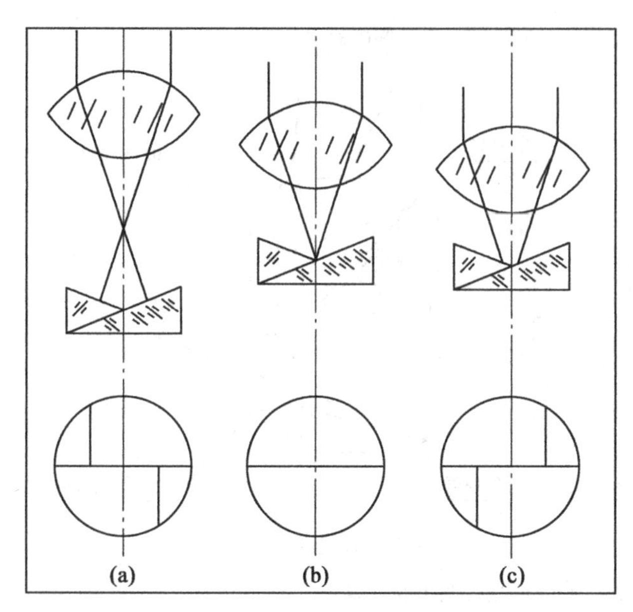

图 1-26　裂像式调焦系统

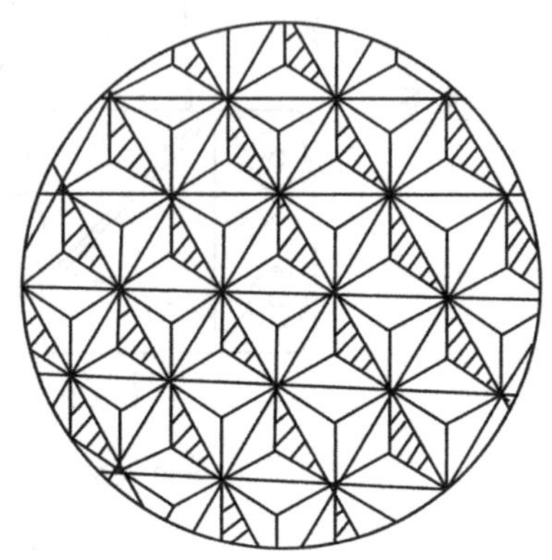

图 1-27　微棱形调焦系统

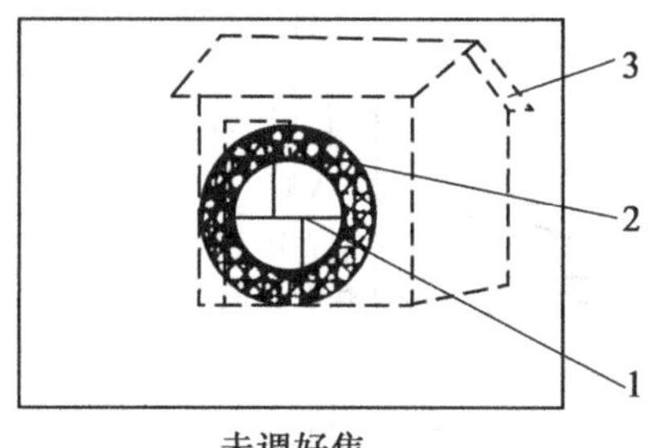

未调好焦

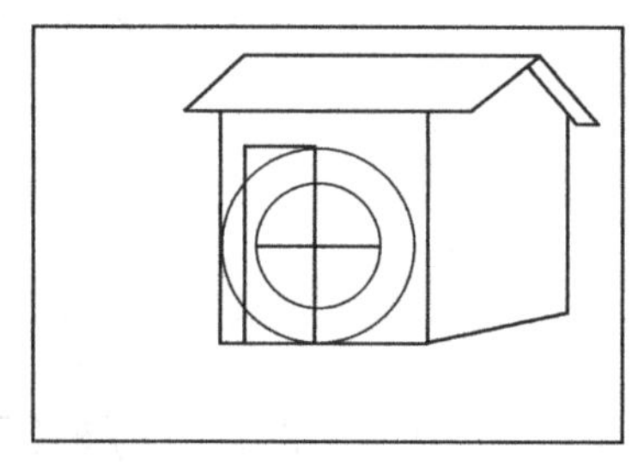

已调好焦

1. 裂像对焦　2. 微棱镜对焦　3. 磨砂玻璃对焦

图 1-28　135 单反相机调焦系统

3. 电子调焦器

电子测距装置，有光学式（光敏相位）、超声波、红外线 3 种，称自动对焦，用 AP 表示。光学式应用较广泛，但在光线较暗或被摄物反差太小时精度低。电子自动调焦利用微型电子计算机控制，打开电源便自动工作。光学式的原理和重影式调焦系统相似，在重影或观景系统的两块反光镜之间装有微型光电元件，当照相机快门钮按下一半时，镜头立即在马达的带动下前后伸缩移动，在这一瞬间，光电元件对两块反光镜反射回来的影像加以探测比较，如果影像重合，说明距离已调好，否则光电元件的输出信号将令机械装置自动把镜头调到准确的位置上，整个调焦过程大约在 0. 08s 内完成。

超声波测距不受环境光线的影响，即使全黑环境也会自动准确对焦，但如果拍摄玻璃后面的物体，由于玻璃对超声波产生反射，会调焦不准。

红外线测距也可在暗弱的光线环境下工作，但如果被摄物是吸收红外线的暗黑的柔软物，或者被摄物本身发出红外线，都会产生调焦误差。

使用自动对焦时应注意，取景窗中间的对焦框一定要对准主体，如果对焦框对着背景，则拍出的照片背景清晰而主体模糊，如果主体不在中间，则应先摆动相机使主体在中间，半按快门钮对焦后不放手，再摆动相机重新取景构图，最后才把快门钮按到底使快门开启。

三、机身

机身就是照相机的暗箱部分，是连接其他各个部件的主体，它能隔绝外界光线进入机内，保护感光片不漏光。

暗箱的大小，取决于所要拍摄感光片的大小。由于机身设计和用途不同，构造上大体有：方盒镜箱、折叠式皮腔镜箱、皮腔与机身结合镜箱、管筒和机身结合镜箱等。

机身的后壁是放置感光片的部位；一般照相机后壁是固定的，但是有些高级照相机机身的后壁部分，即感光片装置，是可以拆换的，称为后背。这些照相机配有若干个后背，可装上各种不同规格的感光片。

机身是其他各部件的支撑体，中、小型照相机室外拍摄机会多，经常长途旅行，因此要有一定的耐震性，机身的材料有用塑料或轻金属的，如铝合金、钛合金、不锈钢等。总的要求是机械强度高、不变形、耐老化、质轻、不漏光。

1.3.2 普通照相机的种类

照相机种类繁多，形式各异，分类方法也不尽相同。如果按照相机取景器和调焦形式分类有：单物镜反光式、双物镜反光式、透视取景器式以及测距连动式照相机；按快门种类分类有：中心快门和焦平面快门照相机；按用途分有：一般用途照相机、特殊用途照相机、立体照相机、水下照相机和航空摄影照相机；按感光材料处理方法分有：一步成像照相机和一般胶卷照相机等。各种照相机结构形式互相渗透并不局限于某一种特点，因此，对照相机没有一个确切的分类方法。下面仅对常用的两种普通胶片照相机作一大概说明，数码相机将在本章 1.5 节专门介绍。

一、135 照相机

135 照相机使用两边有齿孔的 135 胶卷，拍摄画面（相片大小）为 24mm×36mm。

常用的是 135 单物镜反光式（简称单反机）照相机，该类相机在世界上广泛流行，为专业摄影工作者和业余摄影爱好者所欢迎，见图 1-29。

图 1-29　135 单物镜反光照相机

135 单反机是最为实用的一种机型，它适宜拍摄各种景物，这种相机主要有 3 个优点：

（1）镜头可以更换，并采用五棱镜屋脊形取景器，看到的影像不会左右相反。

单反相机可用广角镜头或长焦镜头获得不同的摄影效果。取景、对焦和拍摄是通过同一镜头进行的，很方便地看到取景和对焦的效果，有些还可看到景深效果，且基本没有视差。

（2）众多的附件放大了摄影功能

由于135单反机可以配用各种闪光灯、滤色镜、近摄镜、近摄接圈、伸缩近摄皮腔、卷片马达、显微摄影附加装置、翻拍架以及各种不同焦距的镜头，因此135单反相机几乎对任何对象都能进行拍摄。

（3）向多功能、自动化方向发展

一些附件逐渐变为照相机内装件，例如内藏闪光灯、内藏测光表、内藏卷片马达等，逐步形成附件和照相机制成一体的新型相机结构。相机的自动化功能越来越多，如自动测光、自动曝光、自动显示光圈和快门速度等数据、自动调焦、自动装片、自动卷片、自动倒片、自动在底片上打印日期或编号等资料。

二、120照相机

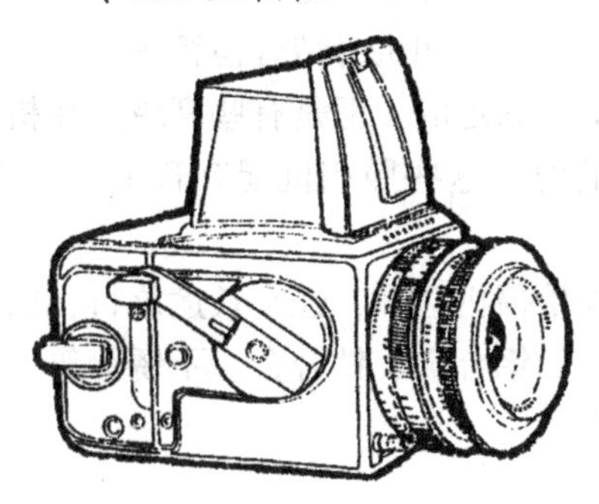

图1-30　哈苏相机

120照相机使用120胶卷和220胶卷。我国通用的120胶卷，可拍摄60mm×90mm底片8张、60mm×60mm的底片12张、60mm×45mm的底片16张。220胶卷比120胶卷长一倍，可拍摄幅面为60mm×60mm的底片24张。这类相机常用的有单物镜反光式照相机。如图1-30所示的哈苏相机，画幅面积有60mm×70mm、60mm×60mm、60mm×45mm几种，它制造精密，属高档照相机。与135单反相机工作原理相同，取景与拍摄共用一个物镜，因此基本上没有视差，但都以俯视式取景。物镜和装胶卷的后背都可以更换，能快速装换不同焦距的镜头和多种胶卷。这种高质量相机为广大专业摄影者和部分业余摄影发烧友使用。要求较高的婚纱摄影、艺术人像摄影、广告摄影等多使用这类照相机。

1.4　感光材料及其特性

1.4.1　黑白感光材料

一、基本结构

感光材料是由感光乳剂涂布于片基上而成的。所以，感光材料的主要组成部分是乳剂层和片基。此外，为了使乳剂层在片基上牢固地粘合，为了保护乳剂层不被擦伤以及为了防止光晕和静电现象产生等，还要外加一些涂层，这样就使得感光材料的实际构造比较复杂了。图1-31为几种黑白感光材料的基本结构剖面图。

以下就主要涂层及其中的成分和作用作一简要说明。

1. 乳剂层

乳剂层是感光材料最主要的部分，也是直接表现影像的部分。感光材料的性能完全取决于此层。乳剂层的主要成分是感光剂和支持剂（明胶）。

感光剂是由卤化银（氯化银、溴化银、碘化银）微晶体均匀地分散在明胶稀溶液中形成乳状的悬浮体，然后将它涂布在它的支持体上，即片基上。其中以溴化银感光速度最

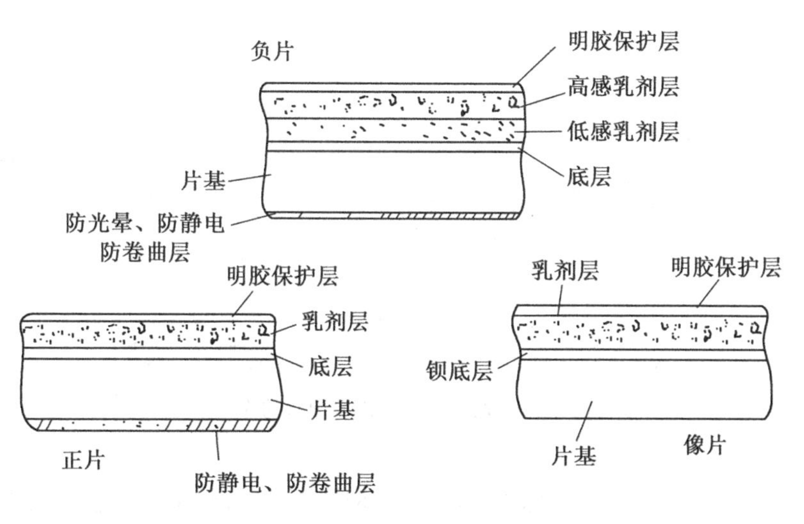

图 1-31　黑白感光材料的基本结构剖面图

快（即对光最灵敏），是感光材料制造中应用最广的感光剂。纯碘化银感光很慢，一般不单独使用。氯化银感光较慢，常用于制造如相纸之类的低感乳剂。通常将两种卤化银混合作为乳剂层的感光剂，如碘溴化银乳剂，是以溴化银为主加入少量的碘化银，这种乳剂一般用于制造要求一定感光速度的负性感光材料；氯溴化银乳剂，是由氯化银和溴化银混合，其感光速度较慢，一般用来制造正性感光材料。

明胶是动物的皮、骨做成的胶，又称凝胶。是卤化银的支持剂。明胶不仅是卤化银晶体的分散介质，同时有如下重要的作用：明胶具有多孔性，可使显影液渗透到乳剂层内部使卤化银颗粒显影；明胶中含有活泼的硫元素，可在卤化银晶体上生成银和硫化银（Ag、Ag_2S）质点，这些质点就是感光材料的感光中心；明胶有吸卤作用，能吸附卤化银释出的卤素原子，从而提高乳剂层的光化学效应。

不同类型的感光材料，乳剂层厚度不同，一般而言，正性材料的乳剂层薄，负性材料的乳剂层厚。乳剂层中卤化银颗粒大小不一，相差很悬殊，最大的直径可达 20~50μm，最小的直径仅为 0.01μm，它们的内部结构尽管都是立方晶体，但外形很不一致，有六角形、三角形、圆形等。

此外，乳剂层中还含有化学增感剂、光学增感剂和其他补加剂，如防腐剂、稳定剂以及防灰雾剂等。

化学增感是在乳剂制造过程中加入化学增感剂（如金增感剂），使乳剂层中的卤化银对它原来的吸收光谱的感受能力加强。卤化银只能感受蓝紫光，且敏感度很低，如图 1-32 中曲线 P 表示乳剂原来的相对感光性，化学增感后，使它的敏感性增强，如图中 Q 曲线表示的情况，但对光谱的敏感范围不变，仍然只感受蓝紫光。

光学增感剂是一种有机染料，在乳剂涂布前加入，以扩大乳剂对光谱的感受范围，使卤化银不仅能感受蓝紫光，同时还能感受比蓝紫光波长更长的绿光、红光以及人眼看不见的红外线，即扩大乳剂的感色范围，如图 1-32 中的 R 曲线所示。依据增感的光谱部分不同，光学增感剂通常可分为：正色、全色和红外三类。正色增感剂能增加乳剂层对光谱黄

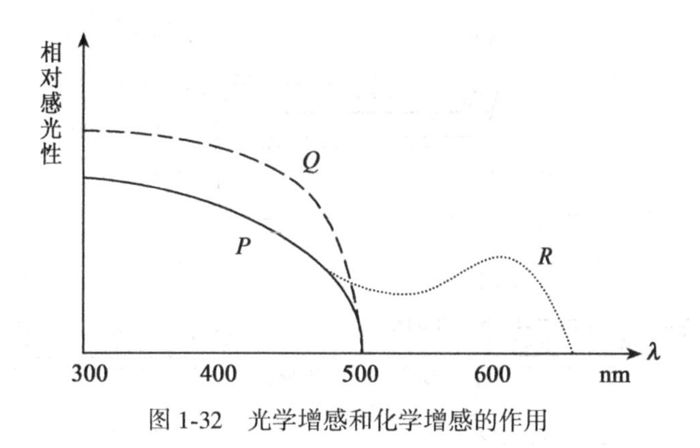

图 1-32　光学增感和化学增感的作用

绿色部分（$\lambda=500\sim600$nm）的感受能力；全色增感剂可使乳剂层感受至橙红色（$\lambda=600\sim700$nm）；红外增感剂可使乳剂层感受至近红外光谱区域（$\lambda>700$nm）。

2. 片基

片基是乳剂层的支持体，根据材料不同可选用不同片基，如软片片基、纸基等。以软片作乳剂层支持体的统称胶片；以纸基作支持体的称为相纸。

各类片基的机械性能、化学稳定性和几何尺寸的稳定性等，根据不同用途有不同要求。用于摄影测量的胶片或在摄影工作中要用齿孔转动的胶片都要求片基有较高的几何尺寸的稳定性，因为胶片的变形将引起影像变形，使测量精度受到影响。

当前软片片基使用的是聚对苯二甲酸乙二醇酯片基（涤纶片基）、聚碳酸酯等片基，该类片基具有机械强度高、柔软性好、吸水膨胀率小、尺寸稳定性好、耐寒性好、化学稳定性好、片基不易划伤、片基薄重量轻等优点。因此，特别适用于做高空摄影用的软片片基。它的缺点是不易粘接和静电过大。

对摄影测量来讲，胶片的变形不仅与片基和乳剂层有关，而且与摄影条件的变化也有很大关系。例如，航空摄影时卷片机构的拉力是否均匀；机舱内温度的变化；胶片摄影处理条件和胶片晾干等都会影响变形，所以航摄胶片的变形是一个相当复杂的问题。在航测制图中，为提高测图精度应该掌握胶片变形的规律。

3. 附加层

（1）保护层

防止乳剂层被擦伤的明胶涂层。

（2）底层

使乳剂层能够牢固地粘附在片基上，它是在乳剂层与片基层之间涂的粘合剂。相纸的底层多是由明胶和硫酸钡组成的混合涂层，它除了能使乳剂与纸牢固的粘合外，还防止乳剂与纸基内的杂质相互渗透而影响相纸性能。

（3）防卷曲层

在片基上涂有乳剂后，片基向着乳剂层面卷曲，为了使片基两面应力平衡而消除卷曲现象，必须在片基另一面涂上一层成膜物质，这一涂层称防卷曲层。

（4）防静电层

片基与明胶都是良好的绝缘体，极易因摩擦产生静电而引起乳剂层感光，显影后会形成树枝状或毛绒状斑痕。因此在保护层内或防卷曲层内加入导电性能好的物质，也可单独涂一层防静电层。

（5）防光晕层

在摄取亮度较大的目标时，由于卤化银晶体颗粒对光的散射以及片基表面对光的反射作用，使影像附近不该曝光的颗粒也受到微小的曝光量，使一个边界清晰的影像周围变得模糊，产生晕圈，这种现象称光晕。由散射引起的光晕，如图 1-33（a）所示，称漫射光晕（或称光渗）。光线穿过乳剂层而由片基反射回来再射入乳剂层内引起卤化银感光，这种现象称反射光晕，如图 1-33（b）所示。

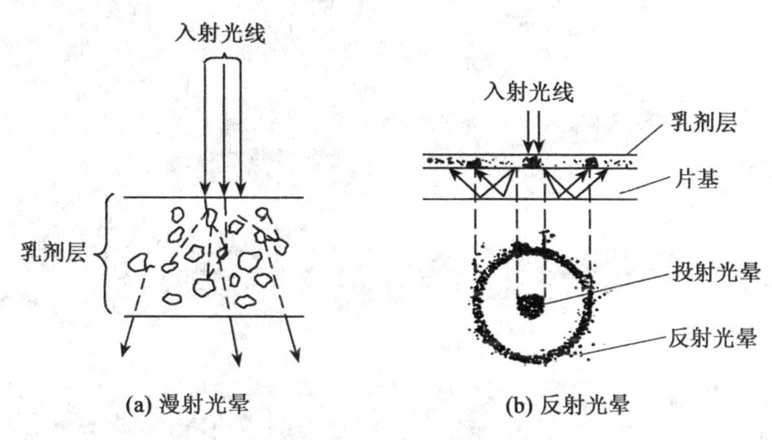

图 1-33　光晕产生的原理图

漫射光晕与乳剂层的厚度有关，乳剂层愈薄，则漫射光晕愈小。反射光晕与片基厚度有关，若片基愈薄，反射光晕愈小，反射光晕可以采取适当的措施加以预防。比如使片基染色或在片基背面或乳剂层与片基之间涂上吸光染料，防止片基对光的反射，这层染料涂层称防光晕层。防光晕层应能最大限度地吸收乳剂层感受最敏感的色光。因此，根据乳剂感色性不同，防光晕层的颜色也不同。通常正色片对绿光敏感，因此涂红色；全色片涂暗绿色或灰色；正性材料不需要防光晕层。防光晕层的颜色可以在摄影处理过程中消除。

二、分类

由于感光材料乳剂层中所加的光学增感剂不同，它所感受的光谱范围也不同。我们将感光材料对光谱敏感的范围和能力称为感光材料的感色性，用感光范围、增感高峰和增感低峰表示。根据感光材料的感色性，常用的软片感光材料一般可分为色盲片、正色片、分色片、全色片和全色红外片。

（1）色盲片。没有进行光学增感的乳剂，只感受波长为 500nm 以下的蓝紫光。

（2）正色片。在乳剂中加入正色光学增感剂，使乳剂感受到波长为 580nm 以下的绿光，增感高峰为 560nm，增感低峰为 500~525nm。

（3）分色片。在乳剂中加入分色光学增感剂，使乳剂感受到波长为 640nm 以下的可见光，增感高峰为 590nm，增感低峰为 500nm。

（4）全色片。在乳剂中加入全色光学增感剂，使乳剂感受到波长为 700nm 以内的整个可见光谱，增感高峰为640nm，增感低峰为500~550nm。即全色片对暗绿色光不敏感。

（5）全色红外片。可感受到750nm的红外光。增感高峰为630nm，增感低峰为500nm。

（6）红外片。能对不可见的红外线感光，所感受的波长界限由使用的增感剂来决定。

以上各种感光材料的感光范围如图1-34所示。

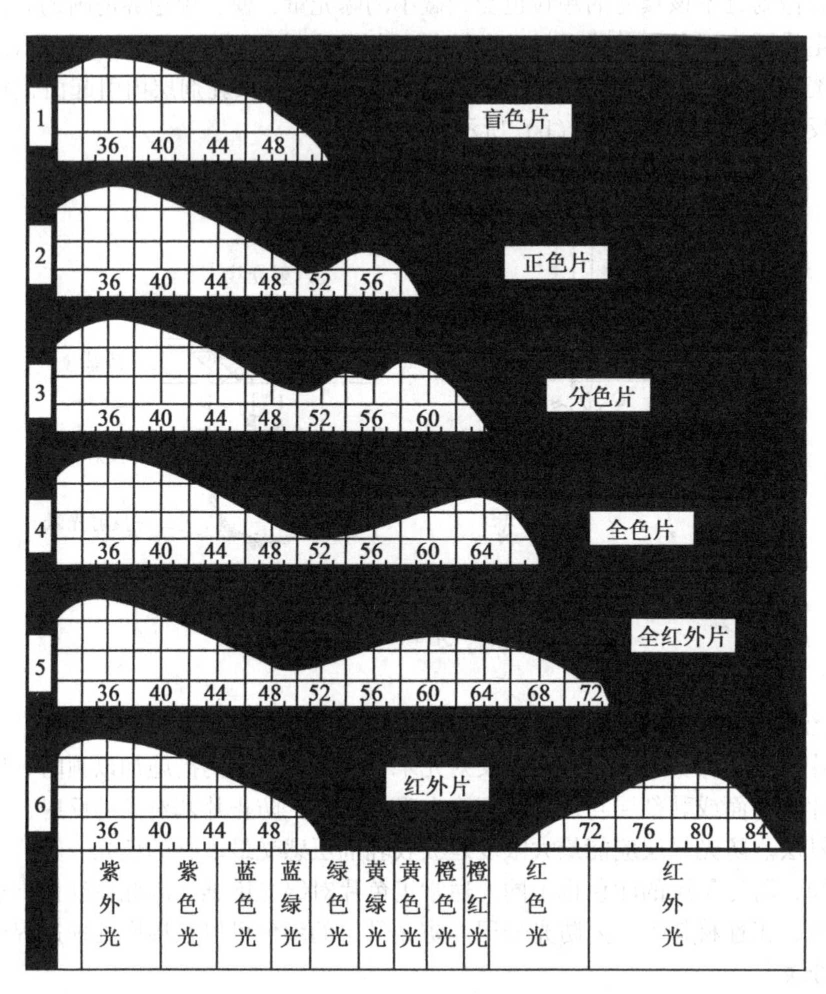

图1-34 各种感光材料的感光范围示意图

三、潜像的形成与潜像衰退

感光层曝光时，光量子hv（光子）作用于卤化银晶体上，卤离子首先吸收了光量子，因此，便有一个电子从卤离子外层轨道上分裂出来而变成自由电子，它本身便成为卤原子。其反应式为：

$$Br^- hv \rightarrow Br + e$$

式中e表示电子。

电子离开溴离子后，便在晶格中自由游动。据某些推断认为：自由游动的电子，在游动过程中，当遇到结晶格子变形和具有异类夹杂物（Ag和Ag_2S）的地方便停留下来。这些地方，就能量来说像一个陷坑一样，自由电子一到那里就会被陷落，并会牢固地停留在那里。这样感光中心便成了吸附很多电子的带电体，从而形成一个负电场。随着以后光解出来的电子的不断地聚集，电场将逐渐增强。在晶体内由于热平衡运动所产生的格间银离子，在电场力的作用下，被引向电场。这时银离子反过来俘获聚集在感光中心周围的电子，使其还原成金属银原子：

$$Ag^{+}+e \longrightarrow Ag$$

金属银原子也被固定在该感光中心上，从而使感光中心扩大。扩大了的感光中心又能有效地捕获随后光解出来的电子。这样，只要由于吸收了光而不断地有电子释出，感光中心就不断地生长扩大。当感光中心扩大到一定程度时，便达到了可显影阶段。这时，扩大了的感光中心便称为显影中心。这些显影中心便是构成潜像的潜像核。就整个乳剂层而言，无数不同大小的潜像核便组成了潜像。

卤化银晶体受光化学作用分解出来的卤原子结合成分子，被晶体周围的明胶所吸收，而离开晶体，从此晶体结构再调整，重新趋于平衡。图 1-35 表示潜像的形成过程。其中，(a) 为表面具有感光中心的溴化银晶体；(b) 为曝光后，受光的溴离子释出的电子流向感光中心；(c) 为电子达到感光中心，使感光中心带负电，失去平衡的银离子流向感光中心；(d) 表示到达感光中心的银离子得到电子还原成银原子，使感光中心扩大，溴原子为晶体周围的明胶所吸收。

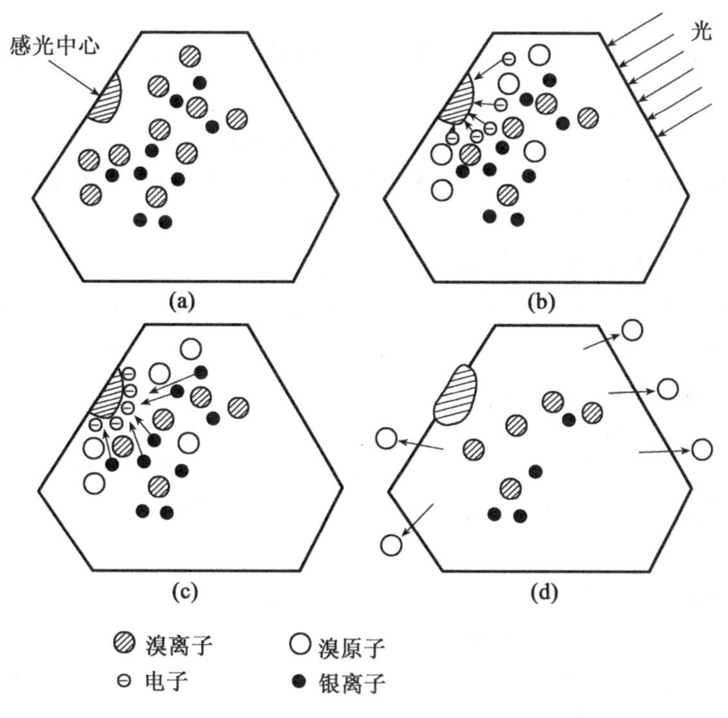

图 1-35　潜像形成的过程

感光材料在曝光后，如果没有及时显影，而存放在较低的温度和湿度下，有一定的稳定性，放置数天对显出影像的密度影响不大。但如果在一般常温下储存，感光层中明胶的保护作用受到影响，当相对湿度高于65%和温度稍高时，明胶中的含水量迅速增加，特别是当空气中含氧量较大的情况下，潜像的稳定性开始迅速下降，导致银原子氧化，显出的影像往往比立即显影得到的影像密度小，这是由于潜像的衰退造成的。温度、湿度愈高，潜像衰退愈快。

潜像衰退的速度也与卤化银颗粒大小有关，颗粒愈细，衰退的速度愈快。因此，正片和相纸比负片衰退得快。

由此看来，曝光后的感光材料，如果没有特殊原因，应该及时进行摄影处理。

四、黑白摄影处理

摄影过程中已曝光的感光片必须经过摄影处理，才能将已曝光的感光片转变成一张负像底片。有了底片就可以晒印或放大照片了。摄影处理过程主要包括显影、定影、水洗、干燥等程序。

1. 显影

（1）显影的基本原理

显影的作用是将已曝光的卤化银变成可见的由银粒组成的影像。显影的实质就是在由银所组成的潜影上加上许许多多的银原子，使它扩大到可以看见的程度。未曝光和曝光足够的卤化银在显影过程中只是显影速度不同，后者有潜影的发动与催化作用，因而显影速度快，前者则慢。如果经长时间而有力的显影，未曝光的卤化银也会还原成银，因而形成灰雾。

通常人们所说的显影都是指化学显影，它是用显影剂把曝光了的卤化银颗粒还原成金属银，基本化学反应可用下式表示：

$$AgBr+Red^{-}\rightarrow Ag+OX+Br^{-}$$

显影过程总是在卤化银晶体颗粒表面的潜像核上开始，由此逐步深入，直到整个颗粒完全还原成金属银，所生成的金属银是从显影中心以丝状形式析出，然后向各种方向生长，显影过程中被还原的银离子都来自于已曝光的卤化银颗粒，并在颗粒上进行氧化还原反应，因此称化学显影。感光乳剂层经过摄影曝光后发生了光化学反应，反应结果形成潜像。潜像是十分微小的，用任何方式、包括高倍电子显微镜也无法把它探测出来，只有用显影的方法才能证明它的存在。

（2）曝光与显影的关系

曝光和显影有直接关系。当在焦面上形成的光学影像被感光乳剂层中的卤化银颗粒接受下来，构成潜像，显影后卤化银被还原成黑色金属构成影像。如果不曝光，胶片上无潜像，卤化银被溶解后，胶片便是透明的。

当对景物摄影时，如果曝光正常，强光部分卤化银颗粒都转变成金属银，在底片上是黑色的；弱光部分则只有一部分卤化银转变成金属银，底片上是灰色的；在几乎没有光亮的部分，底片上几乎是透明的。图1-36是在高倍显微镜下看到的曝光显影后底片的剖面，正常曝光时，银的累积把原景物的亮度正确地表现出来，图中A为强光区，B为弱光区，C为无光区。

当曝光过度时，强光区超过了胶片所能承受的最大亮度，使亮度细节受到损失，在A区中看不出亮与最亮景物的区别。当曝光不足时，只有很少的卤化银感光，甚至有的卤化银没有受到能生成潜像的光能，因而显影后没有银的累积如C区，从而导致阴影部分的细节受到损失。

以上分析仅就曝光而言，必须指出，恰当地曝光和恰当地显影是相关联的，仅有恰当的曝光而无恰当的显影，仍得不到理想的摄影效果。

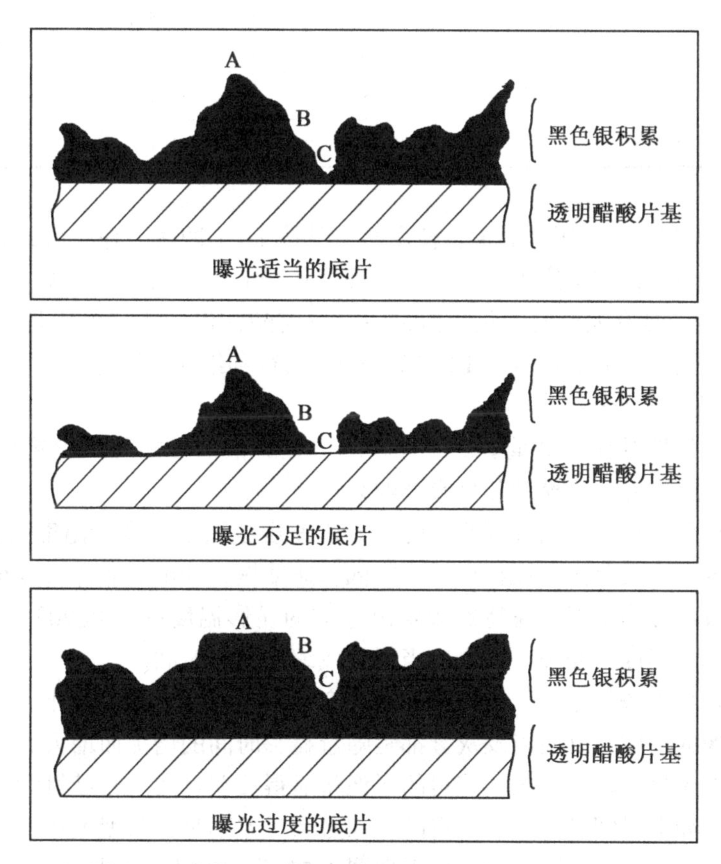

图1-36　高倍显微镜下观察的曝光显影后底片的剖面

（3）常用显影液配方

显影液配方是根据感光材料的性能、对于影像质量的要求以及曝光和显影条件等制定的。为了充分发挥感光材料的最佳性能，人们对显影液的配方做了极大的努力，出现了各种各样的配方。表1-3列出了常用的显影液配方。

表1-3　**常用的显影液配方**

配方名称 / 药品名称	D-72（贮藏液）	D-19（硬性）	D-10（软性）	D-76（微粒）
米吐尔	3g	2.2g	3g	2g
几奴尼	12g	8g		5g

续表

药品名称 \ 配方名称	D-72（贮藏液）	D-19（硬性）	D-10（软性）	D-76（微粒）
无水亚硫酸钠	45g	90g	30g	100g
无水碳酸钠	67.5g	48g	30g	—
硼砂	—	—	—	2g
溴化钾	2g	5g	1g	—
水	1L	1L	1L	1L

表中 D-72 为贮藏液所用药品量，使用时将其按 1∶1 冲淡，冲淡后的显影液呈中性配方，可用来冲洗负片，如果用来洗印相片，可将其按 1∶2 或 1∶3 冲淡。

D-76 显影液中含有大量的卤化银溶剂——亚硫酸钠以及少量的中性碱或弱碱，整个显影过程进行缓慢，一般显影时为 12~18 分钟，故得到细颗粒影像。

（4）影响显影效果的因素

显影是摄影处理过程中最重要的工序。除去显影液的性能外，影响显影效果的因素有：显影温度、显影时间、搅动和显影液的衰耗。

显影是一种化学反应，当温度改变时，显影速度也随之改变。温度高显影速度加快，冲出的底片密度大，反差大，银粒粗；温度低，速度慢，冲出的底片密度小，反差小，银粒细。各显影液配方均根据本身特点规定出标准的显影温度一般是 20℃。如果由于条件所限，不能在标准温度下冲洗，则要适当延长或缩短显影时间。

显影时间是显影条件之一，显影时间的改变会引起底片效果的变化。在一定的显影时间范围内，影像的密度、反差以及灰雾都是随着显影时间的增加而增大的。在其他条件不变的情况下，如果显影时间太长，获得的影像将显得反差过大，密度过大，银粒粗，灰雾大，质量低劣；如果时间过短，则所得的影像必然反差不足，密度太小。因此，必须适当控制显影时间。如何选择显影时间，可根据图 1-54 所示的显影动力学曲线求取。

搅动对显影效果影响很大。已曝光的感光材料放入显影液中显影时，显影液渗入胶片乳剂，接触银盐颗粒，显影即行开始。如果不搅动显影液，经过若干时间后，在受光多的部分的卤化银颗粒周围，显影剂必然消耗得多，其氧化生成物也多，由于显影液与感光材料处于相对静止状态，氧化生成物不易扩散出去，就妨碍了新旧显影液的交换，因而，受光多的部分显影速度减慢，甚至终止；而这时受光少的部分，由于消耗的显影剂较少，氧化生成物也少，显影仍然可以继续进行。这样，会使显出影像的反差减小，如果是定时显影的话，往往会造成显影不足，影像密度偏小。所以，在显影过程中，必须摇动显影盆，使显影液产生波动，加强氧化生成物的扩散，促进新旧溶液的交换，以便加快显影速度，消除显影不均匀的缺点。

显影液在使用过程中，显影液中有的成分不断消耗，有的物质不断积累，使得显影液性能不稳定。由于其成分的逐渐消耗，显影速度会不断降低，并使阴影部分的影像细节难以显出，降低了乳剂的感光度。因此，显影液消耗到一定程度时，必须加入补充液来补充耗损的成分，并除去多余的物质。

2. 定影

感光材料经过曝光、显影之后，乳剂层中曝光的卤化银还原成金属银，构成可见的影像，而未曝光的卤化银仍然保留在乳剂层中，这部分卤化银见光后，仍会起光化学作用而变色，破坏已经显出的影像。因此，为了稳定显出的影像，必须采用化学的方法，将所有剩余的卤化银溶解掉或者变成可溶性盐类，使显出的影像得以固定。这一过程称为定影。

定影液中的主要成分是硫代硫酸钠，俗称大苏打，它与卤化银起作用能生成不同成分的络盐。定影时大苏打溶液向乳剂层内扩散，与卤化银第一步反应是生成难溶于水的络盐（硫代硫酸银钠）：$AgBr+Na_2S_2O_3 \rightarrow NaBr+NaAgS_2O_3$

（难溶于水的络盐）

此时乳剂层已透明，但定影并未结束。如果定影液内硫代硫酸钠的含量不足，那么，由于这种络盐的溶解度很小，仍不能使影像得以稳定。只有当硫代硫酸钠具有足够浓度时，才能促使它进一步生成更复杂的、能溶于水的络盐，例如：

$$AgBr+2Na_2S_2O_3 \rightarrow Na_2[Ag(S_2O_3)_2]+NaBr$$

（可溶性络盐）

该反应是连续进行的，随着定影时间的延长，又可产生下列可溶性络盐：

$$2AgBr+3Na_2S_2O_3 \rightarrow Na_4[Ag_2(S_2O_3)_3]+2NaBr$$

$$3AgBr+4Na_2S_2O_3 \rightarrow Na_5[Ag_2(S_2O_3)_4]+3NaBr$$

此时定影结束。由此可见，定影液内硫代硫酸钠的含量应该远远超过被溶解的卤化银，否则就会产生难溶于水的络盐，达不到定影的目的。

如果胶片刚刚透明就停止定影，时间长了硫代硫酸银钠会分解出硫化银，使底片变成棕黄色。一般定影时间是至胶片透明后再加一倍的时间，如果定影 5 分钟胶片透明，则定影时间为 10 分钟。定影必须充分，时间宁长勿短，但定影过久会略有减薄作用。表 1-4 列出了常用的定影液配方。

如表中所示，酸性定影液可定影胶卷和相纸，是通用的定影液，定影效果好；酸性坚膜定影液中加入了坚膜剂钾矾，适用于夏季温度较高时冲洗，可防止由于高温引起药膜膨胀松软使底片损伤；由硫代硫酸铵或者由硫代硫酸钠与氯化铵相混合组成的定影液叫快速定影液，定影速度比普通酸性定影液快 20%~25%。但氯化铵的价格昂贵。

表 1-4　**常用的定影液配方**

药品名称＼配方名称	酸性定影液	酸性坚膜定影液	快速酸性定影液
水（60℃以下）	600ml	600ml	600ml
硫代硫酸钠	300g	240g	300g
无水亚硫酸钠	15g	15g	15g
醋酸（28%）	48ml	48ml	48ml
硼酸	—	7. 5g	—
钾矾	—	15g	—
氯化铵	—	—	50g
加水至	1000ml	1000ml	1000ml

3. 水洗与干燥

水洗就是用清水洗掉乳剂层中残留下来的可溶性银络合物、硫代硫酸钠及其他一切杂质的过程，以延长影像的保存时间。如果水洗不足，时间长了会使影像发黄或褪色。因为残留的硫代硫酸钠与空气中的二氧化碳起作用，分解出硫和亚硫酸，特别是高温潮湿天气，使影像更快变质。其化学反应如下：

（1）硫代硫酸钠与空气中的二氧化碳和水结合生成硫代硫酸和碳酸钠：

$$Na_2S_2O_3+CO_2+H_2O \rightarrow H_2S_2O_3+Na_2CO_3$$

（2）硫代硫酸分解成亚硫酸和硫：

$$H_2S_2O_3 \rightarrow H_2SO_3+S$$

（3）分解出来的硫和组成影像的银生成棕黄色的硫化银，使影像发黄：

$$2Ag+S \rightarrow Ag_2S$$

（4）亚硫酸又能与空气中的氧起作用，变成硫酸：

$$2H_2SO_3+O_2 \rightarrow 2H_2SO_4$$

（5）硫化银与硫酸慢慢反应，生成白色的可溶性盐硫酸银，长期在高温潮湿条件下，使影像褪色；同时放出硫化氢气体：

$$Ag_2S+H_2SO_4 \rightarrow Ag_2SO_4+H_2S$$

（6）由于定影不充分，以致残留在乳剂层内的难溶性络盐逐渐分解出棕黄色的硫化银和硫化氢气体：

$$2NaAgS_2O_3+2H_2O \rightarrow Ag_2S+H_2S+2NaHSO_4$$

（7）硫化氢又与影像中的银起作用，生成棕黄色的硫化银，使影像发黄：

$$H_2S+2Ag \rightarrow Ag_2S+H_2$$

水洗的温度、时间、搅动情况、换水次数等因素都影响水洗效果。水洗温度高，扩散作用快，可适当缩短水洗时间，一般水洗温度与定影温度相仿。在 20℃左右用流水冲洗胶卷片，时间需 10~15 分钟。水洗时最好用中速流水配合搅动，既提高水洗效率、缩短水洗时间又节约用水。

水洗完毕的负片或相片要经过干燥，使膨胀了的明胶层中的水分蒸发，干燥后明胶的含水量一般为 10%~15%。

1.4.2 彩色感光材料

一、多层彩色片的一般结构

当前广泛应用的多层彩色感光材料，是以减色法原理为基础制造的。拍摄时，景物的蓝、绿、红光线分别在胶片上感蓝、感绿、感红乳剂层上曝光，形成三个分色影像的潜影，经彩色显影后使三层分色潜影变成感受光线颜色的补色影像，即形成黄、品红、青色染料影像，这三层单色的影像叠合在一起组成了彩色影像。

各种不同的感光材料具有不同的涂层结构，这里主要介绍常用的彩色感光材料的基本结构及各层的作用。其一般结构如图 1-37 所示。

多层彩色片有三层感光乳剂层，它们都以卤化银为感光物质，所以这三层乳剂层都对蓝光很敏感。上层乳剂采用未经光学增感的色盲乳剂，它不能感受绿光和红光，只感受蓝光；中层为正色乳剂，可感受蓝光和绿光，而不感受红光；下层为全色乳剂，可感受蓝

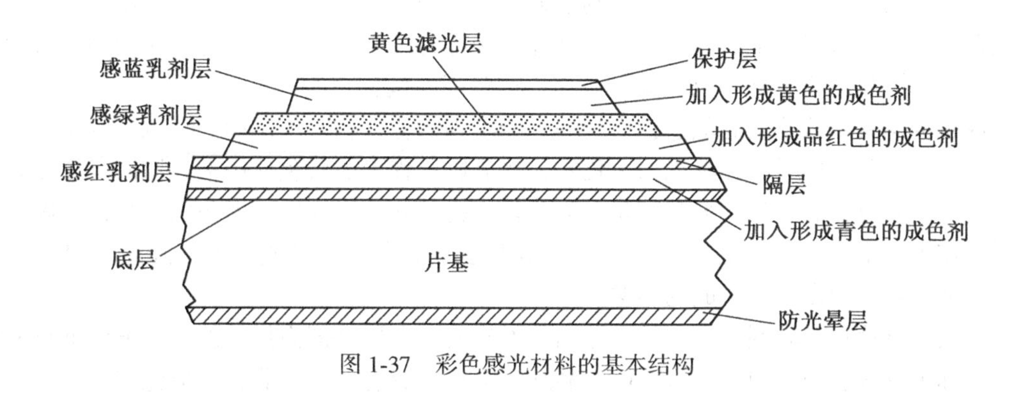

图 1-37　彩色感光材料的基本结构

光和红光，而对绿光的感受能力特别小。各层的感色性如图 1-38（a）所示。

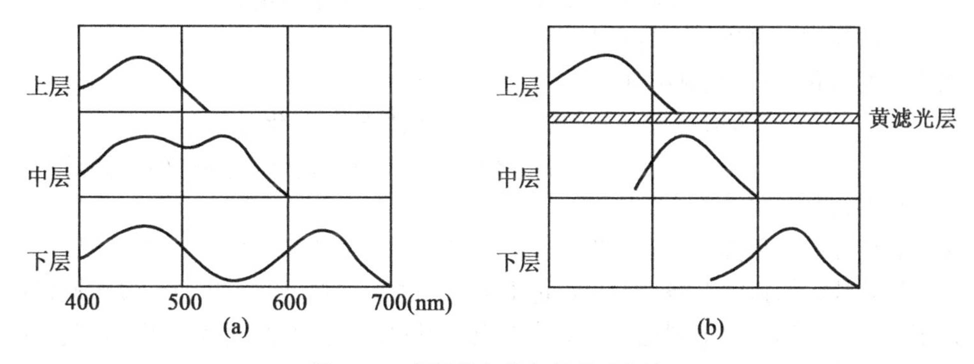

图 1-38　多层彩色片各层的感色性

为了使三层乳剂层在感受原色方面有明确的分工，在上层与中层乳剂层之间涂一层黄色滤光层。由于黄色层吸收蓝光，就防止了蓝光透入中层和下层乳剂，这样便达到了上层只感受蓝光，中层只感受绿光，下层只感受红光的分色目的。各层的有效感色性见图 1-38（b）。

黄色滤光层是由均匀分布在明胶中的胶体银组成，它在冲洗过程的漂白阶段变为银盐，而后在定影时溶去。除了乳剂层以外，彩色片与黑白片的结构一样，还有一些必要的辅助涂层，如乳剂层（即上层乳剂）上涂一层保护层，在片基与乳剂层之间，要预涂一层底层，在片基背面或下层乳剂与片基之间（视片种而定）涂一层深绿色防光晕层（也有用黑色或其他深色染料的），它可在碱性溶液中除去。这些涂层的作用与黑白片相同。此外，彩色片的中层乳剂和下层乳剂之间还涂一层明胶隔层，以防止乳剂层中的颜色串层。但有些彩色片厂由于已采取了防止颜色串层的措施，便取消了明胶隔层。

多层彩色片的每层乳剂厚度约为 5～7μm，滤光层的厚度约 2～3μm，如果加上其他辅助涂层，则总厚度约为 20～30μm，与黑白片的乳剂厚度（约 18～25μm）相仿。由于多层彩色片的每层乳剂很薄，因此对涂布的精度要求很高。

二、成色剂和彩色感光材料的成色原理

多层彩色片用三种不同感色性的乳剂，又在上、中层乳剂层之间加了一层黄色滤光层，分别感受蓝、绿、红三原色，起到了分色的作用；分别在上、中、下三层中加入了能形成黄、品红、青三种染料的成色剂。这种方法称为耦合法。显影时能与显影剂的氧化物耦合而产生染料的物质称为成色剂（也有称产色剂或耦合剂的）。

成色剂本身一般不具有颜色，而是一种能与别的化合物起作用而产生色彩的染料中间体。它加入乳剂层中后，经曝光的卤化银，在显影过程中被彩色显影剂还原而形成金属银影像，与此同时，彩色显影剂被氧化成为氧化产物，此氧化物能立即与加在乳剂层内的成色剂起作用而生成染料，生成的数量与显影中还原出来的银量成正比。因此有银影的地方，也就存在一个由染料组成的影像。

多层彩色片在各乳剂层内加的成色剂是不同的，上层乳剂内加入能产生黄色染料的成色剂，称黄色成色剂，中层加入能产生品红色染料的成色剂，称品红色成色剂，下层加入能产生青色染料的成色剂，称青色成色剂。因此，曝光的彩色片，经显影后，上层形成黄色影像，中层形成品红色影像，下层形成青色影像。除此以外，还有一个由金属银组成的黑色影像，如果将此黑色影像漂除，那么便可得到完全由染料组成的彩色影像。成色剂在显影过程中的作用，可用下列简式表示：

曝光后的卤化银+彩色显影剂

=金属银（黑色银影）+彩色显影剂氧化物；

彩色显影剂氧化物+成色剂=染料（彩色影像）

三、彩色摄影处理

多层彩色片的彩色摄影处理过程是色彩准确再现的重要条件之一，彩色摄影中即使选用了高质量胶片，拍摄中严格遵循了彩色摄影的要求，如果冲洗加工过程没有严格按照冲洗条件进行操作，仍然得不到色彩的准确再现，因此，冲洗时必须按照所使用胶片推荐的药液配方、工艺流程等要求进行。

彩色多层彩色感光材料的冲洗加工过程要比黑白片的处理过程复杂得多，它经历了由黑白影像的形成到彩色影像的形成过程。

对三层彩色负片、正片和相纸来讲，一般有以下几个处理程序：

（1）彩色显影：此时形成金属银影像和染料组成的彩色影像。彩色显影过程中，在卤化银被还原成金属银的同时，乳剂中所含的成色剂与彩色显影剂的氧化产物耦合而形成染料影像（彩色影像）。

（2）漂白：漂白的作用是将已还原的金属银（即银影）和黄色滤光层中的胶态银氧化为能溶于大苏打的银盐。

（3）定影：定影的目的，是溶去彩色片上未被还原的卤化银和漂白中形成的漂白银影以及黄色滤光层所形成的亚铁氰化银。溶去银盐而留下仅由染料组成的彩色影像。

以上每一过程结束以后，都要经过水洗。

彩色片的摄影处理，除了其过程复杂以外，所要求的处理条件也比黑白片的要求严格。例如，药液的浓度、温度和处理时间等稍有不符合规定，便影响影像的彩色密度和反差。彩色片的摄影处理程序和条件，随着它的类型不同而有所差别。一般在彩色片出厂时均有适宜的配方。处理条件推荐，可以参照进行试验。

四、多层彩色感光材料的分类

多层彩色感光材料种类很多，分类方法也不同，大体上可以按用途，对色温的适应性等方面分类。

(1) 按用途分：彩色负片、彩色反转片与彩色正片（包括彩色相纸）等。

彩色负片是供制作彩色相片及彩色透明正片用的，记录的原景物颜色的补色影像，它的感光度比较高，有的高达 ISO 1000，如柯达 VR1000，它为暗弱光线下摄影和取得良好曝光效果提供了条件。通常室内外正常照度条件下用的彩色负片的感光度一般为 ISO 100~200，反差系数一般为 0.65~0.7。常用的彩色负片有乐凯、柯达、富士等。

彩色反转片记录的影像是与被摄景物颜色一致，明暗相同的透明影像，使用彩色反转片要求较准确的曝光量，一般不得大于 1/2 挡的曝光误差。

彩色正片是用来将彩色负片直接拷贝或放大成彩色透明正片。彩色正片和彩色负片都是透明片基。彩色相纸是供印放彩色相片用的。在相纸的两面各覆盖一层塑料，称涂塑相纸。涂塑相纸的伸缩性小，对航测遥感相片晒印更为有利。

(2) 按摄影时所要求的光照条件分：日光型、灯光型和日灯光两用型。

日光型彩色片，一般适应于 5500K 的色温，这种胶片三层乳剂的感光度比较接近，适用于红、绿、蓝光谱成分且色温近似为 5500K 左右的光源下拍摄，即可在日光或电子闪光灯下拍摄，若能正确掌握曝光时间，可获得彩色平衡较好的摄影效果。

灯光型彩色片，一般适用于 3200K 的色温，这种胶片感蓝层的感光度较高，在蓝光成分较少而色温为 3200K 的条件下使用，如在碘钨灯或照相白炽灯下拍摄，可以获得彩色平衡，并获得较好的摄影效果。

日灯光两用型彩色胶片，一般适用于 4000K 的色温，它的平衡色温界于日光与灯光色温之间，因此在灯光下或日光下都可以使用。

日光型和灯光型两种胶片可以互换使用，但必须对光源色温加以调整，调整方法是采用校色温镜。色温镜有两类：一类是降色温的，系橙红色，如柯达滤色镜雷登 85 系列；另一类是升色温的，系蓝色，如雷登 80 系列。雷登 80 系列色温镜适合日光型片在灯光下拍摄使用，因为灯光的色温低，缺少蓝光，用蓝色滤色镜提高色温，使光源色温接近日光片的平衡色温；雷登 85 系列色温镜，适合灯光型彩色片在日光下拍摄，因为日光所含蓝紫光成分多，缺少橙红色光，所以用橙红色滤色镜即雷登 85 系列色温镜降低色温，使光源接近灯光型片的平衡色温。

综上所述，只有光源的色温与感光材料的色温一致时，景物的颜色才能正确地记录和传递。当光源色温高于彩色片的平衡色温时，彩色正像会普遍偏蓝、偏青；当光源色温低于彩色片的平衡色温时，彩色正像会普遍偏橙红色调。当然曝光时间掌握不准确也会造成偏色现象。所以彩色摄影最好用测光表准确地确定曝光时间。

五、彩色感光材料色的再现过程

多层彩色片上取得彩色影像的过程称为彩色感光材料色的再现过程。为了简单起见，以不同颜色的色块表示被摄的彩色景物，现用彩色负片摄影，经过彩色显影等摄影加工后，得到具有彩色影像的负片。整个过程见图 1-39。

从图 1-39 中可以看出，凡是原景物中含有蓝色成分的部分，曝光时都能使上层乳剂感光，显影时，由于该乳剂内含有产黄色的成色剂，结果在感光处形成黄色染料。同样，凡原景物中含有绿色成分的部分，都能使中层乳剂感光，显影后形成品红色染料；凡原景物中含有红色成分的部分，都能使下层乳剂感光，显影后形成青色染料。同时，各层乳剂

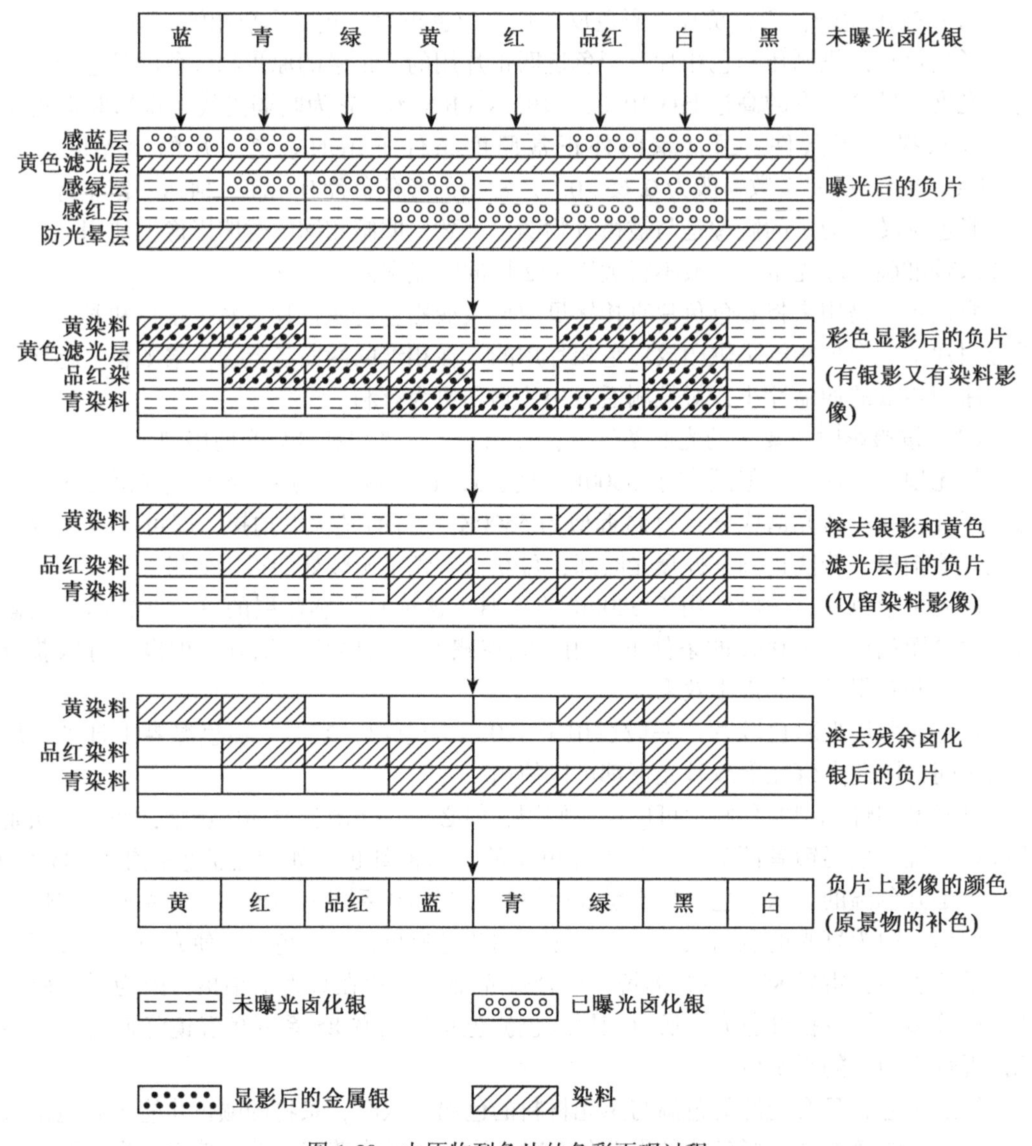

图 1-39　由原物到负片的色彩再现过程

中已曝光的卤化银还原为金属银，构成银影。所形成的染料浓度与各层的银影密度成正比例。如果将银影溶去，那么就只剩下由染料构成的彩色影像。

例如，原景物为蓝色的部分（图 1-39 左边第一色块），在负片上，上层乳剂感蓝部分还原出金属银，同时形成黄色染料，其中层和下层乳剂未感光，既无银又无染料生成。如果将黑色金属银溶去，则此时，当白光通过黄色染料层时，蓝光被吸收，而让绿光和红光通过，绿光和红光同时刺激眼睛时，即产生黄色的感觉。又如原景物为品红色（图 1-39 左起第六色块），上层和下层感光，中层未感光，冲洗后，上层还原出金属银，并产生黄色染料，下层也还原出金属银，并产生青色染料，如将银溶去，则当白光通过黄色染料层时，蓝光被吸收。余下的光通过中层，再通过青色染料时，红光又被吸收，只剩下绿光到达眼睛，所以看上去是绿色。其余色块形成的颜色过程同理推之。由此可知，负片上形成的颜色是原景物颜色的补色，即原景物是蓝色，负片上便是黄色；原景物是品红色，负片上便是绿色；原景物是白色，负片上便是黑色；原景物是黑色，负片上便是透明的。

图 1-40 表示由负片到正片的成色过程，所得正片影像的颜色是负片影像的补色，也就是在正片上得到与原景物颜色相同的影像。

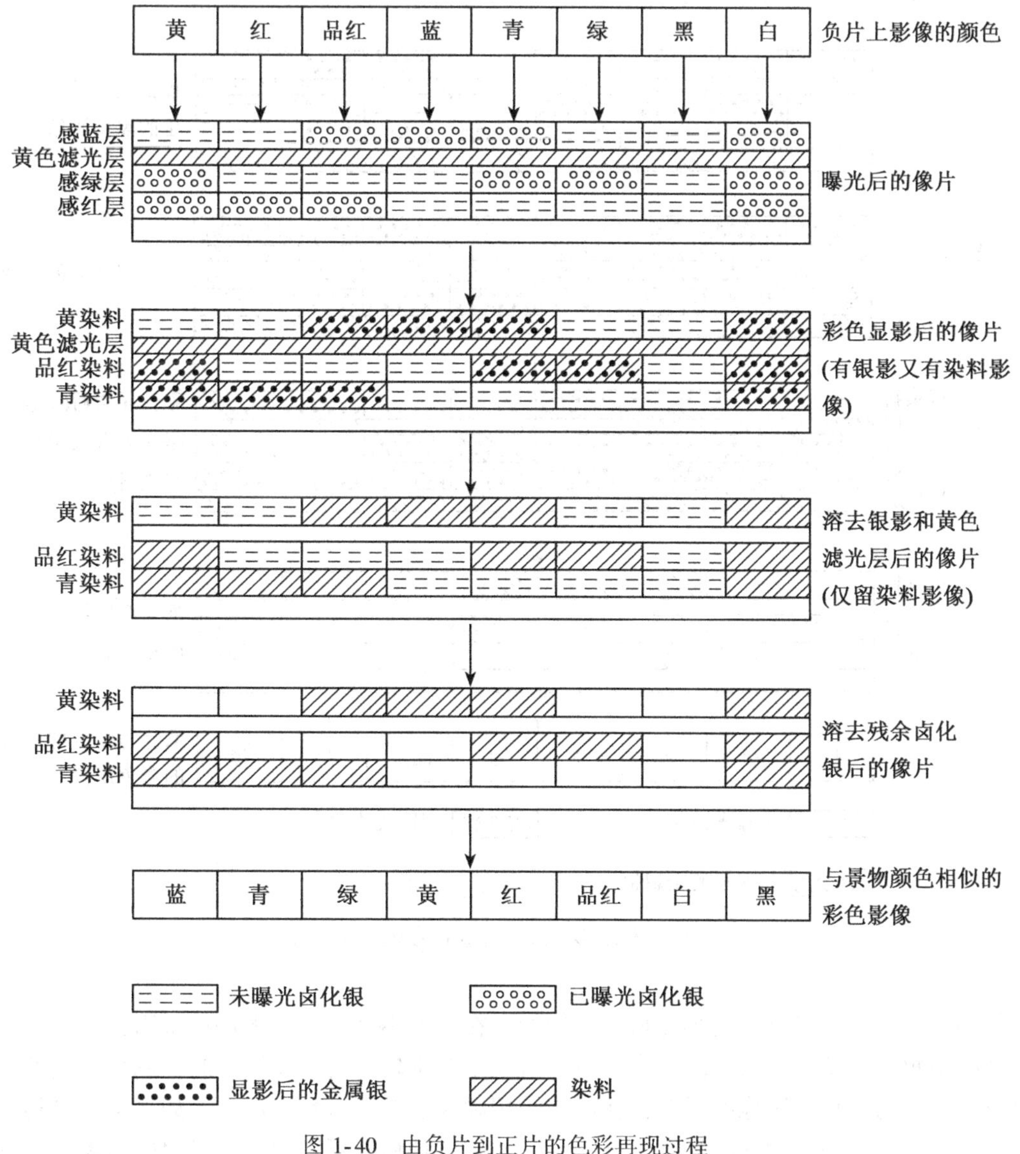

图 1-40　由负片到正片的色彩再现过程

图 1-41 表示彩色反转片取得彩色影像的过程，所得的影像是彩色正像。

1.4.3　感光材料的特性

在摄影工作中，要使摄影成果达到预期的效果，就必须根据一定的摄影目的，结合具

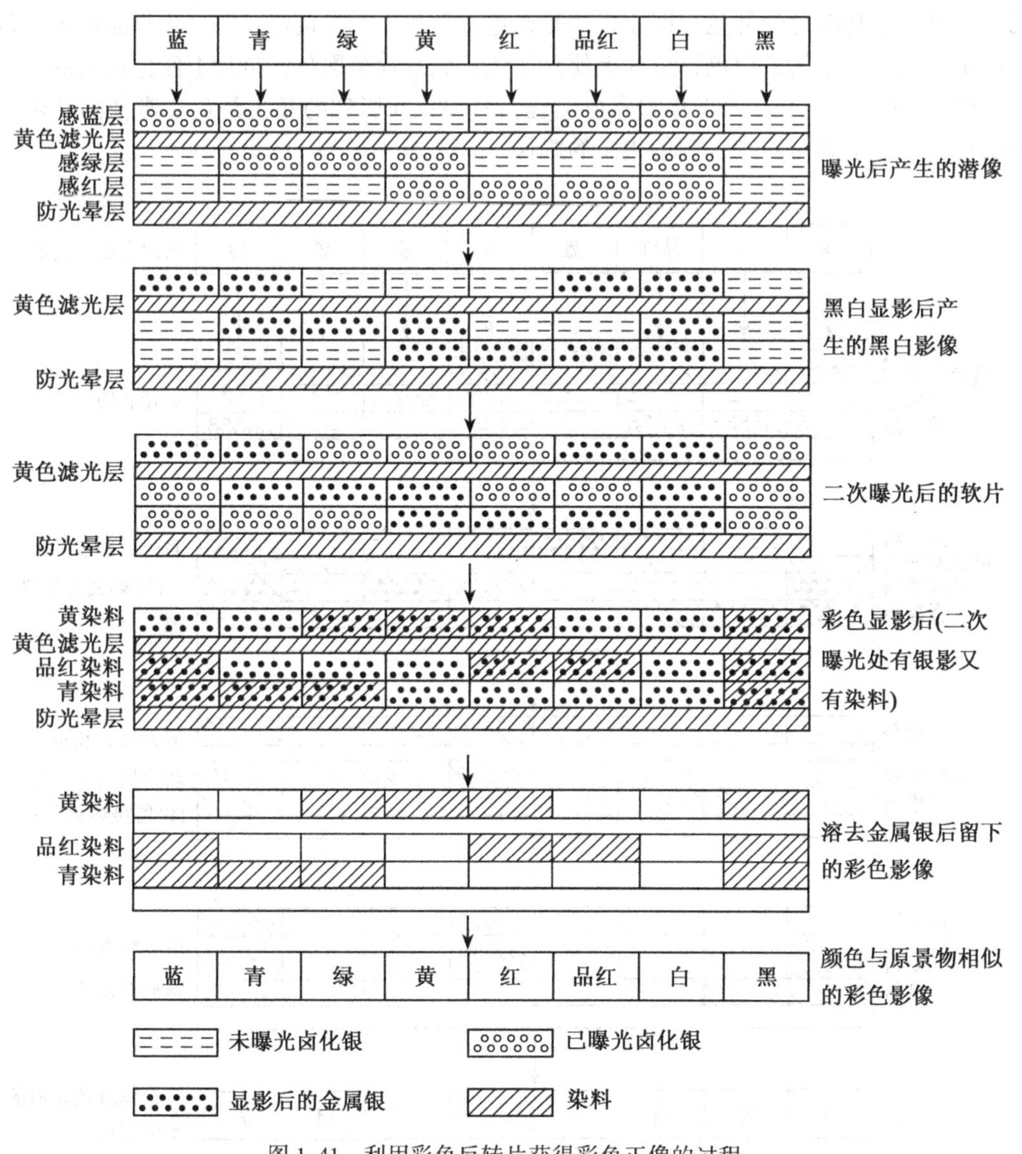

图 1-41　利用彩色反转片获得彩色正像的过程

体的摄影条件，选择合适的感光材料。例如，在照度不良的情况下进行摄影，就必须采用对光线敏感的、感光性较强的感光材料；对亮度差别较小的景物摄影时，例如一般的空中摄影情况，为了提高影像的反差，就应该采用硬性的航摄软片；反之，如果被摄景物的亮度差很大，则应该使用软性的感光材料；又如在各种科技摄影中，为了很好地表达景物的微小细部，就需要采用乳剂颗粒较细的感光材料，即所谓微粒感光材料；再如，在遥感技术中，为了正确表达或是突出某一景物，就需要根据景物的颜色，选择某种感色性的感光材料。因此，为了选择合适的感光材料，就必须了解感光材料的各种性能——感光特性和显出影像的物理特性。

为了客观地测定感光材料的性能，必须以数量的方法来研究光对感光层的作用，这种以数量表示感光材料特性的测定方法和内容称为感光测定。

感光测定的主要内容分两个方面：一是测定感光材料的感光特性，它包括测定感光材料的感光度、反差系数、宽容度、灰雾密度及感色性等；二是测定显出影像的物理特性其中包括测定感光材料的分辨率、清晰度、颗粒度及调制传递函数等（将在第5章讨论）。

应该指出，感光测定的意义不仅在于了解感光材料的性能，而且通过感光测定，可以控制乳剂的制造、指导摄影和摄影处理、评价影像质量等，因此，它已成为摄影科学中的一个极为重要的部分。为了客观地、定量地以数字表示感光材料的各种性能，国际上对每一种特性的测定方法都有推荐的规范，以便各工厂或国家的测定数据能互相进行比较。因此，感光测定必须在严格的标准条件下进行。所用的仪器、设备都必须经过国家标准计量局的鉴定，因为只有这样，测定的成果才具有客观的意义。

一、感光测定中应用的几个术语

1. 曝光量 H

曝光量是指感光材料的乳剂层在曝光时间内单位面积上所受的光通量总和，即等于照度 E 与曝光时间 t 的乘积：

$$H=E\cdot t \tag{1-32}$$

如果照度 E 为1lx，曝光时间为1s时，则曝光量为1lx·s。

2. 光学密度 D

光学密度（简称密度、黑度、灰度）是指感光层在曝光和显影以后的变黑程度。我们知道，感光材料曝光后，经过显影，便还原出黑色的金属银粒，这些银粒对光起着阻挡或吸收的作用。感光层上的银粒累积越多，黑度就越大，被阻挡的光线就越多，而通过的光线就越少。反之，银粒累积量越少，黑度就越小，被阻挡的光线越少，而通过的光线越多。因此，银粒的密度可以根据透光率或阻光率的大小进行间接计量。

设对某一负片的变黑部分，以光通量为 F_0 的光线投射在它上面，通过此负片后的透射光通量为 F（见图1-42），则该负片变黑部分的透光率（或称透明度）T 为：

$$T=\frac{F}{F_0} \tag{1-33}$$

透光率的倒数为阻光率（或称不透明度）O：

$$O=\frac{1}{T}=\frac{F_0}{F} \tag{1-34}$$

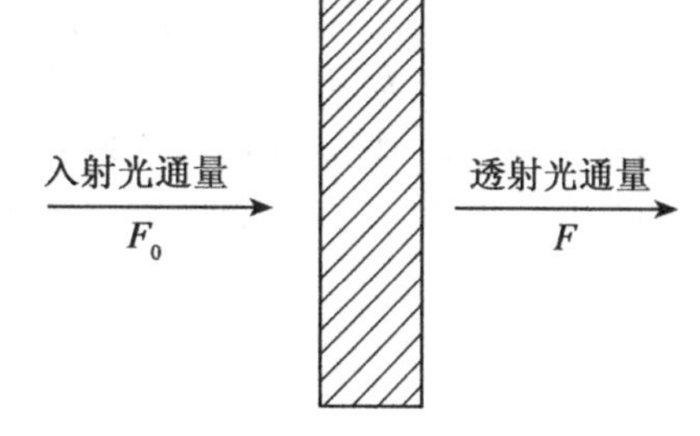

图1-42　入射光通量与透射光通量

以10为底的阻光率的对数，我们定义为光学密度 D，即

$$D=\lg O \tag{1-35}$$

显然，密度也等于透光率倒数的对数，即

$$D=\lg\frac{1}{T} \tag{1-36}$$

二、感光测定步骤

感光测定必须经过以下四个步骤：曝光、摄影处理、量测密度以及绘制特性曲线，分

别叙述如下：

1. 试片曝光

感光测定的第一个步骤是有目的地以不同的曝光量对试片进行曝光，以便研究感光材料对不同曝光量的反应程度。为在感光材料上获得一系列已知的曝光量，通常采用感光仪进行。图 1-43 是国产风光牌 CGG 型感光仪外貌图。

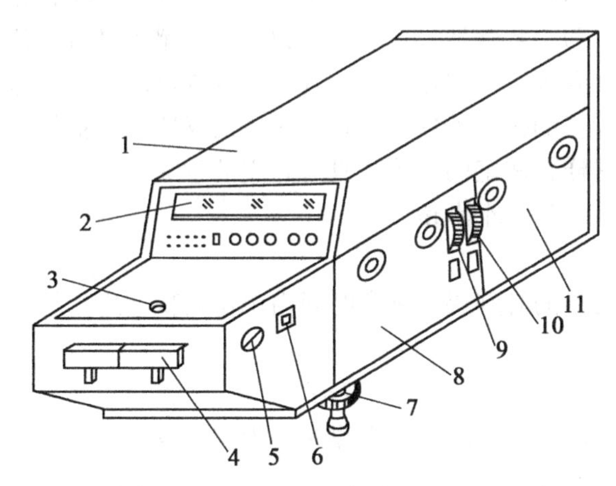

1—顶盖；2—面板；3—片门按钮；4—压片门；
5—曝光按钮；6—光源开关；7—水平调节柱；
8—右前侧门；9—减光器转盘；
10—滤光器转盘；11—右后侧门

图 1-43　风光牌 CGG 型感光仪外貌图

CGG 型感光仪称为调光制感光仪，即固定曝光时间，用改变照度方式来获得一系列不同的曝光量感光仪。图 1-44 为调光制感光仪结构原理图。

其中，光源为标准光源，已知其发光强度。曝光量调节利用的是一块梯级标准光楔，如图 1-45 所示，其密度从一端到另一端有规律地一级一级地循序增加，相邻两级的密度差为常数，以 K_s 表示，假如第一级的密度为 D_1，则第 n 级的密度值可按下式计算：

$$D_n = D_1 + K_s (n-1) \tag{1-37}$$

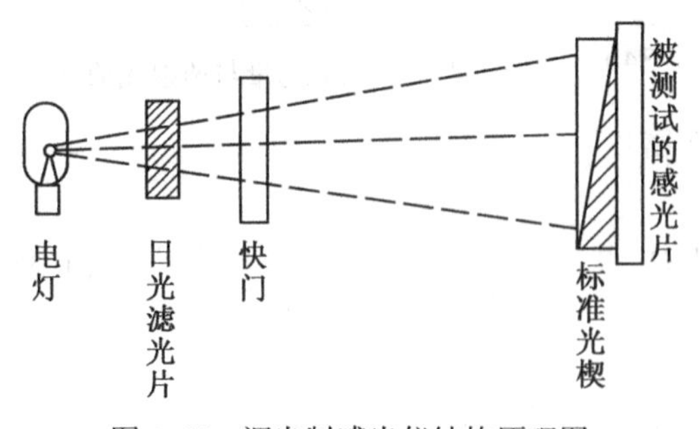

图 1-44　调光制感光仪结构原理图

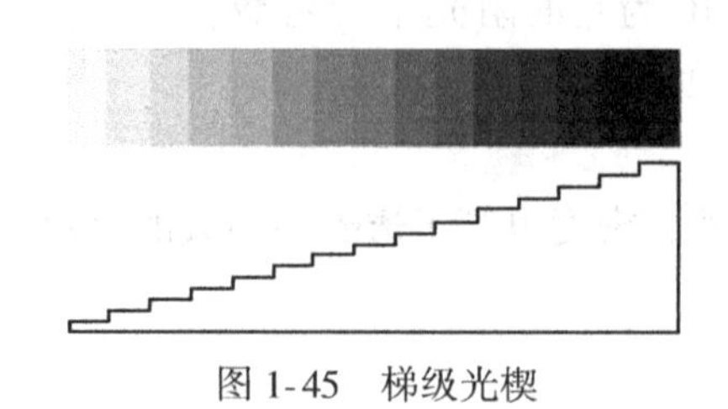

图 1-45　梯级光楔

现以梯级光楔为例，如果把试片放在光楔之后，则透过光楔射达试片的光通量将受到梯级光楔密度的影响，在试片上相应于梯级光楔密度大的部分，受到光量就少；而相应于梯级光楔密度小的部分，受到的光量就多。这样光楔就完全控制了射至试片各部分的光通量。根据感光仪所给定的光源发光强度 I，试片与光源之间的距离 L（m），标准光楔各级的密度数值 D_i，日光滤光片的透光率 T_φ 以及曝光时间 t 等数据，则试片上各级所受的曝光量就可按下式计算：

$$H_i = \frac{I \cdot t}{L^2} \cdot T_\varphi \cdot T_i \tag{1-38}$$

式中：T_i 为标准光楔各级的透明度。

$$\text{或}\ H_i = \frac{I \cdot t}{L^2 \cdot O_i} \cdot T_\varphi \tag{1-39}$$

式中：O_i 为标准光楔各级的不透明度。

在实际计算时用对数表示更为方便，又考虑到 I、t、T_φ 和 L 对于计算每一级曝光量而言都是常数，则

$$\lg H_i = \lg I + \lg t + \lg T_\varphi - 2\lg L - D_i = C - D_i \tag{1-40}$$

式中：$C=\lg I+\lg t+\lg T_\varphi-2\lg L$；$D_i$ 为标准光楔各级的密度值。

2. 摄影处理

按照国际标准化组织的规定，试片在感光仪上曝光后，应在 1～2 小时内按规定的条件进行摄影处理。所谓规定的条件是指处理溶液的配方、温度及搅动等条件，只有严格控制这些条件，才能保证测定的结果具有较高的重复性。因此，配制处理溶液的药剂应当符合国际标准或国家标准照相级规格。表 1-5、表 1-6 所列是对于民用摄影负片国际感光度标准 ISO_6—1974 和我国国家感光度标准 GB2923—82 规定的摄影处理配方。所用药液必须是新配制的，以保证所测性能的稳定。

表 1-5 **感光测定用的显影液配方**

药品名称 \ 配方标准	我国国家标准 GB	国际推荐标准 ISO
蒸馏水	（50℃）500ml	（55℃）500ml
米吐尔	2. 0g	0. 5g
无水亚硫酸钠	100. 0g	40. 0g
几奴尼	5. 0g	1. 0g
无水碳酸钠	—	1. 5g
硼砂	2. 0g	—
碳酸氢钠	—	1. 0g
溴化钾	0. 3g	0. 2g
蒸馏水加到	1000ml	1000ml
pH（20℃时）	8. 7±0. 10	9. 4±0. 2
显影液温度	20±0. 3℃	20±0. 3℃

表 1-6　**感光测定用的定影液配方**

药品名称 \ 配方标准	我国国家标准 GB	国际推荐标准 ISO
蒸馏水	（50℃）600ml	（55℃）600ml
结晶硫代硫酸钠	240. 0g	240. 5g
无水亚硫酸钠	15. 0g	15. 0g
冰醋酸	13. 4g	20. 0g
硼酸	7. 5g	—
硼砂（无水）	—	15. 0g
钾矾	15. 0g	—
蒸馏水加到	1000ml	1000ml
pH（20℃时）	4. 2±0. 30	约为 4. 4
定影液温度保持在	(20±5)℃	(20±5)℃

显影时除保证在一定温度外，必须选定合适的搅拌方式，以保证显影的均匀性，如果采用竖直式显影，则应使曝光少的一端在显影罐（槽）的上部，以防止显影剂氧化产物聚集在曝光少的一端而造成密度变小的现象。

通常，为了得到不同显影时间的感光特性，可同时在感光仪上曝光几张试片，以不同的显影时间进行显影，显影时间一般成倍增加，例如显影 2 分钟、4 分钟、8 分钟、16 分钟等。至于试片的定影、水洗和干燥可以利用普通的方法，但应尽量使温度保持在规定的条件下进行。

3. 量测密度

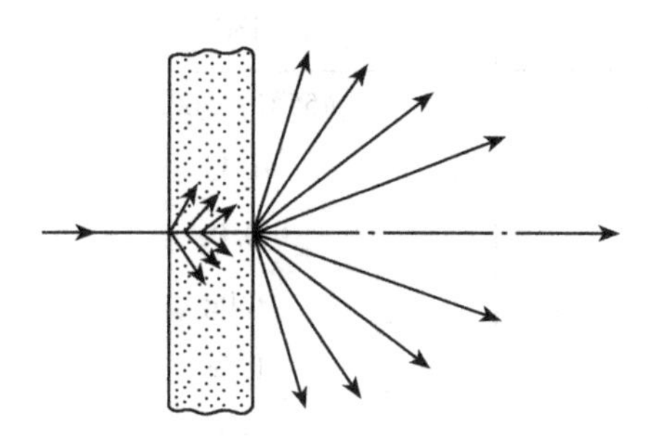

图 1-46　光线在乳剂层中被银粒散射的情况

试片冲洗完毕后，试片各级便产生不同程度的变黑，变黑程度（即密度的大小）与试片各级所受的曝光量有关。因此试片上各级的密度刚好与标准光楔各级的密度大小相反，这时的试片称光楔试片。光楔试片各级的密度可以用计量光学密度的仪器——密度计量测。

应当指出，测定光学密度时，由于量测的方式不同，会得到不同类型的密度。当一束光线穿过乳剂层时，会被乳剂中的银粒往各方向散射，如图 1-46 所示。

如果有一束很窄的光线垂直投射在光楔试片上，而密度计的集光器的位置离光楔试片较远，那么只有“近轴”光线才能进入集光器。这样测得的密度称为单向密度（或称直射密度），如图 1-47（a）所示。如果将一束很窄的垂直投射光线聚焦在光楔试片上，然后将密度计的集光器紧贴在乳剂层上量测，这样把所有的透射光都收集进去了，此时测得的密度称漫射密度，如图 1-47（b）所示。如果投射光是来自各个不同角度的光线（可在它透过光楔试片之前，先让它照射在毛玻璃上，即造成散射光），将密度计的集光器（或积分球）置于离光楔试片足够远的位置上，那么基本上只有与光楔试片垂直的光线才能被收集进去，这样测得的密度也称漫射密度，如图 1-47（c）所示。可以预料，在试片的同一部分测得的单向密度一定比漫射密度大，因为集光器远离试片时所收集到的光线没有靠近试片时那么多。测定单向密度比较困难，因为这种量测要求在入射光、试片和仪器的集光器之间作严格的位置调整。当投射于光楔试片上的光线全部是漫射光，而所有的透射光线都被集光器收集时，这样量测所得的密度称为复漫射密度，如图 1-47（d）所示。

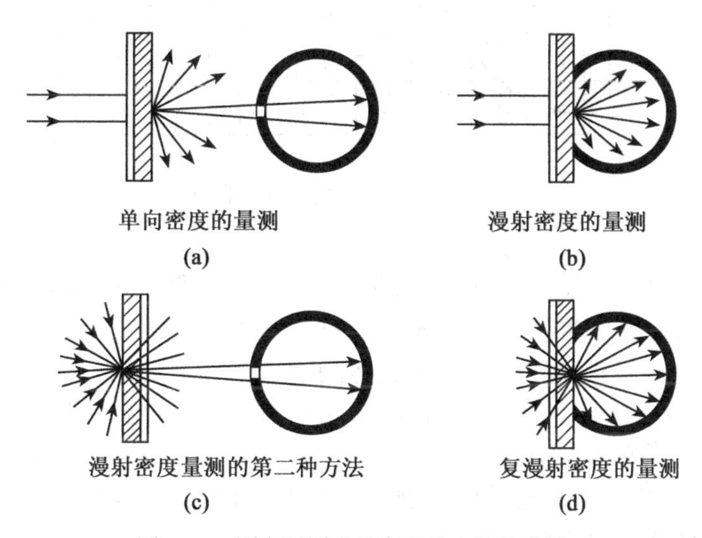

图 1-47 测定不同光学密度的光学关系图

通常，一般密度计都是测定漫射密度的密度计，图 1-48 所示为意大利 BARBIERI 公司生产的 450E 型透射密度仪。

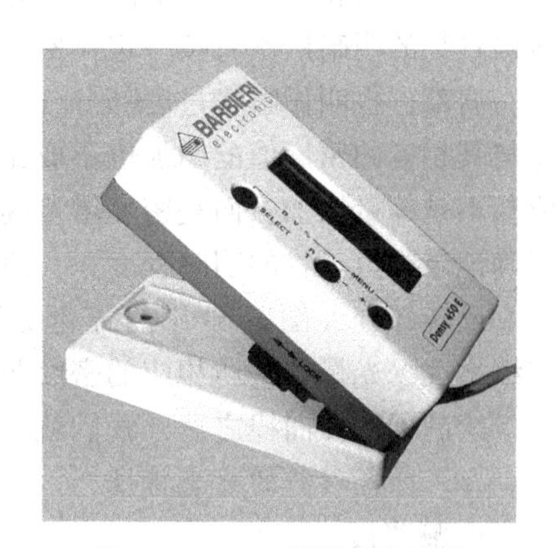

图 1-48 450E 型透射密度仪

4. 绘制特性曲线

感光材料经过曝光和摄影处理，便产生一定的密度，其密度的大小与所接受的曝光量之间的关系就是致黑定律，感光测定的基本任务在于研究和利用这种关系。

为了研究密度与曝光量之间的关系，以密度值为纵坐标，以它对应的曝光量对数值为横坐标绘图，便可得到一条形似 S 的曲线，如图 1-49 所示。这条曲线十分精确地表示出感光材料的基本特性，因而称为感光材料的特性曲线或 D-lg$H$ 曲线。

不同的感光材料有不同的特性曲线，同一种感光材料在不同的显影条件下也有不同的特性曲线，但其总的形状都是相似的。特性曲线可分以下几个部分：

灰雾部分（图 1-49 中的 ab 部分）。这一部分平行于横轴，不管曝光量的大小，或受光与否，其密度都是相等的，这表示该密度不是由于在感光仪中曝光所引起，因为这一部

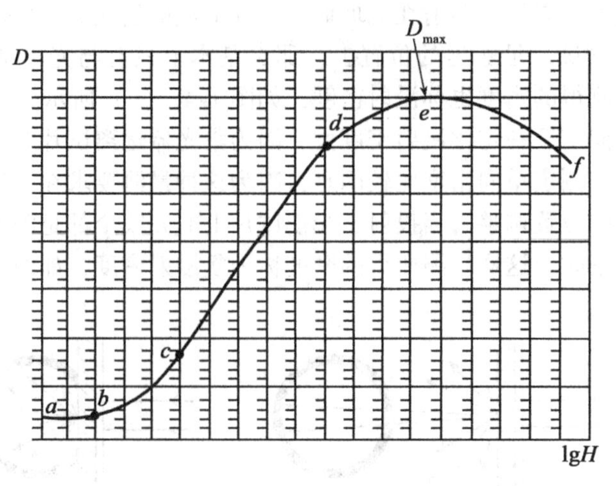

图 1-49 感光材料的特性曲线

分所受的曝光量都很小，不足以使乳剂发生光化学反应，所以虽有不同的曝光量，但没有产生超过未受光部分的密度值，这种密度称为灰雾密度，以 D_0 表示。灰雾密度可从量测试片上未受光处的密度而得，该灰雾密度包含了片基的密度。

趾部，也叫做曝光不足部分（图 1-49 中的 *bc* 部分）。在这一部分，曝光量对数的增加与其相应的密度值的增加不成比例。如果摄影时利用了曲线这一部分，则将不能正确记录被摄景物的明暗程度，一般会使它受到不成比例的压缩，这是由于曝光不足引起的，因此这段曲线称为曝光不足部分。

直线部分，也叫做曝光正确部分（图 1-49 中的 *cd* 部分）。在这一部分，曝光量对数的增加和它所相应的密度值的增加是成比例的。如果摄影时利用了特性曲线这一部分，则被摄景物的明暗层次将按一定比例记录下来。因此，这段特性曲线称为曝光正确部分。

肩部，也叫做曝光过度部分（图 1-49 中的 *de* 部分）。在这一部分，曝光量对数的增加与其相应的密度值的增加也不成比例，即当曝光量对数按等量增加时，与它相应的密度值却不是等量增加，而是密度增量逐渐减小。如果摄影时利用了这一曲线部分，也将不能正确记录被摄景物的明暗程度，一般也会使它受到不成比例的压缩。

反转部分（图 1-49 中的 *ef* 部分）。有些摄影材料，当曝光量达到足够大以后，若再继续增大曝光量，它所相应的密度非但不会增加，反而会有所减小。

绘制了特性曲线之后，我们就可以从特性曲线上求出感光材料的某些基本特性。

三、感光材料的感光特性

1. 感光度

感光度是指感光材料对光敏感的程度。摄影时，如果已知感光材料的感光度，那么在光照条件不变的情况下，感光度高的感光材料，就给予较小的曝光量，感光度低的，就给予较大的曝光量。以公式表示为：

$$S = \frac{K}{H_D} \tag{1-41}$$

式中：S 表示感光度；H_D 表示在一定的显影条件下达到某一密度 D（或叫基准密度）所

需要的曝光量；K 为任意常数。

基准密度 D 是一个选定的数值。不同用途的感光材料，其选择标准是不一样的。下面按照国际标准化组织（ISO）推荐的感光度标准，介绍民用黑白摄影负片及航摄负片的感光度标准。

（1）民用黑白摄影负片的感光度标准

国际标准化组织（ISO）推荐的感光度标准中，I 基准密度为 $D_m=D_0+0.1$，以保证阴影密度所需要的曝光量。感光度值的表示方法，有对数值和算术值两种形式，即

$$\text{算术式}\qquad S_{\mathrm{ISO}}=\frac{0.8}{H_{D_m=D_0+0.1}} \tag{1-42}$$

$$\text{对数式}\qquad S^0=1+10\lg\frac{0.8}{H_{D_m=D_0+0.1}} \tag{1-43}$$

（2）航摄软片的感光度标准

前苏联航摄软片（负片）的感光度标准（ГОСТ 制），采用基准密度为：$D_0+0.85$，其感光度的计算公式为：

$$S_{0.85}=\frac{10}{H_{D=D_0+0.85}} \tag{1-44}$$

基准密度 $D_0+0.85$ 是根据航空摄影的实践经验而定的，因为在一般情况下，如果航摄景物的平均亮度在负片上获得 $D_0+0.85$ 的密度，那么航摄景物的强光部分和弱光部分就能分别落在特性曲线直线部分的范围以内，从而使影像得以正确的表达。

例如，某航摄软片 $D_0=0.2$，则 $D_0+0.85=1.05$；如果相应于 $D=1.05$ 的曝光量为 0.02lx · s，则

$$S_{0.85}=\frac{10}{0.02}=500\ (\text{ГОСТ})$$

如果另一种航摄负片基准密度所对应的曝光量为 0.01lx · s，这说明该材料比前者小一倍的曝光量就能产生 1.05 的密度，则该材料的感光度为

$$S_{0.85}=\frac{10}{0.01}=1000\ (\text{ГОСТ})$$

显然，感光度值相差一倍，意味着感光度速度差一倍。

在实际感光测定中，感光度的求得不必经过计算，可以在感光测定图表的横坐标轴 $\lg H$ 下方，专门设置一根感光度数值分划尺即 S 尺，如图 1-50 所示，求法是从规定的基准密度点画一垂直线下来与 S 尺相交，交点的读数，即为所求的感光度。

航摄软片感光度标准还可以采用目前国际上通用的标准，其感光度以算术值表示，计算公式如下：

$$S_{\mathrm{AFS}}=\frac{1.5}{H_{D_0+0.3}} \tag{1-45}$$

（3）感光度的应用

摄影材料的感光度是确定摄影曝光时间的主要依据之一。现以一般黑白负片的国际标准化组织的标准 ISO 为例，讨论如何根据感光度数值，确定合适的摄影曝光时间。

已知

$$S^0=1+10\lg\frac{0.8}{H_{D_m=D_0+0.1}}$$

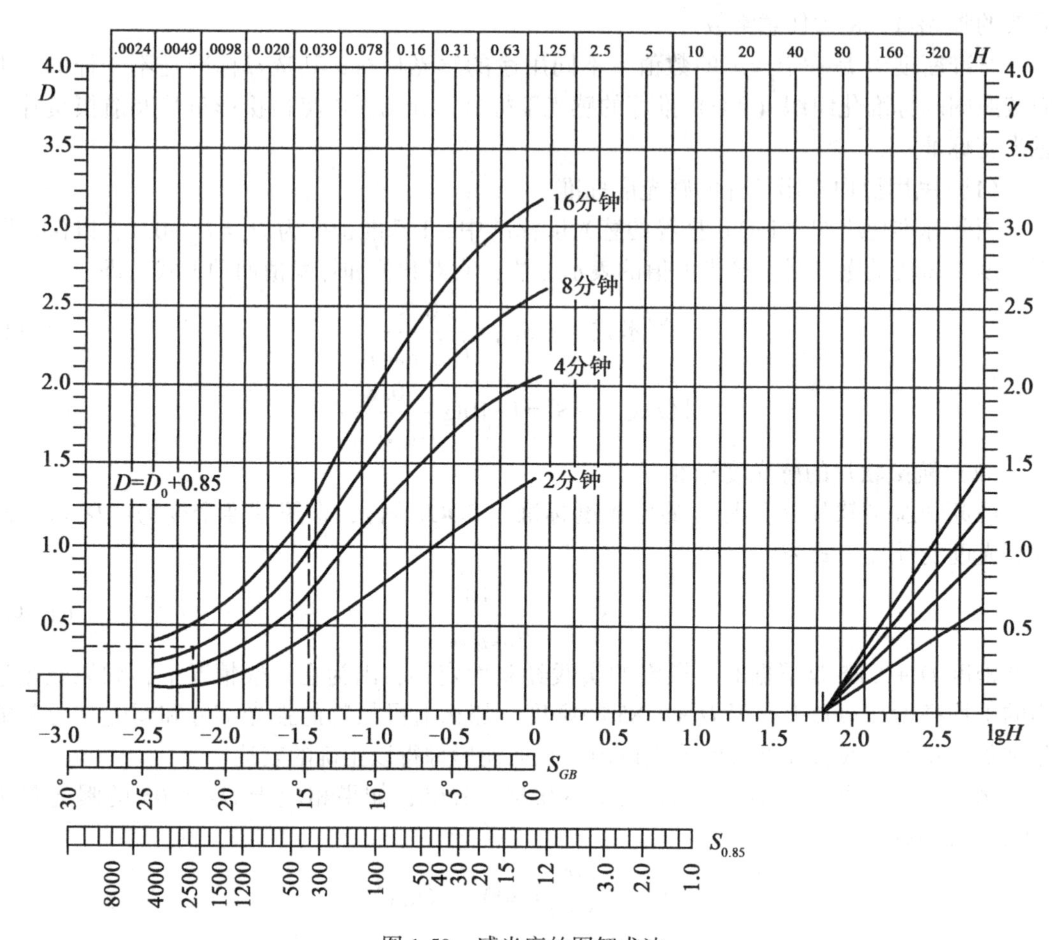

图 1-50　感光度的图解求法

则
$$\frac{S^0-1}{10}=\lg\frac{0.8}{E\cdot t}$$

$$10^{\frac{S^0-1}{10}}=\frac{0.8}{E\cdot t}$$

$$t=\frac{0.8}{10^{\frac{S^0-1}{10}}\cdot E} \tag{1-46}$$

式中：E 为像面照度。已知像面上的照度与光源强度成正比，与光源至像面的距离平方成反比。摄影时，物镜汇聚了被摄景物的反射光并在像面上构成光学影像，因此像面上的照度与景物亮度和物镜的使用面积有关，同时与物镜质量有关。当对有限距离的景物曝光时，像面照度为：

$$E=\frac{I}{f^2}$$

因为
$$I=BS$$

所以
$$E=\frac{BS}{f^2}$$

S 为物镜的使用面积，它与物镜的有效孔径有关，故

$$E=\frac{B\pi\left(\frac{d}{2}\right)^2}{f^2}=\frac{\pi B}{4k^2}$$

考虑到物镜透光率 T，则

$$E=\frac{\pi B\cdot T}{4k^2} \tag{1-47}$$

式中：B 为景物亮度；k 为光圈号数。

将式（1-49）代入（1-48）式，则得

$$t=\frac{3.2k^2}{10^{(S^0-1)/10}\cdot\pi\cdot B\cdot T} \tag{1-48}$$

式中：S^0 为 ISO 感光度的对数值。因此，B 应该用景物中最小亮度，T 一般在 70%以上，估算曝光时间时可以认为等于 1。

同理，可以推算出感光度为算术值得曝光时间公式：

$$t=\frac{3.2k^2}{S_{ISO}\cdot\pi\cdot B\cdot T} \tag{1-49}$$

由此可见，曝光时间 t 由景物亮度 B、物镜的光圈号数 k、物镜透光率 T 以及感光材料的感光度所决定，这些影响曝光时间的因素成为曝光因素。根据这些因素确定摄影曝光时间比较复杂。通常采用电子曝光表。电子曝光表是利用光敏元件，测出景物亮度，结合感光度、光圈号数与曝光时间的相应关系，自动地确定出曝光时间。

2. 反差系数

（1）景物反差与影像反差

景物中最亮部分的亮度 $B_{最大}$ 与最暗部分的亮度 $B_{最小}$ 之比称为景物的反差，用 U 表示，即

$$U=\frac{B_{最大}}{B_{最小}} \tag{1-50}$$

由于景物的反差实际上也说明了景物的相对亮度范围，因此也可以用对数表示，即

$$\begin{aligned}U_{对}&=\lg B_{最大}-\lg B_{最小}=\Delta\lg B\\&=\lg H_{最大}-\lg H_{最小}=\Delta\lg H\end{aligned} \tag{1-51}$$

表 1-7 列出了几种典型景物在一定条件下的亮度比（即景物的反差）。

表 1-7 **几种典型景物的亮度比**

景物种类	$U=B_{最大}/B_{最小}$
从飞机上看地面（即航空景物）	3~5
开敞风景（不包括天空）	4~10
日光下的明亮建筑物	5~10
开敞景物（包括天空）	20~60
以天空为背景的暗色建筑物	100~200

在摄影过程中，亮度大的景物在负片上产生大密度，亮度小的景物在负片上产生小密度，影像的最大密度与最小密度之差称为影像反差，即

$$\Delta D = D_{最大} - D_{最小} \tag{1-52}$$

（2）反差系数

反差系数 γ（Gamma）就是从数值上说明景物反差与影像反差之间的关系，用特性曲线直线部分某两点的密度差与其所对应的曝光量对数差的比值表示，即：

$$\gamma = \tan\alpha = \frac{D_2 - D_1}{\lg H_2 - \lg H_1} = \frac{\Delta D}{\Delta \lg H} \tag{1-53}$$

在实际摄影中，由于曝光量对数之差 $\Delta\lg H$ 是由景物的亮度差 $\Delta\lg B$ 决定的，当景物产生的曝光量在特性曲线的直线部分时，对应的影像密度便能按比例地表达被摄景物的亮度差。在直线部分以外的景物亮度都受到一定程度的压缩。所以，反差系数表示感光材料能按比例表达景物亮度等级的最大能力。

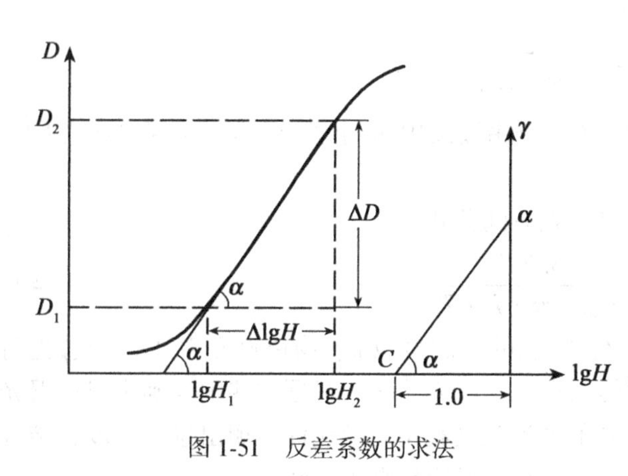

图 1-51　反差系数的求法

由图 1-51 可知，求反差系数时只要在特性曲线上任意取两点，将其相应的密度差和曝光量对数差代入上式即可计算出反差系数。但实际上一般都采用图解的方法，如果取 $\Delta\lg H=1$，则 $\gamma=\Delta D$，根据这个关系，可从横轴上离右边纵轴距离为 1 的 C 点出发（见图 1-51），作一平行于特性曲线直线部分的直线，此直线与右边纵轴（标注 γ 的轴）的交点 α 在分划尺上的读数即为 γ 值。

从公式（1-53）可知：

当 $\gamma=1$ 时，$\Delta D=\Delta\lg H$，说明影像反差等于景物反差，即正确地恢复了被摄景物的亮度差；

当 $\gamma<1$ 时，$\Delta D<\Delta\lg H$，说明影像反差小于景物反差，即压缩了被摄景物的亮度差；

当 $\gamma>1$ 时，$\Delta D>\Delta\lg H$，说明影像反差大于景物反差，即扩大了被摄景物的亮度差。

必须指出，上述关系只有当被摄景物的亮度范围相应于特性曲线直线部分时才能成立。

从公式 $\gamma=\Delta D/\Delta\lg H$ 可知，除了反差系数 γ 的大小决定了影像的反差之外，被摄景物本身的反差也直接影响到 ΔD，因为 $\Delta D=\gamma\cdot\Delta\lg H$；当反差系数 γ 值一定时，景物反差（$\Delta\lg H$）越大，影像反差 ΔD 也越大。

上面叙述了反差系数 γ 和景物反差（$\Delta\lg H$）对影像反差（ΔD）的影响，由此可知，反差系数 γ 和反差是有区别的，而且是两个不同的概念：影像反差是影像的最大密度与最小密度之差，它取决于景物反差和感光材料的 γ 值；而 γ 值并不表示影像的绝对反差，它代表了影像反差与其相应的被摄景物反差之间的关系。

通常，感光材料还根据反差系数分类：γ 值大的称为硬性感光材料；γ 值中等的称为

中性感光材料；γ 值小的称为软性感光材料；而 γ 值特别大的称为特硬性感光材料。航空摄影时，由于航空景物的反差比较小，因此一般都采用 γ 值较大的航摄软片，其反差系数在 1.6~2.6 之间，而一般的民用片的反差系数在 0.6~0.8 之间。

3. 宽容度

前面已经讲过，被摄景物的最亮部分与最暗部分的亮度对比称为景物的反差。感光材料能否把被摄景物的亮度范围正确地记录下来，这就依赖于感光材料记录亮度范围的能力了。通常，将感光材料能够按比例地记录景物亮度的曝光量最大范围称为感光材料的宽容度（用 L 表示）。我们知道，感光材料特性曲线的直线部分是能够按比例记录景物亮度的，因此感光材料的宽容度即等于特性曲线直线部分两端点（终点与始点）所对应的曝光量对数的差值（如图 1-52 所示），即

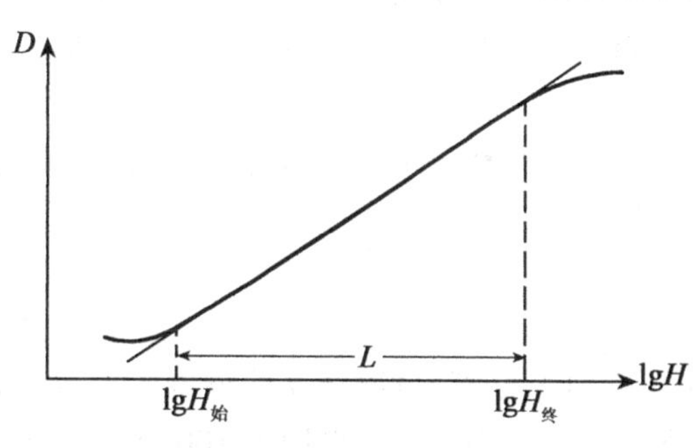

图 1-52　宽容度的求法

$$L = \lg H_{终点} - \lg H_{始点} \tag{1-54}$$

或以真数表示之

$$L = \frac{H_{终点}}{H_{始点}} \tag{1-55}$$

例如，设直线部分起点所相应的曝光量为 10lx・s，终点所相应的曝光量为 1000lx・s，则

$$L = \lg 1000 - \lg 10 = 3 - 1 = 2$$

或

$$L = \frac{1000}{10} = 100$$

上面两种表示形式虽不同，实际上意义是一样的，因为 100 的对数就是 2。

宽容度在摄影实际中有何意义呢？现根据以下三种不同情况（图 1-53）加以分析。

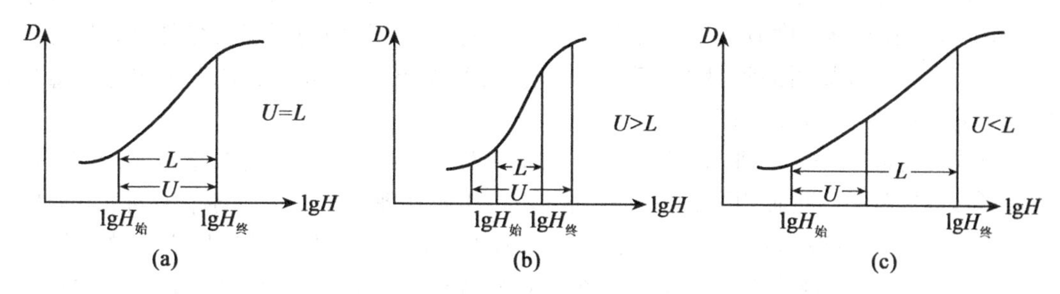

图 1-53　景物反差与宽容度的关系

当景物反差与宽容度相等时，即

$$U = L$$

由图 1-53（a）可以看出，在这种情况下，只有一个合适的曝光时间能使全部景物都构像在直线部分上，如果曝光时间稍有偏差，就会有一部分影像落在曝光不足或曝光过渡部分因而不可避免地要损失部分细节影纹，降低影像的质量。

当景物反差大于宽容度时，即

$$U>L$$

在这种情况下，曝光时间不论怎样选择，都无法获得理想的影像，也就是说始终有一部分影像落在特性曲线的直线部分以外，如图 1-53（b）。

当景物反差小于宽容度时，如图 1-53（c），即

$$U<L$$

这是最有利于摄影的情况，这时曝光时间可以容许在一定范围内变动。假如 U 比 L 小 n 倍，即

$$\frac{L}{U}=n$$

很明显，曝光时间可以在 n 倍范围内变动。例如，设 $L=100$，$U=10$，则 $n=10$。用此材料对某一景物摄影；如果用 1/100s 曝光时间可获得最小的正确曝光量，那么在同样条件下对该景物摄影，取 1/10s 曝光时间，便可获得最大的正确曝光量，也就是说：在 1/10~1/100s 之间取任何一个时间曝光，都属于正确的曝光。虽然所得影像密度不一样，但都构像于特性曲线的直线部分，因此都属于理想的影像，只有当曝光时间超出 1/10~1/100s 范围时，才会出现曝光不足或曝光过度的现象。

宽容度与反差系数有密切关系。从图 1-50 中的特性曲线可以看出，显影时间增加，γ 增大，L 就缩小，反之，显影时间减少，γ 减小，L 却增大。对于不同感光材料而言，一般情况下，都是反差系数大的感光材料，其宽容度较小；反差系数小的，则宽容度较大。

4. 灰雾密度

灰雾密度是感光测定试片上没有曝光、显影以后所产生的密度，用 D_0 表示。大多数感光材料在比较短的显影时间内灰雾值相对比较小，但随着显影时间的延长，灰雾密度一般都会增加。

5. 显影动力学曲线

前面介绍了从一条特性曲线上求取感光特性的方法，这些特性（感光度 S、反差系数 γ、宽容度 L 和灰雾密度 D_0）主要取决于乳剂层的种类，同时也受显影条件（显影液的配方、显影温度、显影时间和显影过程中的搅拌等）的影响。当其他条件固定时，感光材料的感光特性将随显影时间而改变。

感光测定时，一般要将同一种感光材料裁成若干张试片，在感光仪上曝光后，以同样的显影液、同样的温度而以不同的显影时间进行摄影处理，然后画出各个不同显影时间的特性曲线（如图 1-50 所示），并求出各自相应的特性数值。再以纵坐标表示这些特性数值，而以横坐标表示显影时间，则可以分别得到各种特性数值与显影时间的关系曲线：$S=f(t)$，$\gamma=f(t)$，$D_0=f(t)$，这些曲线称为显影动力学曲线（如图 1-54 所示）。

从 $S=f(t)$ 和 $\gamma=f(t)$ 曲线可以看出，在一定的显影液和显影温度下，随着显影时间的延长，感光度和反差系数都以较快的速度增加，若继续延长显影时间，则 S 和 γ 值的增加速度减慢，到一定显影时间后，S 和 γ 先后达到最大值。当 γ 值达到最大后，如果再延长显影时间，则由于灰雾密度的增加，会使 γ 值减小。γ 值变化，表示了显影的程度，所以又称 γ 值为显影因素。

从 $D_0=f(t)$ 中可以看出，D_0 与显影时间的关系近似为一条直线，即 D_0 随着显影时

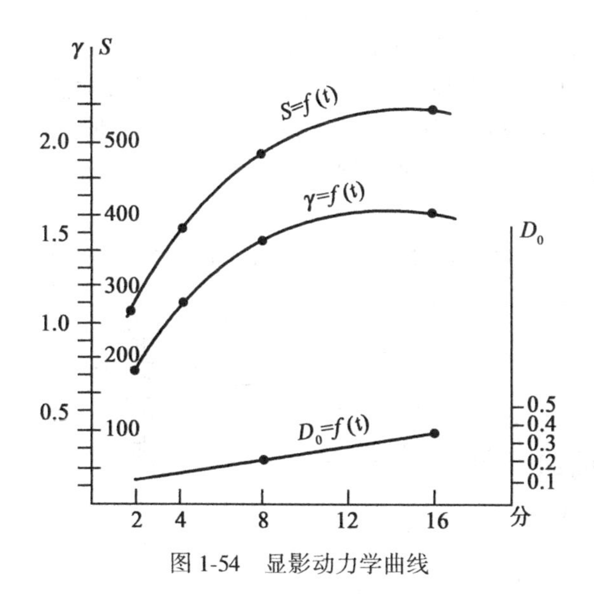

图 1-54　显影动力学曲线

间的增长而成比例地增大。

显影动力学曲线在摄影实践中有很重要的意义。分析这些曲线，既可从中了解感光特性与显影时间的关系，又可借此指导显影，以保证摄影影像的质量。例如航摄负片规定，D_0 的最大值不得超过 0.3，则从显影动力学曲线 $D_0=f(t)$ 中可以求得最大的许可显影时间；又如，根据景物的反差 U 以及对负片所要求的密度差 ΔD（国家规定，最佳航摄负片要求 $\Delta D=0.6\sim0.9$），根据公式（1-53）和（1-55）得出的式子：$\Delta D=\gamma\cdot \lg U$ 就可以求得所需要的 γ 值，再从 $\gamma=f(t)$ 曲线中求得对应于这一 γ 值所需要的显影时间和相应的感光度，然后按照感光度来指导曝光，按照这一显影时间来指导冲洗，就可以保证摄影影像的质量。

四、感光材料的分辨率

分辨率（或称分解力）表示乳剂层能清晰地表达被摄景物微小细节的能力，与物镜分辨率一样，也是以 1mm 宽度内，乳剂层能清晰地表达等间隔平行线条的最大数目，其单位为“线对/mm”，并以 R 表示。

测定感光材料分辨率通常采用光学投影法。它是把分辨率测试觇板的各组线条缩摄到被测试的材料上，经摄影处理后，放在显微镜下观察，找出其线条刚能清晰分辨的线条组，该组的线条数目即为该感光材料的分辨率。

图 1-55 是我国重庆光学仪器厂制造的 CCF-1A 型感光材料分辨率测定仪的光学系统略图。图中 1 为光源，其色温为 2850K±50K，它发出的光，经过隔热玻璃 2、插入式可换光学密度减少板 3 和聚光镜前透镜组 4、5，而到达转向反光镜 6，于是光线在水平方向 90°，并再通过圆盘式可换光学密度减光板 7（共 8 级，每级密度差为 0.15）、颜色滤光片 8（有四种颜色的滤光片，即 JB16、CB6、HB12、QB5）和聚光镜后透镜组 9 而均匀照明分辨率测试觇板 10，而后光线又经过转向棱镜 11 垂直向上折射，通过辅助透镜 12，当快门 15 开启时，缩摄物镜 14（缩小倍数 $m=25$ 倍）便将分辨率觇板上的各组线条缩小成像于

真空吸气平台 13 的平面上。如果把测试的感光材料放在此真空吸气平台的平面上进行曝光，经过摄影处理后，放在显微镜（放大倍数应选在被测感光材料分辨率的 0.5～1.0 倍之间）下进行观察，此时，可以看到试片中，那些已超过被测感光材料分辨率的线条组已经模糊，但是，总可以找到线条刚能清晰分辨的一组，根据这组的线条宽度和缩摄物镜的缩小倍数便可由下式求出该试片的分辨率：

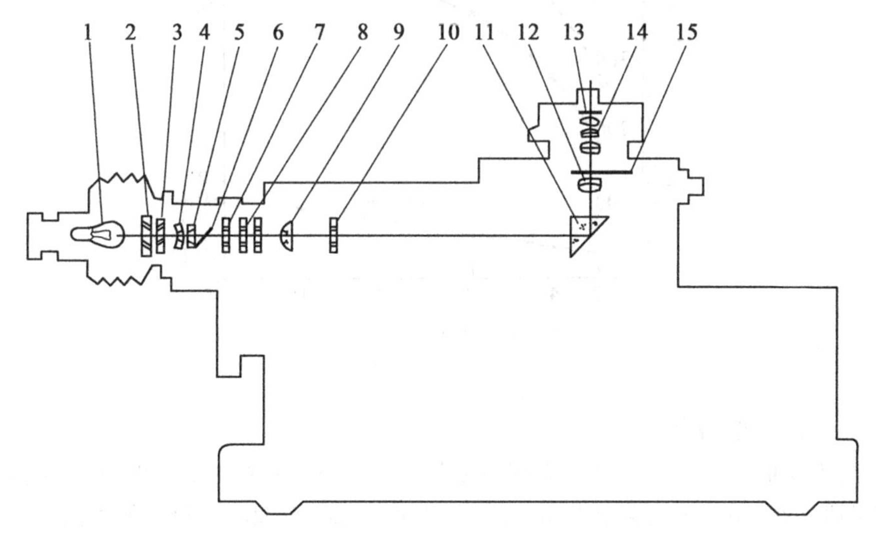

图 1-55　CCF-1A 型感光材料分辨率测定仪

$$R=\frac{1}{2d}\cdot m \tag{1-56}$$

式中：d 为觇板上线条的宽度；m 为缩摄物镜的缩小倍数。

实际工作时无须计算，因为，CCF-1A 型分辨率测定仪的缩小倍数是固定的，而分辨率测试觇板是一块包括 28 组不同宽度线条的组合板（φ27×3mm），线条组的排列顺序如图 1-56 所示，因此，只要在显微镜下读出刚能分辨的线条组标号，便可以在表 1-8 中直接查得感光材料的分辨率。

表 1-8　**CCF-1A 型感光材料分辨率觇板表示的分辨率数值表**

单元号	1	2	3	4	5	6	7	8	9	10	11	12	13	14
线对/mm	22	25	28	32	36	40	45	50	56	63	70	78	87	98
单元号	15	16	17	18	19	20	21	22	23	24	25	26	27	28
线对/mm	110	123	138	155	174	196	220	247	278	312	350	395	445	500

用上述的投影方法测定分辨率也是有一定限度的，例如 CCF-1A 型分辨率测定仪，分辨率最多也只能测到 500 线对/mm，对于测定分辨率比这更高的感光材料，就无能为力了。

分辨率是表征感光材料微观特性的一个重要指标，是反映感光材料成像能力的直观方

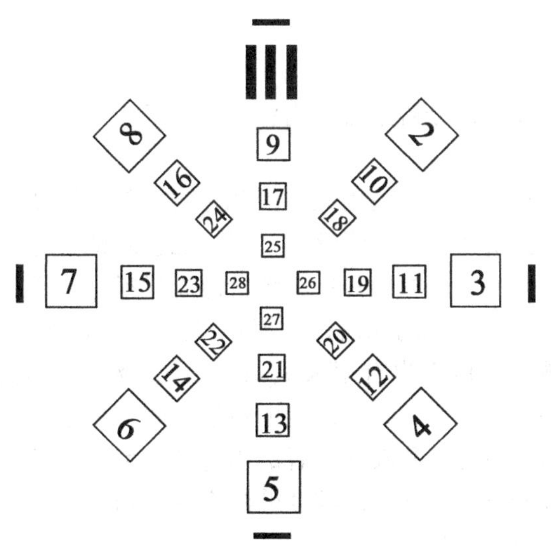

图 1-56　分辨率觇板示意图

法。摄影过程的每个环节都影响到它，归纳起来有以下诸因素：

1. 乳剂颗粒的大小

乳剂颗粒大小对分辨率有决定性影响。一般而言，乳剂颗粒越大，分辨率越低；反之，颗粒越小，分辨率越高；同时，颗粒度小的乳剂，表现了比颗粒度大的乳剂有较高的分辨率，因此，正性材料比负性材料的分辨率高。

2. 测试分辨率觇板的反差

觇板的反差愈大，测定的分辨率愈高；觇板的反差愈小，测定的分辨率愈低，如图 1-57 所示。u 表示觇板反差，$u=10$ 比 $u=2.1$ 能获得较高的分辨率。CCF-1A 分辨率测定仪有两块不同反差的觇板，一块反差为 1000 : 1，另一块反差为 1.6 : 1。前者相当于明亮景物的反差，后者相当于阴暗景物的反差。航空摄影的景物属于低反差景物，因此，测定航空软片的分辨率应采用低反差觇板。

由于分辨率的大小与觇板反差有关，因此对测定的分辨率值必须注明所用觇板的反差。

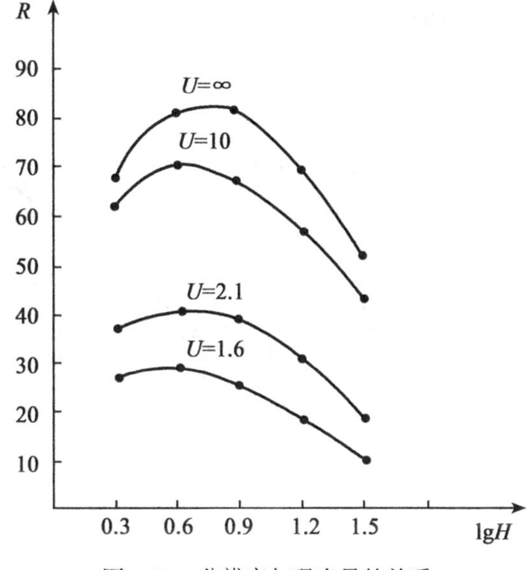

图 1-57　分辨率与曝光量的关系

3. 曝光量

曝光过度或不足都使分辨率下降，只有曝光正常时，才能使感光材料的分辨率达到应有的数值。因此，在测定分辨率时，用改变曝光量的方式选择其中曝光量最适宜的试片来评定感光材料的分辨率。从图 1-57 可以看出，任何反差的测试觇板，不同的曝光量，得到的分辨率不同，当曝光量达到某一数值时，分辨率达到最大。

4. 显影条件

一般用微粒显影液显影，分辨率就提高；用硬性显影液，由于乳剂颗粒度增大，分辨率就降低。

随着显影时间的增长，由于γ值增大，因此分辨率随之提高，但达到一定的显影时间后，由于颗粒度增大，分辨率也随之降低。所以，在实际试验时，至少要做三个不同的显影时间，然后从显影时间最适中的试片中来评价感光材料的分辨率。除此以外，测定时的光照条件（光照是否均匀，光源的光谱特性等）、感光材料的结构（乳剂的涂布厚度，防光晕层的特性等）与测定分辨率也有很大关系。因此，测定感光材料的分辨率应该统一规定测试的仪器、条件和方法，否则，测定的数值彼此是无法比较的。用摄影法测得的分辨率是分辨率测定仪的显微物镜和胶片两者的组合分辨率。为了不使胶片分辨率受物镜分辨率的影响，要求物镜分辨率必须高出胶片分辨率的3~4倍。

五、彩色感光材料的感光特性

彩色感光材料的感光测定程序也和黑白片一样，即经过曝光、摄影处理、量测密度和绘制特性曲线。与黑白感光材料的区别是彩色感光材料有三层乳剂层，所以可以绘出三条特性曲线，如图1-58所示。

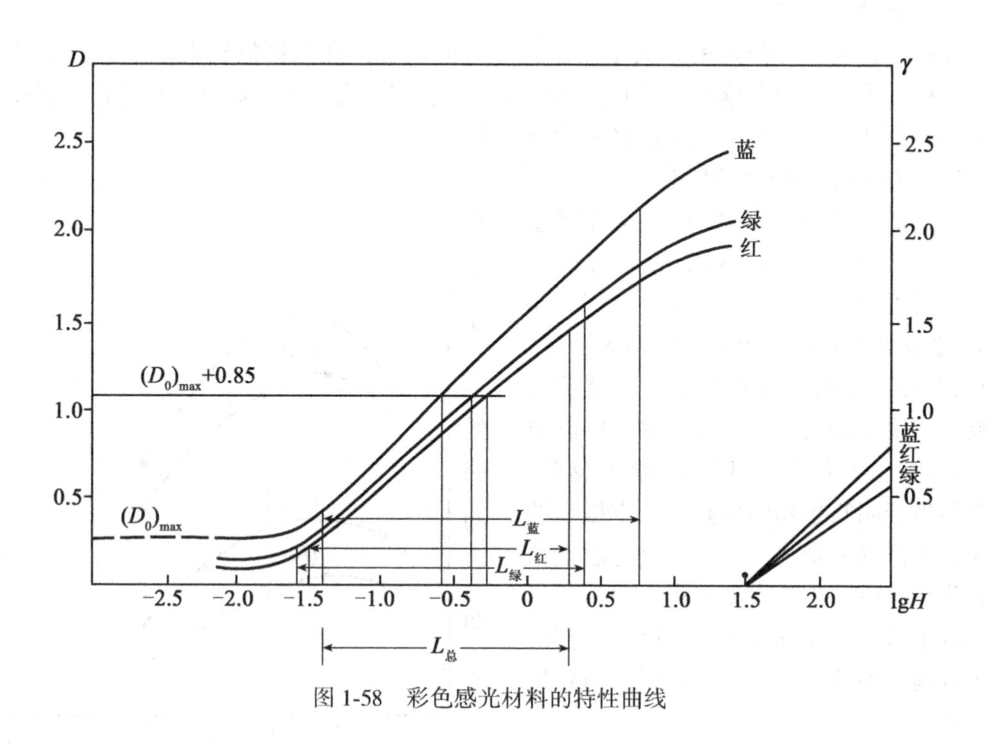

图1-58 彩色感光材料的特性曲线

从多层彩色感光材料的三条特性曲线，可求出各层乳剂的感光度、反差系数、宽容度等感光特性数值，并可求出三层乳剂的综合性能。

1. 感光度与感光度平衡

由于彩色感光材料有三个感光层，所以在求它的感光度时，不仅要求出总感光度，而且要求出每一层的感光度，称为分层感光度，同时还应求出三层感光度的比值，以便判断由于感光度的差异而对色彩再现可能产生的影响。

(1) 分层感光度

分层感光度的确定原则，与黑白感光材料一样，仍以达到某一基准密度所需曝光量的倒数乘一常数为标准，基准密度和常数的选择，随片种而定，但各个国家的选定标准不一致。我国目前按照 1973 年国际标准化组织（ISO）提出的彩色负片感光度的确定方法，基准密度是 $D=D_0+0.15$ 所对应的曝光量，于是彩色负片的分层感光度为：

$$S = \frac{1}{H_{D=D_0+0.15}} \tag{1-57}$$

如取对数计算，则为

$$S^0 = 1 + 10 \cdot \lg \frac{1}{H_{D=D_0+0.15}} \tag{1-58}$$

为了正确表达景物的颜色，三层乳剂的有效感光度应该一致，但由于制造技术的困难，以及保存期间三层乳剂衰退的情况不同，彩色负片的三层乳剂的有效感光度一般都不相同。

(2) 总感光度

首先计算平均曝光量 H_m：

$$H_m = \sqrt{H_{绿} \cdot H_{最低感层}}$$

或

$$\lg H_m = \frac{\lg H_{绿} + \lg H_{最低感层}}{2}$$

式中 $H_{绿}$ 是感绿层的灰雾密度加 0.15 密度之和所对应的曝光量；$H_{最低感层}$ 为三条特性曲线上灰雾密度加 0.15 密度之和所对应的曝光量最靠右面的一点，即感光度最低的一层所对应的曝光量。总感光度为：

$$S = \frac{\sqrt{2}}{H_m} \tag{1-59}$$

如取对数计算，则为：

$$S^0 = 1 + 10 \cdot \lg \frac{\sqrt{2}}{H_m} \tag{1-60}$$

为适应习惯法，感光度的表示方法，也是采用并列算术值和对数值两种感光度，如：ISO100/21^0。

(3) 感光度平衡 B_S

三层乳剂中最大感光度与最小感光度之比，即为该片的感光度平衡，用 B_S 表示。

$$B_S = \frac{S_{max}}{S_{min}} \tag{1-61}$$

对于理想彩色片，其感光度平衡值应等于 1。根据对彩色负片性能的要求，中华人民共和国化学工业部 1989 年 5 月 12 日公布，感光度平衡为：

$$\frac{S_R}{S_G} \leqslant \frac{1}{1.1} \sim \frac{1}{1.8}$$

$$\frac{S_R}{S_B} \leqslant \frac{1}{2.0} \sim \frac{1}{3.5}$$

彩色片感光度平衡稍差，可在晒相时用滤光片加以修正。

2. 反差系数及反差系数平衡

(1) 反差系数

多层彩色片中各层的反差系数和黑白片一样，等于其特性曲线的直线部分任何两点的密度差与其相应的曝光量对数差之比，即

$$\gamma = \left(\frac{D_2 - D_1}{\lg H_2 - \lg H_1}\right)_{直线} \tag{1-62}$$

它的求法可根据上式算出，也可以用图解法直接求出。

(2) 反差系数平衡 B_γ

各层乳剂的反差系数不完全相同，因此必须求出其反差系数平衡 B_γ，它是由三层乳剂中最大反差系数与最小反差系数之差来表示的，即

$$B_\gamma = \gamma_{max} - \gamma_{min} \tag{1-63}$$

理想的 B_γ 值应等于零，但实际上难以实现。为了保证亮度不同的景物都能达到较好地再现，规定反差系数平衡应小于0.2。反差系数不平衡是无法在晒相过程中修正的。

感光度平衡和反差系数平衡总称为彩色平衡。

3. 宽容度

与黑白片相同，每层乳剂层特性曲线的直线部分所对应的曝光量范围，即为该层的宽容度，也就是

$$L = \lg H_2 - \lg H_1 \tag{1-64}$$

三层乳剂的总宽容度等于三条特性曲线共同直线部分所对应的曝光量范围。

彩色感光材料的有效宽容度一般都比较小，因此只有在较小的曝光量范围内，颜色才最饱和。曝光量太大或太小时，随着影像明度的增减，颜色的饱和度都大大降低。

4. 彩色平衡对彩色影像色调的影响

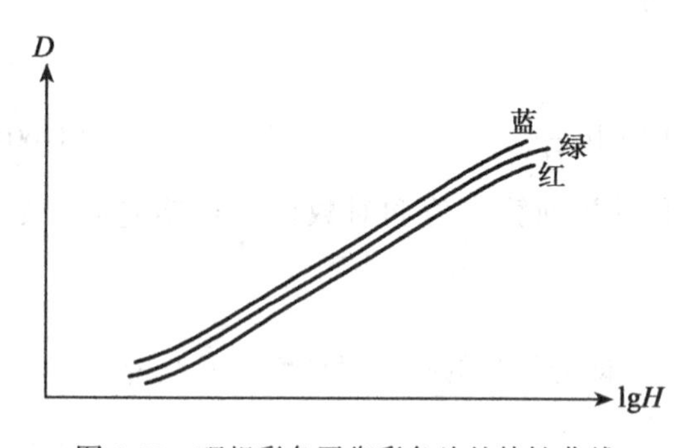

图 1-59　理想彩色平衡彩色片的特性曲线

彩色感光材料的三层乳剂（假定每层的感光特性都相同），由于所处的位置不同，所以在同样的曝光和显影条件下，各层接受的曝光量和显影程度都不相同。因为光线和显影液到达下层之前，必须先经过上层及中层乳剂，这样必然出现上层感光度和反差系数比中层和下层的都大，而中层的又比下层的大的现象。为弥补这种缺陷，彩色感光材料三层乳剂的组合，必须针对上述情况，使下层乳剂的感光度和反差系数在显影中的上升速度比上层和中层的大，而中层的又比上层的略大，才有可能在同时显影的情况下，得到三条接近重合的特性曲线，如图1-59所示。这种感光片称为理想彩色平衡的彩色片。

彩色片彩色平衡的好坏，除了看它的三条特性曲线重合的程度外，实际应用中，还以

它能表现中性灰色的程度，作为评定该彩色片的彩色平衡的标准。要获得灰色，就要求三层乳剂的有效感光性能完全一致，所以灰色是最难表现的。白色与黑色虽然也要求三条曲线一致，但因白色是各层都没有染料，光线全部通过，而黑色是各层染料都很多，透光很少，所以即使彩色平衡差一点，对色调的传达不致有显著的失真。

理想彩色平衡的彩色片，实际上很难遇到，因为，一方面是乳剂在制造过程中性能不易控制，另一方面，彩色片在使用或保存过程中各层性能的改变情况不一致，所以，一般的彩色片或多或少偏向某一色调。最常见的有下面两种情况：

（1）感光度平衡较差

这样的彩色片，曝光、显影后，反差系数比较一致，而有效感光度相差较大，三条曲线彼此大致平行，但不重合，如图 1-60 所示。

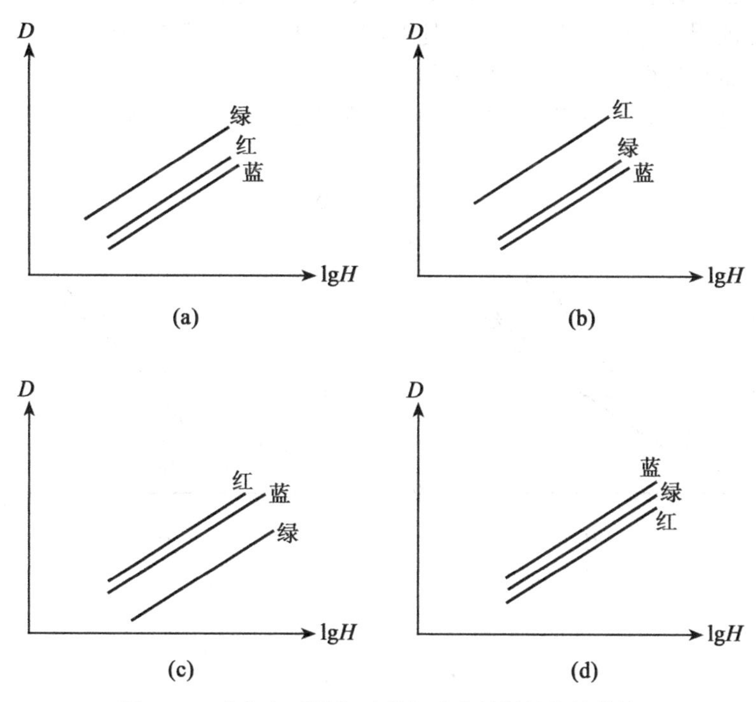

图 1-60　感光度不平衡时彩色感光材料的特性曲线

感光度平衡较差的彩色片，无论曝光正确、过度或不足，都偏向同一色调，哪一层乳剂感光特别快，负片上便偏向哪一层所感色光的补色（负片上常有各色灰雾，往往影响对负片影像色调的正确判断）。图 1-60（a）所代表的彩色片，感绿层的感光特别快，在负片上便偏品红。晒相时，由于负片品红染料太多，透过绿光太少，使正片上形成的品红染料太少，所以正片偏绿。同理，（b）图负片偏青；正片偏红。（c）图情况与（a）图相反，感绿层感光太慢，或者说感红层及感蓝层感光太快，负片上青染料吸收了过多的红光和蓝光，所以负片偏绿色，正片偏品红色。更常见的是（d）图的情形，负片感蓝层形成的黄染料最多，感红层形成的青染料最少，感绿层形成的品红染料居中，因此负片透蓝光最少，透红光最多，也透过一部分绿光，负片带橙色的色调，正片带青蓝色色调。

感光度平衡较差的彩色片，显影后偏向同一种色调，可以在摄影或晒像时用滤光片加以修正。彩色片的感光度平衡值 B_S 太大时，其有效宽容度和总感光度都会受到一定的损失，影响摄影效果。摄影时加滤光片修正的原则是：负片偏什么色，就加什么颜色的滤光片。

彩色放大时加滤光片修正的原则是：正片偏什么色，就加什么颜色的滤光片。

必须指出，无论是摄影还是放大时加滤光片，都需要增加曝光量。

（2）反差系数不平衡

这一类彩色片是三条曲线彼此不平行，如图 1-61 所示。其中（a）所代表的彩色片，对于景物中阴暗部分的色调可以达到平衡，而对景物中明亮部分，在负片上都要偏黄。图（b）所代表的彩色片，对景物明亮部分的色调可以达到平衡，而对阴暗部分景物影像则偏红色和品红色。也有的彩色片如图（c），只有曲线交点处能达到彩色平衡，亮处和暗处各偏不同的色调，正片暗处偏青，亮处偏红。（d）图所代表的彩色片，景物亮处，负片青色很深，品红色很淡，景物暗处则相反。

彩色片的反差系数不平衡，在摄影曝光或复制过程中都无法修正。

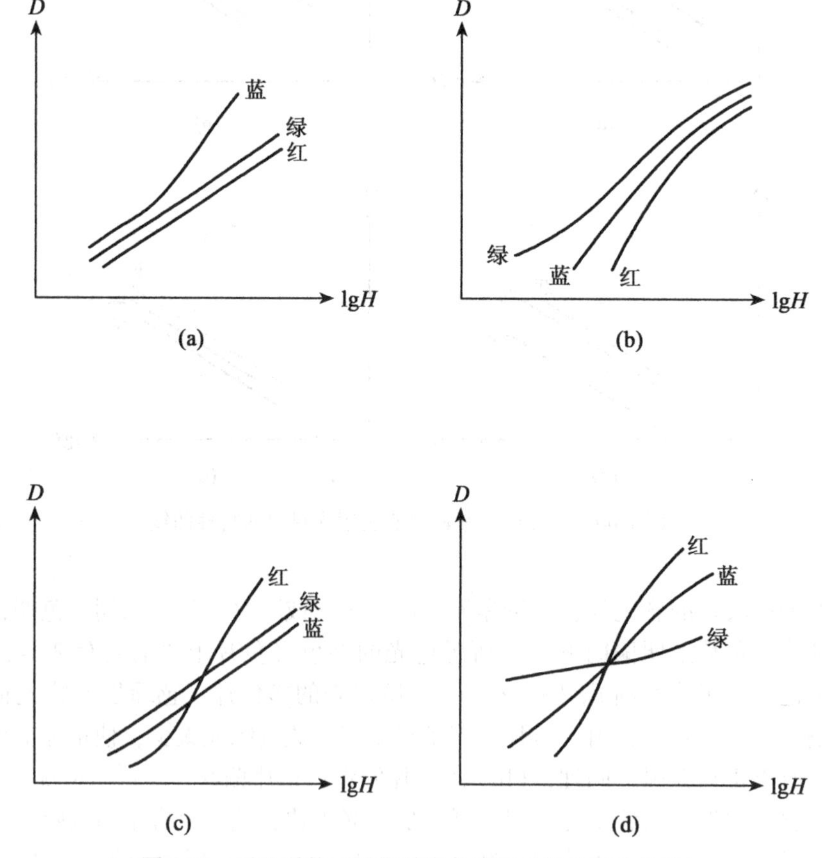

图 1-61　反差系数不平衡时彩色感光材料的特性曲线

1.5 数码相机的特性与种类

数码相机是数字摄影中最关键、最灵活的输入设备，用它可将世间万物（无论其形态、大小多么不同）轻而易举地拍摄后变成计算机可直接处理的数字文件。数字摄影的发展，主要表现为数码相机的飞速发展，而数码相机发展的最显著的特征是质量档次的迅速提高。

1.5.1 数码相机的成像原理

数码相机就是采用影像传感器来形成影像的模拟电流信号，再经模拟/数码转换处理后记录在影像储存卡上，形成数码影像文件。当前主流的影像传感器有 CCD 和 CMOS，其质量是决定数码影像质量的关键因素。

一、CCD

CCD（Charge Couple Device）——电荷耦合器件。它是由几百万只微型光电二极管构成的固态电子元件，通常排列成小面积的长方形，用于相机中接收进入镜头的成像光线。在 CCD 的数百万只光电二极管上，每一只光电二极管都能记录下投射到它表面的光线强度。每只光电二极管即为一个像素（构成影像的最小单位）。

在接受光照之后，感光元件产生对应的电流，电流大小与光强对应，光越强，产生的电荷越多，拍摄曝光后，被摄体反射的不同明暗部位在 CCD 上产生不同强弱的电荷，再经模/数转换元件转换成数码图像数据储存在相机中的储存媒体上。这种影像电荷的转移过程是逐行进行的，反映在显示器上就是逐行读出。这也就是我们在显示屏上看到的数码影像是从上到下逐行显现的原因。

CCD 本身只能记录光线的强弱，无法分辨颜色。CCD 采取以下三种方式记录彩色影像。

第一种方式利用红、绿、蓝或黄、品红、青滤光器，采用加色法或减色法彩色合成原理来记录彩色影像。具体地说，目前多数数码相机采用的彩色合成方法是：在一块 CCD 上同时进行三种单色光（红、绿、蓝或黄、品红、青）的记录。这种方式的实现是在每一个光电二极管上都采用滤光器，使对应的光电二极管只能记录单色光。光线的过滤是带有颜色的染料来实现的。这些染料构成了颜色过滤方阵（Color Filter Array）。

具体做法是覆盖 RGB 红绿蓝三色滤光片，以 1∶2∶1 的比例由四个像点构成一个彩色像素（即红蓝滤光片分别覆盖一个像点，剩下的两个像点都覆盖绿色滤光片），采取这种比例的原因是人眼对绿色较为敏感。而索尼的四色 CCD 技术则将其中的一个绿色滤光片换为翡翠绿色（英文 Emerald，有些媒体称为 E 通道），由此组成新的 R、G、B、E 四色方案。不管是哪一种技术方案，都是四个像点才能够构成一个彩色像素。

第二种彩色合成方法是：采用三块 CCD。每一块 CCD 有自己的单色滤光器（或利用棱镜等光学器件把混合光分成三种单色光），分别只负责记录一种单色（红、绿、蓝或黄、品红、青），这种方式的色彩记录和还原能力最为精确，但体积较大，成本较高。所谓采用“3CCD”就是指这种彩色合成记录的方式。

第三种方式是用一块 CCD，拍摄时采用三次分别曝光的方式，每次采用一种单色滤光器记录一种颜色的光线。这种方式的成本不高，色彩还原效果理想，但曝光过程较慢，不适合记录动态被摄体。

二、CMOS

CMOS（Complementary Metal-Oxide Semiconductor）——互补型金属氧化半导体，和CCD一样同为在数码相机中可记录光线变化的半导体。CMOS的制造技术和一般计算机芯片没什么差别，主要是利用硅和锗这两种元素所做成的半导体，使其在CMOS上共存着带N（带-电）和P（带+电）级的半导体，这两个互补效应所产生的电流即可被处理芯片记录和解读成影像。CMOS是一种较有发展前途的影像传感器。

与CCD相比较，CMOS的主要缺点有：噪音较大，易在数码影像上引起杂点；灵敏度较低；体现在输出结果上，就是CMOS传感器捕捉到的图像内容不如CCD传感器的丰富，图像细节丢失情况严重。但是，CMOS在其他特性方面却占有一定优势，这种优势集中体现在以下几个方面：

第一，CMOS传感器容易制造、成本也远低于CCD产品。CMOS传感器采用标准的CMOS半导体芯片制造技术，很容易实现大批量生产，加之CMOS的每个感光元件相互独立，即便有若干个元件出问题，也不会影响传感器的完整性。而CCD传感器采用电荷传递的方式传送电信号，只要有其中的一个感光元件无法工作，信号传输将无法继续，一整排的图像信号将因此缺失，情况严重的话将导致整枚传感器芯片因此报废。显然，CMOS的成品率要比CCD高出许多，这就决定了CMOS在制造成本方面拥有绝对的优势，其售价可做到只相当于同级CCD的三分之一左右。

第二，CMOS传感器可轻松实现较高的集成度。由于采用半导体工艺制造，厂商可以将时钟发生器、数字信号处理芯片等周边电路与CMOS传感器本身整合在一起，从而实现整个图像捕获模块的小型化，有效降低设计难度，同时设计出体积更小的图像捕获装置。而CCD传感器就无法实现这一点，由于制造工艺不同，CCD传感器本体与周边电路无法整合，必须以独立的形式存在，平台设计难度大，也无法实现整个模块小型化，应用弹性远无法与CMOS相比。

第三，CMOS传感器采用主动式图像采集方式，感光二极管所产生的电荷直接由晶体管放大输出，这种做法虽然导致严重的噪声，但也令CMOS传感器拥有超低功耗的优点。而CCD传感器的图像采集方式为被动式，必须借助外来电压才能让每个感光元件中的电荷移动，这个外加电压的强度通常都达到12~18V，从而导致CCD传感器在工作中需要耗费较多的能源（最高可达同规模CMOS传感器的十倍之多），发热量也明显高于CMOS产品。由于需要外来电压，CCD传感器就需要包括电源在内的电源管理电路，设计难度也远高于CMOS产品。

综上所述，CMOS传感器在制造成本、功能集成、功耗特性等三方面比CCD有一定的优势，而CCD则在捕光灵敏度、像素规模及噪声控制等方面优于CMOS。随着科学技术的飞速发展，近年来CMOS传感器的成像品质获得飞跃性的提高，大尺寸高端产品达到与CCD相当的水平，中小尺寸产品的品质也得到明显的改善，而这一切便得益于CMOS传感器领域出现的新技术：通过增大传感器尺寸，增强相机的光学输入能力，成功解决了CMOS传感器捕光灵敏度弱和分辨率较低的难题；面对CMOS噪声较为严重的问题，各厂商通过对放大器逻辑进行改进，引入专门的降噪技术等措施很好地缓解了噪声现象，最终使之达到不逊于CCD的水平。

目前，在一些数码相机制造公司（如佳能、柯达、尼康等）的不断努力下，新的CMOS器件不断推陈出新，高动态范围CMOS器件已经出现，这一技术消除了对快门、光圈、自动增益控制及伽玛校正的需要，使之接近了CCD的成像质量。这种高端CMOS主要用在专业单反相机上，其成像质量非常优秀，要比CCD好。如佳能的最高端的1670万像素单反相机就是采用的高端全幅CMOS传感器。另外由于CMOS先天的可塑性，可以做出高像素的大型CMOS感光器而成本却不上升多少。相对于CCD的停滞不前相比，CMOS作为新生事物而展示出了蓬勃的活力。作为数码相机的核心部件，CMOS感光器已经有逐渐取代CCD感光器的趋势，并有望在不久的将来成为主流的影像传感器。

三、其他新型传感器

除了CCD和CMOS之外，应用于数码相机中的新型传感器还在不断研发之中，已用于数码相机的有“JFET LBCAST”、“Foveon X3”和“Live MOS”传感器。

1. JFET LBCAST

JFET LBCAST是尼康公司在CMOS的技术基础上开发的新传感器。首用于尼康DZH单反数码相机上。其主要优点是成像的速度快、噪音小、功耗低。采用该传感器的尼康DZH的连拍可达每秒8幅画面。它的噪音约是通常CCD的5%左右；耗电约是通常CCD的15%左右。该传感器在尼康DZH上的像素是400万。对于单反数码相机来说还有待提高。

2. Foveon X3

Foveon X3是美国Foveon公司开发的图像传感器。它采用类似传统彩色片的感光原理，利用硅特有的能对色光分离的特性，即当硅接收光线时，其表层只吸收蓝光，中层只吸收绿光，下层只吸收红光。被摄体反射的各种色光，被分解为不同比例的红、绿、蓝色光，分别被传感器中位于硅不同深度的像素吸收。这种传感器的主要特点是色彩还原的真实度高，色彩深度优异。适马SD10单反数码相机的传感器就是Foveon X3。

3. Live MOS

Live MOS是日本奥林巴斯公司开发的图像传感器，首用于奥林巴斯E-330单反数码相机上。它的优点是简化了寄存器和其他电路，使得CCD感光二极管的感光面积更大，提高了灵敏度和响应速度；新型的光电二极管读出传输机理，将电路通道的数量减少到两条（同CCD感光器件），从而使得不参与感光的区域变小。通过有效地扩大感光区域，使得捕捉光线的能力加强，在保证了高灵敏度的同时也保证了画面素质。

1.5.2 数码相机的性能指标

数码相机与普通胶片相机相比，主要有以下几方面区别：

（1）用CCD（CMOS）代替胶片感光。对数码相机而言，拍摄并不需要胶片，而是用CCD（CMOS）进行“感光”，如绝大多数数码相机，在通常照相机中胶片相应感光的位置，装置的是CCD（CMOS）芯片。胶片和CCD（CMOS）相比，两者在感光的本质上不一样，胶片感光后是形成以银为中心的潜影，而CCD是将光信号转变为电信号。

（2）用存贮器代替普通胶片存贮影像。常规照相机中的胶片不仅感光，而且肩负着记录影像的使命，而数码相机中的CCD只负责将光信号转为电信号，本身并不存贮影像，存贮影像靠各类存贮器来完成。胶片拍摄后就不能再用于拍摄，但数码相机用的存贮器可反复使用。

（3）数码相机无胶片传输机构，所以拍摄时噪音小。

（4）与传统胶片照相机相比，数码相机的电路更为复杂。

（5）数码相机上有与计算机连接的接口，还有视频输出插口。

（6）许多数码相机有声音记录功能。

（7）多数数码相机有白平衡调整装置。

数码相机既然属于照相机的范畴，但又与人们非常熟悉的胶片相机有着很大差别，因而，衡量数码相机的性能优劣与档次高低，应当包括两方面内容：一方面，性能指标与普通胶片相机相同，如曝光方式、测光方式、测光元件种类、测光范围、快门速度范围、曝光补偿方式、曝光补偿范围、取景器种类、对焦方式、光圈调节范围、自拍形式、自拍延时时间、物镜焦距等；另一方面，又有着特殊的衡量指标，如分辨率、彩色深度、镜头焦距与数码变焦、相当感光度、白平衡调整方式、连拍速度、压缩方式、压缩比例、存贮媒体、存贮能力、信号传递方式、取景显示方式等。了解各特殊性能指标的含义，对于正确使用数码相机关系重大。下面分述这些特殊的衡量指标。

一、分辨率

分辨率是指数码相机中 CCD（CMOS）芯片上像素数的多少，像素越多，分辨率越高。分辨率的高低直接影响数码摄影的影像质量，也决定了拍摄的数字文件最终能打印出高质量画面的幅面大小，是数码相机最重要的性能指标。

在 CCD 上组成画面的最小单位称为像素。像素数量的表示有三种方法：一是采用像素阵列表示法，如柯达 DCS200 数码相机的像素为 1524×1012；二是采用像素总量表示法，如上述柯达 DCS200 的像素总数为 1542288，即约 154 万像素；三是采用每平方吋含多少像素表示法，简称 dpi（ dot per inch ），如 300dpi，意指每平方吋含 300 个像素。很明显，等量画面上，像素数量越多，构成影像的清晰度等技术质量也越高。像素数量是衡量数码相机影像分辨率的关键因素。因此，数码相机的性能规格中都会首先注明其像素数量情况。

不同质量的 CCD，单个像素大小也不相同。例如柯达 DCS200 相机的单个像素的量值为 9×9μm；而柯达 DCS100 相机的单个像素的量值为 16×16μm。很明显，单个像素的量值越小越有利于提高影像的清晰度。

值得注意的是，当你根据像素总量及单个像素量值大小来比较数码相机的影像质量时，不要混淆像素的 dpi 数与像素总量的概念。像素的 dpi 数是单位面积的像素量，因而可以直接相比较。而比较像素总量时，需留心 CCD 的面积是否有差异。否则会产生误导。例如，甲乙两只数码相机，甲相机中的像素总量 2 倍于乙相机，CCD 的画面面积也 2 倍于乙相机，如果单个像素的量值相同的话，那么，甲乙两只相机的分辨率其实是相同的了。在表 1-9 中，柯达 DCS200 的 CCD 面积小于柯达 DCS100。前者的像素总量又高于后者。面积小，像素总量反而多，毫无疑问，前者的影像分辨率要高于后者，即拍出的画面更清晰。如果把这两只相机的 CCD 面积对调一下，经过计算（求单位面积的像素量），可以知道其结论将相反，像素总量 154 万的相机的分辨率要低于像素总量 130 万的相机了。

表 1-9　　　　　　　　　不同质量相机的 CCD 面积和像素总量关系

相 机	CCD 面积	像素阵列	像素总量
柯达 DCS200	9. 3mm×14mm	1524×1012	1542288
柯达 DCS100	16. 4mm×20. 5mm	1280×1024	1302288
佳能 EOS DCS3	16. 4mm×20. 5mm	1268×1024	1298432

数码相机中 CCD 的面积不仅与成像质量有关，而且直接影响物镜的成像范围。常规 135 相机的画幅是 24mm×36mm，135 数码相机中 CCD 的几何尺寸也应为 24mm×36mm，这样就吻合了 135 相机物镜的成像视角。但是，由于技术上的原因，135 数码相机中的 CCD 的面积大大小于常规 135 胶片相机画幅。这就意味着相机物镜的有效视角明显减小，例如在柯达 DCS200 相机上，因其记录影像的 CCD 的有效面积只有 9. 3mm×14mm，使用 50mm 的标准物镜时，只相当于常规相机上使用 125mm 物镜所摄取的景物范围。

数码相机像素水平的高低与最终所能打印一定分辨率照片的尺寸有关，可用以下方法简单计算：假如彩色打印机的分辨率为 *N*dpi，则水平像素为 *M* 的数码相机所拍摄的影像文件，最大可打印出的照片的长度为 *M*÷*N* 英寸。如，打印机的分辨率为 300dpi，水平像素为 3600 的数码相机所摄图像文件经不插值处理能打印出来的最大照片为 12 英寸（3600÷300＝12）。当然，如果进行插值处理或以较低分辨率打印，打印的最大尺寸可相应增大。

需要说明的是，低像素数码相机所拍摄的数字影像文件，如经适当的插值处理，也能打印出较大幅面的图片，但清晰度往往难以尽如人意，尤其是细节表现将非常低劣。因此，像素水平越高，所制作同样大小的画面清晰度越高，细节表现越好，色彩还原越逼真。

二、彩色深度

彩色深度即色彩位数，用位或比特（bits）表示，数码相机的彩色深度指标反映了数码相机能正确记录色调的多少。彩色深度的值越高，就越能真实地还原亮部和暗部的细节。一般数码相机采用每种原色 8～12 位的彩色深度，即 3 种原色总的彩色深度为 24～36 位。例如，24 位颜色深度可记录的影像色彩种类高达 1600 多万种，可以充分表现被摄体的色彩及其亮部和暗部的层次、细节。

三、物镜焦距与数码变焦

1. 物镜焦距

由于大多数数码单反相机用于成像的影像传感器（CCD 或 CMOS）的面积要远小于 135 胶卷的 24mm×36mm 的画幅，当将这种画幅的 CCD 装于数码单反相机的焦平面时，落在 CCD上的像只占物镜成像的一部分，即 CCD 上实际感光面积比物镜的成像区域要小，就相当于同一物镜在这些数码单反相机上使用与在普通 135 单反相机上使用相比，“焦距延长”了，而且物镜“焦距延长”的倍数在不同的数码相机上是不同的（请注意，这里所谓焦距延长只是一种形象性的说法，并不严密与准确。因为，对一只定焦距物镜而言，实际焦距是一定的，并不会因为在它后面的承影物小了而焦距延长）。一般而言，CCD 的实际尺寸比 135 标准画幅的尺寸小得越多，物镜“焦距的延长”倍数就越大。比如，柯达 EOS DCS3 照相机 CCD 的尺寸为 16.4mm×20.5mm，物镜“焦距延长”的倍数为 1.6；柯达 DCS460 的 CCD 尺寸为 18.4mm×27.6mm，物镜“焦距延长”的倍数为 1.3，柯达 DCS420 的 CCD 尺寸为 14mm×9.3mm，“焦距延长”的倍数为 2.5 等。物镜“焦距延长”后带来的好处是可将焦距较短的物镜当做远摄物镜使用，如焦距为 200mm 的物镜装在柯达 DCS420 照相机上后，其视角类似于 500mm 物镜的视角。这给体育摄影带来极大方便，但是取景不便，也存在普通广角物镜在数字单反照相机上摄取角也不广的缺点。为解决这些不足，有些品牌的数码单反相机（如富士 DS505、DS515、尼康 E2、E2S 等），将尺寸较小的（为 1/2 英寸）CCD 后移，通过在焦平面与 CCD 之间加一块透镜的办法，使数码单反相机可记录从取景器中所看到的全幅影像，使所看即所拍，也同时使感光速度有所提高，但这样处理后在使用部分物镜时会使四周成像的清晰度下降，出现晕影效果，而且使物镜最大光圈变为 *f*/6.7 以下，对要用大光圈虚化背景的拍摄极为不利。显然，在目前 CCD 尺寸下的数字单反照相机都不是十分理想的，最理想的是将 CCD 的面积增大至 135 胶片的标准画幅大小。

所有轻便数码相机中所用的 CCD 的尺寸比 135 胶片的标准画幅小。由于轻便数码相机的物镜都是为配用相应的 CCD 而专门设计的，导致了在轻便数码相机中与 135 相机上具有同样视角物镜的焦距都比 135 机上物镜焦距小很多，而且 CCD 的尺寸越小，这种差别越大。

绝大多数拍摄者对 135 相机中广角物镜、标准物镜、远摄物镜等的焦距划分较为熟悉，所以，数码相机在给出物镜焦距的同时，还同时给出了相当于 135 相机物镜的焦距值，以便人们了解数码相机镜头的性能，如摄取范围、所拍摄画面的透视感强弱等。例如，奥林巴斯 C-3000 数码相机的焦距范围为 6.5～19.5mm，相当于 135 相机的 32～96mm 物镜；奥林巴斯 E-10 数码相机的焦距范围为 9～36mm，相当于 135 相机的 35～140mm 物镜。从轻便数码相机的焦距值以及相当于 135 相机物镜焦距的值，人们就可大体推算出轻便数码相机中 CCD 芯片的感光面积大小。

2. 数码变焦

变焦物镜是传统相机常用的物镜。因其焦距可在一定幅度内调节，使摄影者根据拍摄范围的需要，只要简单地调节物镜焦距即可。如同传统相机，数码相机也有定焦物镜和变焦物镜之分，其功能与调节方法也相同。这种变焦物镜的变焦可称之为“光学变焦”。

在有些数码相机上，除了具有光学变焦的变焦物镜外，还增加了一种“数码变焦”的功能。所谓数码变焦实质上是在物镜原视角的基础上，在成像的 CCD 影像信号范围内，截取一部分影像进行放大，使影像达到充满画面的效果。例如，物镜焦距为 40～100mm 的数码相机，当你使用 100mm 焦距拍摄时，如果它具有 2 倍数码变焦功能，那就意味着实际产生 200mm 焦距的成像范围。这种 200mm 焦距的成像范围实际上是在 100mm 焦距的成像范围内截取一部分而已。不难理解，当你把它放大成一定尺寸的照片时，就会发现，采用数码变焦的效果不如未经数码变焦的效果。这就如同传统摄影中，将底片剪裁一部分的放大效果，会明显不如整幅底片不经剪裁的放大效果。

当然，如果对影像清晰度要求不高时，数码变焦能使你享受远摄长焦镜头的拍摄乐趣。此外，对自己不采用电脑处理数码影像的拍摄者，数码变焦也能有助于你在较远的距离拍到较大成像比例的影像。

四、相当感光度与数码噪音

1. 相当感光度

对传统相机来说，相机本身不存在感光度的概念，感光度只是感光材料在一定的曝光、显影、测试条件下对于辐射能感应程度的定量标志。传统相机上所具有的感光度调节功能是服务于胶卷感光度的。但是，由于数码相机与普通照相机不同，它包含了用于接收光线信号的 CCD，对曝光多少也就有相应要求，也就有感光灵敏度高低的问题。这也就相当于胶片具有一定的感光度，因而数码相机也就有了“相当感光度”的说法。

所谓“相当感光度”就是指“相当传统胶卷的感光度”。采用“相当感光度”而不直接采用“感光度”的概念，是因为数码相机中的影像传感器的“感光度”概念并非完全指它对光线的敏感性能。当数码相机改变感光度拍摄时，实际上并没影响到影像传感器本身。拍摄时影像传感器产生的信号在进行模/数转换前需要进行放大。当提高感光度拍摄时，影像传感器输出的信号并没有改变，改变的是信号的放大倍率。

传统胶卷的影像质量通常是与感光度成反比的，感光度高的影像质量差些，感光度低的影像质量好些。这种影像质量的内涵主要是指清晰度和色彩还原效果。这种影响在数码相机上也类似。在同一数码相机上，采用高感光度拍摄的影像质量要差些。这是由于当提高感光度拍摄时，会引起更多的“噪音”。噪音的增多是由于传感器的信号被放大时，干扰的电流也被放大了。“噪音”在画面上的表现是杂点增多。降低噪音的性能是数码相机的重要性能之一。高性能数码相机采用较高“相当感光度”拍摄的效果，往往比低性能数码相机采用较低“相当感光度”拍摄的效果还会好些。

有的数码相机的“相当感光度”是不能人为调节的，有些则可在一定范围内手动调节。如柯达 4800 数码相机的相当感光度可在 ISO100、200 和 400 三种之间手动调节。不能手动调节的相当感光度多半在 ISO100 左右。

2. 数码噪音

数码噪音简称“噪音”，又称“信噪”。从根本上说，噪音是由于电子信号的错误（或称干涉）所产生的可见效果，表现在数码影像上是影像上有杂点。影响数码相机噪音效果的主要因素有以下 5 个方面：

（1）数码相机本身元器件的性能、线路设计以及采用的降噪音技术。

（2）与拍摄时采用的相当感光度有关。对于同一数码相机来说，采用较高相当感光度拍摄带来的噪音也较大。

（3）当曝光不足时，噪音也会增大。

（4）当采用 1s 以上的长时间曝光时，噪音也会增大。

（5）与拍摄现场的温度也有关。温度高噪音也会大。

五、白平衡调整

绝大多数数码相机上具有白平衡调整功能，该功能的作用与彩色摄影时加色温转换滤光镜的作用是类同的，目的是得到准确的色彩还原。白平衡调整无须在物镜前加滤光镜，采用的是摄像机中普遍采用的白平衡调整方式，也分为自动调整和手动调整两种方式。

由于利用图像处理软件可方便地对数字图像的色彩进行调整，故部分数码相机上没有白平衡调整装置，柯达、佳能的数码相机多数如此，它们是将拍摄影像输入计算机后，再利用数码相机的配供软件进行白平衡调整。

六、存贮器种类及存贮能力

用数码相机所拍摄得到的数字文件，首先通过数码相机中的驱动器被存贮记录在各种存贮器上。现在数码相机的存贮器既有内置闪速存贮器，又有可移动式存贮器。可移动式存贮器又有 CF（Compact Flash）卡、SD（Secure Digital）卡等多种。

内置存贮器的数码相机，拍摄时将数字影像文件直接存在机内的存贮器上，然后再在适当的时候输入计算机。采用内置存贮器的优点是一旦有了数码相机就可拍摄，而不需要另配存贮器；不足是一旦内置存贮器存贮满后，必须输入计算机释放出照相机内置存贮器的存贮空间后才能继续拍摄。此外，内置存贮器的存贮容量有限，单纯用内置存贮器存贮数字影像文件的数码相机不能在野外连续大量摄取，尤其是高像素的数码相机更是如此。现在更多的数码相机采用的是可移动式存贮器。

可移动式存贮器可随时装入数码相机，存贮满后可随时更换，更换操作就像使用计算机软盘一样方便。如奥林巴斯系列的数码相机，只要像图 1-62 那样将存贮卡从侧面插入即可。只要备有多个可移动式存贮器，照相机就可以连续进行拍摄。

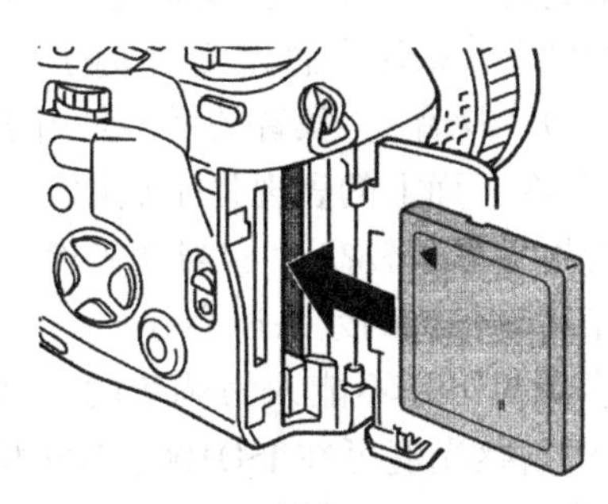

图 1-62　存贮卡插入照相机示意图

存贮器的存贮能力用 MB（兆字节）表示。内置存贮器的存贮能力一般为 1MB 到几十 MB，CF 卡和 SD 卡的存贮能力少到几十 MB，多到数千 MB（几个 GB）。同一存贮能力的存贮器，存贮不同清晰度的影像文件，最大可存贮影像幅数是不同的，有时有几十倍的差别。清晰度越高，可存贮的幅数越少。

七、压缩方式及压缩率

一张存储卡所能存储画幅的多少，取决于画幅的质量，而画幅的质量与存储方式有关。存储数码影像文件的方式一般有不压缩的 TIFF 格式和不同压缩比例的 JPEG 压缩方式。压缩率是指 JPEG 的压缩率。这种压缩方式，压缩率越高，文件尺寸就越小，一张存储卡所能存储的画幅就越多，但是，这种压缩方式容易造成数据图像的损伤，压缩率越大，影像质量就越差。用户可根据所拍摄影像的不同用途，设定相应的压缩率，以求充分利用现有的存储卡。

以奥林巴斯 E-10 数码相机为例。该相机图像画质设定为四种：SQ（标准画质）、HQ（高级画质）、SHQ（超高级画质）和 TIFF（未压缩的图像文件格式）。参看表 1-10。压缩率愈小，画质愈高，文件尺寸愈大，存储卡可储存的帧数就愈少；反之，压缩率愈高，画质愈低，文件尺寸就小，存储卡可储存的帧数就增多。

表 1-10　　奥林巴斯 E-10 数据格式与存储数据压缩率表

画质（存储方式）	分辨率（像素×像素）（出厂时设定）	压缩率（出厂时设定）	文件尺寸（参考数值）	每张卡存储图像（帧数）	
				8MB	32MB
TIFF	2240×1680	1∶1	11.3MB	0	2
SHQ	2240×1680	1∶2.7	2.8MB	2	11
HQ	2240×1680	1∶8	950KB	8	34
SQ	1280×960	1∶8	300KB	27	110

八、拍摄延迟

“拍摄延迟”又称“连拍延迟”、“连拍功能”等。所谓拍摄延迟包含两种情况：一是当按下快门到相机完成曝光之间约有 1s 左右延迟；二是拍摄一幅画面后，要稍待片刻（5s 左右）才能拍摄第二幅画面。对于传统相机来说，由于这种延迟的时间极短，可以不予注意，也就是不存在这种实际拍摄问题。然而，对于数码相机来说，它的拍摄延迟的时间比传统相机要长得多，大多从几分之一秒到几秒钟。在使用数码相机时，如果不注意它的拍摄延迟，就会影响你的拍摄效果。例如，当你进行单次拍摄时，如果你一按快门就习惯性地将相机物镜朝下，那么，你拍到的很可能是地面而不是你的拍摄对象。又如，当你想快速连拍时，很可能第二次按下的快门是无效的。

数码相机产生拍摄延迟的根本原因是它在拍摄后需要进行一系列的数据处理。对于不同的数码相机，高性能的比低性能的拍摄延迟会短些。对于同一数码相机，采用高像素比采用低像素拍摄的延迟会长些。有些数码相机具有“连拍功能”。当你调节在该功能拍摄时，通常是只能采用较低像素进行拍摄的。不难理解，拍摄的像素越高，形成影像的文件就越大，所需数据处理的时间也就越长。对于数码相机来说，这种拍摄延迟的时间越短越好，否则，对于抓取动态被摄体的精彩瞬间是十分不利的。

九、信号输出形式

数码相机绝大多数可与计算机的 RS-232C 接口通过带插头的连接电缆直接相连，或用 USB 电缆与计算机相连。此外，数码相机有视频输出端子，可将数码相机的视频输出端与监视器或收监两用电视机的视频输入端相连接，通过这些设备显示观看图像；还可以通过视频输出端将信号直接输给视频打印机打印出图片。

部分数码相机还有声音记录功能。声音记录功能在供新闻摄影记者所使用的数码相机上很有用，利用它可在拍摄时将有关说明一同解说记录。这样，在将图片传送的同时，亦将有关拍摄的说明传送给编辑部，便于编辑及时了解拍摄意图和拍摄的背景资料。

十、取景显示方式

大多数数码相机除采用普通 135 单反照相机的取景方式外，另有专门的彩色液晶显示屏（LCD）显示取景。这种显示屏的面积大多在 1.8~3 英寸（对角线长度）。显示的像素大多在 6 万~10 万之间。这样的像素量虽然较低，对影像的细部表现只能是粗略的，但从其用途来说，已能满足基本需要。

LCD 显示屏在数码相机上主要有三种用途：

（1）拍摄后可以立即在显示屏上检查拍摄效果。拍完后也可在显示屏上预览拍摄效果，供使用者取舍。

（2）在显示屏上可显示该数码相机的性能、功能菜单，供选择调节。

（3）用于近摄拍摄时作为取景屏。大部分数码相机的取景装置与传统袖珍相机一样，是采用光学平视取景。这种取景方式会有“视差”，即看到的没拍到，拍到的一部分在取景框内是没有看到的。这种“视差”在近摄时特别明显。而LCD显示屏用作取景屏时则不存在视差问题，犹如单物镜反光相机的取景屏。

因此，凡具有近摄功能的、采用光学平视取景的数码相机，当启动近摄功能时，通常会自动开亮LCD取景屏，供你取景使用。

数码相机在拍摄时开启或关闭LCD显示屏的显示功能对耗电来说大不一样。前者约为后者拍摄量的三分之一。外出拍摄时，如无备用电池，应尽量减少显示屏的使用，以保证拍摄用电。

了解了以上性能指标的含义，就可全方位地衡量数码相机，对它进行综合比较。

1.5.3 数码相机的种类

目前市场上常见的数码相机品牌繁多，琳琅满目。从相机的结构考虑，数码相机的主要种类可分为轻便型、功能型、单反型和后背型。轻便型主要适合一般的家用摄影者；功能型主要适合业余摄影爱好者；单反型主要适合专业摄影者和业余摄影“发烧友”；后背型主要适合使用中、大型相机的专业摄影者。每种类型的数码相机中，在外观、功能、操作等方面或多或少存在差异。摄影者应根据自己的实际情况选择适合自己的数码相机。

一、轻便型数码相机

轻便型数码相机是一般家用摄影者选择最多的数码相机。其基本特点是轻便。顾名思义，相对于其他类型的数码相机，轻便型数码相机的体积较小、重量较轻、操作较易、携带方便。这类数码相机的款式较多，有些偏重于轻薄小巧，有些偏重于外观时尚，有些偏重于操作简便，有些偏重于添加功能。最常用的品牌有佳能（Canon）、尼康（Nikon）、奥林巴斯（Olympus）、索尼（SONY）、富士（Fuji）、柯达（Kodak）等。本文介绍几款近年上市的、常用的轻便型数码相机，其性能指标见表1-11。

表1-11　　**部分轻便型数码相机性能指标**

品牌与型号	Canon IXUS 950IS (SD 850IS)	Nikon COOLPIX L11	Olympus EF-240	SONY W200	Fuji A800	Kodak C763
有效像素	800万	600万	710万	1210万	830万	710万
传感器尺寸	1/2.5英寸	1/2.5英寸	1/2.5英寸	1/1.7英寸	1/1.6英寸	1/2.5英寸
传感器类型	CCD	CCD	CCD	CCD	CCD	CCD
发布日期	2007年	2007年	2007年	2007年	2007年	2007年
光学变焦倍数	4倍	3倍	5倍	3倍	3倍	3倍

续表

品牌与型号	Canon IXUS 950IS (SD 850IS)	Nikon COOLPIX L11	Olympus EF-240	SONY W200	Fuji A800	Kodak C763
相当焦距(mm)	35~140	37.5~112.5	38~190	35~105	36~108	36~108
实际焦距(mm)	5.8~23.2	6.2~18.6	6.2~32	7.6~ 22.8	8~24	8~24
最大光圈	F2.8~F5.5	F 2.8~F5.2	F3.3~F5.0	F2.8~F5.5	F2.8~F5.1	F2.8~F5.0
快门速度(s)	15~1/1600	4~1/2000	1/2~1/2000	电子快门	4~1/1600	4~1/1400
图像尺寸	3264×2448 3264×1832 2592×1944 2048×1536 1600×1200 640×480	2560×1920 2048×1536 1024×768 640×480	3072×2304 2048×1536 640×480	4000×3000 3264×2448 3072×2048 2592×1944 2048×1536 1920×1080 640×480	3296×2472 3504×2336 (3:2) 2304×1728 1600×1200 640×480	3072×2304 3072×2048 2592×1944 2048×1536 1800×1200 1920×1080 1280×960
相当感光度	Auto, 80, 100, 200, 400, 800, 1600	Auto, 64~800	Auto 50~400 50~1000	Auto, 100, 200, 400, 800, 1600, 3200	Auto, 100, 200, 400, 800	Auto, 80, 100, 200, 400, 800
液晶屏尺寸	2.5英寸	2.4英寸	2.5英寸	2.5英寸	2.5英寸	2.5英寸

二、功能型数码相机

功能型数码相机主要适合业余摄影爱好者。这类数码相机的基本特点是拍摄功能齐全，如镜头变焦幅度较大，但不可更换镜头。有各种曝光模式，多种自动对焦及手动对焦功能，有的既有内置闪光灯，又可使用外置式闪光灯，等等。这类数码相机的外型体积与重量大于轻便型数码相机，但小于单反型数码相机，携带也相对较方便。表1-12列出了2007年上市的几款功能型数码相机的主要性能指标。

表1-12　**部分功能型数码相机性能指标**

品牌与型号	Canon S5 IS	Nikon P5000	Olympus SP-560UZ	SONY DSC-H5	Fuji S8000fd	Kodak Z712 IS
有效像素	800万	1000万	800万	720万	800万	710万
传感器尺寸	1/2.5英寸	1/1.8英寸	1/2.3英寸	1/2.5英寸	1/2.35英寸	1/2.5英寸

续表

品牌与型号	Canon S5 IS	Nikon P5000	Olympus SP-560UZ	SONY DSC-H5	Fuji S8000fd	Kodak Z712 IS
传感器类型	CCD	CCD	CCD	CCD	CCD	CCD
发布日期	2007年	2007年	2007年	2006年	2007年	2007年
光学变焦倍数	12倍	3.5倍	18倍	10倍	18倍	12倍
相当焦距（mm）	36~432	36~126	27~486	36~432	27~486	36~432
实际焦距（mm）	6~72	7.5~26.3	1.7~84.2	6~72	4.7~84.2	6~72
最大光圈	F2.7~F3.5	F 2.7~F5.3	F2.8~F4.5	F2.8~F3.7	F2.8~F5.1	F2.8~F4.8
快门速度（s）	15~1/3200	8~1/2000	1/2~1/2000	8~1/2000	4~1/2000	1/2~1/1000
图像尺寸	3264×2448 3264×1832 2592×1944 2048×1536 1600×1200 640×480	3648×2736 3648×2432 3584×2016 2592×1944 2048×1536 1600×1200 1280×960 1024×768 640×480	3264×2448 3264×2176 2560×1920 2304×1728 2048×1536 1920×1080 1600×1200 1280×960 1024×768 640×480	3072×2304	3264×2448 3264×2176 2304×1728 1600×1200 640×480	3072×2304 3072×2048 2592×1944 2048×1536 1800×1200 1920×1080 1280×960
相当感光度	Auto，80，100，200，400，800，1600	Auto，64，100，200，400，800，1600，2000，3200	Auto，50，100，200，400，800，1600，3200，6400	80，100，200，400，800，1000，自动	Auto，64，100，200，400，800，1600，3200，6400	Auto，80，100，200，400，800，1600，3200
液晶屏尺寸	2.5英寸	2.5英寸	2.5英寸	3英寸	2.5英寸	2.5英寸

三、单反型数码相机

单反型数码相机主要适合专业摄影者和业余摄影爱好者中的“发烧友”。这类数码相机的主要特点：一是具有多种不同焦距范围的镜头可供更换；二是具有齐全的拍摄功能和高分辨率的传感器及优异的成像质量；三是可使用外置闪光灯、滤光镜等一系列摄影附件。齐全的功能与优异的成像质量也带来相对较高的价格，配上两只常用变焦镜头和闪光灯，价格在一万至几万元人民币。体积、重量也大于轻便型与功能型数码相机。表1-13列出了几款单反型数码相机的主要性能指标。

表 1-13　　部分单反型数码相机性能指标

品牌与型号	Canon EOS 40D	Canon EOS 5D	Nikon D80	Olympus E-330	SONY A100	Kodak Pro SLR/n
有效像素	1010 万	1280 万	1020 万	750 万	1020 万	1350 万
图像传感器尺寸（mm×mm）	22. 2×14. 8	35. 8×23. 9 全画幅	23. 6×15. 8	17. 3×13. 0	23. 6×15. 8	36×24 全画幅
传感器类型	CMOS	CMOS	CCD	Live MOS	CCD	CMOS
发布日期	2007 年	2005 年	2006 年	2006 年	2006 年	2004 年
快门速度（秒）	30～1/8000	30～1/8000	30～1/4000	2～1/4000	30～1/4000	2～1/4000
图像尺寸	3888×2592 2816×1880 1936×1280	4368×2912 4368×2912 3168×2112 3168×2112 2496×1664 2496×1664	3872×2592 2896×1944 1936×1296	3136×2352 2560×1920 1600×1200 1280×960 1024×768 640×480	3872×2592 2896×1936 1920×1280	4536×3024
相当感光度	Auto，100 200，400 800，1600， 3200	100～1600	Auto， 100～1600	Auto，100 200，400 800，1600	Auto，80， 100，200， 400，800， 1600	160～1600
液晶屏尺寸	3 英寸	2. 5 英寸	2. 5 英寸	2. 5 英寸	2. 5 英寸	2 英寸

四、后背型数码相机

“后背型数码相机”又称“数码后背”（图 1-63）。它是将数码后背与传统的 120 单反相机和 4 英寸×5 英寸大型技术相机相结合使用。数码后背仅适用于使用这类大、中型传统相机的专业摄影者。后背型数码相机的最大特点就是成像质量高，因其得益于超高 CCD 像素和超大 CCD 面积，以及镜头成像质量优良。

图 1-63　哈苏 501C 后背型数码相机

数码后背主要有四种类型：

（1）一次曝光型。采用一次曝光即完成对被摄体的拍摄，生成数码影像。这类数码后背采用面阵型 CCD，适合静态与动态对象的拍摄，是目前使用最多的数码后背。

（2）一次与多次曝光型。这类数码后背可采用一次或多次曝光进行拍摄。这里的多次曝光与摄影技巧中的多次曝光不是一个概念。它是对同一被摄画面进行多次曝光，可获取高分辨率数码影像。这类数码后背也采用面阵型 CCD。

（3）扫描型。扫描型数码后背采用线型 CCD，通过逐次曝光对被摄体进行拍摄，只适合拍摄静态对象，能获得超高分辨率的数码影像。

（4）复合型。复合型数码后背既可进行一次曝光拍摄，也可进行多次曝光拍摄，还可进行扫描方式拍摄。也能获得超高分辨率的数码影像。

练　习　题

1. 名词解释：相对孔径、光圈号数、景深、超焦距、感光度、反差系数、宽容度、灰雾度、景物反差、影像反差、分辨率。

2. 如何比较两个物镜的质量？有两个物镜，其最大相对孔径分别为 1：3.5 和 1：4。问：哪个物镜质量好？为什么？

3. 摄影机物镜的光学特征包括哪些？有什么含义？

4. 什么是景深？景深与哪些因素有关？如何获取最大景深和最小景深？

5. 用某种感光材料，选用 $t=1/500$s，$k=11$ 摄影可获得满意效果，若在相同光照条件下，改用 $t=1/125$s、k 为多大时才能获得同样效果？

6. 阳光下的进光照度是阴天进光照度的 16 倍，阳光下，$k=16$，$t=1/125$s，摄影可获得满意效果，若阴天情况下，$t=1/15$s，k 为多大时才能获得同样效果？

7. 用 ISO100 的感光材料，$k=8$，$t=1/125$s 得到满意的摄影效果，在同样的光照条件下，改用 ISO800 的感光材料摄影，选用 $t=1/250$s，k 为多大时才能获得同样效果？

8. 什么是物镜加膜？有何作用？

9. 普通照相机主要由哪几部分组成？各起什么作用？

10. 快门的种类有哪些？各有何特点？

11. 何谓感光材料的感色性？如何表示？了解感色性有何实际意义？

12. 根据感色性，黑白感光材料分哪几类？

13. 黑白摄影处理过程包括哪些？各起什么作用？

14 彩色感光材料的基本结构及各层的作用？

15. 彩色感光材料如何分类？

16. 彩色再现过程如何？

17. 摄影光源与彩色片如何匹配？若彩色片与摄影光源色温不相符时如何处理？

18. 彩色摄影处理过程是哪些？各过程分别起什么作用？

19. 感光材料特性曲线的含义是什么？

20. 感光材料感光特性有哪些？感光材料的感光度如何求取？有何实用意义？

21. 何谓感光材料的反差系数？其含义如何？如何求取？

22. 何谓显影动力学曲线？举例说明它在摄影实践中的重要作用。

23. 设某景物反差为 40 : 1，现用反差系数 $\gamma=0.6$ 的感光材料对其进行摄影，曝光正确，问所得负片的影像反差为多少？要使用该负片晒印像片，应该选用什么样的相纸才能正确恢复景物的亮度比？

24. 感光材料的宽容度如何求取？有何实用意义？已知：$L=80$，$u=10$，最小正确曝光量为 $k=16$，$t=1/100\text{s}$，求：最大正确曝光量为 $k=5.6$ 时，t 是多少秒。

25. 何谓物镜分辨率？何谓胶片分辨率？如何测定？

26. 彩色感光材料的感光特性有哪些？如何求取？

27. 什么是数码相机？

28. 数码相机中常用的影像传感器的主要种类与特点有哪些？

29. 数码相机特有的性能指标有哪些？

30. 决定 CCD 成像质量的因素有哪些？

31. 白平衡调整有何功能？

32. 数码相机的物镜焦距与胶片相机物镜焦距有何不同？

33. 数码变焦的含义与作用是什么？

34. 数码噪音的影响是什么？噪音大小与哪些因素有关？

35. 相当感光度表示什么意思？摄影中如何选择？

36. 数码相机与胶片相机有什么区别？

37. 数码相机的主要种类与各自的特点有哪些？

第2章　空中摄影物理基础

空中摄影就是从空中对地球表面进行摄影。一般来说，在离地面10km高度以下进行的摄影称为航空摄影；在高度超越稠密大气层（40km）但仍处于地球引力范围以内的摄影称为航天摄影。本课程在有些章节中，当讨论到具有共性的问题时，常统称为空中摄影，所摄取的资料则统称为航摄资料。

空中摄影是以摄影学为原理的一种主要的遥感技术，即不直接接触物体本身，而是通过电磁波来探测地球和其他星体的物体性质与特点的一门综合性的探测技术。

与地面摄影不同，空中摄影有着自身的特点和特殊的要求，这些特点和要求都与空中摄影资料的用途和摄影的特殊条件有关。由于空中摄影是从空中对地面进行摄影，其摄影质量必然会受到大气条件和地面景物特征的影响，为了获得满意的摄影效果并从原始资料中提取更多的地物信息，就必须分析摄影的具体条件和要求。本章所述内容着重于辐射传输方程和地物的波谱反射特性，因为这是保证空中摄影质量的技术关键。

2.1　电磁波与电磁波谱

空中摄影的基本理论是建立在物体的电磁波特性上。

电磁波就是迅变电磁场在空间的运动形式，是电流、电压、电场或磁场强度的周期性变化传播出去的结果。不同的电磁波由不同的波源产生。γ射线、X射线、紫外线、可见光、红外线、微波、无线电波等都是电磁波。根据电磁波在真空中传播的波长或频率的大小，将电磁波依次排列起来，就能得到电磁波谱图，如图2-1所示。电磁波谱区段的界限是渐变的，一般按产生电磁波的方法或测量电磁波的方法来划分。遥感采用的电磁波谱段是从紫外到微波波段。

从电磁波谱图可见，电磁波的波长范围非常宽，从波长最短的γ射线到最长的无线电波，它们的波长之比高达10^{22}倍以上。

自然界的一切物质都是由电子、原子和分子按一定的物质结构规律所组成的，而电子、原子和分子是永远在运动的，这种运动一般分为三种形式：电子绕原子核作轨道运动及轨道跃迁，原子核在其平衡位置上的原子振动和分子绕其质量中心的转动。在正常情况下，这些运动都处于平衡状态，但是当任何一种运动状态发生变化时，便将打破原来的能量平衡，这种运动状态的改变（包括能量的增加或减少）将以发射、反射、吸收和透射电磁波的形式表现出来，如温度的变化（大于-273.16℃）或外力的作用等都会产生电磁波。因此，可以根据物体所辐射的电磁波的波长来识别物体，研究物体的属性和异常。一般来说，电子轨道的跃迁产生从紫外到近红外的辐射，原子振动产生红外辐射，分子转动产生红外及微波辐射。由于上述三种运动形式的存在，以及由此产生的各具一定属性的电

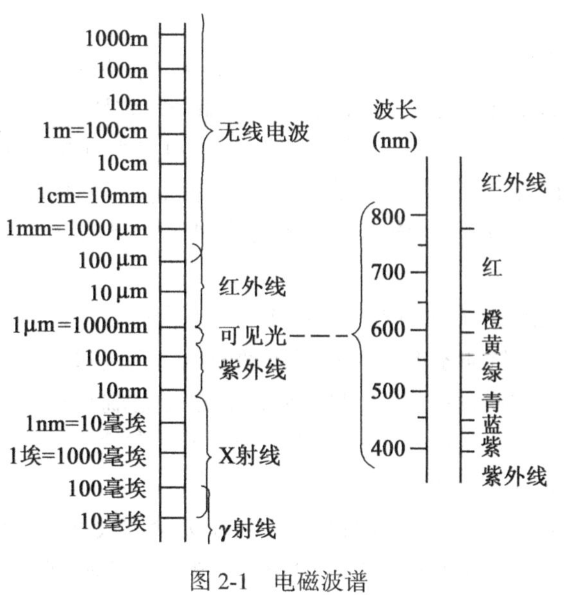

图 2-1　电磁波谱

磁波谱，为发展多种类型的遥感技术打下了基础。

遥感器就是通过探测或感测不同波段电磁波谱的发射、反射辐射能级而成像的。可以说电磁波的存在是获取影像的物理前提。

2.2　太阳辐射和大气的影响

航摄仪（航空照相机）从空中对地面进行摄影时，所接收的是一种由地物反射或辐射的合成能量，即接收的能量中包括许多辐射分量，而这些辐射分量都要通过大气层后才能在摄影胶片上感光，显然，摄影的条件和其影像质量必然会受到大气层对这些辐射分量散射和吸收的影响，因此，必须了解大气的成分和结构，太阳辐射和大气的影响以及大气窗口等基本概念。

2.2.1　大气的成分和结构

大气是包围整个地球的气状介质，地球周围的大气圈并无确切界限，一般取大气层的厚度（高度）为 1000km。由于大气的密度从地球表面向上逐渐减小，至 40km 高度时，大气质量已占整个大气层的 99.9%，到达 80km 时，大气已经相当稀薄，所以也可以把大气层的厚度取为 80km。

大气中的主要成分是氮（78%），氧（21%）、氩（1%）和二氧化碳（0.03%），都分布在 20km 高度以下，这些成分在地球各处都是不变的。大气中还有可变成分，主要是臭氧和水蒸气。臭氧一般在 25~30km 的大气中才能发现，由于臭氧对紫外线（波长小于 0.36μm）的吸收能力很强，因此入射阳光中能够到达地面的紫外线是极少量的。水蒸气主要位于 5km 以下，当大气层的高度超过 5km 时，水蒸气的含量会随着高度的增加而迅速减少，超过 12km 就不再存在，水蒸气能强烈地吸收红外线，它的含量因温度和地理条件的影响变化很大。

大气内除了上述气状介质外，还有许多悬浮在大气中的微粒，如液态、固态水（雾、霾、云、雨、雪和水晶）和尘埃，工业污染物（如一氧化碳、硫化氢、氧化硫等）。通常这些微粒比气体分子大得多，而且在大气中的含量也是变化的，其中以半径 0.1~20μm 的微粒最为重要。因为这些微粒悬浮在大气中，并包以液体的外层，所以常称它们为“气溶胶”。大气中的气溶胶易形成霾（微粒半径小于 0.5μm）、雾和云（微粒半径大于 1μm）等天气现象。

大气层随高度变化可分为对流层（0~12km）、平流层（12~80km）和电离层（80~1000km）。在对流层中，气体密度大，对流运动强烈，天气过程主要发生在这一层中，其中在 1.2~3km 高度上是最容易形成云的区域，而这正是航空摄影常用的高度。在平流层中，气体密度大为减小，气体分子数量很少，也没有天气现象。在电离层中，气体密度更小，因太阳辐射而使稀薄大气电离。

大气对地面有一种压力。高度增加时，大气压力会因大气上层质量的减小而降低。

表 2-1 表示大气压力随高度变化的一般情况，第三栏内所列的数值表示从一定高度到地球表面之间的大气质量与整个大气层质量的比值。

表 2-1　**大气压力随高度变化情况**

高　　度（km）	大 气 压 力（Pa）	大气质量的百分比（%）
地球表面	101324.72	—
1	90125.67	11
2	79593.23	22
3	70260.69	31
4	61861.41	39
5	54262.05	46.5
6	47462.63	53
7	41329.82	60
8	35996.94	65
9	30930.70	70
10	26664.40	74
15	12265.62	88
20	5599.52	94.5
25	2799.76	97.5
30	1199.90	98.5
35	533.29	99.2
40	266.64	99.9

大气层内的温度并不是呈线性变化的，气温的垂直分布一般以中纬度地区的年平均温度表示。一般来说，在对流层内，从地表面往上至对流层顶，温度递减，每千米下降 6℃左右。平流层内，分同温层（12~25km），温度逐渐降低至-55℃；暖层（25~55km），温度逐渐升至 100℃，温度上升主要是由于暖层中 25~30km 处有臭氧层，因吸收紫外线能量的缘故；冷层（55~80km），温度逐渐降至-70℃。在电离层中，在 80~90km 处，温度逐渐降低，每千米下降 3℃左右，最低温度可达-95℃，而后由于太阳辐射的强电离作用，又随着高度而增加，在 500km 处可上升至 230℃，1000km 处可达到 600~800℃。在电离层以上才可以认为是等温的。

在空中摄影中，掌握大气成分的变化规律，大气层内温度、湿度（水汽含量）和压力的变化情况，不但对气象预报和环境动态监测有重要的作用，而且对传感器的研制、获取原始数据时的要求和对资料的正确使用等均有重要的意义。

2.2.2 太阳辐射

太阳辐射是地球上一切能量的主要源泉，也是遥感技术中的主要电磁辐射源。太阳表面是一个绝对温度高达 6000K 的炽热的光球体，向四周辐射出大量可见和不可见的电磁波。太阳辐射到达大气层上限的波谱范围在 0.15~15μm 之间，其主要能量集中在0.15~4μm 之间，最大辐射强度约在 0.48μm 处，如图 2-2 所示。在可见光谱区（0.4~0.7μm）能量占总辐射能的 46%，红外部分占 46%，紫外部分占 7%。

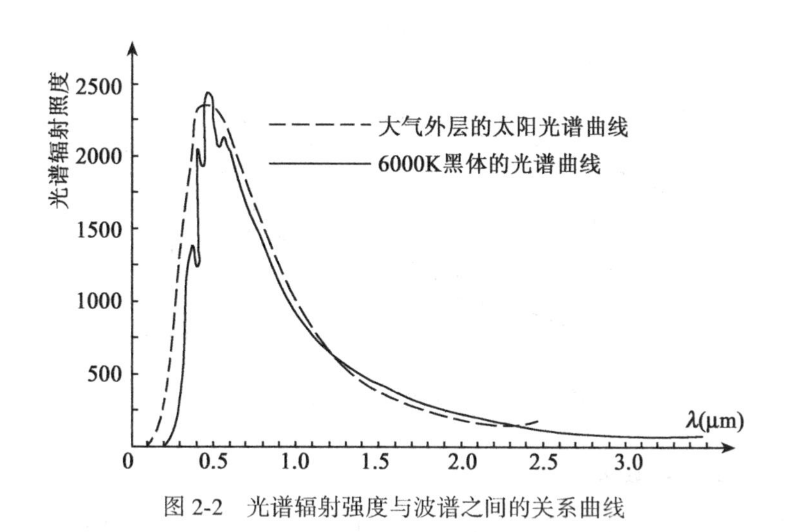

图 2-2　光谱辐射强度与波谱之间的关系曲线

太阳辐射通过大气层后，由于大气吸收作用，总的辐射能量和各种波长的分能量都有损耗，通过大气层的路程愈长（天顶角 Z_θ 愈大或高度角 h_θ 愈小），损耗愈大。如图 2-3 所示，太阳辐射穿过大气层，直射情况下，天顶角为零，在地平线 AB 的光强度大于太阳辐射倾斜照射（天顶角 Z_θ）地平线 AC 的光强度。此外，在太阳辐射穿过大气层时，由于大气中气体分子和混杂于大气中的悬浮微粒（气溶胶）等对光的散射，也将损失许多短波光，最大辐射强度所相应的波长由 0.48μm 移动到 0.59μm。

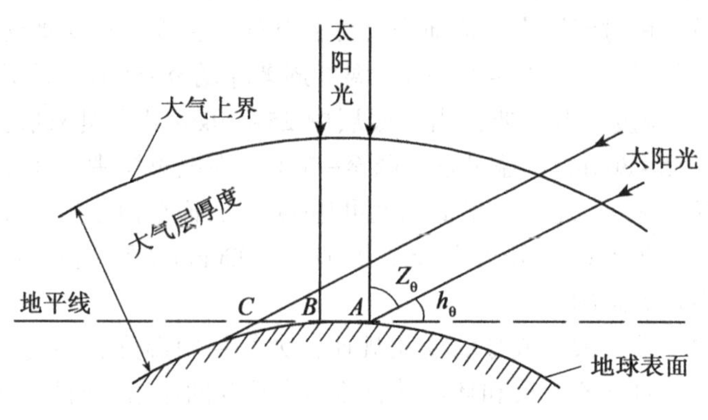

图 2-3　太阳辐射通过大气层的直射情况

2.2.3　大气的传输特性

太阳辐射穿过大气层到达地面时，首先在大气层外被反射 30%的辐射能，在大气中一部分被吸收（17%），一部分被散射（22%），直接到达地面的只有太阳辐射总强度的 31%，如图 2-4 所示。

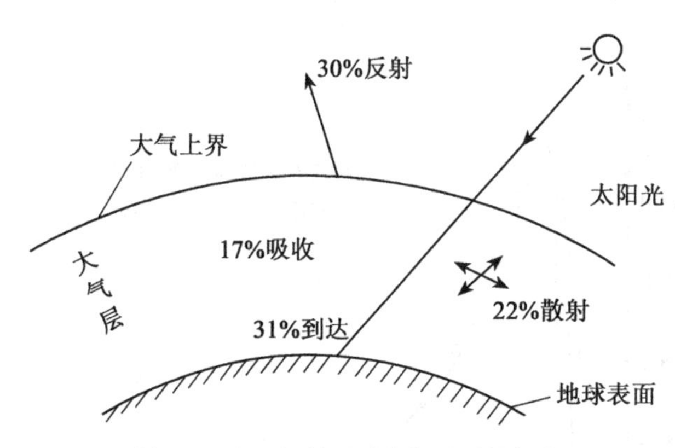

图 2-4　太阳辐射通过大气层后的损失

一、大气对太阳辐射的吸收

大气中的气体分子、水滴和尘埃等微粒，除尘埃外，对太阳辐射都有选择性的吸收作用，即把部分太阳能转换成自身的内能，使太阳辐射中的有些波谱段能透过大气层到达地面，另一些波谱段被全部或部分吸收而不能到达地面，造成许多断续的吸收带，如图 2-5 所示。同样，从地物反射或辐射的波谱中，也存在相同的大气吸收作用，由于这些辐射不能通过大气层，所以无法被遥感器探测。

现将大气中各种成分对太阳辐射的主要吸收带简述如下：

水汽，是大气中吸收作用最强的介质。吸收带主要集中在红外部分，如在 0.7～0.93μm 之间就有四个吸收带（0.7～0.74μm 间的弱吸收带、0.76～0.82μm 间的强吸收

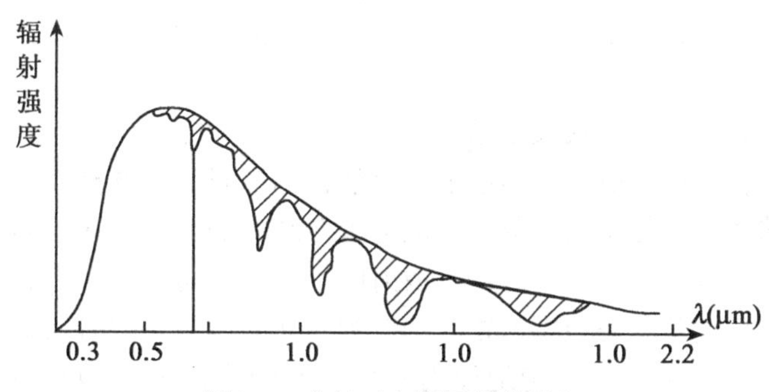

图 2-5　大气对太阳辐射的吸收

带、0.84~0.89μm 和 0.9~0.93μm 间的弱吸收带），在 0.94~2.9μm 之间有五个很强的吸收带（0.94~0.98μm、1.09~1.2μm、1.28~1.46μm、1.8~1.98μm 和 2.4~2.9μm）等。

氧，在小于 0.2μm 处，有一个较宽的强吸收带，在 0.69μm 和 0.76μm 附近各有一个狭吸收带，吸收能力较弱。

臭氧，臭氧在大气中的含量很少，只在平流层的臭氧层里（25~30km）密度较大。臭氧主要吸收紫外线（0.1~0.36μm），此外在 0.55~0.6μm 处还存在一个弱吸收带，吸收能力虽然不强，但因该波谱段正位于太阳辐射最强烈的辐射带里，被吸收的太阳辐射能还是很多的。

二氧化碳，吸收作用主要在红外波谱区，对可见光的吸收可以忽略不计，在 2.6~3.8μm 和 4.4~4.45μm 处各有一个强吸收带，在 9.1~10.9μm 和 12.9~17.1μm 处各有一个弱吸收带。

尘埃和水滴。尘埃对太阳辐射的吸收作用较弱，但不是选择性吸收，而是对各种波谱段都有少量的吸收。水滴的吸收带主要在 0.59μm 和 3μm 附近。

综上所述，大气中各种成分的吸收主要发生在紫外和红外波谱区，吸收的结果使太阳辐射能量损失了 17%，最大强度的辐射波长由 0.48μm 移动到 0.59μm。

二、太阳辐射在大气中的散射

太阳辐射穿过大气层时，将受到大气中气体分子和微粒的散射。散射与吸收不同，不会改变大气本身的内能，只使气体分子和微粒内部的电子在太阳辐射下发生振动，它所放射的能量是入射的太阳辐射能的一部分，所以散射只是改变太阳辐射的方向，向大气质点四周散射。散射一方面使天空发光，形成空中蒙雾亮度（见本章 2.3 节），另一方面，散射光将均匀地照射地面，增加了地面照度，并使阴影部分的地物也受到一定的光照。

按照大气质点的大小，散射分为以下两种：

1. 瑞利（Rayleigh）散射

当大气中质点的直径远远小于辐射波长时（小于 1/10 波长），散射的能力与辐射波长的四次方成反比，这种散射称为瑞利散射。显然，瑞利散射是选择性散射。

瑞利散射主要是大气中气体分子对太阳辐射波谱散射后产生的现象，由于蓝光比红光的散射能力大 8 倍，因此在晴朗纯洁的大气中，由于瑞利散射而产生的空中蒙雾呈蓝色，这就是晴朗天空呈现蓝色的原因。而在黎明或黄昏时，由于太阳辐射穿过的大气路程较长，短波光被强烈散射，难以到达地面，只有红光才能透射到地面，因而太阳呈橘红色。

2. 弥（Mie）散射

当大气中质点的直径等于或大于辐射波长时（如尘埃、水滴、云、雾和烟雾等），散射能力与波长无关，这种散射称为弥散射。显然，弥散射是非选择性散射。

实际大气中的散射，是瑞利散射和弥散射综合影响的结果，在不同的大气条件下，有时以瑞利散射为主，有时以弥散射为主。散射的程度除了与大气条件有关外，还与太阳高度角有关，而太阳高度角又是地理位置、季节和时间的函数。散射的影响使总的太阳辐射能损失了 22%；散射光虽然能均匀地照射地面，使阴影部分的地物也受到一定的光照，但由于散射光而产生的空中蒙雾亮度却限制了空中摄影的条件。我们将在 2. 3 节中详细分析空中蒙雾亮度对航摄影像质量的影响及其相应的补偿措施。

综上所述，由于大气对太阳辐射的吸收和散射，必将减少通过大气的辐射能，其减少的程度可以大气透射率（T）表示，其表达式为

$$T = e^{-\sigma \cdot x} \tag{2-1}$$

而

$$\sigma = A + B$$

式中：x——太阳辐射穿过大气的路程长度；

σ——衰减系数；

A——吸收系数；

B——散射系数。

2.2.4 大气窗口

电磁波穿过大气层时，与大气相互作用，使其能量不断衰减，衰减程度随波长而异，而那些能够穿过大气层的电磁波谱段，即大气透射率较高，被大气吸收、散射较少的电磁波谱段称为大气窗口。反之，受大气影响衰减较为严重、无法穿过大气层的波谱段称为大气屏障，如图 2-6 所示。显然，任何遥感器所能接收的电磁波谱段，就只能在大气窗口中进行选择。目前，限于技术条件和人们对地物波谱反射或辐射特性的了解，遥感中常用的电磁波谱段只为大气窗口的一部分。

目前在遥感技术中常用的大气窗口有如下几个。

1. 微波窗口（0. 1~100cm）

分八个波段（Ka：0. 8~1. 1cm；K：1. 1~1. 7cm；Ku：1. 7~2. 4cm；X：2. 4~3. 8cm；C：3. 8~7. 5cm；S：7. 5~15cm；L：15~30cm；P：30~100cm）。常用的有三个，即 Ka、X 和 L 波段，其中 0. 88cm（Ka）、3 和 3. 2cm（X）及 25cm（L）是雷达成像最常用的波段。微波的特点是当遇到障碍物尤其是金属时，就会被反射回来，利用这一特性，可以确定物体的方位、距离、大小和形状。此外，微波还可以穿透云、雾、植被，对岩石和土壤也有一定的穿透能力，因此微波遥感不但用于揭露伪装、地质探矿和探测海水盐分的变化，而且也是一种全天候、全天时的遥感技术。

2. 红外线窗口（0. 7~1000μm）

遥感中常用的红外波谱段可分为三种，即近红外（0. 7~3μm），中红外（3~6μm）和远红外（6~15μm）。其中近红外波谱段主要用于探测地表湿度分布，植物种类和生长

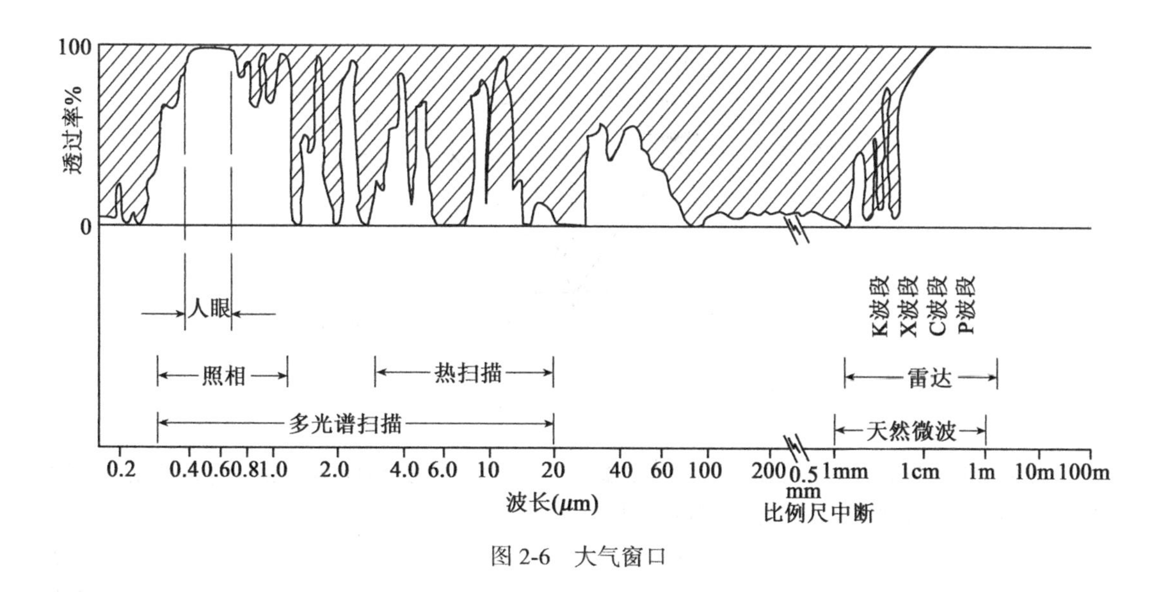

图 2-6　大气窗口

活动以及在军事上用于揭露伪装。这是由于叶绿素对近红外反射特别强烈以及水分吸收红外辐射的原因。中、远红外也称热红外，在中、远红外波谱区，主要用于探测地表湿度、水流流向、海水污染、岩石和土壤的类型以及对火山、林火、地热等进行监测，即热红外主要用于探测与物体温度有关的性质。

一般近红外称为反射红外波谱段，其中在 0.7~0.9μm 波谱段可用摄影方法获取有关信息，虽然感光材料的感色范围可达到 1.2μm，但由于这种胶片必须保存在-18℃的条件下，在生产实践中难以推广。中、远红外是物体的热辐射，一般用热红外敏感探测器探测。大于 15μm 的热红外因其绝大部分被大气中的水蒸气所吸收而无法使用。

3. 可见光窗口（0.39~0.7μm）

它是遥感技术中识别物体的主要波谱段，因为人眼在该波谱段具有敏锐的分辨和感知能力，因此习惯上也称该波谱段为光谱段，空中摄影主要就是利用这一波谱段。

4. 紫外线窗口（0.01~0.39μm）

在低空中能获取有关土壤含水量、农作物种类和石油普查等方面的信息，一般用紫外分光光度计或紫外线摄影进行探测。由于普通光学玻璃会吸收紫外线，因此，紫外线摄影时必须采用石英或萤石玻璃（氟化锂、氟化钙）制成的物镜。此外，制造感光材料时也不能采用动物胶作为卤化银的支持剂，因为动物胶将吸收 0.23μm 以下的紫外线。

2.3　辐射传输方程及空中摄影的要求

2.3.1　辐射传输方程

由图 2-7 可知，航摄仪从空中对地面摄影时，从地物反射或辐射的电磁波，经过大气层后才能进入航摄仪，而地物反射或辐射的能量首先取决于地物所受到的太阳光照的强度，即地面照度（E）。

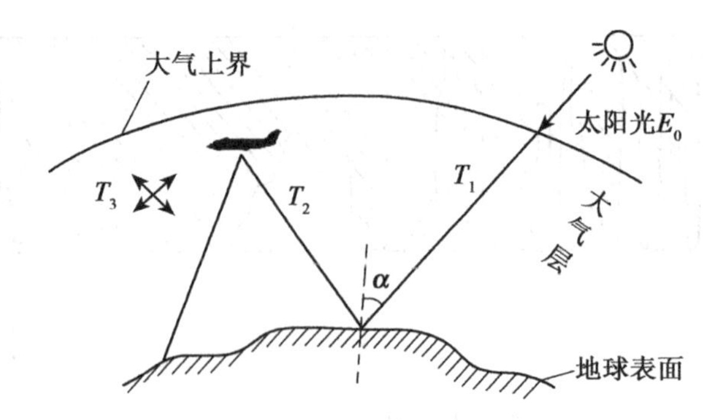

图 2-7　从地物反射或辐射的电磁波经过大气层后的示意图

地面照度包括直射照度和散射照度，此外，地物还将受到周围邻近物体反射光之间的交互反射，因此地物所受到的总照度 E 为

$$E = E_{直} + E_{散} + E_{邻} \tag{2-2}$$

而

$$E_{直} = E_0 \cdot \cos\alpha \cdot T_1 \tag{2-3}$$

式中：E_0——大气层外的太阳辐射照度；

T_1——太阳以某一高度角照射地面时的大气透射率，取决于大气条件和太阳高度角（地理位置、季节和时间）；

α——太阳光线与地面法线之间的夹角，表示地面坡度即地形起伏。

由光度学公式可知，对于近似于漫反射的自然地物而言，地物所受到的照度与其所反射的亮度 $B_{地}$ 之间有下列关系，即

$$B_{地} = \frac{E \cdot r}{\pi} \tag{2-4}$$

式中：r——地物的反射率（见本章 2.4 节）。

亮度为 $B_{地}$ 的地面景物，将沿着天顶方向又一次穿过大气层而进入航摄仪，因此空中景物亮度 $B_{空}$ 为

$$B_{空} = B_{地} \cdot T_2 + \delta_1 \tag{2-5}$$

式中：T_2——大气在天顶方向的透射率；

δ_1——空中蒙雾亮度（天空亮度）。

而进入航摄仪后景物的亮度 B 为

$$B = B_{空} \cdot K_a + \delta_2 \tag{2-6}$$

式中：K_α——航摄仪物镜的透光率（遥感器响应）；

δ_2——航摄仪的杂光（遥感器噪声）。

仿照式（2-4），空中蒙雾亮度一般也可简单地写成

$$\delta_1 = \frac{E_0 \cdot T_3}{\pi} \tag{2-7}$$

式中：T_3——大气在垂直方向的散射率。

如果近似地将地面散射照度 $E_{散}$ 和周围邻近地物的反射照度 $E_{邻}$ 都归入直射照度 $E_{直}$，则（2-6）式也可写成

$$B = \frac{E_0 \cdot K_\alpha}{\pi}[T_1 \cdot T_2 \cdot r \cdot \cos\alpha + T_3] + \delta_2 \tag{2-8}$$

若以某一窄波段（λ_1，λ_2）内的地物波谱亮度 B_λ 表示，则为

$$B_\lambda = \frac{1}{\pi}\int_{\lambda_1}^{\lambda_2} E_0(\lambda) \cdot K_\alpha(\lambda)[T_1(\lambda) \cdot T_2(\lambda) \cdot r_\lambda \cdot \cos\alpha + T_3(\lambda)] + \delta_2 \tag{2-9}$$

（2-9）式称为遥感方程式或辐射传输方程式。

2.3.2 空中摄影的要求

由式（2-8）可知，E_0 是常数，在一定的太阳高度角时，α 和 r 取决于景物本身，K_α 和 δ_2 是表示航摄仪质量的参数，因此，在一定的摄影条件下，进入航摄仪后的景物亮度将直接取决于大气条件，即透射率 T_1、T_2 和大气散射率 T_3。其中，T_1 和 T_2 的含义是相同的，即影响其数值变化的因素是相同的，在航天摄影时，T_2 可以看做是垂直方向的透射率，但在航空摄影时，由于航高相对来说比较低，就不能简单地认为是垂直方向的透射率，如图 2-7 所示。但是为了分析问题简单起见，在以下的分析中，将 T_1 和 T_2 统称为大气透射率 T。

对摄影成像来说，景物亮度的大小只影响航摄胶片上所受到的曝光量，重要的是航摄负片上相邻地物影像之间的密度差（$\Delta D_{邻}=D_2-D_1$），因为，如果地物影像之间没有密度的差异，也就无法在像片上辨认和识别地物。但地物影像之间的密度差首先取决于航摄负片上的影像反差（$\Delta D=D_{最大}-D_{最小}$），而由感光测定理论可知，如果摄影时景物的亮度范围都落在感光材料特性曲线的直线部分上，则景物反差（u）、影像反差（ΔD）和航摄胶片冲洗时的反差系数（γ）之间有下列关系，即

$$\Delta D = \gamma \cdot \lg u \tag{2-10}$$

而

$$u=\frac{B_{最大}}{B_{最小}}$$

$$\Delta D=D_{最大}-D_{最小}$$

显然，当冲洗条件一定时，影像反差将随着景物反差的增大而增大，从而提高了相邻地物影像之间的密度差。而决定景物反差的因素除了景物本身的特征（见本章 2.4 节）外，主要取决于阳光部分和阴影部分照度之间的差异（比值）。其中阳光部分的景物所受到的照度（总照度）包括直射照度和散射照度，而阴影部分景物所受到的照度只是散射照度。

下面我们具体分析空中摄影中的一些具体要求以及大气条件对航摄影像质量的影响。

一、太阳高度角的影响

由上述可知，地物所受到的照度包括三部分，其中周围邻近地物的反射照度 $E_{邻}$ 将使同类地物反射不同的光强，造成判读困难，但这是自然景观造成的，因而也是无法避免的。

直射照度主要取决于太阳高度角，当太阳位于天顶方向时（太阳高度角近似 90°），光线穿过大气层的路程最短，太阳辐射受大气吸收和散射的影响最小，因而大气透射率 T 最大。

散射照度的情况比较复杂，除了与太阳高度角有关外，在某些情况下，地物的反射光

（如地面上的雪层）也会照亮大气，从而又增大了散射照度。表 2-2 是夏天晴朗无云和中等大气透射率的天气，在不同太阳高度角时所测得的地面总照度（$E_{直}+E_{散}$）和散射照度的数值。

一般来说，太阳高度角越大，总照度和散射照度之间的区别越大，因而地面景物的反差就大。因此，对平坦地区来说，为了保持一定的地面景物反差，适合航空摄影的最理想的太阳高度角不应小于 20°；丘陵地区和一般城镇地区，太阳高度角应大于 30°，而在山区和大、中城市航摄时，为了避免地物阴影的影响，太阳高度角应大于 45°。同样，为了突出沙漠地区的轮廓和走向，航摄时，太阳高度角应小于 13°。

表 2-2　　**不同太阳高度角时的地面总照度和散射照度**

太阳高度角（°）	照度（klx）		$E_{总}/E_{散}$
	$E_{总}$	$E_{散}$	
5	4	3	1.33
10	9	4	2.25
15	15	6	2.5
20	23	7	3.3
25	31	8	3.88
30	39	9	4.11
35	48	10	4.8
40	58	12	4.9
45	67	13	5.2
50	76	14	5.43
55	85	15	5.66

二、大气条件的影响

由于大气对太阳辐射的吸收和散射，因此大气条件直接影响大气透射率 T 和散射率 T_3。大气条件差，大气透射率降低，散射率增大，即直射照度降低，散射照度增大，从而降低地面景物的反差，当大气条件较差时，由于地面照度降低或由于云层的影响而无法进行摄影。

一般以气象能见度表示大气条件，表 2-3 列出了各种气象状况时的气象能见度。由表 2-3 可见，根据摄影高度，适合航空摄影的气象能见度为 10~20km，对航天摄影来说，则主要根据太阳高度角和摄区云层分布的情况决定摄影与否。

应该指出，由于散射照度增加了阴影部分地物的照度，因此，在一定的大气条件下，对城市和高山地区的航空摄影是有利的，因为这将增加阴影处地物影像的层次，甚至消除阴影，从而提高判读性能。

表 2-3　　**各种气象状况时的气象能见度**

等 级	气象能见度（km）	特 性
0	0.05	极重雾
1	0.20	重 雾
2	0.50	中 雾
3	1	轻 雾
4	2	极重蒙雾
5	4	重蒙雾
6	10	轻蒙雾
7	20	满意能见度
8	30	良好能见度
9，10	>50	极好能见度

三、空中蒙雾亮度的影响

空中摄影与地面摄影相比，最重要的是受到空中蒙雾亮度的影响。

设地面景物的反差为 u，则航空景物的反差 u′为

$$u' = \frac{B_{最大} \cdot T + \delta_1}{B_{最小} \cdot T + \delta_1} \tag{2-11}$$

若 δ_1 以最大亮度的百分数表示，即

令

$$\delta = \frac{\delta_1}{B_{最大} \cdot T} \tag{2-12}$$

则

$$u' = \frac{1 + \delta}{\frac{1}{u} + \delta} = \frac{u(1 + \delta)}{1 + u \cdot \delta} \tag{2-13}$$

显然，由于空中蒙雾亮度的影响，航空景物反差 u′，将低于地面景物反差 u。

为了进一步分析空中蒙雾亮度的影响，设地面上有一系列亮度不同的景物，如表 2-4 所示，地面景物的反差 u = 1024/1 ≈ 1000（lgu = 3），相邻地面景物的反差均为 2∶1（lgu = 0.3），若空中蒙雾亮度为地面景物最大亮度的 1% 即 δ = 10，如果不考虑大气透射率，则航空景物的反差 u′ = 94（lgu′ ≈ 2），比地面景物反差降低 10 倍，而相邻航空景物的反差 u′也都小于 2，而且相邻景物在明亮部分和阴影部分反差降低的程度并不一致，由表 2-4 可见，阴影部分相邻景物的反差下降得非常明显，航空景物的亮度受到了非线性压缩。

表 2-4　　　　　　　　　　　**空中蒙雾亮度对景物反差的影响**

地物景物亮度（$B_{地}$）	1	2	4	8	16	32	64	128	256	512	1024
相邻景物反差（u）	2 :1										
空中蒙雾亮度（δ）	10										
航空景物亮度（$B_{空}$）	11	12	14	18	26	42	74	138	266	522	1034
相邻航空景物反差（u′）	1.09	1.17	1.29	1.44	1.62	1.76	1.86	1.93	1.96	1.98	
lg u′	0.04	0.07	0.11	0.16	0.21	0.25	0.27	0.285	0.29	0.297	

图 2-8 是将表 2-4 的数据作图，直观地表示了空中蒙雾亮度对景物反差的影响，图中也没有考虑大气透射率。

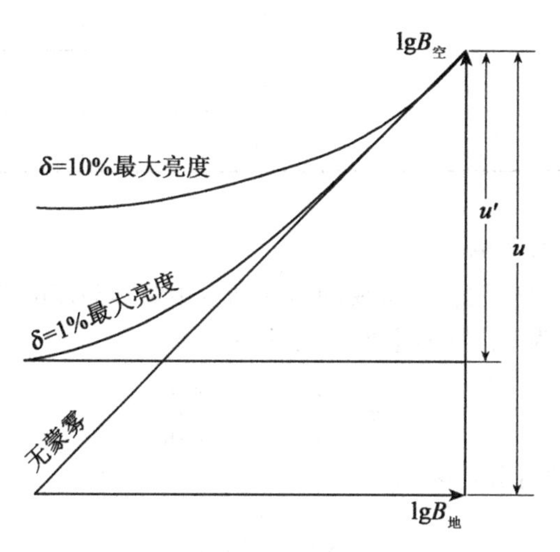

图 2-8　空中蒙雾亮度对景物反差的影响

由表 2-4 和图 2-8 可知：

（1）航空景物的亮度比同一景物在地面上的亮度大，这意味着空中摄影时，与地面摄影相比，曝光时间可以适当缩短。

（2）航空景物总的反差受到了压缩（u′<u），因此，空中摄影时所用的胶片一般都为硬性感光材料，冲洗时反差系数（γ）一般都大于 1，以补偿由于空中蒙雾亮度对影像反差的影响。

（3）阴影部分相邻景物的反差比明亮部分相邻景物的反差压缩得多，即航空景物的亮度受到了非线性压缩，从而降低了阴影部分相邻景物影像的密度差。这一影响说明，即使曝光时，景物亮度范围完全落在感光材料特性曲线的直线部分上，也不能完全正确恢复地面景物的亮度差，而且并不能用提高反差系数来完全补偿这一影响，因为补偿过多，明亮部分相邻景物的反差反而夸大，而阴影部分相邻景物的反差仍不能得到充分的补偿。

为了在一定程度上补偿空中蒙雾亮度的影响，航空摄影时必须附加滤光片，因为轻微的大气蒙雾主要是短波光的散射，可以选用浅黄色或黄色滤光片来进行补偿。

表 2-5 表明，当太阳高度角为 30°时，在不同大气条件下，不同摄影高度时一般航空景物的反差。由表可见，对同一景物而言，在不同的大气条件或不同的高度进行摄影时，航空景物的反差都有重大的变化。

表 2-5　　**不同大气条件下，不同摄影高度时一般航空景物的反差**

高度（m）＼航空景物反差＼大气条件	晴 朗	轻蒙雾	重蒙雾
1000	16.5 : 1	11.5 : 1	9 : 1
1000~2700	11.5 : 1	7 : 1	5 : 1
2700 以上	7 : 1	5 : 1	3 : 1

综上所述，由于大气条件即大气透射率和空中蒙雾亮度的影响，航空摄影时为了获得满意的影像质量，必须选择晴天无云，太阳高度角大于 20°，附加滤光片进行摄影，航摄胶片应选用硬性材料，冲洗时的反差系数一般都大于 1。

2.4　地物的波谱反射特性

一切物体都是电磁波的辐射源，同时又受到太阳辐射等外界电磁波的辐射作用。地物由于自身的结构和物理性状的不同，其自身发射电磁波的能力和对外界电磁波辐射后所产生的反射、吸收和透射能力也不相同，从而地物就表现出各自特有的电磁波特性。这种地物发射、反射、吸收和透射电磁波能力的特性称为地物的波谱特性。根据地物波谱特性之间的差异，可以区分地物的种类、属性及其状态。同样，根据地物的波谱特性可以有目的地选择摄影条件（感光材料的感色性与滤光片的组合），以便从摄取的资料中提取所需要的信息。

2.4.1　物体的电磁波特性

一、物体发射电磁波的特性

任何物体，只要处于绝对零度（-273℃）以上，都会由于物质中电子跃迁、原子振动和分子旋转状态的改变而发射电磁波。

地物的电磁波发射特性以发射率或辐射率 ε_λ 表示。物体单位面积上发射某一波长的能量 W_λ 与同一温度下绝对黑体发射相同波长的能量 W_{λ_0} 的比值表示发射率，即

$$\varepsilon_\lambda = \frac{W_\lambda}{W_{\lambda_0}} \tag{2-14}$$

显然，$0<\varepsilon_\lambda<1$。

物体发射电磁波是有一定规律的：

（1）物体发射的电磁波谱中，其峰值波长（即最大发射强度所对应的波长）与绝对温度成反比。即高温物体发射较短的电磁波（如火山爆发时所喷射的熔岩发射红光），低温物体发射较长的电磁波（如冰川发射微波）。介于两者之间的物体，如人体温度一般为

37℃（310K），其发射的峰值波长为 10μm 的红外辐射。

（2）同一种物体在不同的温度下其发射强度也不相同，一般与绝对温度的四次方成正比。由于不同地物有不同的温度，同一地物的温度有昼夜之别和季节的变化，而且与地理位置也有一定的关系，因此，利用这一特性，在热红外探测器中已可探测到±0.25℃的温度变化，这对沙漠干旱地区的环境监测具有重要的意义。

二、物体反射、吸收和透射电磁波的特性

太阳光或其他外界的电磁波辐射到物体上时，对半透明体都会出现三种情况，其中一部分能量被物体反射，一部分能量被物体吸收，一部分能量被物体透射；对不透明体，一部分能量被物体反射，一部分能量被物体吸收。根据能量守恒定律，对半透明体，有

$$\frac{W_{\text{反射}}}{W_{\text{入射}}}+\frac{W_{\text{吸收}}}{W_{\text{入射}}}+\frac{W_{\text{透射}}}{W_{\text{入射}}}=1 \tag{2-15}$$

或对不透明体，有

$$\frac{W_{\text{反射}}}{W_{\text{入射}}}+\frac{W_{\text{吸收}}}{W_{\text{入射}}}=1 \tag{2-16}$$

其中吸收的能量，将被物体转化为内能，使物体温度变化，从而改变物体发射波谱中的相对强度。

物体对电磁波辐射的透射特性，由物体的性质和入射的电磁波波长决定。例如微波可以穿透一定厚度的冰层和干沙层，但不能穿透金属，这就为军事上揭露伪装提供了一种技术手段（微波雷达）；又如可见光中的蓝绿光（0.45～0.58μm）可以穿透一定深度的水体，因此，利用电磁波的透射特性可以研究水下、冰层下的地物状态。

物体对电磁波辐射的反射特性以波谱反射率 r_λ 表示，物体在某一特定波长 λ 或特定波段 Δλ 反射的辐射能与入射的辐射能之比定义为波谱反射率，即

$$r_\lambda=\frac{W_{\lambda(\text{反射})}}{W_{\lambda(\text{入射})}}=\frac{B_{\lambda(\text{反射})}}{B_{\lambda(\text{入射})}}=\frac{B_\lambda}{B_{\lambda_0}} \tag{2-17}$$

显然，在相同的摄影条件下，与摄影有关的主要是地物的波谱反射特性。

2.4.2 地物波谱反射率的测定

地物波谱反射率分为实验室样品测量和野外实况测量两种。前者量测精度较高，但样品单一，与实际的自然条件和环境并不一致，量测的数据仅供分析时参考。

测定地物波谱反射特性的仪器主要是分光光度计，如图 2-9 所示，由集光、分光、接收和记录四个部分组成。集光系统主要是一个取景器，以便瞄准目标，分光系统分为棱镜分光和光栅分光两种，其分光原理为：接收系统主要是光电倍增管或其他探测元件，把分光系统分解的单色光经过放大后转变成模拟电信号，记录系统可以是读数显示、x-y 记录仪或磁带记录装置。

由于分光光度计测定的是地物的反射亮度，因此，为了测定波谱反射率，必须利用一块绝白标准板（通常为硫酸钡涂层），量测时，同时测定地物和标准板的反射亮度，由于标准板的波谱反射率 r_λ 是已知的，则由

$$r_{\lambda_{\text{标}}}=\frac{B_{\lambda_{\text{标}}}}{B_{\lambda_0}} \tag{2-18}$$

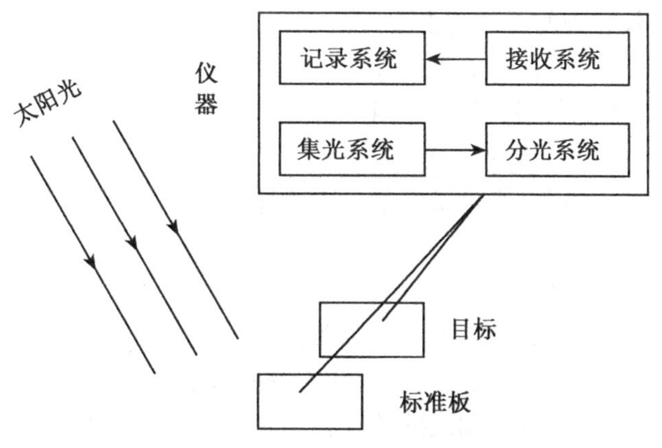

图 2-9　分光光度计工作原理略图

$$r_{\lambda_{物}}=\frac{B_{\lambda_{物}}}{B_{\lambda_0}} \tag{2-19}$$

所以

$$r_{\lambda_{物}}=r_{\lambda_{标}}\frac{B_{\lambda_{物}}}{B_{\lambda_{标}}} \tag{2-20}$$

将某一地物的波谱反射率 r_λ 与波长的关系用直角坐标系表示，就得到该地物的波谱反射特性曲线。图 2-10 表示三类典型航空景物的波谱反射特性曲线。

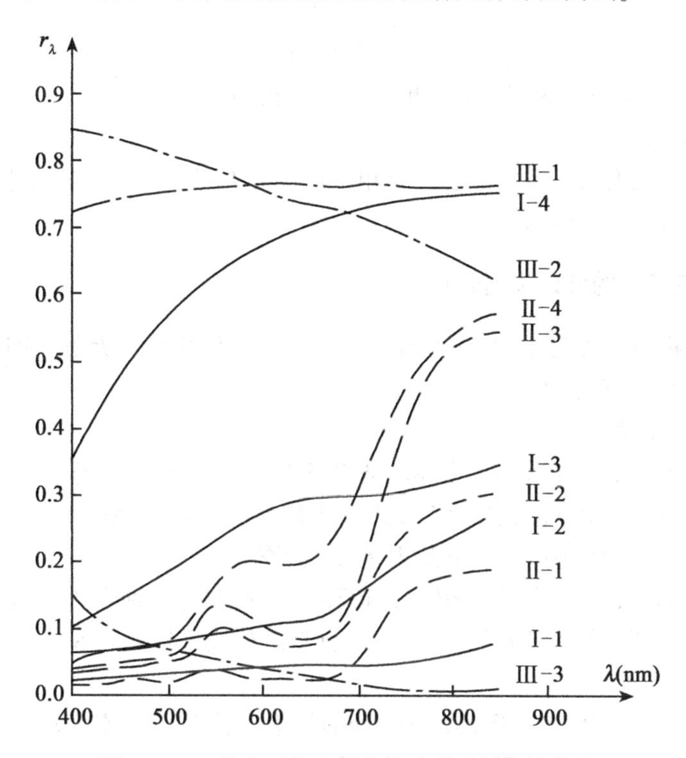

图 2-10　三类典型航空景物的波谱反射特性曲线

第一类　不生长植物的土地与土壤

第一种黑土和砂土，土路及其他物体。

第二种灰土、黏土、公路、某些建筑物。

第三种沙泥、不生长植物的沙漠，某些山岩。

第四种石灰石、泥土以及其他某些最亮的物体。

第二类　植物

第一种冬天的针叶树林。

第二种夏天的针叶树林、干谷的草地以及生长不茂盛的草地。

第三种夏天的阔叶树林和长有茂盛植物的各种草地。

第四种带有秋天色彩的树林和成熟的（浅黄色）的田间作物。

第三类　水面、水池和雪层

第一种覆有冰层的雪。

第二种新降落的雪。

第三种与法线成某一相当大的角度的水面，即能反射蓝色天空的水面。

图 2-10 是前苏联学者克里诺夫早期的研究成果，实际上地物波谱反射率取决于许多因素，与地物的结构、状态和表面的光滑度等因素都有关系，因此对同一地物而言，不是一条波谱反射特性曲线就能完全描述其特性的，只有全面地测定地物的波谱反射率，才能充分揭示地物的本质。

地物表面的光滑度（或粗糙度）取决于入射电磁波的波长和入射角，根据瑞利准则

$$h \leqslant \frac{\lambda}{8\cos\theta} \tag{2-21}$$

式中：h——地物表面高度的变化值，单位与波长相同；

θ——入射角。

例如，对可见光而言，砂土的表面是粗糙的，而对微波而言，岩石也是光滑的，这一概念对判读微波雷达影像很重要。

2.4.3　航空景物的波谱反射特性

自然界的景物尽管种类繁多，但 90%的地物可以归结为三大类，即水体、植物和土壤。现结合图 2-10 分别介绍如下。

一、水体的反射特性

水体包括水面、水池和雪层。水体的波谱反射特性具有下列特点：

（1）除雪层外，水体的反射率都很低，清澈水体的反射率随着波长的增大而减小，至红外波谱区后，都被水体吸收，其反射率接近于零。

（2）对雪层而言，其反射率都很高，新降雪与陈雪的区别在于前者的反射率随着波长的增大而减小（其反射率从短波的 0.83 降低至红外波谱区的 0.6），而陈雪的反射率在 0.4～0.8μm 内则缓慢增大。

（3）含有杂质的水体，由于杂质对光线的散射，使其反射率的峰值波长向长波方向移动，例如，含有泥沙的水，其峰值波长将移至 0.6μm 附近，被石油污染的水面，在紫外波谱区的反射率较高，而含有藻类或其他植物的水面则在红外波谱区有较高的反射率。

（4）清澈的水体对短波光（0.45~0.58μm）具有较好的透射特性，即具有透射到水底并再反射出水面的特性。利用这一特性可以研究深达10m左右的水底地形。

二、植物的波谱反射特性

健康植物的波谱反射特性普遍具有以下特点：

（1）在0.55μm处有一较小的波峰，其反射率约为0.15；

（2）在0.65μm处有一最小值（波谷），其反射率小于0.1；

（3）在0.7~1.1μm处，其反射率最高，这是由于叶绿素在近红外波谱区具有特别强烈的反射特性；

（4）不同的植物，其反射率并不相同，同一植物在不同的生长期，其反射率也不相同。此外，当植物受到病虫害侵袭时，在0.65μm处的低谷就将消失，而在0.7~1.1μm处的峰值也会下降。正是利用这一特性，在遥感中可用于对植物的生长情况和病虫害进行监测，根据矿化毒害对植物的影响进行找矿，并在军事上揭露伪装。

三、土壤的波谱反射特性

在一般情况下，土壤的波谱反射率随着波长的增大而逐渐增大，而且随着波长的增大，不同土壤波谱反射率的差异也逐步增大。对同一土壤而言，其波谱反射率主要取决于土壤中的含水量。一般湿土壤的波谱反射率比干土壤小，因此土壤在像片上的色调与浅层地下水有一定的联系，地下水位离地表1.2~2m时，在黑白像片上的色调呈灰白色，当地下水位离地表0.5~1.2m时呈深灰色，当离地表小于0.5m时呈黑色。此外，当土壤中含有矿物质或有机质时，其波谱反射率也会下降。

以上介绍的是三种典型航空景物的波谱反射特性。表2-6列出了地物在0.4~0.7μm内的平均反射率，从表中可以归纳出几点很重要的结论。

表2-6　**部分地物在0.4~0.7μm内的平均反射率**

名　称	r	名　称	r
繁茂的绿色草地	0.064	干燥的黑土	0.03
干旱的绿色草地	0.07	潮湿的黑土	0.02
已割的绿色草地	0.065	海	0.068
黄色（晒枯的）草地（垂直摄影时）	0.14	洋	0.035
黄色（晒枯的）草地（倾斜摄影时）	0.20	新降落的雪	1.00
干燥的黄色草原	0.10	半新的雪	0.90
绿色的庄稼	0.055	正融化的雪	0.80
成熟的黄色庄稼（垂直方向）	0.15	小丛林稀少的积雪田野	0.60
成熟的黄色庄稼（倾斜方向）	0.34	河川的水	0.35
收割后的田地	0.10	干的公路	0.32
长满藓苔的沼泽地	0.05	湿的公路	0.11
针叶树林（树冠）	0.04	干的圆石路	0.20

续表

名　称	r	名　称	r
夏季阔叶树林	0.05	湿的圆石路	0.07
秋季的黄色阔叶树林	0.15	砂筑的干土路	0.20
冬季的阔叶树林	0.07	砂筑的湿土路	0.07
干燥的黄砂	0.15	砂壤土筑的干土路	0.09
干燥的红砂	0.10	黏土筑的干土路	0.21
干燥的砂土壤	0.13	黑土筑的干土路	0.08
潮湿的砂土壤	0.06	红砖	0.20
干燥的黏土	0.15	浅色石灰石	0.40
潮湿的黏土	0.06	毛石板	0.35
花岗石碎块	0.17	新的白墙	0.90
稻草	0.15	旧的白墙	0.70
新的松木板	0.50	红色铁皮屋顶	0.13
旧得发灰的木板	0.14	木造（板条）屋顶	0.15
木围墙	0.20		

（1）从 r 值为 0.8~1.0 的雪层到 r 值为 0.02~0.03 的黑土，物体的反射率变化很大。如果地面上有两个物体，其反射率为 r_1 和 r_2，在入射阳光照射下，光线的投射角为 α_1 和 α_2，则地面上这两个物体之间的反差 u 在不考虑散射光照度的情况下为

$$u=\frac{B_2}{B_1}=\frac{\cos\alpha_2\cdot r_2}{\cos\alpha_1\cdot r_1} \tag{2-22}$$

当 $\alpha_1=\alpha_2$ 时

$$u=\frac{r_2}{r_1} \tag{2-23}$$

由此可见，地面景物的反差，主要取决于地物的反射率。

（2）性质完全不同的物体，可以具有相同的反射率。如果用全色片同时对具有相同反射率的不同物体进行摄影，在像片上的色调几乎是一致的，这就给判读工作带来了困难。但是，参阅图 2-10 后可以发现，在某一窄波段内，各种地物的波谱反射率 r_λ 却存在着很大的差异，因此，测定和分析地物波谱反射曲线就为选择遥感器的最佳工作波段，即感光材料感色性和滤光片的组合提供了依据，这也是发展多光谱摄影或多光谱扫描技术的依据。

（3）粗糙表面的 r 值要比光滑表面的 r 值小，这是由于在粗糙表面上主要是漫反射，将入射能量均匀分布的原因。

（4）潮湿表面比干燥表面的反射率小。

（5）不同的观测方向，其 r 值也不相同，这说明物体除了发生漫反射外，还伴有镜面

反射。

应该指出，测定地物波谱反射特性的工作是一项极为重要的基础工作，由于地物的波谱反射特性不但取决于地物自身的结构，而且与周围的自然环境，地理位置和季节等都有一定的联系。所以地物的波谱反射特性数据必须依靠长期的努力，才能积累起较为完整的资料。

练 习 题

1. 名词解释：大气窗口、大气屏障、空中蒙雾亮度、大气透射率、地物波谱反射率。
2. 随着高度的变化大气温度如何变化？
3. 大气对太阳辐射的吸收与散射有哪些异同点？
4. 空中蒙雾亮度对空中摄影有哪些影响？在空中摄影时如何处理？
5. 何谓辐射传输方程？对空中摄影有哪些影响？在空中摄影时应采取什么措施保证摄影质量？
6. 分析哪些因素将影响航摄负片的影像反差。
7. 如何根据感光测定原理测定地物的波谱反射率？
8. 植被、土壤、水系的波谱反射特性各有何特点？其特性曲线如何表示？

第3章 航 摄 仪

3.1 概 述

航摄仪是具有一定像幅尺寸能够安装在飞行器上对地面自动地进行连续摄影的照相机。航摄仪是一台结构复杂、精密的全自动光学电子机械装置，具有精密的光学系统和电动结构，所摄取的影像能满足量测和判读的要求。图 3-1 为现代航摄仪（RC-30）示意图。

图 3-1 现代航摄仪示意图

早期的航摄仪由于光学制造和机械加工水平的限制，像幅多为 18cm×18cm，其自动化程度也较低。随着技术的进步，18cm×18cm 像幅的航摄仪已被淘汰，取而代之的是像幅为 23cm×23cm 的航摄仪，自动化程度也大大提高。除了自动曝光装置、自动整平装置外，增加了像移补偿装置、导航设备支持下的自动定向及自动重叠度调整等设备。20 世纪末又研制出数码航摄仪，并已得到广泛的应用。

根据摄影时摄影物镜主光轴与地面的相对位置，航摄仪可分为框幅式（画幅式）航摄仪和全景式航摄仪两大类。框幅式航摄仪摄影时主光轴对地面的方向保持不变，每曝光一次获得一幅中心透视投影的图像。全景式航摄仪摄影时主光轴相对地面在不断移动，其影像的几何质量远比框幅式航摄仪差。

根据记录影像的介质不同航摄仪又可分为模拟航摄仪和数码航摄仪。

因为航摄仪是用来从空中对地面进行大面积摄影的，所摄取的影像又必须能满足量测和判读的要求，因此，无论航摄仪的结构或是摄影物镜的光学质量都与普通相机有重大的区别。

在结构上，现代航摄仪一般都具有重叠度调整器，能每隔一定的时间间隔进行连续摄影，保证在同一条航线上，相邻像片之间保持一定的重叠度，以满足立体观测的要求。根据摄影测量的需要，航摄仪的焦平面上必须有压平装置及贴附框，并在贴附框的四边中央及角隅处分别装有机械框标和光学框标。此外，为了避免各种环境因素的影响，航摄仪必须有减震装置，制作航摄仪的机械部件应选用防腐蚀和变形极小的特种合金，以保证航摄仪光学系统的稳定性，防止飞机发动机的震动、大气温度的变化（±40℃）和飞机升降时由于过载负荷等因素对摄影影像质量的影响。新型的航摄仪还具有像移补偿装置以消除曝光瞬间由于飞机前进运动而引起的像点位移。具有和导航设备（如惯导系统、GPS 导航系统）的接口，实现全自动化摄影。

由于航摄仪的像幅比较大，要在这样大的幅面内获取高质量的影像，在摄影物镜的光学设计、制造摄影物镜所用的光学玻璃的选择、加工、安装和调试等方面都要求特别精细。此外，摄影时为了保证正确曝光，当代航摄仪一般都具有自动测光系统。因此，航摄仪的光学系统是相当复杂的。

随着当代科学技术的不断进步，摄影物镜和航摄胶片质量的不断提高，新型记录介质的使用，航空摄影资料用途的不断开拓，现代航摄仪已发展成一台高度精密的全自动化摄影机。本章首先讲述航摄仪的基本结构和常见的几种用于航空摄影的模拟航摄仪，在此基础上介绍航摄仪各种重要附件的结构和原理、航摄仪的检定和内方位元素的平差计算方法。数码航摄仪将在第 4 章 4.7 节中讲述。

3.2 航摄仪的基本结构

航摄仪的整本结构大体上由四个基本部件组成，即摄影镜箱、暗盒、座架和控制器。每个部件相当于一个模块，每个模块各有自己独立的功能。这种由模块设计组成的航摄仪，不但结构精巧，而且在使用上有许多优点，它把可更换的部件（如摄影物镜和暗盒）与必须的常用部件分离开来，有利于航摄单位在同时承担不同要求的航摄任务时，对航摄仪进行有计划的调配。

下面介绍这四个部件的主要功能。由于航摄仪的类型很多，各国生产的航摄仪在结构形式以及每个部件所承担的功能上，或多或少地存在某些差别，这些特点，将在本章 3.3 节中再加以补充说明。

3.2.1 摄影镜箱

摄影镜箱是航摄仪最主要的组成部分，由物镜筒和外壳组成，如图 3-2 所示。

物镜筒的前端装置物镜。航摄物镜是由几个不同形式，用不同光学玻璃研磨的单透镜所组合而成的高度精密的光学系统，借此在固定的焦平面上把地面景物构成精确的光学影像。光圈和摄影快门都设置在光学系统的透镜组之间，为了补偿空中蒙雾亮度的影响或进行光谱带摄影，物镜前可以安装不同颜色的滤光片。这种滤光片属于摄影物镜光学系统的一部分，因此各种厂家生产的航摄仪都配有相应的滤光片，彼此并不通用。镜箱的外壳其长度一般都超过物镜筒，形成一个安全罩，用以保护物镜和消除旁射光的影响。

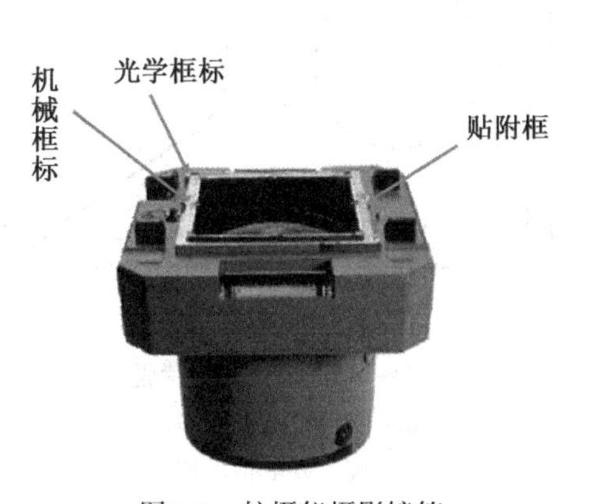

图 3-2 航摄仪摄影镜箱

镜箱上部，即物镜筒和暗匣的衔接处，有一个金属制成的贴附框（见图 3-2），框的四边严格地处于同一平面内，并要求与物镜的主光轴垂直。贴附框每边的中央各有一个机械框标，相对两框标连线的交点与主光轴和贴附框平面的交点一致。此外，在贴附框的每个角隅处，还设有一个用光源照明的光学框标，相对两光学框标连线的交点与机械框标连线的交点也应一致。摄影时，机械框标与光学框标都与地物同时构像在航摄胶片上。因此，在航摄像片上，根据相对的两个框标连成直线，其交点即为像片中心的位置。

为了使航摄仪能适应在低温条件下的正常工作，并保持内方位元素的稳定性，在镜箱内部设有加温装置。

航摄镜箱除了摄取地物影像外，还记录很多指示器件的影像，例如，提示飞行高度的气压表、指示摄影时刻的时表、指示光轴倾斜角大小的水准器和摄影顺序记数器等。这些指示器大都安置在镜箱外壳和镜筒之间，并都集中在贴附框的某一边，各由小电灯泡照明，通过设置在贴附框边缘的小物镜能使各指示器的影像与每一像幅的地物影像同时记录在航摄胶片上，作为每次曝光瞬间的状况和姿态的记录，供使用航摄资料时参考。

镜箱内还设置有动力传动装置，它把动力传递给摄影物镜的快门以及暗盒中的胶片传输机构和压平机构。

3.2.2 暗匣

暗匣是一个装置在镜箱上部与贴附框紧密接合的不透光的匣子。它除了安装航摄胶片外，一般还有两个重要作用：一个是在每次曝光后控制航摄胶片按固定长度输送；另一个是使航摄胶片在曝光瞬间严格展平于焦平面上。图 3-3 为航摄仪暗匣的结构略图。图中 1 为装未曝光胶片的卷轴，称为载片轴（或称供片轴）；2 是一个能主动旋转的轴，用来接收已曝光胶片，该轴称为承片轴（或称收片轴）；3 为引导胶片均匀输送的轴，称为导片辊；4 也是一个引导胶片均匀输送的轴，但由于它还起到丈量胶片长度的作用，故称为量片辊。

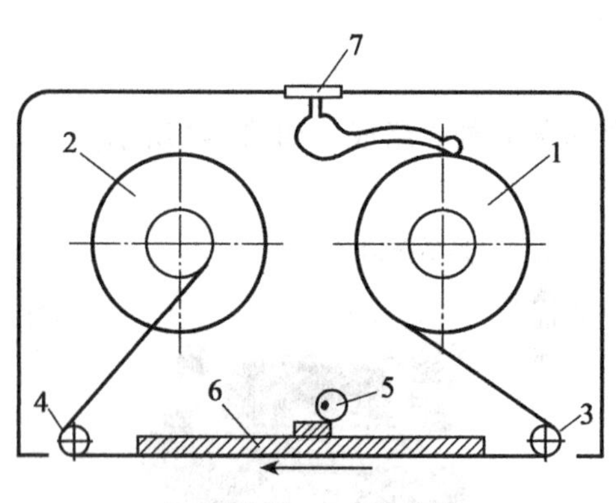

1—载片轴　2—承片轴
3—导片辊　4—量片辊
5—偏心轮　6—压片板
7—软片数量指示器

图 3-3　航摄仪暗匣的结构略图

航摄胶片在每次曝光后，应该卷输一个固定不变的长度 A，这个长度就是像幅沿航线方向的宽度 l_x，加上两像幅之间的间隔距离 c，即

$$A = l_x + c \tag{3-1}$$

当卷输航摄胶片时，胶片紧贴在量片辊上，依靠它们之间的摩擦力带动量片辊转动，因为在接触处的线速度是一样的，所以每卷一个 A 的长度，量片辊都是转动相同的转数 n，若量片辊的半径为 r，则

$$n = \frac{l_x + c}{2\pi r} \tag{3-2}$$

每当量片辊转动 n 转数后，暗盒中的传动机构立即停止工作，胶片也就停止移动，从而保证了胶片的定长输送。

航摄胶片的展平是由压平机构实现的，展平胶片的方法有两种，即气压法和机械法。气压压平是利用吸气的方法在压片板和胶片之间形成真空，如图 3-4 所示。

压片板与航摄胶片接触的一面是一个平度要求达到微米级的平面，板面上开有通气道，以便排出压片板和胶片之间残留的空气（图 3-5）。为了吸出残留空气，在压片板中央部分，凿有很多贯穿压片板的小孔，利用飞机舱舷外面的吸气管或真空泵造成真空。

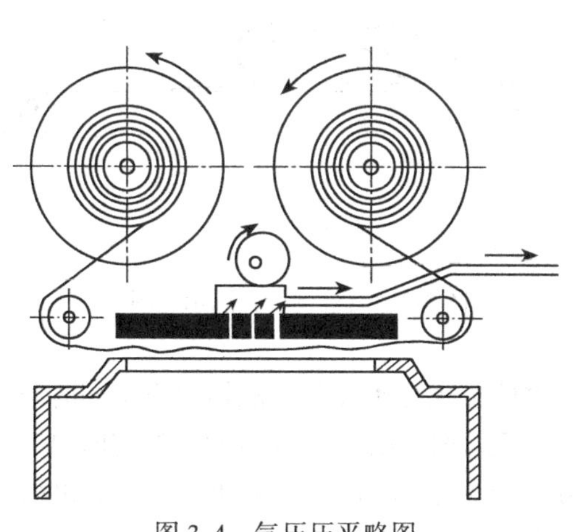

图 3-4　气压压平略图

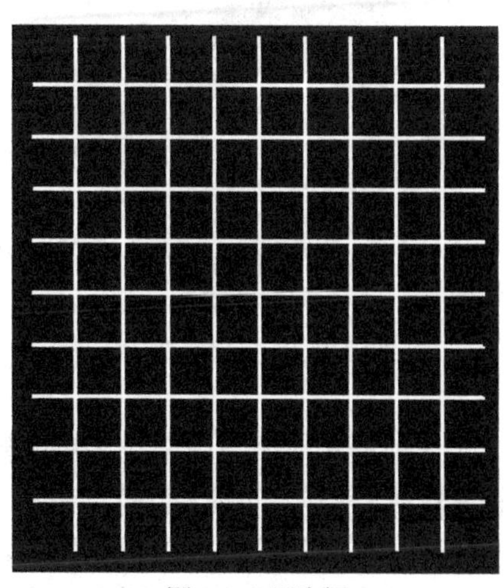

图 3-5　压片板

航摄时，每次曝光结束，压片板利用弹簧或杠杆自动抬起，暗盒开始输送一幅定长的航摄胶片，卷输完毕后，压片板开始压向贴附框进行真空吸气压平。

机械压平是利用压片板将航摄胶片紧紧地压在安置于焦平面的光学玻璃上，以达到展平胶片的目的。

为了防止通过胶片的光线在压平板表面产生反射，使航摄胶片再次感光，压片板表面必须涂成黑色。机械压平时，为了使航摄胶片更好地压平在光学玻璃上，压片板的表面通常都蒙上一层黑色织物。

暗匣中航摄胶片的容量一般为 60m，如制造航摄胶片的片基为薄形涤纶片基，其长度可达 120m。

在航摄过程中，为了随时了解胶片的使用情况，在暗盒的盒盖上设有胶片卷输是否正常的指示器、已曝光或未曝光胶片的数量指示器和指示航摄仪是否处于水平状态的水准器等。

3.2.3　座架

座架是安置航摄镜箱和暗盒组合体的支承架，是航摄仪的一个重要组成部分（图 3-6）。

座架有三个或四个支柱，依靠它将座架固定在飞机发动机震动影响较小的舱底上，为了对地面进行摄影，该处舱底必须开孔，飞机的这一部分称为摄影舱。摄影舱分为三种类型，即不密封的、部分密封的（保持固定温度、但气压不作控制）和密封的（温度和气压都保持不变）。摄影舱的底部都有一块保护玻璃（除密封舱外），航摄时，保护玻璃自动移开，露出航摄物镜。航摄飞机在飞行过程中，由于受到空中气流的影响，飞机不可能保持平稳的飞行状态，将分别围绕三个轴系转动（图 3-7），即分别产生围绕机翼连线转

动的航向倾角 α_x，围绕机身纵轴转动的旁向倾角 α_y 和围绕垂线方向转动的旋角 κ。

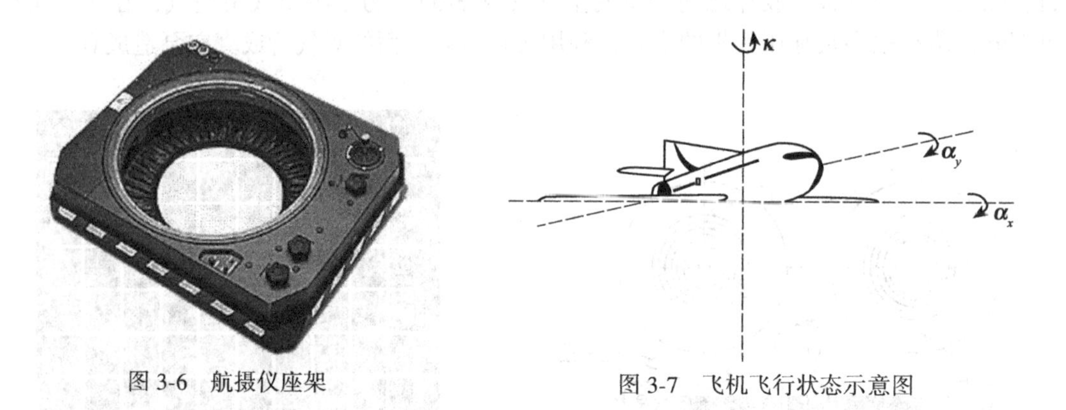

图 3-6 航摄仪座架

图 3-7 飞机飞行状态示意图

由于航摄仪座架是固定在飞机的舱底上，因此在飞行条件下，航摄仪也将同时绕着三个轴系转动。为了尽可能消除这一影响，座架必须有整平航摄仪和对航摄仪进行定向的功能。

为此，航摄仪的座架必须能使摄影镜箱分别绕 *xx*、*yy* 和 *zz* 轴转动。一般航摄仪座架设有内外两个活动环，每个环有一个轴，内环轴（*xx*）与外环相连，外环轴（*yy*）与座架总体相连，内外环的轴互相是垂直的，航摄镜箱安置在内环上，利用调整螺旋可使航摄镜箱分别绕轴 *xx* 或 *yy* 轴转动，从而达到整平航摄仪的目的。同时，内环与外环的组合体又可在座架的总支承圆环上旋转一定的角度（即绕 *zz* 轴旋转），以便调整镜箱的方向。

任何航摄仪都必须具有上述三个自由度。

航摄仪的座架一般都固定在飞机纵轴的附近，其中 *xx* 轴与飞机的纵轴平行。设直线 *AB* 为摄影航线的方向，如果没有侧风的影响，飞机将沿直线 *AB* 飞行。由于航摄仪贴附框的侧边与飞机的纵轴平行，则前后所摄的各张像片如图 3-8 中的 *a* 所示。当有侧风时，则飞机将会沿 *AB'*方向飞行，此时 *AB'*与预定航线 *AB* 之间将形成一个偏流角 φ，此时所摄的像片如图 3-8 中的 *b* 所示，如果要使飞机在有侧风的情况下仍能沿预定航向 *AB* 飞行，就必须使飞机纵轴的方向向着与偏流角 φ 相反的方向改正一个角度 ω，并称 ω 为航线偏流角。但飞机改正 ω 角后，航摄仪所摄的像片却如图 3-8 中的 *c* 所示。因此，为了使摄取的像片仍能保持图中 *a* 的状况，必须使镜箱绕自身的 *zz* 轴按飞机修正偏流的相反方向旋转一个 ω 的角度，这就是航摄中的改正航偏角，或称为航摄镜箱的定向。

此外，为了减少飞机发动机的震动和飞机升降时由于过载负荷对航摄仪的影响，保证摄影影像质量和航摄仪工作的稳定性，在与飞机舱底固定的座架支柱上还必须设置弹簧减震装置。

3.2.4 控制器

控制器是操纵航摄仪工作的机构，它指挥并监督整个航摄仪的工作。控制器通过电缆将航摄仪与电源连通，控制器的内部装有各种电器元件，外部面板上装有各种开关、旋钮、信号指示灯、电流表和计数器等。当把要求的航向重叠度在控制器上安置后，只要打开启动开关，调整螺旋线的速度，航摄仪就能自动地按预定的要求进行连续摄影。根据需要，控制器还能使航摄仪与附属设备（如导航系统、无线电测高仪等）同步工作。

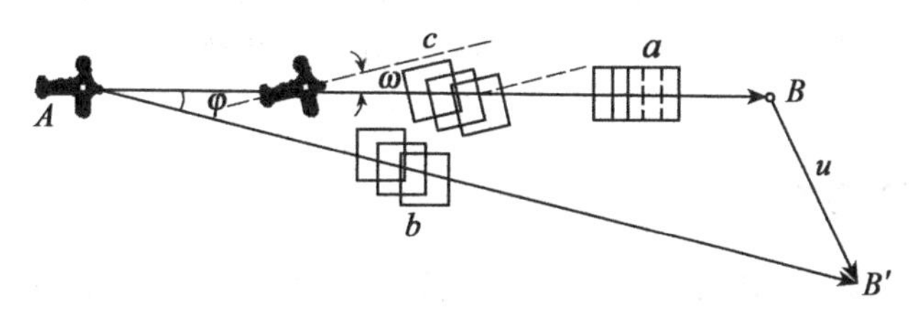

图 3-8　改正航偏角

航摄仪除了上述四个基本部件外，还有一个必需的重要附件，即检影望远镜。它用通信电缆与航摄仪的镜箱相连，因此，摄影员操纵检影望远镜，就可以整平航摄仪和改正航偏角（航摄仪镜箱的定向）。此外，检影望远镜中还设有重叠度调整器，以控制像片的航向重叠度。有关重叠度调整器的工作原理将在本章 3.5 节中详细介绍。

3.3　我国常用的几种模拟航摄仪

现代优质航摄仪应当能提供高质量的光学影像，即在整个像幅内，影像应具有清晰而精确的几何特性和良好的判读性能。要满足这一要求，航摄物镜的分辨率必须很高，最大畸变差要小于 15μm，色差校正范围应在 400～900nm 之间，物镜透光率要强，焦面照度要分布均匀，为了保证光学影像的反差，镜箱体的散光要消除到最低限度。此外，每一种航摄仪都必须配备不同焦距的物镜，以满足各种航空摄影的需要。

在机械结构方面，航摄仪的压平系统应使航摄胶片在曝光瞬间能完全吻合于贴附框面。如果胶片在某一个位置上没有压平，离开贴附框平面 Δm 的距离，则既影响像片的量测精度，同时也将降低影像的清晰度。

图 3-9 表示由于压平不良所产生的像点位移值 Δl，由图可见

$$\Delta l = \Delta m \cdot \tan\omega \tag{3-3}$$

式中：ω ——倾斜光线与主光轴的夹角。

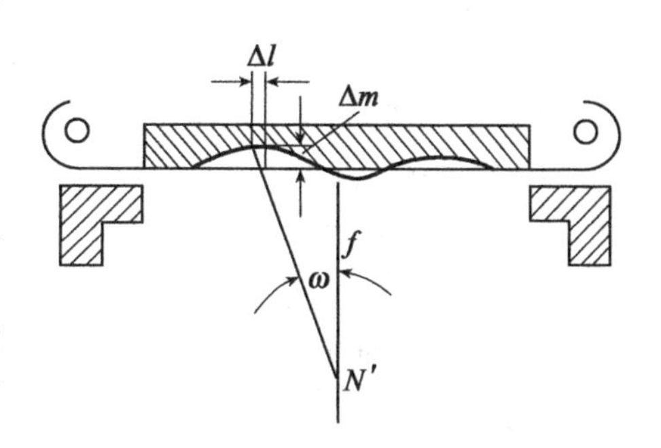

图 3-9　压平不良产生的像点位移

由（3-3）式可见，对压平精度的要求，取决于像点的位置。像场角 2β 越大，由于压平不良，在影像边缘处的像点位移越大，一般要求 Δl 小于或等于 0.01mm，因此当 $2\beta=60°$时，在像幅边缘处，Δm 不应该超过 17μm；而当 $2\beta=120°$ 时，相应的 Δm 不应该超过 6μm。上述数据说明，对航摄仪的压平精度，尤其对特宽角航摄仪是非常高的。

在机械结构上除了压平系统外，还要保持航摄仪内方位元素的稳定性，航摄仪座架必须有良好的避震性能，航摄仪快门的光效系数应大于 80%。此外，为了满足大比例尺、大重叠度的连续摄影需要，航摄仪的循环周期（完成卷片和压平所需要的时间间隔）应能达到 2s 左右。

我国现行常用的航摄仪像幅为 23cm×23cm。以下介绍几种我国常用的模拟航摄仪的结构特点和主要技术参数，表中所列的某些参数如分辨率和畸变差等数值均摘自各厂生产的航摄仪的技术说明书。

3.3.1 RC 型航摄仪

RC 型航摄仪是瑞士威特（Wild）厂的产品，常用的有 RC-10、RC-20 和瑞士徕卡公司生产的 RC-30 等多种型号，每种型号又配有几种焦距的物镜筒。

RC-10 和 RC-20 的光学系统基本上是相同的，后者具有像移补偿装置。RC 型航摄仪在结构上有一个重要特点，即座架、镜箱和控制器是基本部件，但镜箱体中不包括摄影物镜，暗匣和物镜筒都是可以替换的，此外，压片板不在暗匣上，而是设置在镜箱体上，因此，RC 型航摄仪的暗匣对每一种型号而言都是通用的，如同 135 型小照相机的暗匣一样。

表 3-1 列出了 RC-10/RC-20 航摄仪的主要技术参数，其像幅均为 23cm×23cm，并备有四种不同焦距的物镜筒。RC-10 与 RC-20 的光学系统基本上是一致的，但 RC-20 的物镜型号前加注了“-F”，如“SAGA-F”等。此外，RC-10 焦距为 153mm 的物镜筒有两个，一个最小光圈号数为 4，另一个为 5.6。这两种航摄仪都具有自动测光系统（PEM 型曝光表），RC-20 镜箱体的压片板具有像移补偿功能，其最大像移补偿速度为 64mm/s。

表 3-1　　　　**RC-10/RC-20 航摄仪的主要技术参数**

名称 \ 技术参数 \ 物镜型号	SAGA-F	UAGA-F	NAGH-F	NATA-F
焦距（mm）	88	153	213	303
像场角	120°	90°	70°	55°
光圈号数	4-22			
畸变差（μm）	±7			
分辨率（线对/mm）	AWAR＝70～80　最大值＝133			
快门速度（s）	1/100～1/1000			
色差校正范围（nm）	400～900			
最短循环周期（s）	2			

近十年来，全新一代的 RC-30 航空摄影系统，以其优秀的几何色彩还原性能及卓越的操作稳定性能赢得用户充分信赖。图 3-10 为 RC-30 航空摄影系统外貌图。

RC-30 航空摄影系统，由 RC30 航摄仪、陀螺稳定平台（PAV30）和飞行管理系统（ASCOT）组成。其镜头几何畸变的改正做到几乎完美，镜头/胶片组合分辨率高达 100 线对/mm。具有像移补偿（Image Motion Compensation，IMC）装置、PEM-F 自动曝光控制，并有 8 个框标及导航 GPS 等数据接口。

ASCOT 基于 GPS 的航测飞行管理系统，提供航空摄影从飞行设计、飞行导航、传感器控制和管理、飞行后数据处理全程的控制与质量保证。硬件坚固可靠，为航空环境所特制。飞行设计简便易行，飞行中提供精确导航、传感器全面管理与监控、飞行员与传感器作业员导航与作业状态显示等功能。飞行后提供飞行报告与飞行质量分析，并可与地面站 GPS 数据进行事后处理。

图 3-10　RC-30 航空摄影系统外貌图

RC-30 航空摄影系统前移补偿速度与曝光时间同 RC20，色差校正范围为：400~1000nm（最大灵敏度为 700nm）。

RC-10、RC-10A/ RC-20 的暗匣可直接用于 RC-30。从 RC-10 改进型（RC-10A）开始，这三种航摄仪还有一个共同的特点，即每张像幅四边的注记特别多，可向用户提供许多摄影技术参数，如图 3-11 和图 3-12 所示。

3.3.2　RMK 型航摄仪

RMK 型航摄仪是由德国奥普托（Opton）厂生产的全自动航摄仪，它有 5 个不同焦距的摄影物镜，像幅均为 23cm×23cm，色差校正范围均在 400~900nm 之间，具有自动测光系统（EMI 型曝光表）。

RMK 型航摄仪的结构与第 3.2 节中介绍的结构基本相同，即摄影物镜固定在镜箱体上，而压片板设置在暗匣上，因此要进行像移补偿航空摄影时，必须备有特殊的 RMK-CC24 像移补偿暗匣装置，其最大像移补偿速度为 30mm/s。表 3-2 列出 RMK 型航摄仪的主要技术参数。

表 3-2　**RMK 型航摄仪的主要技术参数**

名称 \ 技术参数 \ 物镜型号	S-Pleogon	Pleogon A	Toparon A	Topar A	Telikon A
焦距（mm）	85	155	210	305	610
像场角	125°	93°	77°	56°	30°
光圈号数	4~8	4~11	5.6~11	5.6~11	6.3~12.5
畸变差（μm）	7	3	4	3	50
快门速度（s）	1/50~1/500	1/100~1/1000			
分辨率（线对/mm）	AWAR=40~50　中心 70~80				
最短循环周期（s）	2				

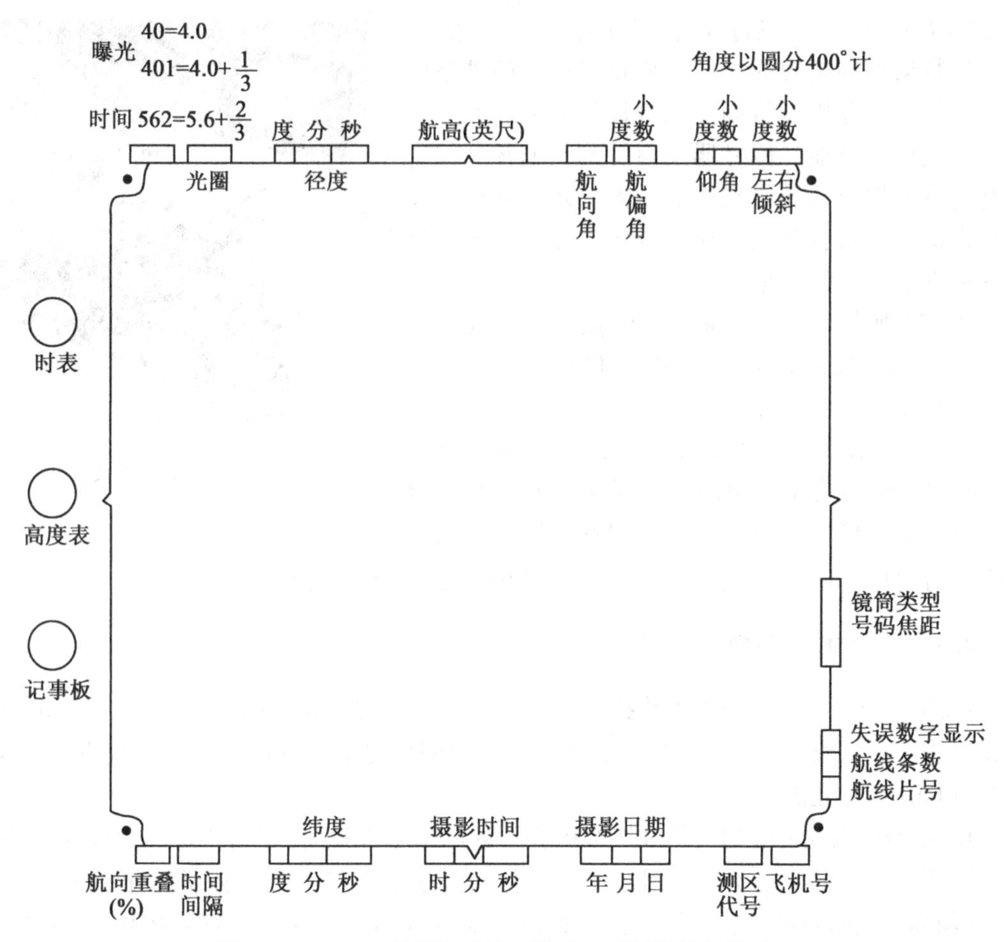

图 3-11　RC-10A 航摄负片注记说明（采用惯性导航时）

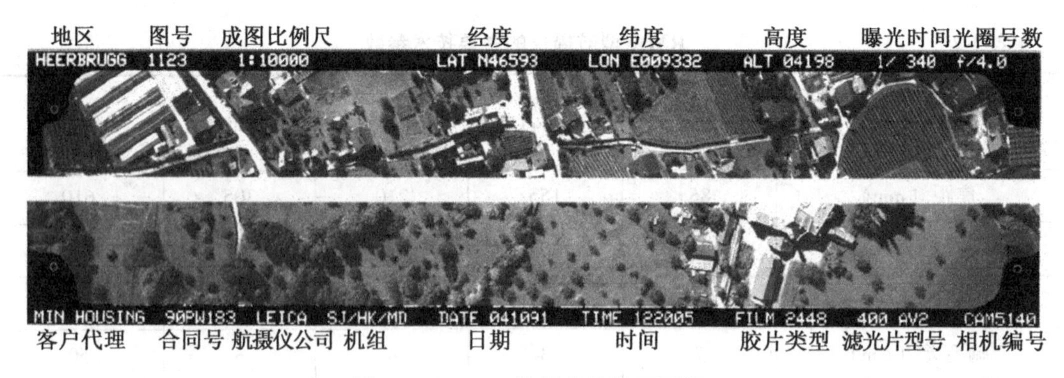

图 3-12　RC-30 航摄负片注记说明

图 3-13 为 RMK-TOP 型航摄仪的外貌图。RMK-TOP 是在 RMK 的基础上改进成具有陀螺稳定装置的航摄仪。该航摄仪具有高质量的物镜和内置滤镜，像移补偿（IMC）装置及陀螺稳定平台（TOP）可以对图像质量进行补偿，自动曝光装置采用图像质量优先，并提

供支持 GPS 的航空摄影导航系统。其中，RMK-TOP15 和 RMK-TOP30 航摄仪的技术参数如表 3-3。

图 3-13　RMK-TOP 型航摄仪的外貌图

表 3-3　　　　　　**RMK-TOP15 和 RMK-TOP30 航摄仪的技术参数**

相机型号 / 技术参数 / 名称	RMK-TOP15	RMK-TOP30
物镜型号	Pleogon A 广角物镜	Topar A
焦距（mm）	153	305
像场角	93°	56°
光圈号数	4～22	5.6～22
畸变差（μm）	≤3	
快门速度（s）	1/50～1/500	
最短循环周期（ms）	40	

3.3.3　MRB 型和 LMK 型航摄仪

MRB 型和 LMK 型航摄仪都是德国蔡司厂（Carl Zeiss Jena）的产品。

MRB 型航摄仪的结构与 RMK 型航摄仪大体相同，其主要特点是：每次曝光时，在像幅的四边记录有许多等间隔的短线段，将负片通过透光观察时，则在每一黑色短线段中都能看到一个透明的十字线，由于这些十字线的位置是固定的，相距均为 1cm，因此，利用这些十字线可以量测航摄负片的变形。此外，在每张负片上还记录有一个光楔影像，借此可根据感光测定原理评定航空摄影中的曝光和冲洗质量。

自 20 世纪 80 年代初开始，蔡司厂先后生产了新型的具有像移补偿功能、能进行自动测光的 LMK 型、LMK1000 型和 LMK2000 型航摄仪。LMK1000 增加了一个焦距为 210mm 的物镜筒，且最大像移补偿速度由 32mm/s（LMK）提高到 64mm/s（LMK1000）。此外，LMK1000 对座架作了改进，可以消除曝光瞬间由于飞机发动机震动或气流影响而产生的角位移。

LMK 航摄仪的结构与前几种航摄仪有很大区别：航摄仪分为镜箱体（含座架）、物镜

图 3-14　LMK2000 型航摄仪的外貌图

筒、暗匣和控制器等四个基本部件。其像移补偿装置是当代测图航摄仪中首先试制成功和推广使用的。此外，LMK 航摄仪的自动测光系统采用微分测光原理（见本章 3.5 节），且能向航摄单位提供冲洗胶片时的推荐 γ 值。近年来蔡司厂又在 LMK1000 的基础上改进成具有陀螺稳定装置的 LMK2000 航摄仪，进一步提高了航摄影像的质量。图 3-14 为 LMK2000 型航摄仪的外貌图，表 3-4 列出 MRB 和 LMK2000 航摄仪的主要技术参数。

表 3-4　**MRB 和 LMK2000 航摄仪的主要技术参数**

航摄仪型号 / 技术参数 / 名称	MRB			LMK2000			
焦距（mm）	90	152	305	89	152	210	305
像场角	122°	92°	55°	119°	90°	72°	53°
光圈号数	5.6~11	4.5~8	5.6~11	5.6~11	4~16	5.6~16	5.6~16
畸变差（μm）	±5	±3	±2	±5	±2	±2	±2
分辨率（线对/mm）	AWAR =76						
色差校正范围（nm）	400~900						
快门速度（s）	1/50~1/500	1/100~1/1000		1/60~1/1000			
最短循环周期（s）	1.7			<1.7			

3.4　航摄滤光片

为了尽可能消除空中蒙雾亮度的影响，提高航空景物的反差，航空摄影时一般都需要附加滤光片。尤其在判读用的航空摄影中，如多光谱摄影、彩色摄影和假彩色摄影时，如何正确使用滤光片更是值得研究的问题。

3.4.1　航摄滤光片

航空摄影用的滤光片（航摄滤光片）与地面摄影用的滤光片相比，有许多特殊的要求。首先，航摄滤光片是航摄仪光学系统的一部分，对制作滤光片所用的材料和滤光片表面的平度都有特殊的要求，各厂家所生产的航摄仪都配有相应的滤光片，彼此并不通用，否则将影响焦平面上影像的清晰度。其次，航摄滤光片的波谱透射特性与地面摄影用的滤光片也不相同。地面摄影时，使用滤光片主要是为了补偿各种景物颜色的表达，而航摄滤光片是为了消除某一波谱带，因此其波谱透射曲线的坡度比较陡。图 3-15 为某型号航摄仪所用的 5 种不同颜色的滤光片。由图可见，航摄滤光片的波谱透射曲线由零急剧地增大到 100%。

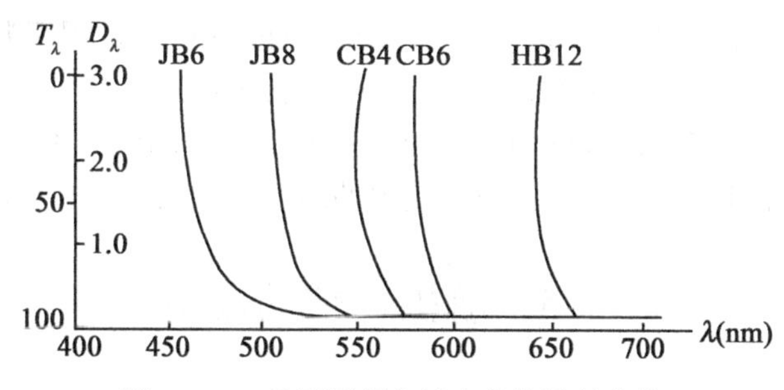

图 3-15　5 种不同颜色滤光片的透射曲线

航摄滤光片的特征可用代号或颜色来区分。较常用的如：紫外片（UV 镜），用于彩色航空摄影或能见度良好的低航高黑白航空摄影；黄色滤光片（Y），用于轻蒙雾下的黑白摄影；红色滤光片（R），用于假彩色摄影或重蒙雾下的黑白摄影等。

航摄滤光片除了具有消除或减弱某一波谱带的作用外，还具有对焦平面上的照度分布不均匀进行补偿的作用。航摄滤光片的密度从中心到边缘逐渐减小，即其透光率由中心到边缘逐渐增大。

3.4.2　航空摄影中滤光片的选择与应用

在测图航空摄影中，使用滤光片的目的主要是为了补偿空中蒙雾亮度对航空景物反差的影响。当航摄仪备有自动测光装置时，由于自动测光的光敏元件位于物镜筒的边缘，而滤光片安置在镜箱的外端，所以摄影物镜与光敏元件都在滤光片的覆盖之下，在这种情况下，因为光敏元件所量测的光强与投射到摄影物镜上的光强是相等的，所以摄影时就不再需要考虑滤光片倍数。

一般而言，随着航高或空中蒙雾亮度的增大，所用滤光片的颜色应由浅黄色变为深黄色。在能见度良好的低航高摄影时，也可使用彩色摄影用的无色滤光片（UV 镜）以消除紫外波谱的辐射。但在任何情况下，滤光片都是必须使用的，因为航摄滤光片还有补偿焦面照度不均匀分布的作用。

在选择滤光片时，还应该考虑到地面景物的波谱特性，因为滤光片既具有消除空中蒙雾亮度的良好作用，但同时由于黄色滤光片将吸收短波光线，这就必将减小了由短波散射光所照明的阴影地物的亮度，从而影响景物中阴影部分的细节表达，从冲洗的航摄负片来看，虽然影像反差有所提高，但景物阴影部分的细节将受到重大的损失。因此，在测图航空摄影中，尤其对地物较为丰富的摄区，滤光片的选择要相当慎重，航摄时应以选择良好的大气条件为主，附加某种滤光片为辅。即使在高山地区或大比例尺城市航空摄影时，为了避免阴影对地物的遮盖，可以在能见度较差的大气条件下进行航空摄影，但仍不能使用深黄色以上的滤光片。

当航摄资料主要用于判读时，根据所需提取的地物信息，滤光片的选择应与景物波谱特性和航摄胶片的感色性相匹配，即滤光片的最大波谱透射率、航摄胶片的增感高峰和所需提取的地物的最大波谱反射率应当一致，这样在黑白航摄像片上，就能突出地反映出该类地物。例如，黑白红外航空摄影中，使用红外滤光片和黑白红外航摄胶片，就能将植被和水系很好地区别出来，因为在红外波谱区，这两种地物波谱反射率的差异很大。

彩色航空摄影（包括真彩色和假彩色）所摄取的资料也是用于判读，真彩色航空摄影只能使用UV滤光片，假彩色航空摄影应使用黄色滤光片。

最后应该指出，在多光谱摄影中（同时利用几个狭窄的波谱带进行摄影的过程），效果较为理想的是使用波谱滤光片，其波谱透射曲线又与航摄滤光片不同。

3.5 航摄仪辅助设备

3.5.1 重叠度调整器的工作原理

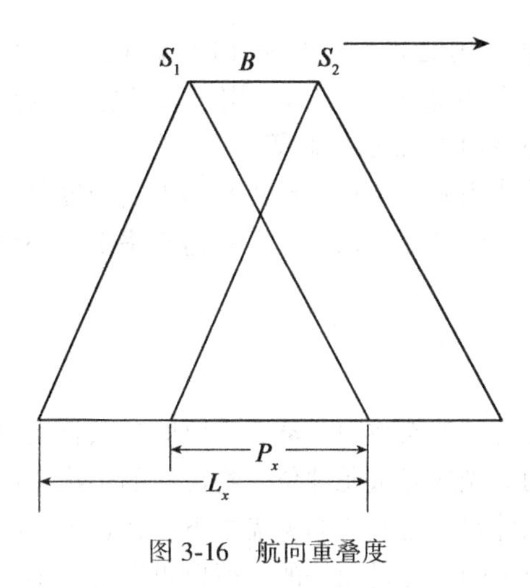

图3-16 航向重叠度

在航空摄影中，航摄像片不但要覆盖整个摄区，而且为了进行立体观测和像片连接，相邻两像片之间需要有一定的重叠度。同一条航线内相邻像片之间的重叠度称为航向重叠度 q_x，相邻航线之间的重叠度称为旁向重叠度 q_y。如图3-16所示。

重叠度 q_x 的计算公式为

$$q_x = \frac{P_x}{L_x} \tag{3-4}$$

式中：P_x——沿航线方向在地面上的重叠长度；

L_x——航摄仪像幅沿航线方向在地面上的投影长度。

摄影基线 B 与重叠度 q_x 的关系为

$$B = L_x - P_x = (1 - q_x) \cdot l_x \cdot m \tag{3-5}$$

式中：B——两摄站 S_1、S_2 间的距离，称为摄影基线；

l_x——航摄仪像幅沿航线方向的边长；

m——摄影比例尺分母。

为了保持航空摄影时沿飞行方向的航向重叠度，在现代航摄仪中都装有航向重叠度的调整装置，以减少航摄时在往返航线方向上不断测定飞机地速 W 的麻烦。现以RC型航摄仪为例，说明重叠度调整器的工作原理。

RC型航摄仪都配备检影望远镜，重叠度调整器就安置在检影望远镜中，这个检影望远镜是与航摄仪的镜箱连在一起的。利用检影望远镜可以整平航摄仪，改正航偏角（航摄仪定向）和控制像片的航向重叠度。

在检影望远镜的视场内，可以看到一个水准气泡，摄影人员根据气泡偏离的方向，不断地调整检影望远镜座架上的三个脚螺丝，由于检影望远镜与镜箱连在一起，所以当水准气泡居中时，航摄仪也就处于水平位置。

检影望远镜视场内的纵线用来改正航线偏流角 ω（航偏角）。航空摄影时，摄影人员按飞机修正偏流的相反方向旋转检影望远镜，使地物影像移动的方向与纵线完全一致（平行或重合），则此时航摄仪镜箱的航偏角也随之消除。

当航摄仪工作时，在检影望远镜的视场内还可以看到移动着的螺旋线，它是刻在玻璃板上的一系列螺旋线的部分截面，当玻璃板旋转时，就会感到视场内的螺旋线在推进（或后退），它的运动速度可以调整，当螺旋线在视场内的移动速度与地物影像的移动速度完全一致时，则此时航摄仪就自动地按规定的航向重叠度连续进行摄影。

因为，重叠度 q_x 和摄影基线 B 之间的关系为

$$B=(1-q_x)\cdot l_x\cdot m$$

又

$$B=W\cdot\tau$$

式中：W——飞机相对于地面的速度，简称地速；

τ——飞机飞行一条摄影基线所需要的时间，称为摄影时间间隔。

显然，要保证一定的重叠度，就需要控制摄影时间间隔 τ，即

$$\tau=\frac{(1-q_x)\cdot l_x\cdot m}{W}=\frac{H}{W}(1-q_x)\cdot l_x\cdot\frac{1}{f}\tag{3-6}$$

由上式可见，摄影时间间隔 τ 取决于以下三个因素：

（1）$\frac{H}{W}$——航高愈高或地速愈慢，$\frac{H}{W}$的数值愈大，所需要的摄影时间间隔就愈长。这与地物在成像面上的移动速度是一致的，航高愈高或地速愈慢，地物在成像面上的移动速度也就愈慢，因此称$\frac{H}{W}$为地物在成像面上的显示速度。

（2）q_x——重叠度愈大，所需要的摄影时间间隔愈短。

（3）f——摄影时间间隔 τ 与焦距 f 成反比。

重叠度调整器的工作原理就是根据以上三个因素设计的。它由四个部分组成，如图 3-17 所示，即旋转的螺旋板Ⅰ，安置有四种不同像框的像框板Ⅱ，与螺旋板一起旋转的编码板和脉冲发生器。其中脉冲发生器安置在控制器内，前三个部分都安置在检影望远镜中的重叠度调整器内。

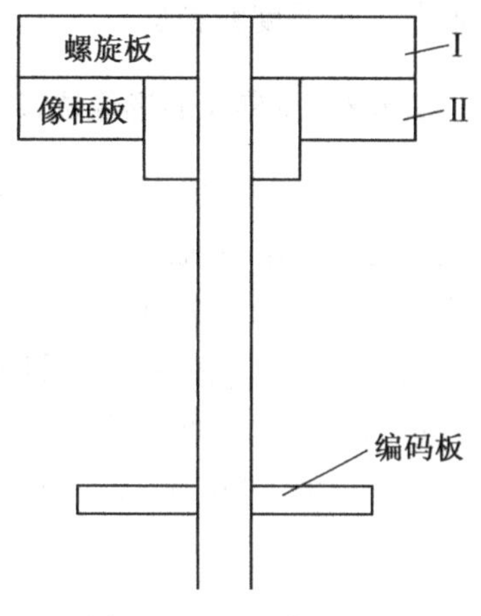

图 3-17　重叠度调整器

螺旋线玻璃板Ⅰ上刻有螺旋线，当航摄仪开始工作时，该螺旋板就按一定的速度旋转，此时在视场内就可以看到螺旋线（部分截面）在不断前进或后退。螺旋板的旋转速度可以利用控制器上的旋钮加以调节，当调节到螺旋线的移动速度与地物的移动速度一致时，便保持了$\frac{H}{W}$的关系。

在螺旋板Ⅰ的下面是一块具有四种不同像框的玻璃板（像框板）Ⅱ，其像框的面积随着焦距的增大而缩小，这是由于在航高相同时，焦距愈长，摄影面积愈小。在检影望远镜的边上有一个专门的旋钮，可以根据物镜焦距的大小来旋转像框板Ⅱ，将所需要的像框

安置在检影望远镜的光学系统内。

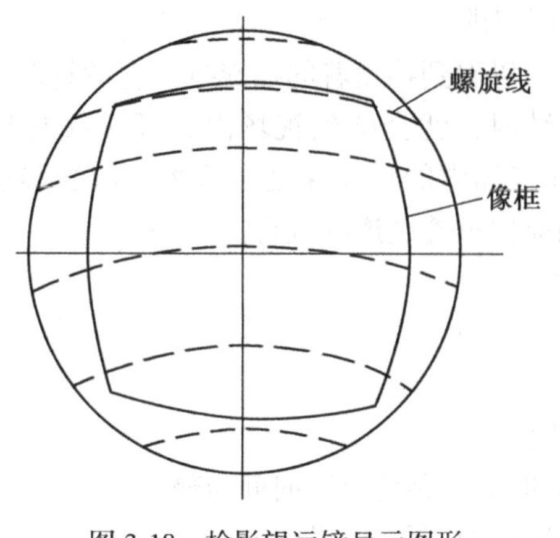

图 3-18 检影望远镜显示图形

检影望远镜的光学系统将地物通过像框板Ⅱ成像在螺旋板Ⅰ上，因此，在视场内除了能看到移动的地物影像外，还能看到一个固定的像框和不断移动着的螺旋线，如图 3-18 所示。

编码板与螺旋板Ⅰ一起旋转，当螺旋线从像框的上边移动到下边时，编码板将发射 20 个“名义脉冲”，若每一个“名义脉冲”都去触发航摄仪打开快门，则重叠度可达 95%，也可以相隔几个“名义脉冲”才发射一次去触发航摄仪打开快门，控制器上重叠度调整旋钮就是用来控制脉冲发生器按某一间隔发射脉冲的。

以上就是重叠度调整器的工作原理。由于使用了重叠度调整器，由地形起伏而引起的对航向重叠的影响已自动消除，因为随着地形的起伏，地物影像在检影望远镜内的显示速度$\frac{H}{W}$也随着变化，摄影员不断调整螺旋板的移动速度，当螺旋线的移动速度与地物影像的移动速度完全一致时，相邻像片的重叠度就满足控制器所安置的航向重叠度。

但是，应该指出，重叠度调整器只是保证航空摄影时的航向重叠度，在作航摄计划时，仍然需要计算由于地形起伏对重叠度的影响，因为地形起伏越大，为了保持规定的重叠度，相对于平均平面上的重叠度就增大，而重叠度增大，在平均平面上的基线就缩短，使航摄像片数和航线数增加，所以在航摄计划及计算航摄费用和材料消耗时，仍需考虑地形起伏对重叠度的影响。

3.5.2 航摄仪的影像位移补偿装置

航空摄影时，由于飞机的飞行速度很快，即使曝光时间很短，在航摄仪成像面上的地物构像也将在沿着航线方向上产生移动，这个移动称为影像位移（像移），像移将使影像模糊。假设航摄仪快门在 S 点上打开（图 3-19），地面点 A 在航摄胶片上的构像为 a，经过曝光时间 t 后，在 S'点上关闭时，地面点 A 的构像为 a'，显然 aa'就是在曝光时间内由于飞机的前进运动而引起的像点位移值。

令 $aa'=\delta$，则由相似三角形可得

$$\delta=\frac{f\cdot SS'}{H}$$

而 SS'等于曝光时间内飞机相对于地面的移动速度 W（地速）与曝光时间 t 的乘积，因而

$$\delta=\frac{f\cdot W\cdot t}{H}=\frac{W\cdot t}{m} \tag{3-7}$$

显然，像移值 δ 与摄影比例尺 $1/m$、航摄仪焦距 f 和曝光时间 t 是成正比的，而与航高 H 成反比。但是，摄影比例尺与地形起伏有关，因此，在同一像幅内，像移值 δ 并不是常数，在航摄中通常对最大像移值进行限制。例如，我国航摄规范中规定：摄影比例尺为1∶5000~1∶10万时，最大容许像移值为 $\delta_{最大} \leqslant 0.04$mm。

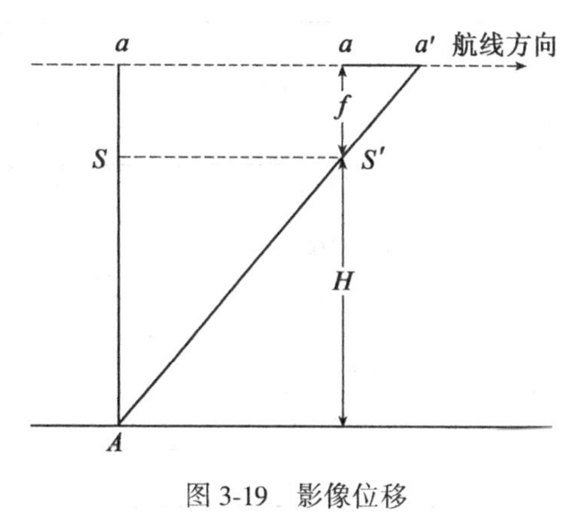

图 3-19 影像位移

根据最大容许像移值 δ_{max}，可以求得航空摄影时的最大容许曝光时间 t 为

$$t \leqslant \frac{\delta_{max} \cdot H_{min}}{W \cdot f} \tag{3-8}$$

式中：H_{min}——飞机离摄区内地形最高点的高度。

显然，当 m、W 一定时，只有缩短曝光时间才能减小像移值，这就限制了航空摄影的条件，从而降低航摄生产率。另一方面，即使满足航摄规范的要求，像移值仍然较大，必然会影响航摄负片的使用潜力。尤其是随着航摄仪和航摄胶片质量的不断提高，如果不能进一步限制或消除像移的影响，就无法充分发挥航摄仪和航摄胶片在质量提高后的作用。

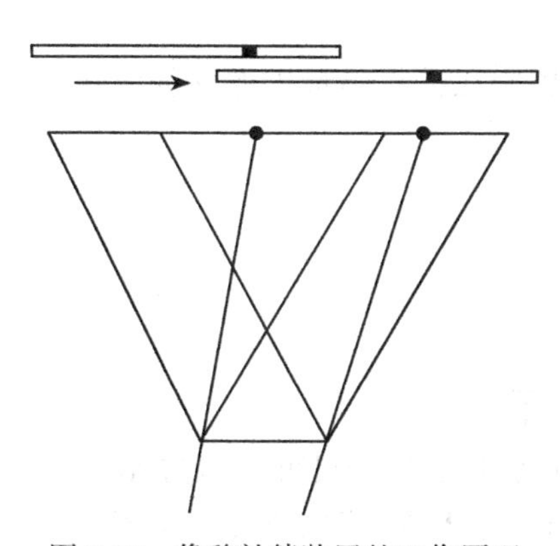

图 3-20 像移补偿装置的工作原理

为了在测图航摄仪中补偿像移的影响，在测图航摄仪中增加了像移补偿装置。其方法是在曝光过程中，根据航摄仪焦距 f、曝光时间 t 和由重叠度调整器中调整螺旋板移动速度而得到的显示速度 H/W，由微处理机计算出像移值的大小，曝光时，将该像移值输送给航摄仪像移补偿装置中的数字伺服马达，并由曝光触发脉冲推动压片板（此时航摄胶片已吸附在压片板上），使其在整个曝光时间内，沿着摄影航线方向移动该像移值（图 3-20），从而消除或减小像移的影响。曝光结束后，伺服马达自动停止工作，曝光过程中虽然航摄胶片在移动，但是，如果在曝光的中照明框标（如 RC 20），就能保持航摄仪内方位元素的精度。目前，RMK 型航摄仪的最大像移补偿速度为 30mm/s，LMK 型航摄仪为 32mm/s，LMK 1000、LMK 2000 型和 RC-20、RC-30 型航摄仪均为 64mm/s 。

航摄仪使用像移补偿装置后，有下列重要作用。

（1）提高大比例尺航摄影像的质量。表 3-5 列出了不同航摄条件下的像移值，由表可见，当摄影比例尺大于 1∶5000 时，即使航摄飞机的飞行速度降低到 200km/h，像移值仍然很大，必然会降低航摄负片的量测精度和判读性能。使用像移补偿装置后，必将能提高大比例尺航摄影像的质量。

表 3-5　　　　　　　　　　**不同航摄条件下的像移值**

摄影比例尺 \ 像移值 μm \ 曝光时间 s \ 飞行速度	200km/h				360km/h			
	1/100	1/400	1/800	1/1600	1/100	1/400	1/800	1/1600
1：2500	220	56	28	22	400	100	50	40
1：5000	110	27.5	13.7	11	200	50	25	20
1：10000	55	14	7	5.5	100	25	12.5	10
1：25000	22	5.6	2.8	2.2	40	10	5	4
1：50000	11	2.3	1.4	1.1	20	5	2.5	2
1：100000	5.5	1.4	0.7	0.6	10	2.5	1.2	1

（2）一般来说，航摄胶片的感光度愈低，分辨率愈高，但要使用这种低感光度、高分辨率的航摄胶片，必须要增加曝光时间，这就会增大像移值。使用像移补偿装置后，曝光时间已不受限制，这就为使用高质量的航摄胶片创造了条件，从而进一步提高航摄影像的质量。

（3）可以提高航摄生产率。因为我国地域辽阔，复杂多样的地形和气候条件限制了航空摄影的季节。采用像移补偿装置有可能在大气能见度稍差的情况下进行航空摄影，从而提高航空摄影的生产率。

使用具有像移补偿装置的相机可能摄取的最大摄影比例尺与最大像移补偿速度 V 和飞机的地速 W 有关，因为

$$\delta=\frac{W\cdot t}{m}$$

则

$$\left(\frac{1}{m}\right)_{\max}=\frac{\delta_{\max}}{W\cdot t}=\frac{V}{W} \tag{3-9}$$

若飞机的地速为 220km/h，V 为 30mm/s，则其最大摄影比例尺可达 1/2200。

但是，应该指出，像移补偿的精度取决于摄影员操作重叠度调整器时是否控制好螺旋板的移动速度，即是否与地面最高点相应，因此，总会或多或少地存在残余像移。此外，航空摄影时除像移影响使影像模糊外，还受到曝光瞬间飞机受发动机震动或气流的影响，在航线前后、左右方向上摆动而造成的影像模糊（角位移）。因此像移补偿只是提高了影像在航线方向上的分辨率，要消除飞机摆动的影响，还需要进一步考虑改进航摄仪座架或安装陀螺稳定平台。

3.5.3　航摄仪自动曝光系统

航空摄影的曝光时间取决于许多因素，如航摄胶片的感光度、景物的亮度、大气条件和航摄仪的光学特性等。

为了获得满意的影像质量，航空摄影时必须正确测定曝光时间。为此，现代航摄仪都装备有自动测光系统，通过安装在摄影物镜旁的光敏探测元件测定景物的亮度，并根据安

置的航摄胶片感光度，由微处理机计算出曝光时间，再通过镜箱内的自动控制机构，自动调整光圈或曝光时间。为了与航摄物镜的色差校正范围一致，光敏探测元件的波谱敏感范围也在 0.4~0.9μm 之间。

自动曝光系统按其结构一般分为两类，即“光圈优先”和“快门优先”。所谓光圈优先就是固定光圈号数，根据景物的亮度，自动调整曝光时间；而快门优先则是固定曝光时间，根据景物亮度，自动调整光圈号数。从减少像移的影响来看，快门优先的设计更为合理。但由于航空摄影的条件变化较大（大气条件、胶片感光度），因此，现代航摄仪中的自动曝光系统大都采取将两者优化组合的方式。以 RC-10 型航摄仪中的 PEM-2A 测光表为例，开始工作时，光圈号数自动调整到 5.6，曝光时间将在事先安置的允许像移值范围内调整，如果曝光时间短于 1/1000s，光圈号数自动调整到 8；反之，如果曝光时间超出像移允许的范围，则光圈号数自动调整到 4，如果此时仍超出像移允许范围，检影器上的红色报警灯闪亮，航摄仪自动停止工作，表示由于光照条件或航摄胶片感光度较低的限制已不可能进行正确曝光。RC-10 型自动测光系统可在光圈号数 4、曝光时间 1/100s 至光圈号数 11、曝光时间 1/1000s 内进行自动调整。

自动曝光系统中的测光根据光学系统视场的大小，又分为积分测光和微分测光两种。目前 RC 型和 RMK 型航摄仪都采用积分测光，其探测视场角为±30°，LMK 型航摄仪采用微分测光，其探测视场角为±1.25°。

LMK 测光系统有一个很重要的特点，测光时，根据重叠度调整器测定的 H/W 的大小，能在 75%~90%的重叠范围内连续测定地面景物的亮度（即同一景物在航线上至少被测定四次），然后从这些量测值中由微处理机自动选出五个最大亮度值和五个最小亮度值，分别取平均后，其中最小亮度值就作为自动调整曝光的依据，而由于同时得到了景物的亮度范围（$\lg B_{最大}-\lg B_{最小}$），因此，只要事先安置好所需要的航摄负片的影像反差 ΔD，LMK 型航摄仪将自动在操纵器上显示出冲洗航摄胶片时的推荐反差系数 γ。

一般来说，微分测光比积分测光好，除了探测视场刚好沿着河流或公路进行探测外，一般不会产生在积分测光中容易出现的曝光不足（探测视场位于明亮景物上）或曝光过度（探测视场位于阴暗景物上）等现象。

由第 1 章感光测定理论可知，曝光量等于像面照度 $E_{像}$ 和曝光时间 t 的乘积，即

$$H=E_{像}\cdot t$$

于是

$$t=\frac{H}{E_{像}}$$

如果不考虑航摄仪的杂光，则

$$E_{像}=\frac{\pi BK_a}{4k^2K_f} \tag{3-10}$$

式中：B——空中景物亮度（包括空中蒙雾亮度）；

k——光圈号数；

K_a——物镜的透光率；

K_f——滤光片倍数（在自动曝光系统中可不予考虑）。

所以

$$t = \frac{4k^2 K_f H}{\pi B K_a} \tag{3-11}$$

目前，国际上广泛使用的航摄仪主要是 RC、RMK 和 LMK 三种型号，自动测光系统上所需安置的感光度的标准并不一致，如 RC 型航摄仪安置 ISO 值，LMK 型航摄仪安置 S^0 值，而 RMK 型航摄仪安置 AFS 值。这三种胶片感光度的计算公式分别为

$$S_{\mathrm{ISO}} = \frac{0.8}{H_{D=D_0+0.1}}$$

$$S^0 = 10\lg \frac{1}{H_{D=D_0+0.1}}$$

$$S_{\mathrm{AFS}} = \frac{1.5}{\mathrm{H}_{\mathrm{D=D_0+0.3}}}$$

因此，其相应的曝光时间的计算公式为

$$t_{(\mathrm{RC})} = \frac{3.2k^2 K_f}{\pi B_{\min} K_a S_{\mathrm{ISO}}} \tag{3-12}$$

$$t_{(\mathrm{LMK})} = \frac{3.2k^2 K_f}{\pi B_{\min} K_a 10^{(S^0-1)/10}} \tag{3-13}$$

$$t_{(\mathrm{RMK})} = \frac{6k^2 K_f}{\pi B_{\min} K_a S_{\mathrm{AFS}}} \tag{3-14}$$

由于上述三种感光度的基准密度都是位于特性曲线的趾部，因此公式中的景物亮度均为景物的最小亮度。LMK 型航摄仪的自动测光系统所测定的是景物的最小亮度，因此可直接代入（3-13）式计算出曝光时间。但是，RMK 型和 RC 型航摄仪的自动测光系统所测定的都是景物的积分亮度即平均亮度，因此，必须作相应的换算。

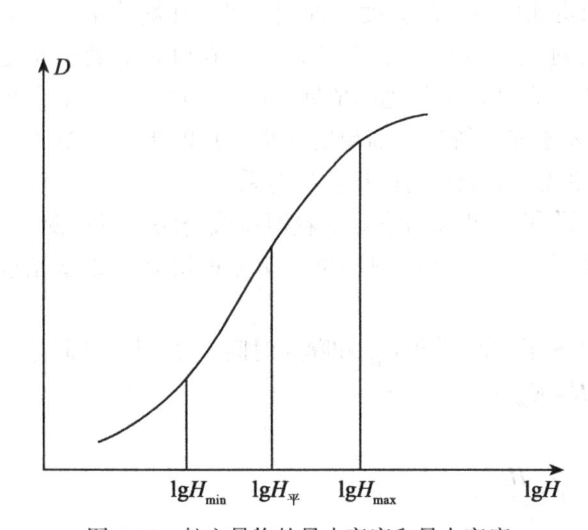

图 3-21　航空景物的最小亮度和最大亮度

假定曝光正确，航空景物的最小亮度和最大亮度分别位于如图 3-21 所示的位置，则由图可见

$$\lg H_{平} = \lg H_{\min} + \frac{1}{2}(\lg H_{\max} - \lg H_{\min})$$

$$= \lg H_{\min} + \frac{1}{2}\lg \frac{H_{\max}}{H_{\min}}$$

由于在同样的摄影条件下，曝光量与景物亮度是一致的，于是

$$\lg B_{平} = \lg B_{\min} + \frac{1}{2}\lg u'$$

即

$$B_{平} = B_{\min} \cdot \sqrt{u'} \tag{3-15}$$

因此，公式（3-12）和（3-14）可写成

$$t_{(\mathrm{RC})}=\frac{3.2k^2K_f\sqrt{u'}}{\pi B_{平}\ K_aS_{\mathrm{ISO}}} \tag{3-16}$$

$$t_{(\mathrm{RMK})}=\frac{6k^2K_f\sqrt{u'}}{\pi B_{平}\ K_aS_{\mathrm{AFS}}} \tag{3-17}$$

在自动测光中，滤光片倍数 K_f 是可以不予考虑的，而 u'为航空景物的反差，即

$$u'=\frac{B_{\max}\cdot T+\delta_1}{B_{\min}\cdot T+\delta_1} \tag{3-18}$$

式中：T ——大气透射率；

δ_1——空中蒙雾亮度。

显然，u'只可能是设计自动测光系统时赋予的估值，例如 RC-10 PEM-2A 测光表，就是令 $3.2\sqrt{u'}/K_a=10$（$u'=5$，$K_a=0.7$）设计的，这对不同大气条件或不同的景物反差，都有可能由于 u'偏离估值较大而产生曝光误差。

较为合理的处理方法是，如果采用积分测光，在设计自动测光系统时，应采用 $S_{0.85}$感光度标准，即

$$S_{0.85}=\frac{10}{H_{D=D_0+0.85}}$$

由于该感光度的基准密度位于特性曲线的中部，其相应的亮度 B 为景物平均亮度，于是曝光时间 t 为

$$t=\frac{40k^2K_f}{\pi B_{平}\ K_aS_{0.85}} \tag{3-19}$$

航空摄影时，由于大气蒙雾的影响，不但降低了航摄景物总体反差，还使地面景物反差受到不同程度的压缩，其中阴影部分景物的反差要比明亮部分景物的反差压缩得多。航摄景物反差受到非线性压缩这一现象说明，在航空摄影曝光时，没有必要使航摄景物的曝光量范围完全落在感光材料特性曲线的直线部分上，由于航摄资料主要用于量测和判读，因此，更应该着重于显出影像的微观质量。国外一般推荐航摄胶片最大分辨率 $R_{\max}$的 80%所相应的范围为最佳曝光量范围，如图 3-22 所示。

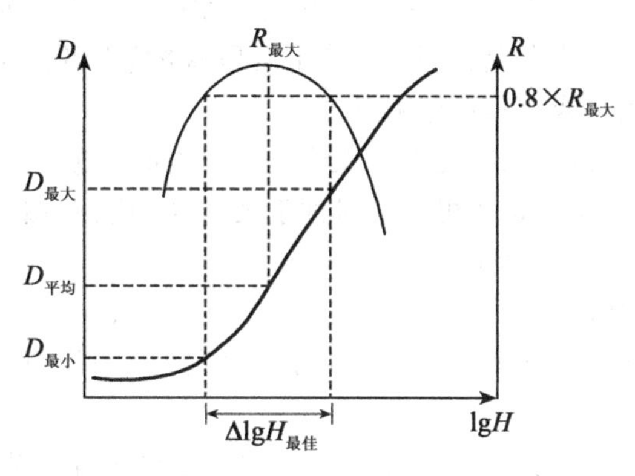

图 3-22　最佳曝光量范围

因此，为了充分发挥航摄胶片的潜力，对每一种航摄胶片都必须研究和测定如图3-22所示的静态分辨率曲线，在航空摄影时，航空测光表无论采用积分式还是微分式，确定曝光时间所需要的参数，即计算感光度的基准密度应该随着测光系统和航摄胶片的不同而变化，即

积分式测光

$$S = \frac{K}{H_{D=D_0+D_{平均}}} \tag{3-20}$$

微分式测光

$$S = \frac{K}{H_{D=D_0+D_{最小}}} \tag{3-21}$$

3.6 航摄仪检定

航摄负片是航测成图的原始资料，摄取航摄负片用的航摄仪，由于在使用或运输过程中受到各种外界环境的影响（如温度、大气压力以及运输过程中经受的震动等），航摄仪的内部结构可能会发生某些变化。因此，每年航摄工作开始前，都要求对航摄仪作一次全面的检定，其中对摄影测量成图直接有关的检定项目包括以下几项：

（1）航摄仪内方位元素——航摄仪主距f_k和像主点坐标x_0、y_0。

（2）航摄仪物镜的畸变差。

（3）航摄仪框标之间的距离及框标连线的垂直性。

（4）航摄负片的压平精度。

（5）航摄物镜分辨率。

其中内方位元素和畸变差是航摄仪检定的主要项目。本节主要叙述内方位元素和畸变差的测定及平差计算方法。有关航摄负片压平质量的检查将在第4章4.4节单独讨论。

3.6.1 像主点和畸变差的基本定义

一、像主点

在航测中，像主点（简称主点）一般定义为由物镜后节点（N'）到像平面的垂足点。但是在深入研究一个物镜的几何特征时，上述定义是不够完善的，还需要作进一步的引申。

1. 最佳对称主点PBS或简称对称主点S

像场内所有几何影像的径向畸变差，无论是由于物镜的像差，还是镜片在加工和安装过程中的缺陷所造成的，都应该尽可能地对称于某点S，则该点就称为对称主点，摄影测量中所用的像主点一般都是对称主点。

2. 自动准直主点PPA

垂直于像平面的物方平行光线，通过物镜后所构成的像点称为自动准直主点，以PPA表示。

如果组成物镜的各个镜片，在加工、安装时能保证各镜片的节点都位于公共的主光轴上，PPA点与S点是重合的，否则，两者就不重合，即PPA点是由于主光轴偏心造成的。

如果像幅框标连线的交点以FC表示，则S点和PPA点相对于FC的坐标分别为x_0、

y_0 和 x_a、y_a（图 3-23）。在检定航摄仪时，PPA 点与 S 点之间的距离作为衡量物镜加工和安装工艺水平的标准，并称为“一级非对称径向畸变差”。一般制造航摄仪的工厂在航摄仪出厂时都调整到使 PPA 点与 S 点都位于以 FC 为中心，直径为 15μm 的圆内，并在航摄仪鉴定书上标明其坐标值。

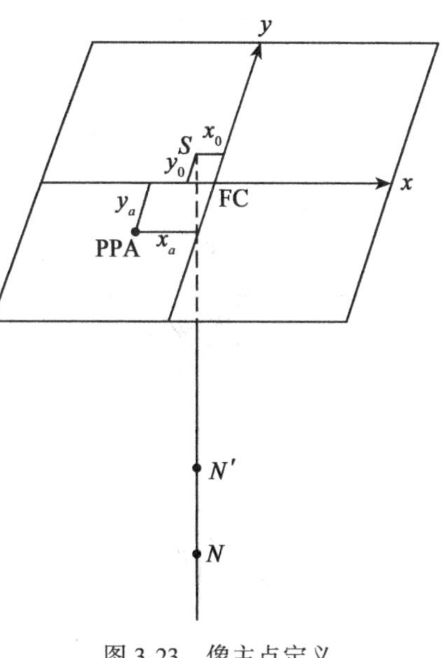

图 3-23 像主点定义

二、畸变差

根据畸变差产生的原因，物镜的畸变差分为两类。

1. 对称径向畸变差

设计物镜时，由于物镜的残余像差引起的畸变差称为对称径向畸变差。图 3-24 表示地面上有一对对称于主光轴的 A、B 点，通过航摄仪物镜后在像平面上的构像。对于一个理想的无像差物镜而言，物点 A、B 应该分别成像在 a、b 点，但由于物镜的残余像差使入射角 α、β 不等于出射角 α'、β'，实际像点位于 a'、b'点。

理想像点 a 沿径向的位移 aa'称为对称径向畸变差，以符号 Δ 表示。规定 a'位于主点 S_a 的延长线上时取正值，位于 S_a 之间时取负值。这种畸变差是对称于主点 S 的，并且入射光线、出射光线与主光轴都位于同一平面上。

2. 非对称畸变差

如果不考虑物镜的残余像差，只考虑组成物镜的每一个镜片在加工上的缺陷以及在安装时没有使每一个镜片的节点都调整到公共的主光轴上，则此时就会产生主光轴的偏心畸变差，由于主光轴的偏心，使入射角和出射角不位于同一平面上，如图 3-25 所示。

由图 3-25 可以看出，偏心畸变差将引起切向畸变差 Δ_T 和非对称径向畸变差 Δ_{R_0}，两者统称为非对称畸变差。

任何摄影物镜，总是存在某些残余像差和主光轴的偏心误差，由此而产生的畸变差将包括对称径向畸变差 Δ、非对称径向畸变差 Δ_R 和切向畸变差 Δ_T，前两种畸变差之和称为径向畸变差。由于切向畸变差的数值很小，一般为径向畸变差的 1/5~1/7，因此，在应用中一般只测定径向畸变差，即假定入射角和出射角位于同一平面上。

既然假定入射角与出射角位于同一平面上，从理论上讲，这种畸变差就应该对称于主点 S，即不再区分对称径向畸变差与非对称径向畸变差，一律从测定对称径向畸变差的思想出发来研究内方位元素的测定和平差计算的方法，为简单起见以下简称（径向）畸变差，以符号 Δ 表示。

根据畸变差的定义，由图 3-24 可知，畸变差 Δ 可表示为

$$\Delta = R - f_k \cdot \tan\alpha \tag{3-22}$$

式中：R——像主点 S 至像点 a'的距离；

f_k——物镜主距；

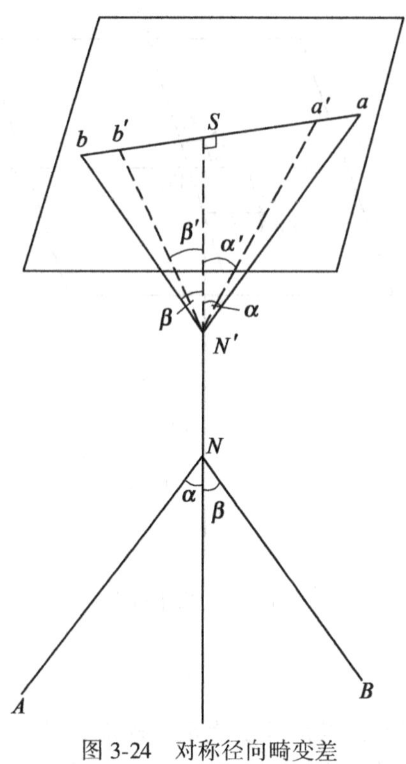

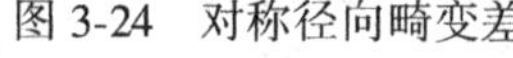
图 3-24　对称径向畸变差

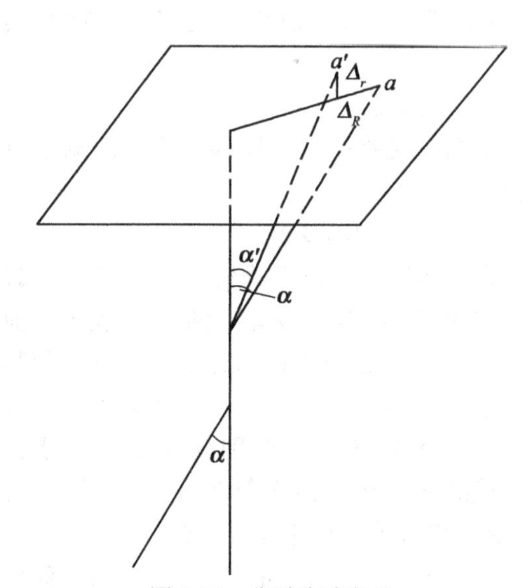

图 3-25　非对称畸变差

α——入射角。

根据测定内方位元素的方法，上式中的 R 和 α 中有一个是已知值，另一个是观测值。因此，畸变差的数值与 f 值有关，如果赋予不同的 f 值，就会得出不同的畸变差，航摄仪鉴定书上的 f 值不是焦距，而是平差后的计算值，为了区别起见，以 f_k 表示并称为航摄仪物镜的主距。对一个摄影物镜来说，焦距 f 是唯一的，它表示物方平行光束通过物镜后的像点与物镜后节点的距离，而不同的平差方法可以得出不同的主距 f_k，由于 f 与 f_k 在数值上相差很小，所以很多资料（包括本书的其他章节）当提及焦距时，往往给出概略的数值，如 $f=153$mm，而当提及主距时，则给出精确的数值，如 $f_k=153.38$mm。

为了更进一步说明主距的概念，我们换一种表示畸变差的方法，即假设入射角总是等于出射角，而畸变差的产生是由于后节点 N' 随着入射角 α 的变化沿主光轴移动的结果，如图 3-26 所示。

当　　$\alpha=0$ 时，　$f=f_0$

　　$\alpha=\alpha_i$ 时，　$f=f_i$

也就是说，在像场的不同位置，有不同的主距 f_i，我们称 f_i 为带区主距，它是 α 的函数。由图可见

$$\begin{aligned}\Delta_0 &= R - f_0 \cdot \tan\alpha \\ &= f_i \cdot \tan\alpha - f_0 \cdot \tan\alpha \\ &= \Delta f_{i-0} \cdot \tan\alpha\end{aligned} \tag{3-23}$$

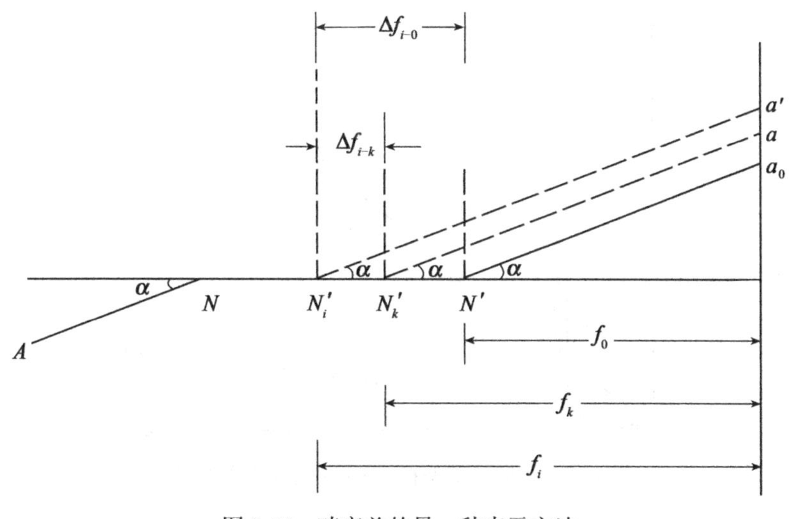

图 3-26　畸变差的另一种表示方法

式中：Δ_0——位于带区 α_i 的像点相对于主距 f_0（$\alpha=0$）时的畸变差。

如果测定内方位元素时，对 Δ 给予一定的条件，使平差后的主距定为 f_k 则其相应的畸变差就可以理解成带区主距 f_i 相对于 f_k 移动了 Δf_{i-k} 后产生的畸变差，即

$$\begin{aligned}\Delta_k &= \Delta f_{i-k} \cdot \tan\alpha \\ &= f_i \cdot \tan\alpha - f_k \cdot \tan\alpha \\ &= R - f_k \cdot \tan\alpha\end{aligned} \tag{3-24}$$

为方便起见，去掉下标 k 仍以 Δ 表示，则得到与（3-22）式相同的表达式

$$\Delta = R - f_k \cdot \tan\alpha \tag{3-25}$$

式（3-25）是假定框标连线的交点 FC 与主点 S 重合时的畸变差表示式。

图 3-27 对上述的分析表示得更为清楚，由图可见

$$\Delta = \Delta_0 - \Delta f_{0-k} \cdot \tan\alpha \tag{3-26}$$

由此可见，径向畸变差的数值与平差方法有关，因为不同的平差方法将得出不同的主距值 f_k，从而也影响到畸变差的大小。

我们也可以用同样的方法来理解非对称畸变差，因为它是由于主光轴的偏心引起的，也就是后节点 N' 离开了主光轴，首先由 SN' 旋转至 N''，再沿主光轴平移到 N'''，如图 3-28 所示，图中 N''、N''' 不一定位于图面，实际像点 a' 与理想像点 a 之间就产生两个分量，即 Δ_R 和 Δ_T。

3.6.2　航摄仪内方位元素的测定

航摄仪的检定可分为两类，实验室检定法和野外检定法，具体分类如下：

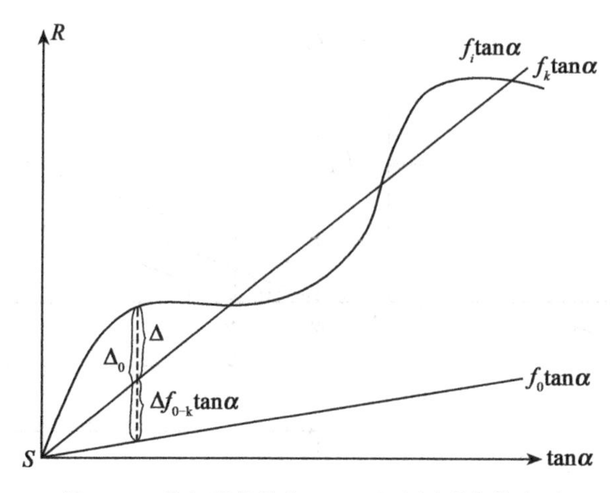

图 3-27　径向畸变差在 R-tanα 坐标系中的表示

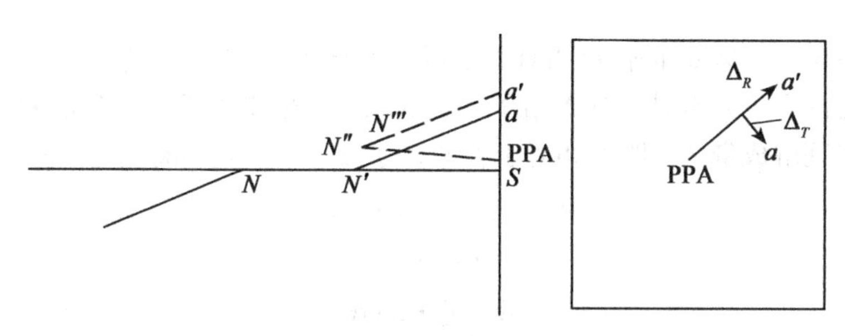

图 3-28　非对称畸变差

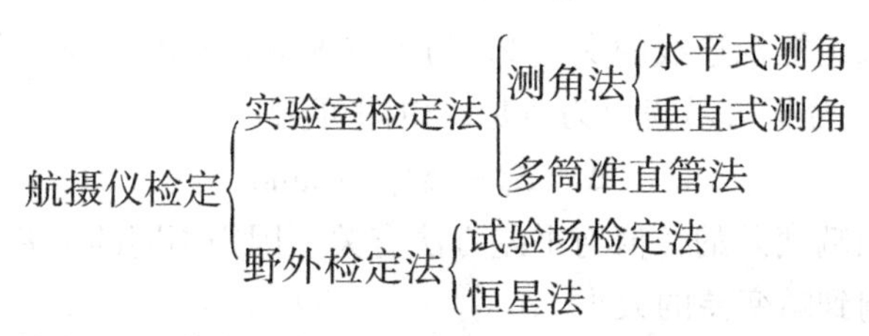

多筒准直管法，就是在安装航摄仪平台的前方，在水平方向上呈扇形布设一系列准直管，两准直管之间的夹角一般为 7.5°。在准直管内的十字丝平面上，除标有十字丝外，还有一个分辨率觇板的图案，所有准直管都位于航摄仪的视场内，测定时，打开准直管内的光源，照明十字丝，航摄仪对其摄影、冲洗后，用精密坐标仪量测负片上各十字丝交点的影像，最后进行平差计算。显然，多筒准直管法中 α_i 为已知值，R_i 为量测值。与多筒准直管法相反，测角法是 R_i 为已知值，α_i 为量测值，测定时在航摄仪的框标平面上安装一块量测格网板（图 3-29），格网刻线的间距为 10mm。航摄仪安置到光学平台上后，用望远镜量测每一个格网点相对于 FC 点的夹角，量测后进行平差计算。垂直式测角仪的结构比水平式测角仪复杂，但与航空摄影的条件一致。

一般来说，测角法所使用的仪器比较简单，而且量测精度较高（2μm），而多筒准直管法的设备比较复杂，一般安装后要经过很长时间待座架稳定后才能使用，其量测精度为3~5μm，为防止负片变形及压平精度的影响，摄影时需使用硬片感光材料（干版）。但这种方法的优点是在测定内方位元素的同时，还可以检定像场各部分的分辨率。目前我国使用水平式测角仪进行内方位元素的检定工作。

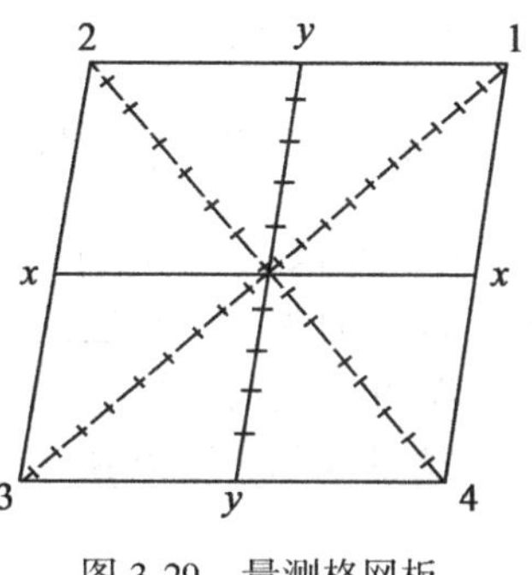

图 3-29　量测格网板

野外检定法是根据摄影测量原理的摄影方法，当前常用的是试验场检定法，即在具有一定地形起伏的试验场内布设大量控制点，然后用待测试的航摄仪对试验场地进行航空摄影，最后用空间后方交会或区域网平差方法分析其残余误差。这种方法最符合实际航空摄影的条件，如果在试验场内同时布设各种形式的觇板（标志），还可以同时分析影像质量，包括影像的判读性能、摄影分辨率和航摄系统的调制传递函数等。

恒星法就是对天空的恒星进行摄影，这种方法精度最高，但计算工作量很大，而且要求精确地辨认星像。由于摄影条件，即大气折射情况不同，其测定结果能否用于航测生产尚需进一步研究。

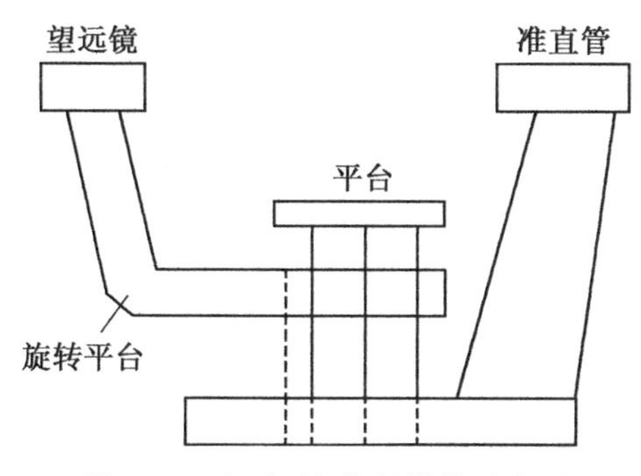

图 3-30　水平测角仪的结构示意图

现以水平测角法为例，叙述内方位元素的测定过程。

图3-30为水平测角仪的结构示意图。测角仪的平台上安置待测试的航摄仪，平台的后方为准直管，前方为望远镜，准直管与望远镜的视准轴都位于同一高度，望远镜与测角仪的旋转平台连在一起，度盘的读数精度可达0.5″。

在实验室检定时，一般是沿着框标连线 xx、yy（或像幅对角线）两个方向上测定径向畸变差。现以 xx 方向上的测定步骤为例介绍如下：

（1）将望远镜的十字丝交点瞄准准直管的十字丝交点，并使度盘读数凑整至100°00′00″，这个读数就是PPA点的读数。

（2）将格网板（图3-29）的刻线面向航摄仪物镜，安置于航摄仪的框标平面上，并使格网中心与FC点（见图3-23）重合（格网线与各个框标也完全重合）。

（3）将航摄仪物镜面向望远镜安置于测角平台上，一边旋转航摄仪，一边用望远镜观察，使相应于 xx 方向的框标连线处于水平线上，同时，前后移动航摄仪，使物镜的前节点位于旋转平台的旋转轴上。

（4）通过准直管观测格网板背面中心的涂银圆斑，调整平台面的角度，使准直管中的十字丝与其在银斑上的反射影像完全重合，这样就保证了格网板平面垂直于准直管的视准轴。

（5）重复检查（2）、（3）、（4）各步骤后就可以依次瞄准FC及各格网交点，并读取其相应的水平角度。

在 xx 方向上观测完毕后，将航摄仪旋转 90°，重复（3）、（4）、（5）步骤，在 yy 方向上继续进行观测。

3.6.3 航摄仪内方位元素的平差计算

在测角仪上沿 xx、yy 框标连线方向瞄准格网各交点后，得到了一系列的水平角度。现以 xx 方向为例，叙述其内方位元素的平差计算方法。

若 PPA 点与 FC 之间的夹角以 r 表示，相对于 FC 左边的观测角度以 α_i 表示，相对于 FC 右边的观测角度以 β_i 表示，则由图 3-31 可知，PPA 点在 xx 轴上的坐标分量 x_a 为

$$x_a = f_{k1} \cdot \tan r \tag{3-27}$$

式中：f_{k1}——航摄仪物镜在 x 方向的检定主距。

由于框标连线的交点 FC 与平差后得到的主点 S 并不是重合的，因此，由图 3-32 可得到径向畸变差的一般关系式，图中只表示了对称于 FC 的一对格网交点（a，b）。

$$\left.\begin{aligned} \Delta_{ri} &= R_{ri} - x_0 - f_{k1} \cdot \tan(\alpha_i - \hat{\theta}) \\ \Delta_{li} &= R_{li} + x_0 - f_{k1} \cdot \tan(\beta_i - \hat{\theta}) \end{aligned}\right\} \tag{3-28}$$

式中：R——FC 与格网交点之间的距离；

f_{k1}——在 xx 方向上的检定主距；

x_0——主点 S 在 xx 轴上的坐标分量；

α_i、β_i——入射角；

$\hat{\theta}$——主点 S 与 FC 之间的夹角。

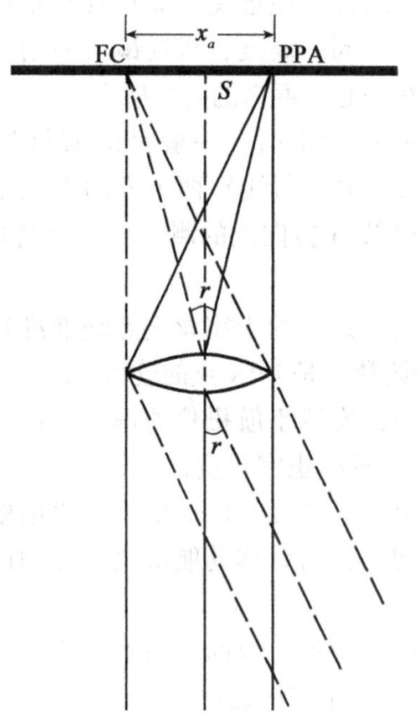

图 3-31 PPA 点在 xx 轴上的坐标分量 x_a 示意图

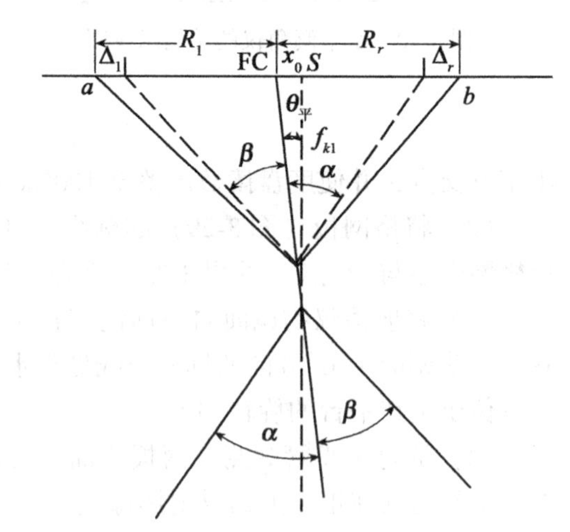

图 3-32 径向畸变差示意图

脚符 r 表示右方，l 表示左方，i 表示格网交点的序号，由 FC 点起算（i=0）。式中 R_i

是已知值，α_i、β_i 是观测值，Δ_i、x_0、f_{k1} 和 $\hat{\theta}$ 是需要平差计算的待定值。

一、谢尔兴平差方法

这是 20 世纪 50 年代由前苏联谢尔兴提出的一种方法，具体计算步骤如下：

（1）就对称于 FC 的每一对格网交点而言，假定入射角与出射角近似相等，即 $\Delta \approx 0$，求出 S 与 FC 的夹角 θ_i，即

令

$$\alpha_i \approx a_i'$$

$$\beta_i \approx \beta_i'$$

参照图 3-32，由相似三角形可得

$$\frac{\sin[90°-(\alpha_i-\theta_i)]}{\sin\alpha_i}=\frac{\sin[90°-(\beta_i+\theta_i)]}{\sin\beta_i}$$

整理后得

$$\tan\theta_i = \frac{1}{2}(\cot\beta_i - \cot\alpha_i) \tag{3-29}$$

（2）计算 θ 的最或是值 $\hat{\theta}$

令

$$\beta_i = \alpha_i - \sigma_i$$

则

$$\tan\theta_i = \frac{1}{2}[\cot(\alpha_i-\sigma_i) - \cot\alpha_i]$$

整理后得

$$\tan\theta_i \approx \frac{\sigma_i}{2\sin^2\alpha_i}$$

即

$$\sigma_i = 2\tan\theta_i \cdot \sin^2\alpha^i \approx 2\theta_i \sin^2\alpha_i$$

令

$$v_i = 2\sin\alpha_i\hat{\theta} - \sigma_i$$

按 $[vv]=\min$ 原理得

$$\hat{\theta} = \frac{\sum \theta_i \sin^4\alpha_i}{\sum \sin^4\alpha_i} \tag{3-30}$$

（3）计算带区主距 f_i

设 $R_l=R_r$，则参照图 3-32 可得

$$bS = f_i \cdot \tan(\alpha_i - \hat{\theta}) = R_i - f_i \cdot \tan\hat{\theta}$$

$$aS = f_i \cdot \tan(\beta_i + \hat{\theta}) = R_i + f_i \cdot \tan\hat{\theta}$$

整理后得

$$f_i = 2R_i \frac{\cos(\alpha_i - \hat{\theta})\cos(\beta_i + \hat{\theta})}{\sin(\alpha_i + \beta_i)} \tag{3-31}$$

（4）计算检定主距 f_{k1}

以上都是假定入射角与出射角相等，即 $\Delta \approx 0$ 的情况下推导的公式，但实际上，入射角并不等于出射角，畸变差并不等于零，为此，需要进一步根据对称主点的定义进行平差。

因为 $$\tan(\alpha\pm\theta)=\tan\alpha\pm\frac{1}{\cos^2\alpha}\cdot\theta\pm\cdots$$

而 $$\cos^2\alpha=\frac{1}{1+\tan^2\alpha}$$

所以 $$\tan(\alpha\pm\theta)\approx\tan\alpha\pm(1+\tan^2\alpha)\cdot\theta$$

令 $$x_0\approx f_{k1}\hat{\theta}$$

仿照（3-28）式，但将 x_0 改为 x_{0i}，则

$$\begin{aligned}\Delta_{ri}&=R_i-f_{k1}\cdot\hat{\theta}-f_{k_1}\cdot\tan(\alpha_i-\hat{\theta}-\tan^2\alpha_i\cdot\hat{\theta})\\&=R_i-f_{k1}\cdot\hat{\theta}-\tan\alpha_i\cdot f_{k1}+f_{k_1}\cdot\hat{\theta}+f_{k1}\cdot\hat{\theta}\cdot\tan^2\alpha_i\\&=R_i-f_{k1}\cdot\tan\alpha_i+\tan^2\alpha_i\cdot x_{0i}\end{aligned}$$

同理

$$\Delta_{li}=R_i-f_{k1}\cdot\tan\beta_i-\tan^2\beta_i\cdot x_{0i}$$

根据 $\sum\Delta=0$ 及 $\tan^2\alpha_i\cdot x_{0i}\approx\tan^2\beta_i\cdot x_{0i}$ 得

$$f_{ki}(\sum\tan\alpha_i+\sum\tan\beta_i)=\sum R_i$$

所以 $$f_{ki}=\frac{\sum R_i}{\sum\tan\alpha_i+\sum\tan\beta_i}=\frac{\sum f_i\cdot\tan\alpha_i+\sum f_i\cdot\tan\beta_i}{\sum\tan\alpha_i+\sum\tan\beta_i}\tag{3-32}$$

(5) 计算主点坐标 x_0

根据对称主点的原理得

$$\Delta_{ri}-\Delta_{li}=(R_i-f_{k1}\cdot\tan\alpha_i)-(R_i-f_{k1}\cdot\tan\beta_i)+x_{0i}(\tan^2\alpha_i+\tan^2\beta_i)=0$$

令 $$(R_i-f_{k1}\cdot\tan\beta_i)-(R_i-f_{k1}\cdot\tan\alpha_i)=d_i$$

$$\tan\alpha_i\approx\tan\beta_i$$

则 $$x_{0i}=\frac{d_i}{2\tan^2\alpha_i}$$

令 $$V_i=2\tan^2\alpha_i\cdot x_0-d_i$$

根据［vv］=min 原理得

$$x_0=\frac{\sum 2\tan^2\alpha_i\cdot d_i}{\sum 4\tan^4\alpha_i}=\frac{\sum x_{0i}\cdot\tan^4\alpha_i}{\sum\tan^4\alpha_i}\tag{3-33}$$

根据同样原理可以计算出 f_{k2} 和 y_0，于是

$$f_k=\frac{1}{2}(f_{k1}+f_{k2})\tag{3-34}$$

最后以（3-27）式计算 PPA 点的坐标，以（3-28）式计算径向畸变差。

二、瑞士威特厂平差方法

测定内方位元素的目的一方面是为了将测定的数据提供给测图单位使用（包括系统误差的改正），另一方面是为了将测定的结果与上一年的测定结果进行比较，如果两者差异较大就要检查原因。

公式（3-28）是计算畸变差的通式，我们进一步令

$$f_{k1}=f_0+\delta f$$

$$\delta f\cdot\hat{\theta}\approx 0$$

$$\tan\alpha_i\approx\tan\beta_i\approx\frac{R_i}{f_0}$$

其中 f_0 为主距 f_{k1} 的起始近似值，则（3-28）式可写成

$$\begin{aligned}\Delta_{r_i}&=R_{r_i}-x_0-f_{k1}\cdot\tan(\alpha_i-\hat{\theta})\\&=R_{r_i}-f_0\cdot\hat{\theta}-(f_0+\delta f)[\tan\alpha_i-(1+\tan^2\alpha_i)\cdot\hat{\theta}]\\&=R_{r_i}-f_0\cdot\hat{\theta}-f_0\cdot\tan\alpha_i+f_0\cdot\hat{\theta}+f_0\cdot\hat{\theta}\tan^2\alpha_i-\tan\alpha_i\cdot\delta f+\delta f\cdot\hat{\theta}+\delta f\cdot\hat{\theta}\cdot\tan^2\alpha_i\\&=R_{r_i}-f_0\cdot\tan\alpha_i-\frac{R_i}{f_0}\cdot\delta f+\frac{R_i^2}{f_0^2}\cdot x_0\end{aligned}\tag{3-35}$$

同理

$$\Delta_{l_i}=R_{l_i}-f_0\cdot\tan\beta_i-\frac{R_i}{f_0}\cdot\delta f-\frac{R_i^2}{f_0^2}\cdot x_0\tag{3-36}$$

或

$$\frac{1}{2}(\Delta_l+\Delta_r)_i=\frac{1}{2}(R_L+R_r)_i-\frac{1}{2}f_0(\tan\beta_i+\tan\alpha_i)-\frac{R_i}{f_0}\cdot\delta f\tag{3-37}$$

$$\frac{1}{2}(\Delta_l-\Delta_r)_i=\frac{1}{2}(R_l-R_r)_i-\frac{1}{2}f_0(\tan\beta_i-\tan\alpha_i)-\frac{R_i^2}{f_0^2}\cdot x_0\tag{3-38}$$

威特厂是与“标准曲线”相比较进行平差计算的，所谓标准曲线就是对某种焦距的航摄仪而言，它所生产的前10~20个物镜的平均畸变差曲线，其目的是为了保证产品质量的稳定。如果用上一年的平均畸变差曲线或出厂时提供的数据代替标准曲线其意义也是相同的。

若标准曲线上某一矢距 R_i 处的畸变差为 D_i，令

$$u_i=\frac{1}{2}\ (\Delta_l+\Delta_r)_i-D_i$$

及常数项

$$A_i=\frac{1}{2}\ (R_l+R_r)_i-\frac{f_0}{2}\ (\tan\beta_i-\tan\alpha_i)\ -D_i$$

则

$$u_i=-\frac{R_i}{f_0}\cdot\delta f+A_i$$

根据 [uu] =min 原理，解算出主距 f_{k1} 的第一次改正值 δf_1，再用迭代法计算得

$$f_{k1}=f_0+\delta f_1+\delta f_2+\cdots\tag{3-39}$$

在计算出 f_{k1} 之后，令

$$v_i = \frac{1}{2}(\Delta_l - \Delta_r)_i$$

及常数项

$$B_i = \frac{1}{2}(R_l - R_r)_i - \frac{1}{2} f_{k1}(\tan\beta_i - \tan\alpha_i)$$

于是

$$v_i = -\frac{R_i^2}{f_{k1}^2} x_0 + B_i$$

根据 $[vv]$ =min 原理直接解得 x_0。

在计算出 f_{k2} 和 y_0 之后，则

$$f_k = \frac{1}{2}(f_{k1} + f_{k2})$$

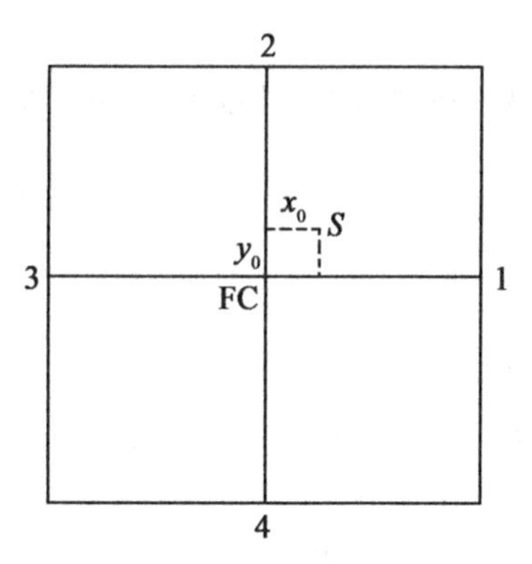

图 3-33 像片点号示意图

径向畸变差可参照图 3-33 及公式（3-35）和(3-36)式，得

$$\left.\begin{aligned}
\Delta_{1-i} &= R_{1.i} - f_k \cdot \tan\alpha_{1.i} + \frac{R_{1.i}^2}{f_k^2} \cdot x_0 \\
\Delta_{3-i} &= R_{3.i} - f_k \cdot \tan\alpha_{3.i} - \frac{R_{3.i}^2}{f_k^2} \cdot x_0 \\
\Delta_{2-i} &= R_{2.i} - f_k \cdot \tan\alpha_{2.i} + \frac{R_{2.i}^2}{f_k^2} \cdot y_0 \\
\Delta_{4-i} &= R_{4.i} - f_k \cdot \tan\alpha_{4.i} - \frac{R_{4.i}^2}{f_k^2} \cdot y_0
\end{aligned}\right\} \tag{3-40}$$

与（3-35）式和（3-36）式相比，f_0 以 f_k 代入，而 $\delta f=0$。

按（3-40）式计算的畸变差是按 S 点作为原点的，而且畸变差是对称于 S 点的，若以 PPA 点的坐标值（x_a，y_a）代替（x_0，y_0），则由（3-40）式求得的畸变差将以 PPA 点为原点，但其畸变差与 PPA 点是不对称的。

综上所述，航摄仪内方位元素的平差计算方法很多，在平差计算检定主距时，既可以按 $\sum\Delta=0$，也可以按$[\Delta\Delta]$ = min 进行解算，甚至也有按最大正畸变等于最大负畸变或使某一辐射方向上畸变差等于零进行平差的方法。另外，在平差中还可以考虑格网板的刻线误差等因素，因此，不同的平差方法，将得出不同的内方位元素及其相应的径向畸变差。所以，在使用航摄资料时，必须了解清楚上述数据的测定手段和平差方法。

练 习 题

1. 名词解释：航向重叠度、旁向重叠度、像移、畸变差。
2. 航摄仪的基本结构由哪几个部件组成？各有何功能？
3. 航摄滤光片有什么特点？航摄中根据什么原则选择滤光片？

4. 航摄中如何保持航向重叠度？

5. 试述像移的概念及像移补偿航摄仪的工作原理。

6. 若 LMK-1000 航摄仪的最大像移补偿速度是 64mm/s，摄影时飞机的速度为 360km/h，摄影比例尺为 1∶2000。问：像移补偿装置能否完全补偿影像移位？为什么？

7. 试述照相机的自动测光原理。以 RC 型相机或 LMK 型相机举例说明之。

8. 试述航摄仪内方位元素的概念及畸变差的概念。

9. 焦距和主距有何区别？

10. 测定航摄仪内方位元素有哪几种平差方法？各有什么特点？

第 4 章　空中摄影技术

空中摄影就是将航摄仪安装在飞机或航天飞机上并按照一定的技术要求对地面进行摄影的过程。空中摄影的目的是为了取得某一指定地区（摄区）的航摄资料，即航摄负片（或称航摄底片），在这种负片上详尽地记录了地物、地貌特征以及地物之间的相互关系。利用航摄资料既可测绘一定比例尺的地形图、平面图或正射像片图，也可以用来识别地面目标和设施，了解地面资源的分布和生长情况。它是城乡经济建设、国防建设和科学研究等方面极为重要的原始资料。

空中摄影技术包括了航空摄影与航天摄影，其区别主要是摄影高度不同，通常摄影高度在 10km 以下的称为航空摄影，摄影高度大于 10km 称为航天摄影。本章以航空摄影为主介绍有关航空摄影技术过程，4.8 节介绍返回型航天摄影技术。

4.1　航空摄影基本概念

4.1.1　航空摄影的分类

根据航空摄影的特点和用户对航摄资料的使用要求，航空摄影有以下三种分类方法。

一、按航空摄影的倾角分类

航摄飞机在飞行过程中，由于受到空中气流的影响，飞机不可能保持平稳的飞行状态，将分别围绕三个轴系转动，即分别产生围绕机翼连线转动的航向倾角 α_x，围绕机身纵轴转动的旁向倾角 α_y，和围绕铅垂线方向转动的旋角 κ，其中 α_x 和 α_y 所合成的角度称为像片倾角 α，相当于航摄仪主光轴 OSo 与铅垂线 NSn 的夹角，如图 4-1 所示。

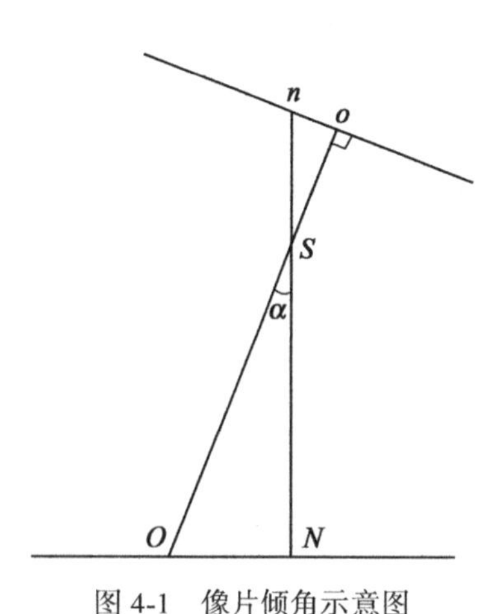

图 4-1　像片倾角示意图

根据像片倾角的大小，航空摄影可分为竖直航空摄影和倾斜航空摄影两种。

1. 竖直航空摄影

凡是像片倾角 α 小于 2°~3°的航空摄影称为竖直航空摄影，这是常用的一种航空摄影方式，其影像质量无论从判读或量测方面来看都比倾斜摄影要好。我国目前进行的航空摄影绝大多数都是竖直航空摄影。

2. 倾斜航空摄影

按其倾角的大小可分为低倾斜航空摄影（在像片上不包括地平线的影像）和高倾斜

航空摄影（在像片上包括地平线的影像）两种。由于倾斜航摄像片有较强的透视感，对地物和目标的判读特别有利。因此特别适用于对典型地物如农业、林业和城市建筑物等作样本分析。又由于倾斜摄影时可以在阵地的一侧向对方阵地进行拍摄，因此在军事侦察方面也是常用的一种摄影方式。图 4-2（a）、（b）分别为竖直航摄像片和倾斜航摄像片的示意图。

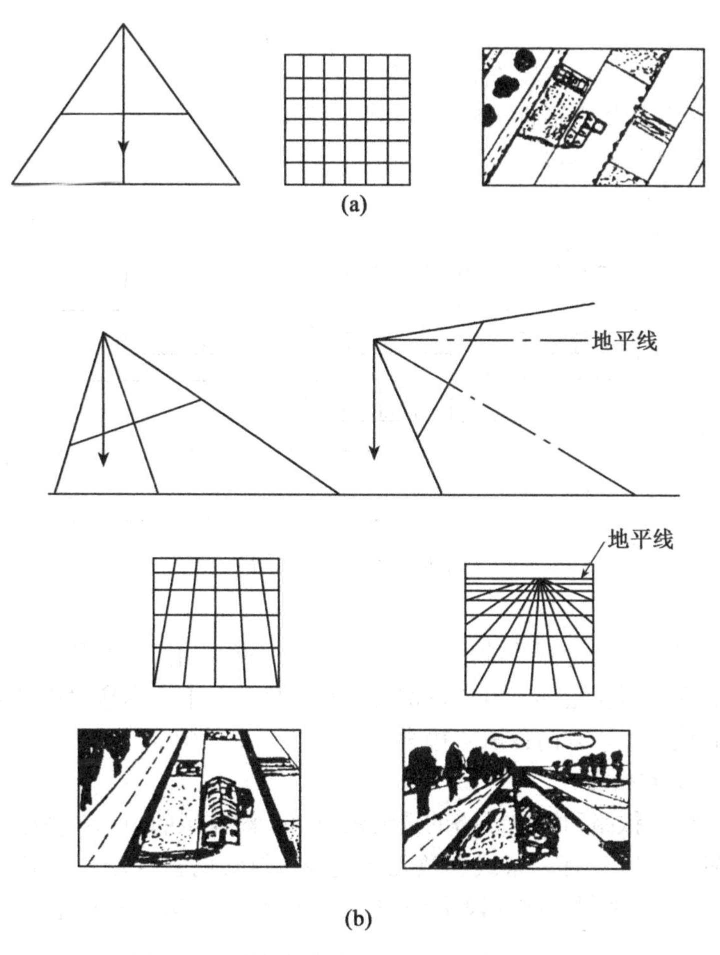

图 4-2　竖直航摄像片和倾斜航摄像片示意图

但是，倾斜航摄像片在使用上有一定的局限性。首先，像片上各部分的摄影比例尺都不一致，越接近地平线，摄影比例尺越小；其次，由于倾斜透视的关系，在地形起伏地区，面向航摄仪一边的斜坡边长增长，背向航摄仪一边的边长缩短，有时甚至在像片上无法显示；再次，由于空中蒙雾亮度的影响，靠近地平线一边影像的分辨率和清晰度都将大大降低，从而减少了像片的有效使用面积。所以，倾斜航空摄影一般在军事侦察及空中广告摄影中使用。

二、按航空摄影的方式分类

根据用户的实际需要，竖直航空摄影又可分为面积航空摄影、线状地带航空摄影和独立地块航空摄影三种。

1. 面积航空摄影

在规定的航行高度上，有计划地按一定间隔敷设互相平行的直线航线而进行的竖直航空摄影称为面积航空摄影，如图 4-3 所示。在每条航线上相邻像片之间要保持一定的航向重叠度（q_x），航线之间又需保持一定的旁向重叠度（q_y），因此在面积航空摄影中，每张像片的有效使用面积 $S_{有效}$ 为：

$$S_{有效} = (1 - q_x)(1 - q_y)l_x \cdot l_y \cdot m^2 \tag{4-1}$$

式中：l_x——航摄仪像幅沿航线方向的边长；

l_y——航摄仪像幅在垂直于航线方向的边长；

m——摄影比例尺分母。

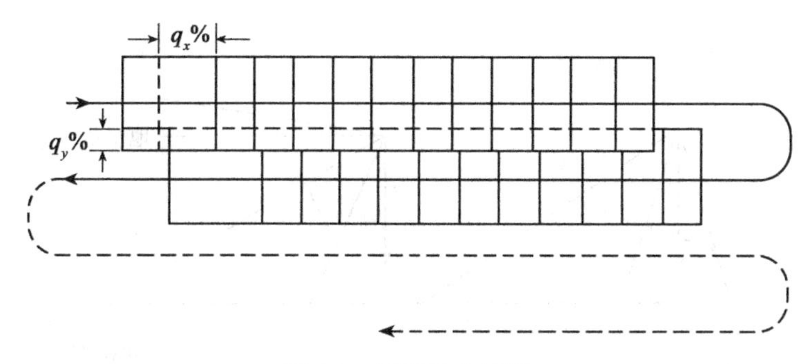

图 4-3　面积航空摄影

面积航空摄影主要用于测绘地形图或进行大面积资源调查，尤其为测图目的而进行的测图航空摄影，对摄影质量和飞行质量都有比较严格的要求。本章讨论的内容主要是以测图为目的的面积航空摄影并简称航空摄影。

2. 线状地带航空摄影

主要用于公路、铁路和输电线路的选线以及江、河流域的规划与整治等工程，与面积航空摄影的区别是一般只有一条或少数几条航线。航线的长度较长，但不再是一条直线（划分成许多航线段，在每个航线段中仍按直线飞行），而是沿着指定的线路或河流走向敷设。

3. 独立地块航空摄影

主要用于大型工程建设和矿山勘探部门。这种航空摄影只拍摄少数几张具有一定重叠度的像片，以获取科学研究所需要的资料。

三、按摄影比例尺分类

按照摄影比例尺的大小，航空摄影分为：

（1）大比例尺航空摄影——$1/m \geq 1/10000$；

（2）中比例尺航空摄影——$1/10000 > 1/m > 1/25000$；

（3）小比例尺航空摄影——$1/m \leq 1/50000$。

为了充分发挥航摄负片的使用潜力，降低成本，在满足成图精度和使用要求的前提下，一般都选择较小的摄影比例尺。表 4-1 为测图航空摄影中航摄比例尺与成图比例尺之间的关系。其中“航摄计划用图”一栏为用户向航摄单位联系航摄任务时，所需提交的一定比例尺的地形图，该地形图既作航摄计划用，也作航摄领航及检查验收使用。

表 4-1　　测图航空摄影中成图比例尺与航摄比例尺的关系

成图比例尺	航摄比例尺	航摄计划用图
1：500	1：2000～1：3000	1：1 万
1：1000	1：4000～1：6000	1：1 万或 1：2.5 万
1：2000	1：8000～1：1.2 万	1：2.5 万或 1：5 万
1：5000	1：1 万～1：2 万	
1：10000	1：2 万～1：4 万	
1：25000	1：2.5 万～1：6 万	1：10 万或 1：25 万
1：50000	1：3.5 万～1：8 万	
1：100000	1：6 万～1：10 万	

应该指出，随着航摄质量的不断提高，或者当航摄资料主要用于判读或修测旧图时，航摄比例尺还可以进一步缩小，以便最大限度地发挥航摄负片的作用。

4.1.2　航空摄影的技术过程

图 4-4 为整个航空摄影过程的示意图。由图可见，航空摄影中主要涉及三个单位，即用户单位、航摄单位和当地航空主管部门。在本节只就航空摄影的每一步骤先作简单的介绍，许多具体问题将在以下各节中讨论。

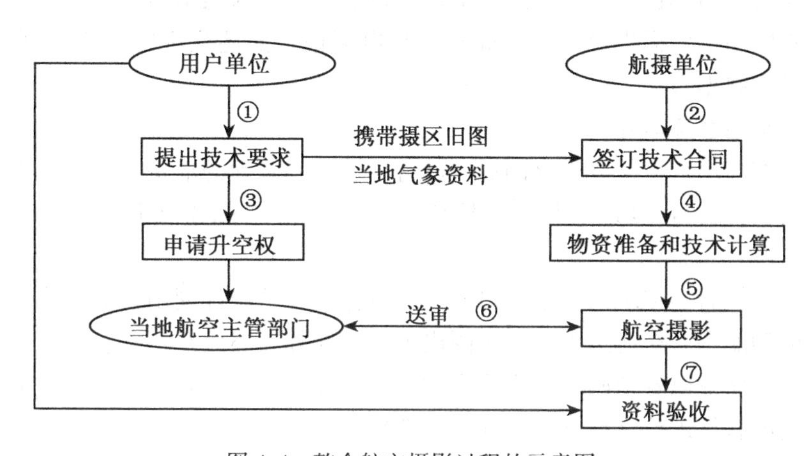

图 4-4　整个航空摄影过程的示意图

一、提出技术要求

在航摄规范中，对大部分技术要求都有明确规定，但对其中的个别项目，用户单位应根据本单位的实际条件和对资料的使用要求进行仔细分析，这是用户单位在向航摄单位联系航摄任务前必须认真考虑的问题。一般用户单位应在以下八个方面提出具体的要求：

（1）划定摄区范围，并在"航摄计划用图"上用框线标出。

（2）规定摄影比例尺。

（3）规定航摄仪型号和焦距。

（4）规定航摄胶片的型号。

（5）规定对重叠度的要求。

（6）规定冲洗条件（手工冲洗或机器冲洗）。

（7）执行任务的季节和期限。

（8）所需提供航摄资料的名称和数量。

二、与航摄单位签订技术合同

用户单位在确定了技术方案后，应携带航摄计划用图和当地气象资料与航摄单位进行具体协商。其中，航摄计划用图是航摄单位进行航摄技术计算的依据，也是引导飞机按计划航线飞行摄影的导航图。气象资料主要是近 5~10 年内每月的平均降雨天数和大气能见度，它是最后确定实施航空摄影日期的依据。

在与航摄单位具体讨论时，有些技术要求可能会由于某种客观原因而需要做一些适当的调整，如旁向重叠度和冲洗条件等。此外，虽然在航摄规范中，对航空摄影的一些主要技术要求都有明确的规定，但是，如果用户单位希望提高技术指标而航摄单位又具有相应的技术力量和物质条件时，某些技术指标也可以进行调整。如对影像移位值的限制等。但是验收航摄资料时是根据合同进行的，因此在签订合同的过程中，用户单位和航摄单位都应认真细致地进行讨论。

三、申请升空权

用户单位与航摄单位签订合同后，应向当地航空主管部门申请升空权。申请时应附有摄区略图，在略图上要标出经纬度，此外，在申请报告上还应说明摄影高度（航高）和航摄日期等具体数据。

四、航摄前的准备工作

航摄单位在与用户单位签订合同后，就着手进行一系列的准备工作，其中包括航摄技术计算、所需消耗材料（航摄胶片、相纸等）的准备、飞机和机组人员的调配和航摄仪的检定等。

航摄技术计算后，传统的做法是将各条航线标明在航摄计划用图上，该地形图也由此作为航摄时的领航图，在地图上，除了画出各条航线外，还应在每条航线上标明进入、飞出和转弯等各方向标以及开始和终止摄影的标志，如图 4-5 所示。当前，上述过程均已经直接使用专门的软件进行（将在本章 4.7 节介绍）。

飞机的调配，主要根据摄影航高（涉及飞机的升限及最低安全飞行高度）、摄区面积（涉及油料消耗量）和成本等因素。表 4-2 所示为我国常用的航摄飞机。

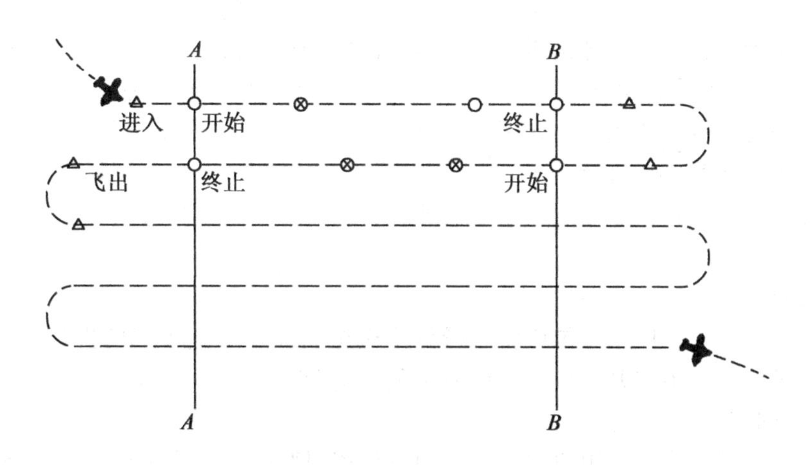

图 4-5　各条航线进入、飞出和转弯摄影的标志示意图

表 4-2　**我国常用的航摄飞机**

飞机型号	最大升限（m）	巡航速度（km/h）	备注
运-5	3000	200	
运-12	6000	240	
安-12	10000	600	
安-30	8000	450	
米-八	3000	150	直升飞机
空中国王	10000	120～460	附惯性导航
呼唤	12000	120～400	附惯性导航
双水獭	10000	120～400	

五、航空摄影的实施

航摄准备工作结束后，按照实施航空摄影的规定日期，调机进驻摄区附近的机场，并等待良好的天气以便开始进行航空摄影。

航空摄影时，当飞机飞近摄区，航高达到规定的高度后，就对着第一条航线的进入方向标保持平直飞行。当飞机飞越开始摄影标志的正上空时，打开航摄仪进行自动连续摄影，直至飞机达到终止标志正上空时，才关闭航摄仪，停止摄影。此时，飞机仍继续向前飞行，当到达飞出方向标上空时便开始转弯，并向第二条航线的进入方向标飞入第二条航线，然后按照第一条航线那样飞行和进行摄影，以后的航线也是如此往返进行，直到整个摄区摄完为止。此外，在摄区面积较小和大比例尺航空摄影时，为了确保规定的旁向重叠度，也可以采用单向进入的方式。

面积航空摄影需要每条航线中所有相邻像片都有一定的航向重叠度。此外，相邻两条航线的像片也要保持一定的旁向重叠度，从而使整个摄区被航摄像片重叠覆盖，否则将产生“航摄漏洞”。凡是摄区中没有被像片覆盖的区域称为“绝对漏洞”；虽被像片覆盖，但没有达到规定重叠度要求的区域称为“相对漏洞”。航摄中不允许产生任何形式的漏洞，一旦出现漏洞都必须进行返工。

航摄完毕后，应在最短的时间内进行冲洗，其目的是为了检查航摄质量，以便确定是否需要进行返工。

六、送审

航摄工作结束后，航摄单位应将航摄负片送至当地航空主管部门进行安全保密检查。航空摄影全过程中，申请升空权和送审航摄负片这两项在世界各国都是必须包括的内容。

七、资料验收

航摄负片送审完毕后，用户单位按合同进行资料验收。验收工作除检查资料是否齐全（包括航摄负片、像片、像片中心点结合图、航摄仪检定表和航摄冲洗、拍摄条件等记录）外，主要检查飞行质量和摄影质量。

综上所述，航空摄影的整个技术过程是：首先搜集和分析摄区的自然地理和气象资料，根据用户对资料的使用要求和摄区的具体情况选择合适的飞机、航摄仪和摄影材料，并进行航摄技术计算。准备工作结束后，便选择良好的天气进行航空摄影，并紧接着进行航摄胶片的冲洗，晒像、摄区像片中心点结合图的制作和进行航摄质量的自我检查。如发现存在不符合合同要求的应组织返工，只有当航摄成果完全合格并齐全后才能交付用户单位验收。

4.1.3 重叠度、基高比、垂直夸大和坡度夸大

航摄资料主要用于量测和判读，都需要进行立体观测。因此，在叙述航空摄影技术计划之前，有必要首先分析重叠度与立体观测效应之间的关系。

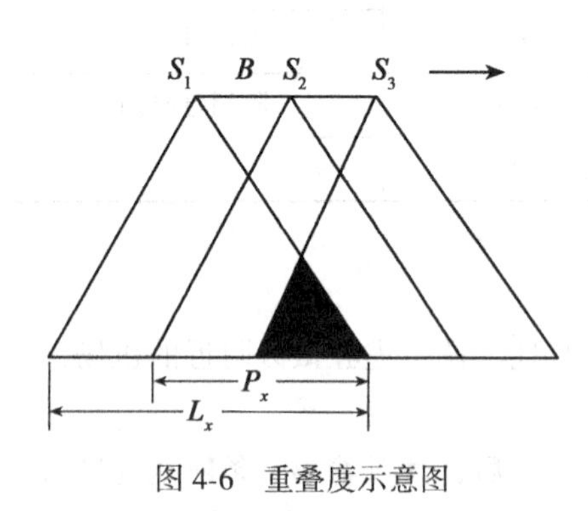

图 4-6 重叠度示意图

在航空摄影中，同一条航线内相邻像片之间的重叠度称为航向重叠度 q_x，相邻航线之间的重叠度称为旁向重叠度 q_y，并都以百分数表示。为了使立体像对之间能有一定的连接，一般在航线方向要保持三度重叠，如图 4-6 所示。

根据重叠度的定义，有

$$q_x = \frac{P_x}{L_x} \tag{4-2}$$

$$q_y = \frac{P_y}{L_y} \tag{4-3}$$

两摄站之间的距离称为摄影基线 B_x，相邻航线之间的距离为航线间隔 B_y，显然摄影基线 B_x、航线间隔 B_y 与重叠度 q 的关系为

$$B_x = (1 - q_x) \cdot m \cdot l_x \tag{4-4}$$

$$B_y = (1 - q_y) \cdot m \cdot l_y \tag{4-5}$$

式中：B_x——摄影基线；

B_y——航线间隔；

q——重叠度；

l——航摄仪像幅边长；

L——航摄仪像幅边长在地面上的投影长度（即 $L=l \cdot m$）；

x——航线方向；

y——垂直于航线方向。

当已知同一航线上相邻两张像片的重叠度 q_x 后，可以估算出第一张像片与第 i 张像片的重叠度，即

$$q_{1-i} = q_x - (1 - q_x)(i - 2) \tag{4-6}$$

其中，i=2，3，…。

例如设 $q_x=80\%$，则第一张与第三张像片的重叠度即三度重叠 q_{1-3}为

$$q_{1-3}=2q_x-1=60\%$$

这说明如果使航向重叠度达到 80%，则通过一次航空摄影，就可以采取抽片的方式，同时为两个用户单位分享资料，其中每一套资料中相邻两张像片的重叠度均为 60%，从而使各用户单位减少航摄费用而又能各自独立地拥有航摄资料。

摄影基线 B 与航高 H 之比定义为航空摄影的基高比，即

$$\text{基高比} = \frac{B}{H} = \frac{(1 - q_x)l_x}{f} \tag{4-7}$$

由（4-7）式可见，基高比与航高、重叠度和航摄仪焦距成反比，与航摄仪像幅在航线方向的边长成正比。

基高比与立体观测精度有关，由摄影测量学可知，地面上任意一点 A 相对于起始点的高差 Δh 为

$$\Delta h = B \cdot f \cdot \frac{\Delta P}{P_0 \cdot P_a} \tag{4-8}$$

式中：ΔP——左右视差较；

P_0——起始点的左右视差；

P_a——A 点的左右视差。

若将摄影基线 B 换成观测者的眼基线 b_e，航摄仪焦距 f 换成立体镜主距 d（立体镜透视中心至像片的距离），则立体观测时，在立体模型中观测到高差 $\Delta h'$ 也可仿照上式写出，即

$$\Delta h' = b_e \cdot d \cdot \frac{\Delta P}{P_0 \cdot P_a} \tag{4-9}$$

所以立体观测时，在立体镜内所观测到的立体模型在垂直方向上的比例尺$\frac{1}{m'}$为

$$\frac{1}{m'}=\frac{\Delta h'}{\Delta h}=\frac{d}{f} \cdot \frac{b_e}{B}$$

而立体模型在水平方向的比例尺为

$$\frac{1}{m''}=\frac{b_e}{B}$$

立体模型在垂直方向的比例尺与水平方向的比例尺之比 V 表示立体模型在垂直方向

（高程）上的变形，即

$$V=\frac{d}{f} \tag{4-10}$$

由于判读航摄像片时所用的反光立体镜的主距总是大于航摄仪的焦距，因此 V 值一般都大于 1，所以称 V 值为立体模型的垂直夸大。

除了观测系统外，垂直夸大还与航摄条件有关。因为，根据垂直夸大的定义，也可直接写出

$$V=\frac{1/m'}{1/m''}=\frac{H'/H}{b_e/B}=\frac{B/H}{b_e/H'} \tag{4-11}$$

式中：H'——立体模型中，模型点离开立体镜透视中心的距离。

由（4-11）式可知，对同一摄区而言，在相同的观测条件下，垂直夸大与基高比成正比，即与航摄仪像幅在 x 方向上的边长 l_x 成正比，而与重叠度和焦距成反比。图 4-7 表示像幅为 23cm×23cm 时，各种焦距在不同重叠度时对垂直夸大的影响。

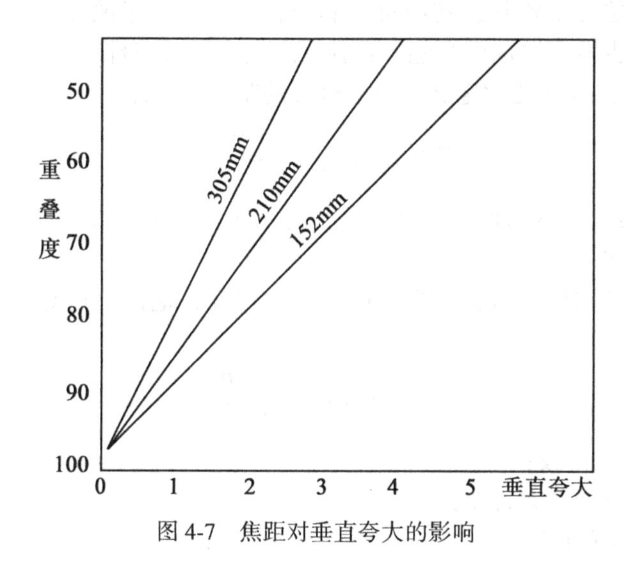

图 4-7　焦距对垂直夸大的影响

对地形起伏不大的地区或小比例尺航空摄影时，垂直夸大有利于提高立体照准精度。但是，垂直夸大的同时，也将引起地面坡度的夸大。设地面本身的坡度为 a，在立体观测时，由于垂直夸大而引起的立体模型坡度将变成 a'，则 a 与 a'之比 S 定义为立体观测时立体模型的坡度夸大，即

$$S=\frac{a'}{a} \tag{4-12}$$

如果有一地面高度为 270m，宽度为 1000m 的山地，设垂直夸大 $V=4$，则

$$\tan a=\frac{270}{1000}=0.27,\ a=15°,\ \tan a'=\frac{4\times270}{1000}=1.08,\ a'=47°$$

所以

$$S=\frac{47°}{15°}=3.1$$

坡度夸大容易使观测者在立体观测时，对地物的辨认得出错误的印象，这是在像片判

读时必须注意的一个问题。

通过上述分析可知，在航摄计划中，考虑航向重叠度和航摄仪焦距时，必须同时注意由此而引起的对垂直夸大和坡度夸大的影响。

4.2 航空摄影技术计划

航空摄影技术计划主要包括两个方面：一是由用户单位根据对航摄资料的使用要求，选择和确定航摄技术参数，另一个是航摄单位根据用户单位提出的技术要求，结合自身的设备及技术力量，在确认可以完成用户单位所提出的所有技术要求后，进行航摄技术设计。虽然航摄规范对航摄技术要求基本上都有明确的规定，但用户单位仍然可以根据自身的技术条件提出较高的技术要求。本节主要叙述航摄中几个主要技术参数在选择和确定时的理论依据以及在航摄技术计算中应该注意的几个问题。

4.2.1 航空摄影技术参数的确定

一、划定航摄区域的范围和计算摄区面积

用户单位根据任务的要求，用框线在航摄计划用图上标出摄区范围，并按图幅分幅的方法用经纬度表示，例如

东经　114°00′—114°30′

北纬　30°20′—30°40′

这相当于一幅 1：10 万比例尺地形图所覆盖的面积。

在一般情况下，当摄区范围较小时可根据地形图上的公里格网计算摄区面积。当摄区范围较大时，可用下列公式分别估算摄区的长度 L 和宽度 W，然后计算出摄区面积 S，即

$$L = \Delta L \times 1.8532 \times \cos B \tag{4-13}$$

$$W = \Delta B \times 1.8532 \tag{4-14}$$

$$S = L \times W \tag{4-15}$$

式中：ΔL——摄区经度差，单位“′”；

ΔB——摄区纬度差，单位“′”；

B——摄区中心的纬度。

二、确定航空摄影比例尺

航摄资料主要用于量测和判读，因此摄影比例尺的选择必然与成图比例尺的大小或航摄资料用于判读时像片的极限放大倍数有关，后者由于各用户单位在提取信息时对判读的具体要求不同，难以提出统一的规定。但航摄资料无论用于量测或判读，总是希望在保证满足使用要求的前提下，尽可能缩小摄影比例尺，以便提高经济效益，降低航摄经费。

以下从测绘地形图的角度来分析选择和确定摄影比例尺的依据。

一般成图比例尺 $1/M$ 与摄影比例尺 $1/m$ 之比称为图像比 K，即

$$K = \frac{m}{M} \tag{4-16}$$

因此，所谓摄影比例尺的选择，实际上就是确定图像比。显然，在保证成图精度的前提下，K 值越大，经济效益越高。一般来说，图像比 K 取决于以下 2 个因素：

（1）测绘一幅地形图所需要的立体模型数；

（2）航摄资料的质量能否满足图像比的要求。

测绘一幅地形图所需要的模型数 N 可近似地表示为

$$N \approx \frac{\text{一幅地形图的面积 } S}{\text{一张像片的有效测绘面积 } S_{\text{有效}}} = \frac{L_x \cdot L_y \cdot M^2}{(1-q_x)(1-q_y) \cdot l^2 \cdot m^2} \tag{4-17}$$

式中：L_x、L_y——图幅在 x、y 方向的边长。

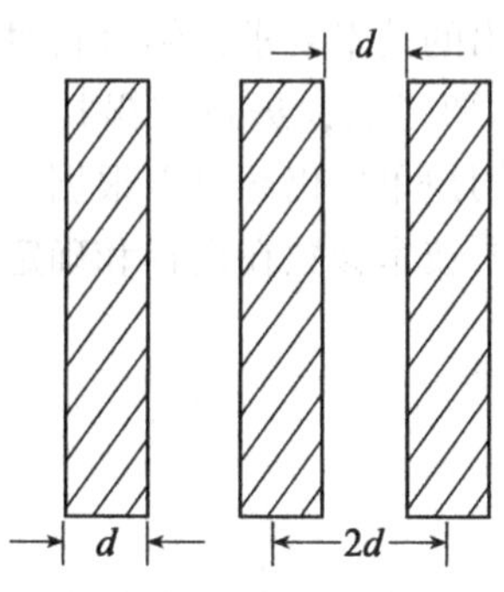

图 4-8　分辨率与线条宽度

由（4-17）式可见，在相同条件下，测绘一幅地形图所需要的模型数与图像比的平方成反比，因此提高图像比将有利于降低测绘成本，缩短成图周期，提高生产率。

但是航摄资料的质量能否满足图像比的要求呢？以下从摄影测量加密平、高点的精度要求出发，具体分析图像比和成图精度与航摄负片影像质量之间的关系。

1. 平面量测精度

设航摄负片的面积加权平均分辨率为 R（图 4-8），就平面位置的量测精度而言（m_x，m_y），则为

$$m_x = m_y = \pm d = \pm\frac{1}{2R}$$

由于
$$m_x \cdot m = M_s \cdot M$$

因此，为了满足平面位置的量测精度，航摄负片的分辨率 R_1 应为

$$R_1 = \frac{K}{2M_s} \tag{4-18}$$

式中：M_s——航测内业加密控制点所规定的平面位置的中误差。

2. 高程量测精度

取左右视差较的量测精度为

$$m_{\Delta p} = \frac{m_x}{\sqrt{2}} = \frac{1}{2\sqrt{2}R}$$

根据高程量测精度的经验估算公式

$$m_{\Delta h} = \pm 1.21\frac{H}{b} \cdot m_{\Delta p} = \pm 1.21\frac{H_m}{B} \cdot \frac{1}{2\sqrt{2}R} = \pm 1.21\frac{KM \cdot f}{(1-q_x)\ l} \cdot \frac{1}{2\sqrt{2}R}$$

设 $q_x = 60\%$，则为满足高程量测精度，分辨率 R_2 为

$$R_2 = \frac{K \cdot M \cdot f}{l \cdot m_{\Delta h}} \tag{4-19}$$

式中：$m_{\Delta h}$——航测内业加密控制点所规定的高程中误差。

公式（4-18）和（4-19）是纯理论的推导，在实际作业中必须同时考虑诸如飞行质量、外业控制点精度、地形特征、航摄系统质量（畸变差、胶片变形、压平精度）和影像反差等各种因素对量测精度的影响，尤其是原始航摄负片并不直接用于生产，都是经过扫描数字化后使用，影像质量又将受到影响。因此实际应用时应将估算的分辨率数值提高一倍左右。

三、确定航摄仪型号和焦距

目前我国使用的航摄仪，主要是原瑞士威特厂生产的RC系列，包括RC-20、RC-30，还有德国生产的RMK、LMK系列航摄仪。RC-20、RC-30、RMK-TOP、LMK-2000航摄仪具有影像移位补偿装置。数码航摄仪目前也已引进，投入使用。

对于上述的模拟航摄仪，其构像质量都属于同一层次，并且都具有自动测光系统，其像幅也都是23cm×23cm，因此航摄仪的选择主要考虑是否需要像移补偿装置及是否具有导航系统或导航接口。这里只讨论模拟航摄仪，数码航摄仪将在4.7节讨论。

在大比例尺测图航空摄影中，像移值较大，在条件许可的情况下应尽可能采用像移补偿装置。但在小比例尺航空摄影中，只要航摄时有较好的大气能见度，使曝光时间控制在一定的范围内，此时，像移值对影像质量的影响可以忽略不计。

当前，航空摄影都已使用GPS（全球定位系统）导航系统进行摄影导航工作，若进行GPS辅助空中三角测量或IMU/DGPS（惯性测量系统/实时GPS测量）的航空摄影，则要求具有专用接口的航摄仪，例如RC-30。

航摄仪焦距的选择主要考虑成图方法和测区的地形特征。

1. 当采用综合法成图时，应考虑像片平面图上地物点由于高差引起的投影差，不应超出成图精度的许可范围。

由摄影测量学基本理论可知，地物点由于高差在航摄像片上所引起的投影差 δ_h 的计算公式为

$$\delta_h = \frac{h \cdot r}{H} = \frac{h \cdot r}{f \cdot m} \tag{4-20}$$

式中：h——地面点相对于摄区平均平面的高差；

r——像点至像底点的距离；

f——航摄仪焦距；

m——航摄比例尺分母。

显然，航摄仪焦距越长，投影差越小，因此，综合法成图时，一般都选择长焦距的航摄镜箱。

图4-9直观地表示了在航摄比例尺相同时，由不同焦距摄取的像片所产生的投影差的情况。

2. 在立测法成图时，航摄仪焦距的选择要考虑地形条件，以下分平坦地区和丘陵高山地区两种情况分别进行分析。

（1）当测区为平坦地区时，应选择较短的焦距，因为由基高比的计算公式（4-7）可知

$$基高比 = \frac{B}{H} = \frac{(1-q_x)\ l_x}{f}$$

显然，焦距越短，基高比越大，有利于改善立体观测效应。

（2）当测区为丘陵或高山地区时，就要选择长焦距航摄物镜，以便减小左右视差较 ΔP，提高高程量测精度和减少由于地形起伏所需增加的航摄像片数量。

由摄影测量学可知，高差的计算公式为

$$\Delta h = \frac{H \cdot \Delta P}{b} = \frac{f \cdot m \cdot \Delta P}{b} \tag{4-21}$$

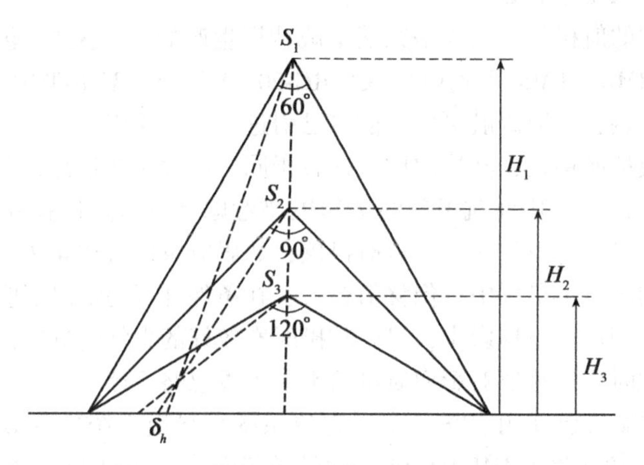

图 4-9　不同焦距所摄像片产生的投影差

式中：ΔP——左右视差较；

　　b——摄影基线在像片上的距离。

显然，当 Δh 为常数时，随着焦距增大，左右视差较将逐渐减小。一般来说，左右视差较大，有利于立体观测。但在高山地区左右视差较本身就很大，如果超过 15mm，反而会使立体观测感到困难，因此在山区，尤其是高山地区，应采用长焦距航摄仪，可使左右视差较适当减小，从而有利于提高高程量测精度。

最后，我们来研究由于地形起伏所引起的重叠度的变化。图 4-10 中，S_1 和 S_2 为同一条航线上两个相邻的摄影站，B_x 为两摄影站之间的距离（即摄影基线）。如果所摄影的地面比该摄区的平均基准面高出 Δh，则摄影后航摄像片的实际重叠度 q_x'（或旁向重叠度 q_y'）将比该摄区按平均基准面规定的航向重叠度 q_x（或旁向重叠度 q_y）要小。

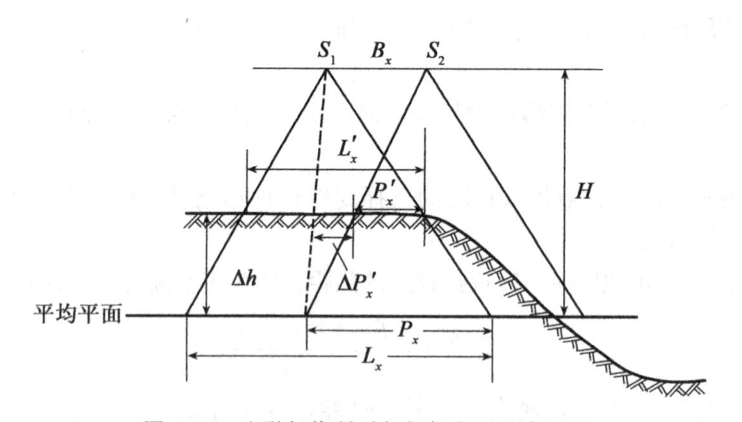

图 4-10　地形起伏所引起的航向重叠度误差

图 4-10 中，设 P_x 为按规定的重叠度在平均基准面上所相应的航向重叠长度，P_x' 为地面上的实际航向重叠长度；L_x 为像幅沿航向的边长在平均基准面上的长度，L_x' 为像幅沿航向的边长在地面上的实际长度；ΔP_x 为地形起伏引起的重叠长度误差，则由图可得

$$\frac{H-\Delta h}{H}=\frac{\Delta P'_x+P'_x}{P_x}=\frac{L'_x}{L_x}$$

于是

$$\frac{\Delta P'_x+P'_x}{L'_x}=\frac{P_x}{L_x}$$

而由于地形起伏所引起的重叠度误差（Δq_x）$_{\Delta h}$为

$$(\Delta q_x)_{\Delta h}=q'_x-q_x=\frac{P'_x}{L'_x}-\frac{P_x}{L_x}=\frac{P'_x-\Delta P'_x-P'_x}{L'_x}=-\frac{\Delta P'_x}{L'_x}$$

又

$$\frac{\Delta P'_x}{\Delta h}=\frac{B}{H}=\frac{(1-q_x)\ L'_x}{H}$$

所以

$$\Delta P'_x=\frac{\Delta h}{H}(1-q'_x)\ L'_x$$

而

$$-\frac{\Delta P'_x}{L'_x}=-\frac{\Delta h}{H}(1-q'_x)$$

故

$$q_x=q'_x+(1-q'_x)\ \frac{\Delta h}{H}=q'_x+(1-q'_x)\ \frac{\Delta h}{f\cdot m} \tag{4-22}$$

同理

$$q_y=q'_x+(1-q'_y)\ \frac{\Delta h}{H}=q'_y+(1-q'_y)\ \frac{\Delta h}{f\cdot m} \tag{4-23}$$

公式（4-22）和（4-23）表示由于地形起伏的影响，为了达到用户要求的重叠度 q'_x，平均基准面上的重叠度 q_x 必须大于 q'_x，即必须在用户规定的重叠度的基础上增加地形起伏引起的重叠度改正数。因为航摄计算时是参照平均基准面设计的，如果不考虑地形起伏对重叠度的影响，必将产生航摄漏洞。

显然，从（4-22）式和（4-23）式可知，航摄仪焦距越长，地形起伏引起的重叠度改正数越小，越有利于减少像片数量并减少成图工作量。

综上所述，选择航摄仪焦距的基本原则是：当利用综合法测图时，宜选择较长的焦距，当采用立测法测图时，在平坦地区宜选择短焦距航摄仪物镜，而在丘陵和高山地区则需选择较长的焦距。

四、确定航摄胶片的型号

目前，在我国进行的航空摄影中，可供选择的航摄胶片主要是乐凯系列和柯达系列航摄胶片。表 4-3 列出了柯达系列航摄胶片的感光度及分辨率数值，表 4-4 列出了乐凯系列各种航摄胶片的感光特性及分辨率数值。用户在使用时，应根据需求合理地选择航摄胶片的型号。

表 4-3 **柯达航摄胶片性能表**

型号	感光度 S_{AFS}	分辨率（线对/mm）1000：1/1.6：1	备注
2402	200	160/50	
2403	640	100/40	
2405	500	125/50	
2412	40	400/125	片基：4mils（约 10μm）

续表

型号	感光度 S_{AFS}	分辨率（线对/mm）1000：1/1.6：1	备注
3412	40	400/125	片基：2.5 mils（约 6μm）
3409	16	630/320	
2424	400	125/50	黑白红外片，感光范围 400~900nm，增感高峰 760~880nm
2443	40	63/32	彩色红外负片
2445	100	80/40	彩色负片

表 4-4 **乐凯航摄胶片性能表**

型号	感光度 $S_{0.85}$	反差系数 γ	分辨率（线对/mm）	备注
1021	500~850	1.8~2.4	≥100	
1022T	650~1000	1.8~2.2	≥85	醋酸片基
1022T	650~1000	1.8~2.2	≥85	涤纶片基、高温冲洗
1032	28DIN	1.6~2.2	≥60	
1041	700	1.0~1.5	≥60	
1411	600~950	1.8~2.5	≥85	增感高峰 680nm、750nm
1421	350	1.8~2.2	≥85	增感高峰 750nm
1431	450	1.8~2.4	≥80	增感高峰 550nm、595nm、680nm、750nm、850nm
1871	21DIN	2.5~4	≥60	
1821	200~230（黄） 120~150（品） 80~100（青）	1.5~2	≥60	
1621	$S_{最小}$≥60	1.2~2	≥60	

五、确定重叠度

像片重叠部分是保证立体观测和像片连接用的。在航线方向必须要有三张相邻像片的公共重叠部分——三度重叠部分（图 4-6），以便于立体模型的连接和选择公共的定向点。

一般来说，像幅为 23cm×23cm 的航摄仪，定向点离像片边缘要大于 1.5cm，因为像片边缘部分的影像清晰度较差，影响量测精度，所以航向重叠度至少应大于 55%。但是航向重叠度也不宜过多，否则，不但浪费摄影材料，而且减少了像片的有效使用面积，增加了立体模型数，从而增加测绘工作量。因此一般规定航向重叠度应控制在 60%~65%之间。

旁向重叠度不要求很大，只需保证相邻航线像片之间的正常连接，一般情况是 30%。

实际上，航空摄影时，由于种种原因，并不能保证航向重叠和旁向重叠达到规定的要求，总是存在一定的重叠度误差，根据摄影测量的最低要求，规定航向重叠度最小不能小于53%，旁向重叠度最小不能小于13%。

引起像片产生重叠度误差的原因很多，其中航摄时气流的稳定性、摄区地物的变化和地形条件是产生重叠度误差的主要原因。例如，气流不稳定，不但影响飞机速度的稳定性，而且造成航摄仪整平和定向的困难，而地形起伏亦对重叠度产生影响，尤其在大比例尺航空摄影中，空中气流的影响较大，航迹的保持比较困难，因此，对某些特殊地区，应对重叠度的要求作适当的放宽，以能够满足摄影测量的要求为标准。

六、确定冲洗条件

冲洗航摄胶片通常选用全自动冲洗仪进行全自动冲洗。冲洗前在剩余的胶片片头上晒印光楔，从而可以利用感光测定原理评定航摄负片的曝光和冲洗质量，便于质量控制。

七、执行任务的季节和期限

执行任务的季节和期限应根据用户单位自身的业务计划、摄区地形、地物情况和气象条件以及航摄单位的业务情况协商决定。

八、提供航摄资料的名称和数量

一般情况下，应提供的航摄资料有：

（1）航空摄影底片——全套。

（2）航空摄影像片——根据用户单位的需要提供1~2套。

（3）摄区像片中心点结合图——纸质及光盘资料各1份。

（4）航摄质量鉴定表——2份。

（5）航摄仪检定数据表——2份。

（6）底片压平检测报告——1份。

（7）航摄资料移交书——1份。

如果用户要求提供其他的航摄资料，则应协商后确定。表4-5为国家基础航空摄影需提供的资料内容。

表4-5　　国家基础航空摄影资料内容

序号	项　目	单位	份数	数量	备　注
1	航空摄影底片	卷			带转轴
2	拷贝航空摄影涤纶正片	卷			带转轴
3	彩色航空摄影像片	张			
4	黑白航空摄影像片	张			
5	摄区完成情况图				5~7项提供纸质文本1份，8~16项提供纸质文本1份
6	摄区航线、像片结合图				5~18项提供数据文件2份（光盘）
7	航空摄影资料移交书				
8	军区批文及送审报告原件				
9	航摄仪技术参数鉴定				报告原件

续表

序号	项　目	单 位	份 数	数 量	备　注
10	航摄鉴定表底片压平检测				报告原件
11	航空摄影底片密度检测				报告原件
12	航摄仪鉴定表				
13	摄区像片中心点结合图				按像片索引图规格制作
14	航空摄影技术设计书				
15	航空摄影飞行记录				
16	航摄底片感光测定报告与底片摄影处理冲洗报告				
17	像片中心点坐标数据				
18	附属仪器记录数据				
19	其他				

4.2.2 航摄技术计算

航摄单位在与用户单位签订合同后，就可以着手拟订航摄技术计划，但在拟订航摄技术计划之前，首先应详细了解摄区的地势、地形情况。地物点高程、地物种类和特性以及它们的分布情况，以便为划分摄影分区、设计航线、进行航摄技术计算和选定合适的曝光和冲洗条件等作好充分的准备。如果航摄地区的旧地形图资料不全或过于陈旧，还需考虑进行勘查飞行以填补和修正原有旧图，以免在航摄领航和摄影时产生困难。其次，还要详细分析当地气象资料，其中包括摄影期限内的晴天数、阴天数和大风天数，从而估计出有效的航摄天数，以便为统一调配航摄机组人员和飞机作出初步的规划。

完成以上两项准备工作后，便可正式进行下列航摄技术计算：

一、划分摄影分区和确定航线方向

当航摄区域的面积较大，航线较长或摄区内地形变化较大时，应将摄区划分成若干个摄影分区，如图 4-11 所示。

因为当航摄区域的面积较大时，将受到飞机续航时间和太阳光照及太阳高度角的限制，不可能通过一次飞行就完成整个摄区的航摄任务。摄影航线不能太长，否则就难以保持航线的直线性及航线间的平行性，影响航摄飞行质量。而当摄区内地形变化较大时，更应划分成若干个摄影分区，在每个分区内用不同航高进行摄影以保持像片比例尺的一致。

划分摄影分区时应注意以下一些要求：

（1）航摄分区的界线应与成图图廓线相一致。

（2）航摄分区内的地形高差不能超过如下规定：

当航摄比例尺小于 1∶8000 时，不得大于四分之一航高；

当航摄比例尺大于或等于 1∶8000 时，不得大于六分之一航高。

摄影航线的方向原则上均沿东西方向敷设，因为航线方向与图廓线平行、有利于航测

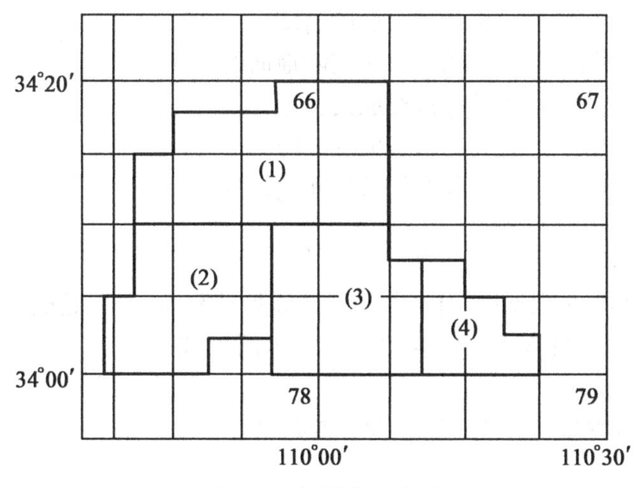

图 4-11　摄影分区略图

作业。此外，在小比例尺航摄时，航高一般都大于 3000m，由于地球自转的影响，风向一般均为东西方向，此时沿东西方向敷设航线有利于改正偏流，保证飞行质量。

在特殊情况下，如线路、河流、国境线、海岛、特殊地形条件等也可按南北或任意方向（如沿山谷、山脊线方向）敷设航线。

二、计算航高 H

一般而言，飞机的飞行高度称为航高。在航空摄影测量中，航高是航摄像片的外方位元素之一。因此为了获得规定比例尺的航摄像片，航空摄影时，航摄飞机必须保持规定的航高。

由于确定航高的起算平面不同，飞机的飞行高度可以用以下四种方法表示，如图 4-12 所示。

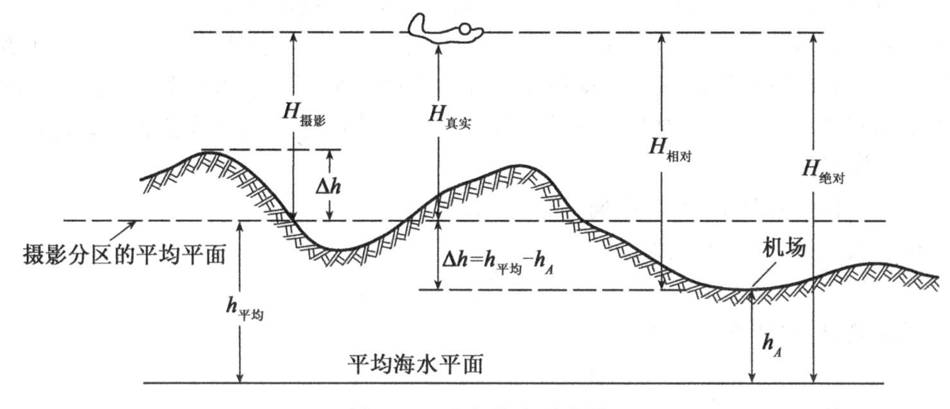

图 4-12　飞机航高示意图

相对航高——飞机相对于飞机场的高度；

摄影航高——飞机相对于摄影分区平均平面（基准面）的高度；

绝对航高——飞机相对于平均海平面的高度；

真实航高——飞机在某一瞬间相对于实际地面的高度。

在航摄技术计算中，首先计算摄影航高，即

$$H_{摄影}=f\cdot m \tag{4-24}$$

其次，计算摄影分区平均基准面的高程 $h_{平均}$，即

$$h_{平均}=\frac{1}{2}(h_{最高}+h_{最低}) \tag{4-25}$$

式中：$h_{最高}$和 $h_{最低}$是根据摄区内 10 个最高地物点和 10 个最低地物点高程在分别舍取其最大值和最小值后各自求得的平均值。在大比例尺城市航空摄影时，要特别注意建筑物、高压线和烟囱等的高度。

$h_{最高}$和 $h_{最低}$也可根据已有的数字高程模型获取。

最后计算绝对航高，即

$$H_{绝对}=H_{摄影}+h_{平均} \tag{4-26}$$

航摄时，飞行员一般是根据绝对航高进行飞行的，相对航高和真实航高在一般情况下无须计算。

三、计算重叠度

在分析航摄技术参数时，我们已经讨论过用户规定的重叠度（q_x'，q_y'）与相对于摄区平均平面（基准面）上的重叠度（q_x，q_y）之间的关系。由于地形起伏的影响，q_x（q_y）大于 q_x'（q_y'），即

$$q_x=q_x'+(1-q_x')\frac{\Delta_h}{H_{摄影}} \tag{4-27}$$

$$q_y=q_y'+(1-q_y')\frac{\Delta h}{H_{摄影}} \tag{4-28}$$

式中：$\Delta h=h_{最高}-h_{平均}=h_{平均}-h_{最低}=\frac{1}{2}(h_{最高}-h_{最低})$。

应该再次强调，虽然航摄时使用了重叠度调整器，在航线方向自动地保持了用户规定的重叠度 q_x'，但在航摄技术计算时，仍需进行重叠度改正数的计算，因为在航线方向增大重叠度意味着摄影基线的缩短，即航摄像片的数量增加了，更重要的是航线的间距 B_y，也由于地形起伏而缩短了。因此，在重叠度计算中，若不考虑地形改正数，必将在航线之间产生航摄漏洞。

四、计算摄影基线 B_x 和航线间隔 B_y 的长度

摄影基线 B_x 的计算公式为

$$B_x=(1-q_x)\cdot l_x\cdot m \tag{4-29}$$

航线间隔 B_y 的计算公式为

$$B_y=(1-q_y)\cdot l_y\cdot m \tag{4-30}$$

五、计算每条航线的像片数 N_1

其计算公式为

$$N_1=\frac{摄影分区长度}{B_x}+3 \tag{4-31}$$

航摄规范规定，在航线方向的两端各自都要多飞一条摄影基线，因此上式中附加了常数3。此外，由于像片数不可能有小数，因此计算时每逢余数都自动进行取整。

六、计算摄影分区的航线数 N_2

其计算公式为

$$N_2 = \frac{\text{摄影分区宽度}}{B_y} + 1 \tag{4-32}$$

同理，航线数不可能有小数，因此计算时每逢余数都自动进行取整。

七、计算摄影分区的像片数 N

其计算公式为

$$N = N_1 \times N_2 \tag{4-33}$$

八、计算摄影分区内容许的最长曝光时间

由（3-8）式可知，根据规定的容许像移值 $\delta_{\text{最大}}$，飞机相对于地面的速度 W 和航摄仪焦距 f，按下式计算，即

$$t_{\text{最长}} = \frac{\delta_{\text{最大}} \cdot H_{\text{低}}}{W \cdot f} \tag{4-34}$$

式中：$H_{\text{低}}$ 表示飞机离摄影分区内地形最高点（即10个最高地物点中被舍去的最大值）之间的高度，即

$$H_{\text{低}} = H_{\text{绝对}} - h_{\text{最大}} \tag{4-35}$$

九、计算分区摄影时间

分区摄影时间包括每条航线所需要的摄影时间和航线间的转弯时间，前者取决于航线长度、摄影比例尺和飞机速度；后者取决于航线间隔和领航技术水平。

此外，还有飞行时间（包括机场至摄区飞行所需时间）、油料用量、摄影材料及冲洗用药消耗量等计算也属于航摄单位内部掌握的数据。

4.2.3 航摄技术设计书的编制

根据航摄技术参数及摄区资料，按相应的公式进行航摄技术计算后，需编制航摄技术设计书。航摄技术设计书包括以下内容：

（1）封面

包括：摄区代号、用户单位、执行期限、设计单位（盖章）、技术负责人（签字）、审批单位（盖章）、审批意见。

（2）摄区范围略图。

（3）摄区分区略图。

（4）航摄因子计算表。

（5）GPS领航数据表。

（6）航摄时间计算表。

（7）感光材料、药品计算表。

4.3 航摄胶片的冲洗

为了与航空摄影工作紧密配合，航空摄影后应及时冲洗航摄胶片，并晒印成航空像

片，以便航摄质量检查人员对航摄资料进行飞行质量和摄影质量的检查。如不满足合同规定的要求，必须立即检查原因并组织返工。

航摄胶片的冲洗，要求影像细节能充分显露，显影均匀，色调层次丰富，反差适中，灰雾小，且没有划痕、静电斑痕、折伤或脱胶等缺陷。

航摄胶片的冲洗，通常要求选用全自动航摄胶片冲洗仪，保证冲洗质量，提高生产效率。

全自动航摄胶片冲洗仪主要由显影槽、定影槽、水洗槽和干燥室组成。

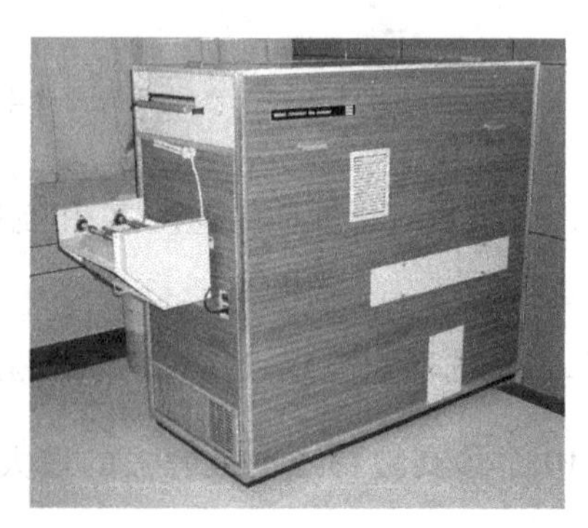

图 4-13 Versamat 1140 型全自动冲洗仪外貌图

显影槽内可分别放置单轴或双轴显影轴，显影轴既可以用作引导航摄胶片前进运动，又可用来调整显影时间。显然，当使用单轴显影轴时，航摄胶片只在显影液内来回运动一次，显影时间短，而当使用双轴显影时，航摄胶片将在显影液内重复运动两次，显影时间长。此外，全自动冲洗仪还可以通过变更胶片输送速度来控制显影时间，胶片输送速度愈快，显影时间愈短；反之，则显影时间愈长。表 4-6 为柯达 2402 黑白航空胶片使用柯达 Versamat 1140 型全自动冲洗仪和 885 显影液，在不同输片速度且分别使用单、双显影轴时的感光特性。图4-13 为该全自动冲洗仪的外貌图。

表 4-6 **柯达 2402 黑白航空胶片在不同输片速度时的感光特性**

输片速度 (m/min)	显影轴数	反差系数	航摄胶片感光度 S_{AFS}	灰雾密度
3	1	2.0	400	0.11
6	1	1.3	250	0.07
9	1	1.0	150	0.06
12	1	0.85	125	0.06
3	2	—	—	0.33
6	2	2.0	400	0.11
9	2	1.8	320	0.08
12	2	1.45	250	0.08

冲洗航摄胶片时，随着输入胶片的增加，显影剂被消耗，溴化物累积，显影速度将逐渐减慢。为此，全自动冲洗仪在冲洗过程中都按一定的显影液更新率替换陈旧显影液，即根据输入胶片的多少自动排出一定量的陈旧显影液而同时补充相应的补充液，以保持一致的冲洗质量。显影液更新率取决于航摄胶片的感光特性，显影液种类和全自动冲洗似的型

号，一般胶片制造厂都对更新率有专门的规定。

因此，全自动冲洗仪在冲洗过程中能使胶片一直处于稳定的运动状态，能不断地接触和更换新鲜显影液，精确地控制冲洗条件。冲洗后的航摄负片密度均匀，反差一致。由于冲洗过程中拉力均匀，负片变形小，所以是当代较为理想的航摄胶片冲洗仪。

冲洗航摄胶片用的显影液根据冲洗设备也有一定区别。一般在全自动冲洗仪中冲洗时，都是在30℃左右的高温下冲洗。胶片制造厂将提供特制的配套药品和冲洗程序，以保证冲洗质量。如国产1022P胶片采用Bx-1套药，而柯达黑白航空胶片均采用代号为885的套药。

冲洗航摄胶片前应做好下列准备工作。

用全自动冲洗仪冲洗时，先将与航摄胶片相同厚度的透明模片送入冲洗仪，冲洗后检查模片表面有否擦痕或污斑，并检查机器的运转情况（显影液温度、显影槽轴数、输片速度安置值和显影液更新率安置值等）。

正式冲洗前都要裁下一段试片（摄影员在飞近摄区前一般都拍摄几张试片）进行试冲，以便最后确定冲洗条件，修正曝光时可能存在的偏差。冲洗前还应在多余片头上晒印几条感光测定试片，以便应用感光测定原理检查航空摄影时的曝光和冲洗质量。

准备工作结束后，就可以开始正式冲洗。航摄胶片冲洗后，必须对航摄负片进行编号打号，号码数一般都标注在正北方向的右边，然后晒印航空像片，检查航摄质量。当摄影分区全部航摄完毕并检查合格后，就按要求整理资料准备提交验收。

4.4 航摄资料质量的检查和验收

航摄工作结束并将航摄资料送审后，用户单位就可以着手验收航摄资料。除了清点按合同要求应提供的资料名称和数量外，主要检查航摄负片的飞行质量和摄影质量。每个暗匣的压平质量一般均由航摄单位检定，用户单位在一般情况下不作检查。

4.4.1 对航摄资料质量的要求

航摄资料的质量将直接影响测绘成图的工效、精度和对地物信息的提取。因此，在航空摄影实施过程中，如何保证航摄质量乃是航空摄影的技术关键。

当航摄技术参数确定后，航摄资料的质量主要包括飞行质量和摄影质量两个方面，用户单位在验收资料时，主要也是从这两个方面进行的。验收的标准是依据航空摄影规范及航空摄影合同的规定。

一、对飞行质量的要求

飞行质量主要包括航摄比例尺、重叠度、像片倾角、旋偏角、航线弯曲度、航迹和图廓覆盖等七项。

1. 对保持航摄比例尺的要求

在同一航高下进行航空摄影时，同一摄影分区内的航摄比例尺应基本上保持一致。但是，由于空中气流的影响，会使飞机产生或升或降的现象，从而造成航摄比例尺的变化。如果相邻航摄像片的比例尺相差太大，则会影响像片的立体观测。为此，必须对保持航摄比例尺的精度提出一定的要求。

对一架航摄仪而言，焦距是固定的常数，因而摄影比例尺的变化是由于航高的变化所引起的。假定航高变化为$\pm\Delta H$，则摄影比例尺分母也将相应地变化$\pm\Delta m$，即

$$m\pm\Delta m=\frac{H\pm\Delta H}{f}=m\pm\frac{\Delta H}{f}$$

因此

$$\pm\Delta m=\pm\frac{m\cdot\Delta H}{H}$$

或写成

$$\pm\frac{\Delta m}{m}=\pm\frac{\Delta H}{H} \tag{4-36}$$

一般规定$\pm\frac{\Delta m}{m}$不应超过±5%，故航高的相对误差也不应超过±5%，即航高误差的限度为

$$\Delta H\leqslant\pm5\%\cdot H_{摄影}$$

在大比例尺测图航空摄影中，对保持航高的精度要求更为严格：

同一航线上相邻像片的航高差不得大于20m；

同一航线上最大航高与最小航高之差不得大于30m；

摄影分区内实际航高与设计航高之差不得大于50m，当航高大于1000m时，分区内实际航高与设计航高之差不得大于设计航高的5%。

2. 对像片重叠度的要求

前面叙述了对像片重叠度的基本要求，但实际航空摄影的情况比较复杂，由于地形起伏、像片倾角和旋偏角的影响，不能保证同一摄区内都保持相同的航向和旁向重叠度，因此航摄规范中对其限差的上、下限都有明确规定。

为了确保重叠度，航摄机组人员在航摄时要严格控制航向，保持航线的平直飞行，整平好航摄仪并尽可能将旋偏角改正到最低限度。

3. 对像片倾角的要求

航摄仪主光轴与通过物镜的铅垂线所夹的角称为像片倾角。

像片倾角将引起像点位移，由于在立体摄影测量中所用的许多公式，都是假定像片倾角较小，省略了高次项以后的简化公式。因此，航摄规范规定像片倾角一般不大于2°，最大不超过3°（在大比例尺测图航空摄影时，允许不超过4°）。

应该指出，像片倾角不但影响航测成图精度，而且还将对重叠度产生影响。结果表明，采用153mm焦距的宽角航摄仪，当像片倾角达到3°时，重叠度误差就有可能达到7.8%，所以航摄时，航摄仪整平是一项重要工作，因为它不但影响后续的摄影测量工作，而且也将影响航摄飞行质量。

4. 对旋偏角的要求

相邻像片的主点连线与像幅沿航线方向的两框标连线之间的夹角称为像片的旋偏角，并以κ表示。旋偏角κ是由于航空摄影时，航摄仪定向不准所产生的。

旋偏角不但影响像片的重叠度，而且在一定程度上影响航空摄影测量内业测量的精度。根据航空摄影的实际条件，航摄规范对旋偏角有如下规定：

$$\frac{1}{m}<\frac{1}{7000} \qquad \kappa \leqslant 6° \text{（个别}\leqslant 8°\text{）}$$

$$\frac{1}{7000} \leqslant \frac{1}{m}<\frac{1}{3500} \qquad \kappa \leqslant 8° \text{（个别}\leqslant 10°\text{）}$$

$$\frac{1}{m} \geqslant \frac{1}{3500} \qquad \kappa \leqslant 10° \text{（个别}\leqslant 12°\text{）}$$

考虑到产生旋偏角的因素难以控制，而现在普遍采用数字测图，对旋偏角的要求可适当降低，国家基础航空摄影补充规定中将旋偏角的要求放宽到航摄规范规定的 1.5 倍。

5. 对航线弯曲度的要求

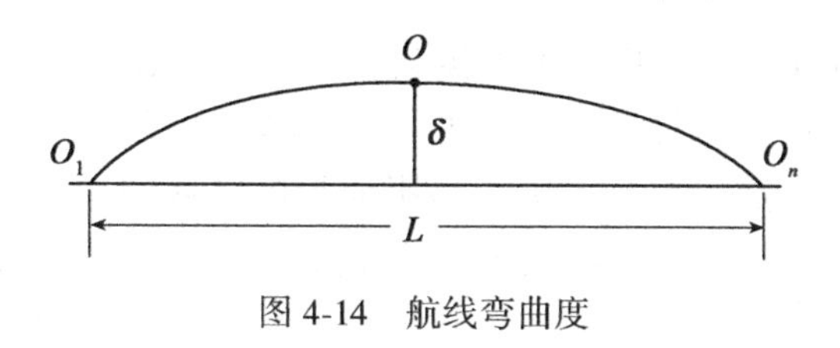

图 4-14　航线弯曲度

航线弯曲度是航线长度 L 与最大弯曲矢距 δ 之比（图 4-14），航线弯曲度将影响像片旁向重叠度，弯曲度太大，有可能产生航摄漏洞；其次，航线不规则将增加航测作业中的困难，影响航测内业加密精度，航摄规范规定航线弯曲度应不超过 3%，即

$$\frac{\delta}{L} \leqslant 3\%$$

6. 对航迹的要求

航迹是航线在地面上的投影。一般要求航迹应与图幅上下两边的图廓线平行。但实际飞行的结果，航迹往往会与图廓线形成一个夹角（航迹角）。显然航迹角太大不但增加航摄工作量，而且会使航测内业加密和测图工作增加困难。

7. 图廓覆盖和分区覆盖

航空摄影要求所摄影像要超出图廓线一部分。一则便于航测成图时接边，二则可避免图廓处产生航摄漏洞，特别要注意紧接摄影区域边界的图幅，要考虑邻接的非摄影区域的图幅在以后测图时因地物特征的变化所造成的接边困难。因此，航摄规范规定：

（1）摄区边界的图廓。航向超出图廓线不少于一条基线，旁向超出图廓线一般不少于整张像片的 50%，在大比例尺测图航摄中，若按图幅中心线或公共图廓线飞行时，旁向超出图廓线不得少于整张像片的 12%。

（2）摄区内各分区之间相接时。如航线方向相同，旁向正常接飞，航向各超出分区界线一条基线，分区之间航线方向不同时，航向各自超出分区界线一条基线，旁向超出分区界线一般不少于整张像片的 30%，最少不少于整张像片的 15%。在大比例尺测图航摄中，当按图幅中心线或公共图廓线飞行时，最小不少于整张像片的 12%。

二、对摄影质量的要求

航摄资料的摄影质量（影像质量），原则上应满足下列基本要求：

（1）能够正确地辨认出航摄负片上各种地物的影像。这就要求航摄时曝光和冲洗条件正确，影像细节能充分显露；负片的密度必须适中；相邻地物的影像和同一地物的影像细节都应具有明显的、人眼能觉察到的反差；亮度相同的物体，构像在像幅任何位置上，都应具有相同的色调和密度。

（2）在航测加密和测图中，测绘仪器观测系统中的测标能精确地照准地物影像的边沿或中心。

（3）能精确地测绘出被摄物体的轮廓，以便正确地量测地物的大小和面积。

显然，要满足上述要求，必须控制好航摄过程中的各个环节，其中包括航摄仪的质量（分辨率、畸变差和压平精度等）、航摄胶片的质量（感色性、分辨率和颗粒度等）、曝光瞬间像移值的大小、航摄时的大气和光照条件（大气能见度、空中蒙雾亮度、太阳高度角和云影等）以及航摄时的曝光和冲洗条件等许多因素。

严格地说，摄影质量比飞行质量难以控制和评定，一般飞行质量有比较具体的规定，容易检查，而许多摄影质量的科学评定方法（如分辨率、清晰度等）在生产中难以推广；另一方面，当航摄技术参数确定后，决定摄影质量的某些因素（航摄仪、航摄胶片）也已确定，航空摄影时主要控制良好的大气条件和摄影时间，以及控制好曝光和冲洗条件。

应用感光测定原理，在航空摄影过程中，可以在一定程度上控制曝光和冲洗条件。图1-54为某一种感光材料的显影动力学曲线，它表示一种确定的航摄胶片在确定的摄影处理条件（显影液、显影温度）下，感光度 S、反差系数 γ 和灰雾密度 D_0 与显影时间的关系曲线。

对航摄负片而言，要求其影像反差 ΔD 控制在 0.6~0.9 之间。由感光测定理论可知

$$\Delta D=\gamma\cdot\Delta\lg H=\gamma\cdot\mathrm{Hl}\lg B$$

式中 $\Delta\lg B$ 为航空景物的反差，它取决于地面景物的反差和大气条件。航空摄影时，摄影员应能及时地估计出航空景物的反差，并根据上式计算出航摄胶片冲洗时所需达到的反差系数值。与此同时，根据显影动力学曲线求出达到该反差系数所相应的航摄胶片的感光度，并将该感光度数值安置到自动测光表中。航摄后，摄影员应将航空景物的反差及时告诉冲洗人员，这样根据感光测定原理，基本上能保持正常的曝光和冲洗条件。由显影动力学曲线可知，感光度是随着冲洗条件而变化的，如果摄影员只告诉冲洗人员航摄景物的反差，但曝光时仍然使用统一的感光度数值，这样，随着冲洗条件的变化，必将导致曝光过度或不足。因此，航摄单位在进行航空摄影之前必须充分做好航摄胶片的感光测定，用图表的形式列出航空景物反差与反差系数以及感光度与反差系数之间的关系，以便摄影员根据实际情况正确控制曝光。

除了保持正确曝光和冲洗条件外，航摄时还应注意滤光片的正确选择。

4.4.2 飞行质量的检查

飞行质量主要包括航摄比例尺、重叠度、像片倾角、旋偏角、航线弯曲度、航迹和图廓覆盖等七项。其中航摄比例尺可在航摄像片上获取特征点，量出两点间的距离，在地形图上读出相应两点间的距离，计算出概略航摄比例尺。航摄比例尺的变化可根据航摄像片上气压高度表的读数变化进行评定。航迹和图廓覆盖可直接从像片中心点结合图上进行检查。验收人员对其他项目的检查也可先目视检查像片中心点结合图，然后再对存在疑问的个别像对或航线进行详细检查。

一、像片重叠度的检查

航摄像片的重叠度可用重叠百分尺量测，它是按像幅的边长分为100等分，如像幅为23cm×23cm时，则1%即为0.23cm，每隔十等份注以数字，如图4-15所示。像片重叠度也可以按重叠部分长度与像幅长度之比确定。

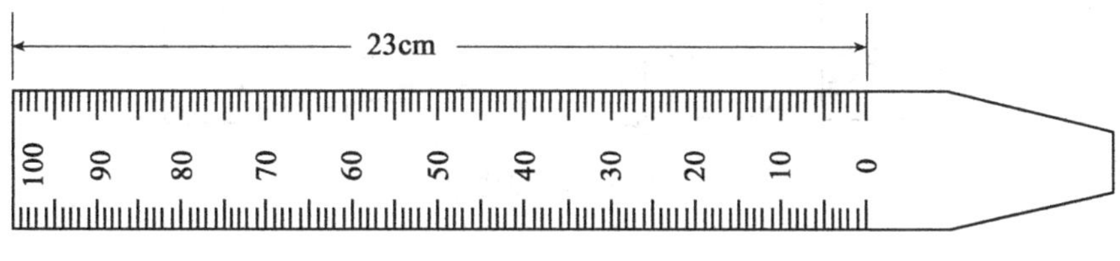

图4-15　重叠度百分尺

检查像片重叠度时，先将相邻的两张像片按中心附近不超过2cm远的地物点重叠后，将百分尺的末端置于第二张像片的边缘，读第一张像片的边缘与百分尺相吻合之处的分划数值，如图4-16所示的重叠度为63%。

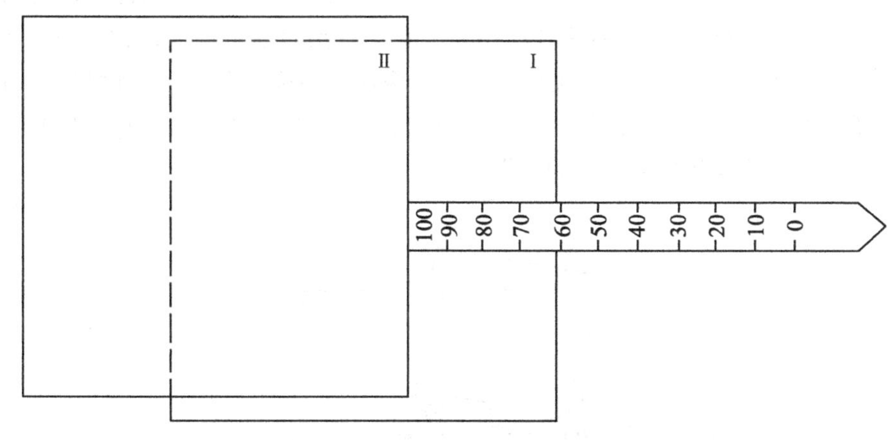

图4-16　像片重叠度的量测

如航摄区域为山区，则应按相邻像片主点连线附近不超过1cm远的地物重叠，再将一张像片边缘的直线影像转绘到相邻像片上，所成曲线至像片边缘的最短距离即为最小重叠度。

二、像片倾斜角的检查

原则上像片倾斜角是按圆水准器影像中气泡所处的位置来确定的，但是有的航摄仪（如RC型航摄仪）圆水准器的分划是每圈0.5°，圆水准器一共有五个分划，即使气泡位于边缘也只能读到2.5°，而且由于惯性原理，气泡所指示的位置未必表示曝光瞬间航摄仪的真实状态，因此最好的方法是检查整条航线中的气泡影像。如果整条航线中气泡的位置忽左忽右，这说明航摄时没有很好整平或空中气流较大。

三、航线弯曲度的检查

每条航线都应检查它的弯曲度，在平坦地区按像片索引图检查，起伏地区将每条航线分别进行镶辑检查，如图 4-17 所示。

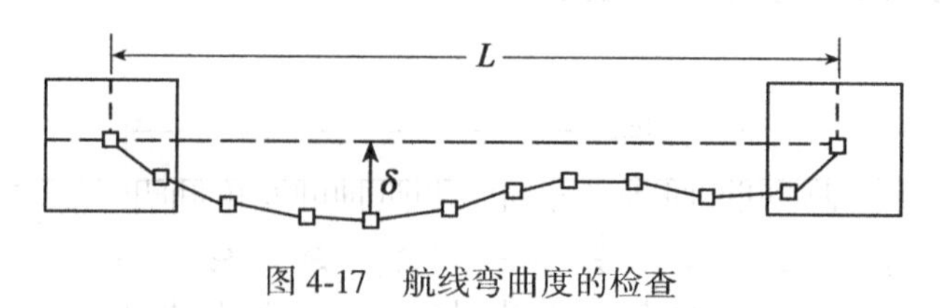

图 4-17　航线弯曲度的检查

用直尺量测航线两端像片主点间的距离 L 和偏离直线最远的像主点与该直线的距离 δ，即

$$\text{航线弯曲度} = \frac{\delta}{L} \cdot 100\% \tag{4-37}$$

四、像片旋偏角的检查

首先在相邻像片上标出主点位置 O_1 和 O_2，然后按像主点附近地物将这两张像片重合，并把像主点 O_2 标记在第一张像片上得 O_2'，再用量角器量测直线 O_1O_2'与第一张像片上沿航线方向框标连线的夹角。其角度即为第一张像片上的旋偏角 κ_1，以同样方法将 O_1 刺于第二张像片上，量测第二张像片上的旋偏角比 κ_2，如图 4-18 所示。每一像对都有两个旋偏角，以数值大的 κ 角作为评定的依据。

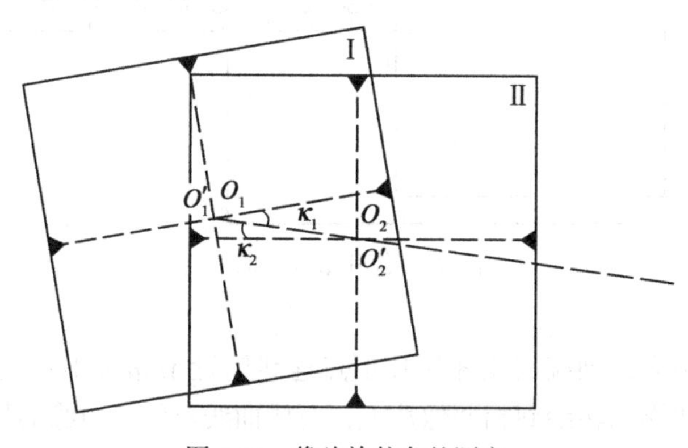

图 4-18　像片旋偏角的测定

4.4.3　摄影质量的检查

在验收航摄资料时，摄影质量主要检查以下项目：

（1）框标的影像是否清晰、齐全，像幅四周指示器件的影像是否清晰可辨（高度表、水准气泡等）。

（2）由于太阳高度角的影响，地物阴影的长度是否超过航摄规范的规定。

（3）航摄负片上是否存在云影、划痕、折伤和乳剂脱胶等现象。

（4）航摄负片的最大密度 D_{max}、最小密度 D_{min} 和影像反差 $\Delta D=D_{max}-D_{min}$ 是否符合规范规定的要求。

（5）航摄中曝光和冲洗条件是否正常。

其中最后两项可用感光测定法进行评定。具体做法如下：

首先利用感光仪在航摄胶片的剩余片头上晒印光楔试片，这样，冲洗航摄胶片时，光楔试片就与已曝光的航摄胶片在相同的条件下进行摄影处理。冲洗完毕后裁下光楔试片，在密度仪上量测各级影像的密度，并绘制出特性曲线，如图 4-19 所示。由于只检查航空摄影时的曝光和冲洗条件，并不测定航摄胶片的感光度，绘制特性曲线时，只需知道相邻两级的曝光量之差（即标准光楔的密度差——光楔常数），而无须计算每一级的曝光量数值。

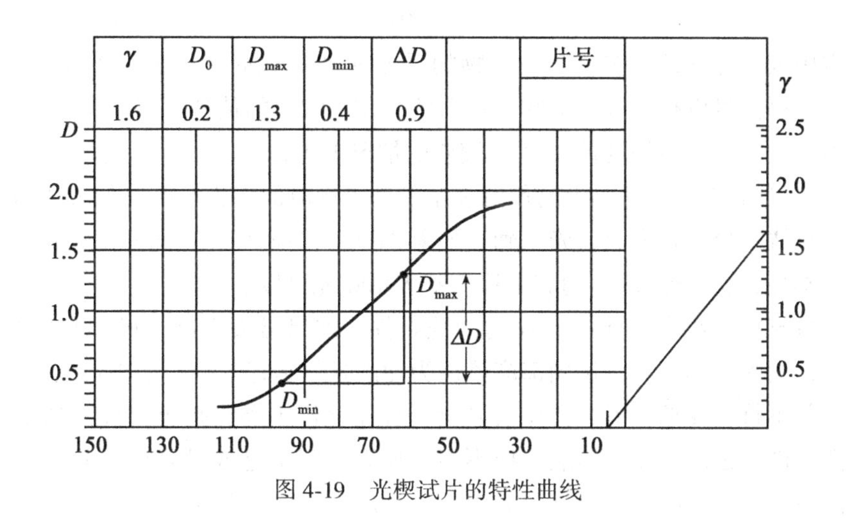

图 4-19　光楔试片的特性曲线

绘制出航摄胶片的特性曲线后，再在航摄负片中选取几张代表摄区典型景物的负片，并在密度仪上量测这几张负片的最大密度 D_{max}、最小密度 D_{min} 和灰雾密度 D_0，分别取其平均值后将这些数值标注在特性曲线上。量测时应注意在每张负片中多选几个地物，并且这些地物的构像面积应大于密度仪的量测孔径（一般为 1mm），量测最大密度时要特别注意不能选择镜面反射的影像，如湖泊等，因为它并不代表实际景物的亮度。

这样从特性曲线上可获得下列特性数值：

反差系数　　　　γ

灰雾密度　　　　D_0

负片最小密度　　D_{min}

负片最大密度　　D_{max}

负片的影像反差　$\Delta D=D_{max}-D_{min}$

根据上述特性数值就可以评定航摄负片的摄影质量：

灰雾密度应小于 0.2，个别情况下不得大于 0.3；

最小密度至少应比灰雾密度高出0.2；

最大密度应控制在1.2~1.5之间，在摄区地形、地物条件特殊的情况下应小于1.8或大于1.0；

影像反差应控制在0.6~0.9之间，在摄区地物、地形条件特殊的情况下，不得大于1.4。

上述数值为优质航摄负片的评定标准，考虑到摄区的具体情况，作为验收标准在航摄规范中还略放宽一些。

从图4-19中的特性曲线上还可以评定和分析航空摄影时曝光和冲洗的质量。

由感光测定理论可知，最小密度和最大密度所相应的曝光量范围 $\Delta \lg H = \lg H_{max} - \lg H_{min}$ 表示航空景物的反差 u'，如果航摄时 $\Delta \lg H$ 位于特性曲线直线部分，则

$$\Delta D = \gamma \cdot \Delta \lg H = \gamma \cdot \lg u'$$

$$u' = 10^{\frac{\Delta D}{\gamma}} \tag{4-38}$$

由于空中蒙雾亮度的影响，航空景物的反差 u' 要比地面景物的反差 u 小；而地面景物的反差在航摄前可以根据摄区地物、地形特征作出大致的估计，如果两者相差太大，则表示航空摄影是在大气条件（能见度）较差的情况下进行的。

曝光量范围 $\Delta \lg H$ 在 $\lg H$ 轴上的位置表示航空摄影时的曝光情况。如果 $\Delta \lg H$ 基本上位于特性曲线直线部分，则表示曝光正确，如果 $\Delta \lg H$ 向左偏移，一部分位于特性曲线趾部，则表示曝光不足，反之若 $\Delta \lg H$ 向右偏移，则表示曝光过度。

反差系数 γ 的大小表示航摄胶片的冲洗条件。如果最大密度、最小密度和影像反差都符合要求，则无论曝光是否正确都应该认为冲洗条件是正常的，如果最大密度、最小密度和影像反差不符合要求，情况就比较复杂。首先要检查曝光是否正确，如果曝光正确，则表示冲洗条件不正确，如显影液选择不当，显影时间不足或过度等，若曝光也不正确，则要看冲洗后的结果是改善了曝光中的偏差还是加重了曝光中的偏差。例如，若检查后发现曝光不足，但冲洗的反差系数值偏小，则说明在冲洗过程中并没有补救曝光中的误差。反之，如果检查后发现曝光过度，而冲洗的反差系数值偏大，且灰雾密度又有所增大，则说明不但曝光过度而且在冲洗中显影也过度了。

用感光测定法评定摄影质量的主要优点是不但评定的方法比较客观，而且能从量测的数据中分析存在问题的原因。这种方法不但用户单位应该掌握，也是航摄单位内部质量自检中分清职责的重要依据。

4.4.4 航摄负片压平质量的检查

除了检查航摄资料的飞行质量和摄影质量外，对航摄负片的压平质量也要进行检查。航摄单位每年在航摄仪使用前都要对航摄仪进行全面检定，其中压平质量的检查结果作为一项检定数据记入每架航摄仪的履历簿中。由于运输及航摄作业中飞机的颠簸等原因也有可能导致航摄仪的压平出现问题。因此，航摄单位应在摄区正式飞行前进行试飞，胶片冲洗后立即进行压平检查，同时也可对航摄仪的状况、曝光条件、冲洗条件有一定的掌握。

进行压平检查时，必须满足下列条件：

（1）每个暗匣应检查两个连续的立体像对。

（2）定向点（标准配置点）到方位线的距离不得小于9.5cm，检查点应分布均匀，每个像对不少于10点。

（3）用于检查的负片影像质量优良，重叠正常，倾角和旋偏角小，框标清晰齐全。

（4）应尽量选择地形起伏小的平坦地区。

（5）量测的仪器经过严格检校，符合正常作业状态。

（6）检查员的工作责任心和业务技术水平要能确保量测数据准确无误。

航摄负片压平质量的检查方法一般采用解析法。

解析法检查航摄负片的压平质量是应用摄影测量学中解析空中三角测量的原理。将要检查的两个连续立体像对（其重叠范围刚好是一张像片的有效面积）在精密立体坐标量测仪上进行方位线定向后，测定每个像对中定向点及检查点的坐标（x，y）和视差（p，q），如图4-20所示。然后利用连续像对相对定向计算程序在计算机上进行解算，当相对定向元素解算完毕时，则可认为立体模型中所有像点的同名光线都已对对相交，上下视差为零。如果航摄负片没有严格压平，则地物点的构像就会移位，也就满足不了相对定向的几何条件。因此，在解算相对定向元素的同时，检查定向点与检查点的剩余上下视差Δq，若Δq小于某一限值，则表示航摄负片的压平质量合格。

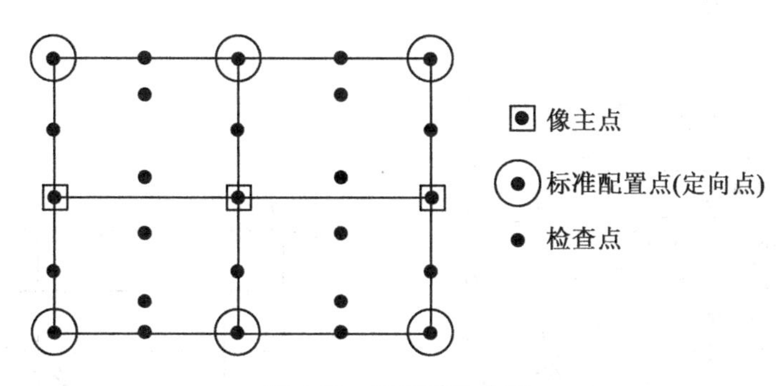

图4-20　压平质量检查

设某检查点的坐标为y，剩余上下视差为Δq，则由于压平不良，胶片离开贴附框平面的距离（不平度）Δm为

$$\Delta m = \frac{f \cdot \Delta q}{y} \tag{4-39}$$

解析法检查航摄负片压平质量在理论上是一种严密的检查方法，而且与摄区的地形特征无关，但由于物镜畸变差、大气折光差和地球曲率等因素引起的在定向点上的上下视差，将产生大小相等，符号相反的误差（对像主点上的上下视差则没有影响），而航摄胶片的不均匀变形也将使像点坐标和视差量测值产生误差，因此，为了尽可能消除这些系统误差，确保负片压平检查数据的可靠性，量测时，定向点的点位必须位于像片最大有效面积的边沿，在计算程序中还必须对上述系统误差进行改正。

4.5 彩色航空摄影

根据所使用的感光材料，彩色航空摄影可以分为两类：一类是真彩色（天然彩色）航空摄影，另一类是假彩色航空摄影。真彩色航空摄影对可见光谱段（蓝、绿、红光线）感光，假彩色航空摄影对部分可见光谱段（绿、红光线）和红外波谱段感光。但航摄冲洗后一般都晒像在普通的彩色相纸上。

彩色航空摄影对天气的要求高，摄影时必须是碧空，对航摄仪及曝光、冲洗条件亦有较高的要求。与黑白航空摄影相比成本高，但彩色像片的信息量丰富，能提取出许多黑白像片上难以获得的信息。因此，彩色航空摄影所摄取的资料除了测绘地形图，还用于地质勘探、城市环境调查、自然资源普查和林业等部门，尤其数字城市建设中城市三维模型的建立可在彩色影像中获取大量的信息。目前，城市彩色航空摄影已占有一定的比例。

4.5.1 真彩色航空摄影

真彩色航空摄影使用的彩色感光材料与地面彩色摄影用的彩色片其结构是一样的。所不同的是对感光特性的要求方面有些差异。如反差系数和宽容度较大，且均为日光型彩色片。图4-21为国产乐凯牌1621型彩色航空胶片的结构示意图。图4-22为其三层彩色感光乳剂层的感光特性曲线。

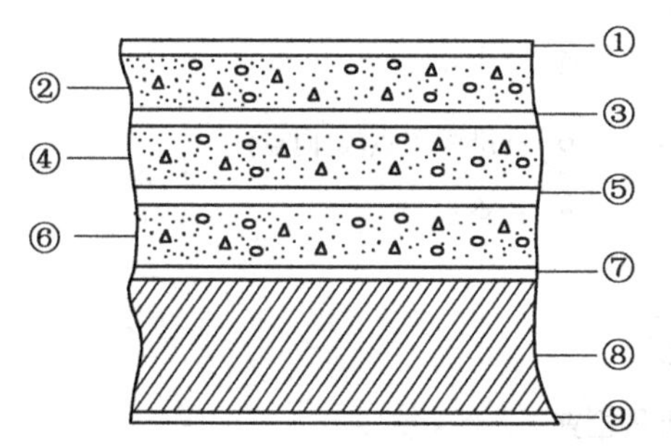

①明胶保护层；②感蓝光乳剂层，含呈黄色成色剂；③黄色胶体银滤色层；④感绿光乳剂层，含呈品红色成色剂；⑤明胶隔层；⑥感红光乳剂层，含呈青色成色剂；⑦明胶底层；⑧无色透明三醋酸纤维素酯片基；⑨绿色防光晕、防静电层。

图4-21 1621型彩色航空胶片的结构示意图

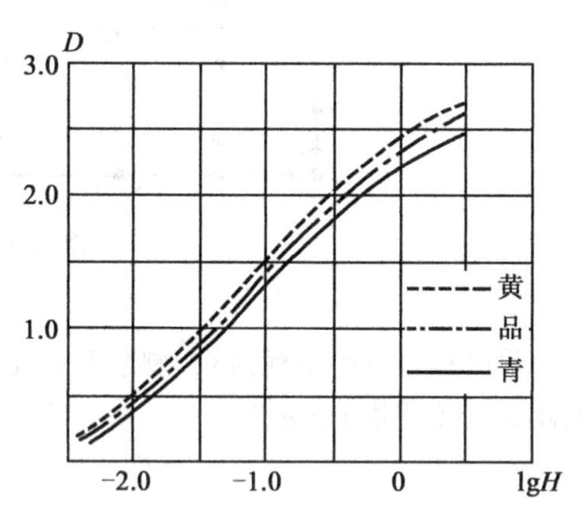

图4-22 1621型彩色感光乳剂层的感光特性曲线

在评定彩色感光材料的质量时，除了和黑白感光材料一样需评定感光材料的感光特性和显微特性等项目外，还必须评定彩色感光材料各乳剂层之间的平衡性，即感光度平衡 B_s 和反差系数平衡 B_γ，其中

$$B_s = \frac{S_{max}}{S_{min}} \qquad (B_s \leqslant 2.5)$$

$$B_\gamma = \gamma_{max} - \gamma_{min} \qquad (B_\gamma \leqslant 0.2)$$

真彩色航空摄影时一般都不使用滤光片，因为供黑白航空摄影用的滤光片将吸收蓝色光线，从而完全消除了上层感光乳剂（感蓝层）的作用，破坏了分色。当航高较高时，为了避免大气蒙雾的影响，可以使用无色的只吸收紫外光线的紫外滤光片或淡黄色滤光片，这种淡黄色滤光片是专门为某种彩色航空胶片设计的，其光谱透光曲线类似于地面摄影用的补偿滤光片。使用这种滤光片时要特别慎重，不但要符合胶片制造厂推荐的要求，以便与彩色感光材料的光谱感光曲线匹配，而且还要考虑摄区地物的波谱反射特性。这两种滤光片的倍数均为 1。

彩色航空摄影对大气条件的要求都极为严格。因为彩色航空胶片都是日光型胶片，其色温为 5400K，但日光的光谱成分是不断变化的。因此一般都需要在中午前后“碧空”的条件下进行，否则将影响物体的彩色表达。

彩色航空胶片一般都应在全自动冲洗仪中严格按胶片制造厂推荐的冲洗套药和程序进行冲洗。与黑白航空摄影相比，彩色航空摄影对曝光和冲洗条件更为严格。航摄前应对所使用的感光材料做好充分的感光测定试验，并在试飞后总结经验的基础上才开始正式飞行。

4.5.2 假彩色航空摄影

假彩色航空摄影通常采用三层乳剂的假彩色片，这种假彩色片有一层对近红外波谱段感光的红外乳剂层，因此假彩色片也称为彩红外片。

三层假彩色负片利用了三个波谱段摄影，产生的颜色更丰富，因而能提取更多的地物信息。图 4-23 为国产乐凯牌 1821 型彩色航空红外负片的结构示意图。图 4-24 为其三层彩色感光乳剂层的感光特性曲线。

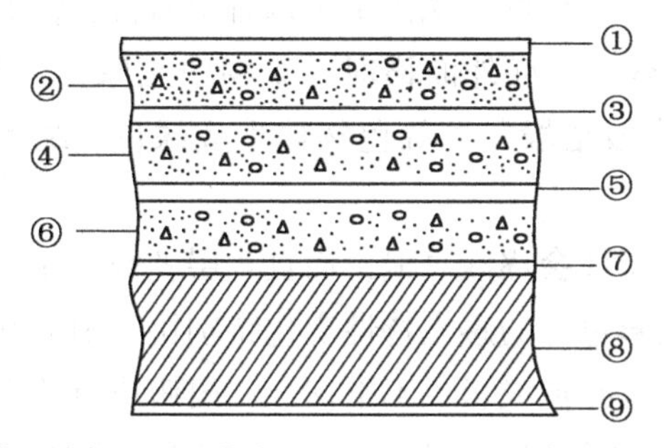

①明胶保护层；②感红外乳剂层，含呈青色成色剂；③明胶隔层；④感绿光乳剂层，含呈黄色成色剂；⑤明胶隔层；⑥感红光乳剂层，含呈品红色成色剂；⑦明胶底层；⑧无色透明三醋酸纤维素酯片基；⑨绿色防光晕、防静电层。

图 4-23　1821 型彩色航空红外负片的结构示意图

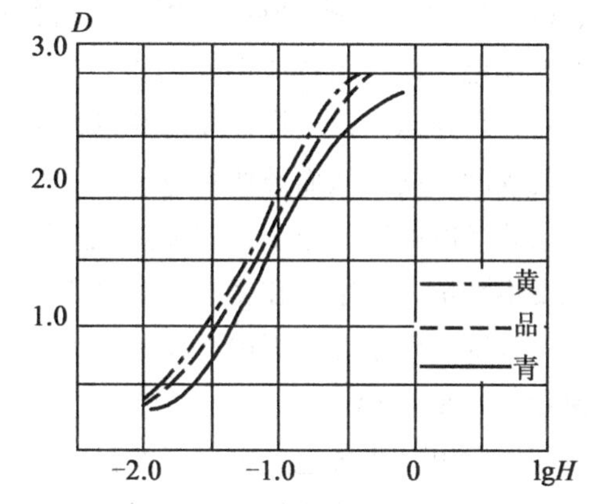

图 4-24　1821 型彩色感光乳剂层的感光特性曲线

图 4-25 为国产乐凯牌 1871 型彩色航空红外反转片的结构示意图。图 4-26 为其三层彩

色感光乳剂层的感光特性曲线。

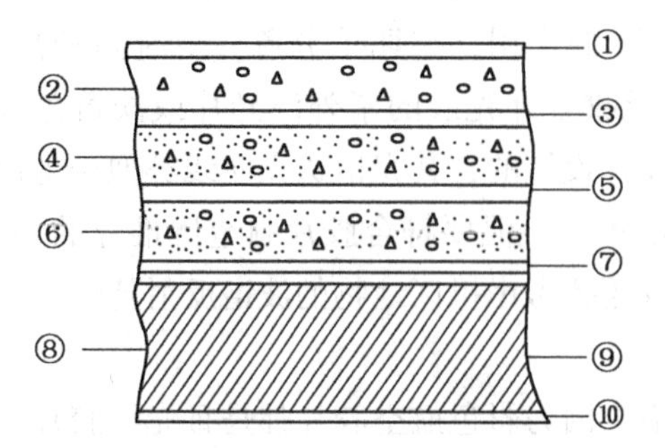

①明胶保护层；②感红外乳剂层，含呈青色油溶性成色剂；③明胶隔层；④感绿光乳剂层，含呈黄色油溶性成色剂；⑤明胶隔层；⑥感红光乳剂层，含呈品红色油溶性成色剂；⑦胶态银黑色防光晕层；⑧明胶底层；⑨无色透明三醋酸纤维素酯片基；⑩防静电假漆层。

图 4-25　1871 型彩色航空红外反转片的结构示意图

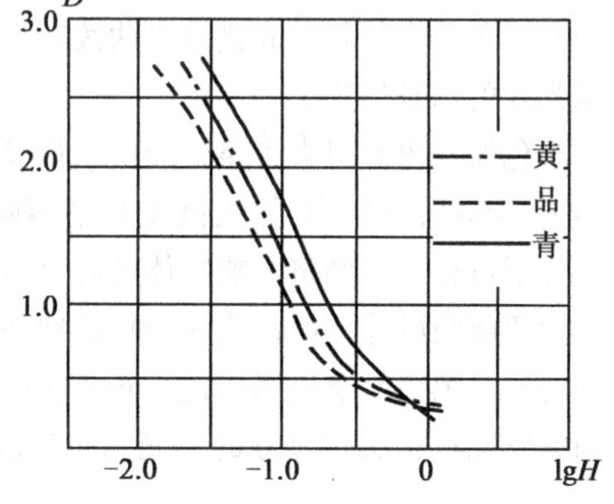

图 4-26　1871 型彩色感光乳剂层的感光特性曲线

由图可见，三层假彩色片没有黄色滤光层（美国柯达高清晰度 SO-131 假彩色反转片有黄色滤光层），因此航空摄影时也必须加黄色滤光片。彩色负片和彩色反转片的乳剂层在感光特性方面有一定的差别，但在结构上，除了反转片的防光晕层涂在下层乳剂与片基之间外，基本上是一致的。假彩色负片获得假彩色负像，假彩色反转片获得假彩色正像。

图 4-27 为利用假彩色反转片对彩色景物摄影所得彩色影像的色彩再现过程，其生成的颜色与假彩色负片晒像在普通三层彩色像纸上是一样的。从图中可以看出所得影像的色彩与原景物的颜色完全不同。尤其是当物体中不反射红外波谱时，景物中三原色（红、绿、蓝）所生成的颜色刚好向短波方向移动一个波谱段，即红色物体生成绿色，绿色物体生成蓝色，而蓝色物体生成黑色。

彩色片与黑白片一样，在保存过程中，感光特性会逐渐衰退，而且各层乳剂感光特性的变化程度不同，从而破坏彩色平衡。尤其是假彩色片的感光特性变化特别快，因为红外乳剂层感光度的衰退速度比其他感光层快，这就势必造成彩色不平衡。三层假彩色片出现感光度不平衡时，很难在摄影中加以补救，因为感红层和感绿层的感光特性变化也不一致，只有待晒印正像时再进行校正。因此彩色片应该特别注意保存条件。一般都放在低温下保存（-18~-13℃）。

应该指出，假彩色空中摄影的目的是为了充分利用红外波谱段，目的是为了使彩色相片上生成的彩色反差达到最大，以利于对地物信息的提取。对于那种在可见波谱段内波谱反射率比较接近，而在红外波谱段内差别很大的物体，利用假彩色片进行航空摄影是相当有效的，例如健康的绿色植物能够强烈地辐射红外线，而且随着生长环境、生长条件和品

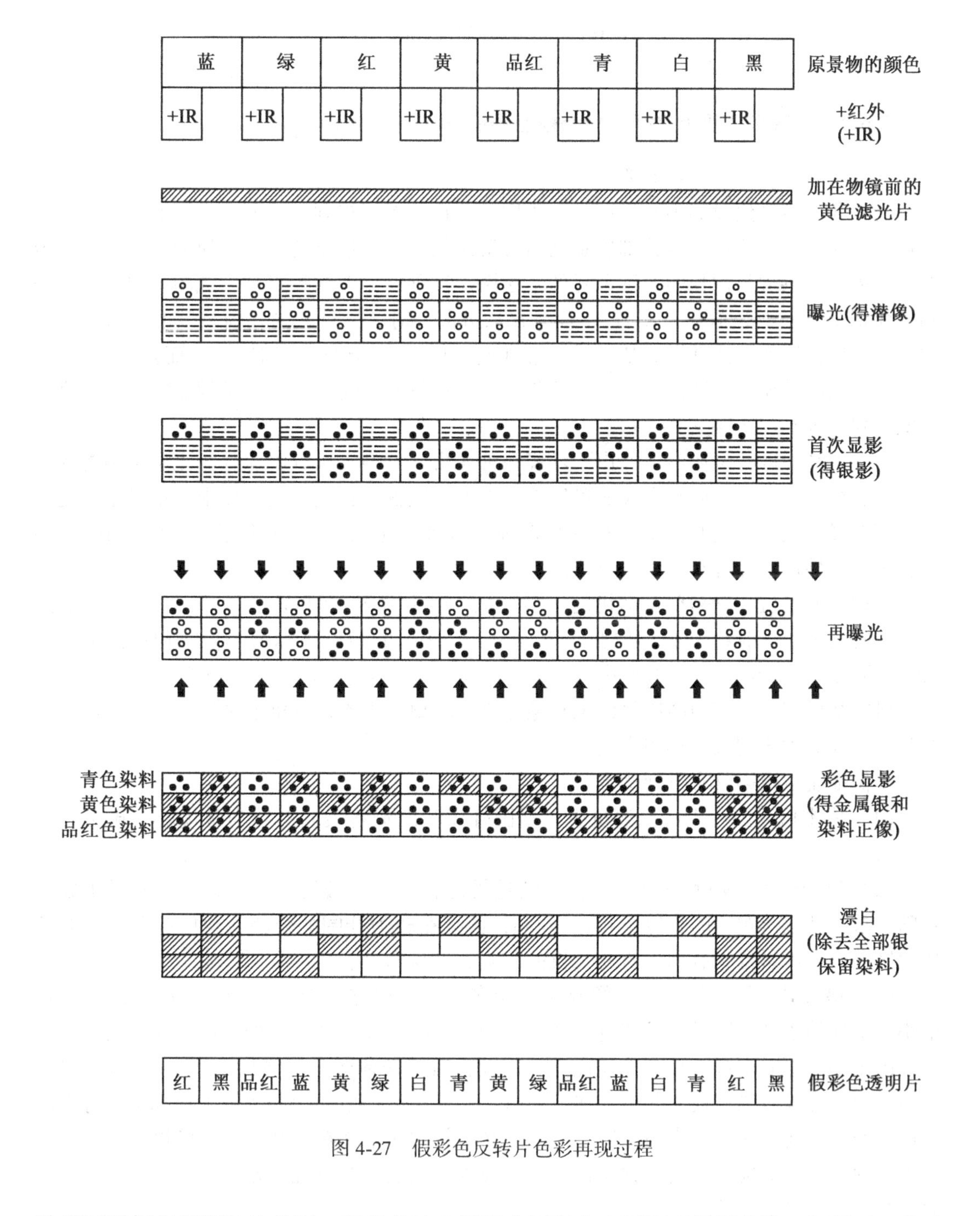

图 4-27　假彩色反转片色彩再现过程

种的不同都有很明显的差别。假彩色航空摄影在军事上也可用于揭露伪装。但是对一些比较单调的地物，如海面、沙漠和冰雪覆盖的田野等，若使用假彩色航空摄影，其效果并不理想。

4.6 小像幅航空摄影

4.6.1 在轻型飞机上进行小像幅航空摄影

一、小像幅航空摄影及其意义

随着我国城乡建设的不断发展，有关旧城改造、新城规划、城郊土地资源的综合利用和环境监测等工作已成为有关部门迫切需要解决的问题，这就需要以最快的速度，在特定的区域内能提供现势性强的各种形式的专题图。这种专题图的特点是，成图区域或需要修测的面积小（一般为 $10km^2$ 左右），而且比较分散，对航摄负片的几何精度的要求可以放宽，主要保证影像的清晰度。如果采用常规航空摄影，不但摄影周期长，而且成本太高，尤其对发展中的城郊地区，几乎每隔两年就需要进行一次航空摄影，常规航空摄影是难以被城乡建设等部门所接受和承担的。

一些特殊地区，例如南极，由于环境条件恶劣，大型飞机难以起降，无法利用常规航空摄影进行勘测工作。而直升飞机可以装载在船上运输，且起降场地要求简单易于满足。

若在轻型飞机或直升机上，利用小像幅相机进行比例尺 1：1 万至 1：2 万的航空摄影，则是一种比较经济和实用的方法。

所谓轻型飞机，就是单发动机的小型飞机，最大升限 3000m，有效载荷 200~300kg，续航时间较短，一般约为 4h。像幅小于 70mm×70mm 的相机统称为小像幅相机，常规的 120 型和 135 型相机，也可用于小像幅航空摄影，但只能用于环境和资源调查等普查工作。研究结果表明，利用高质量的 120 型相机在轻型飞机或直升机上进行小像幅航空摄影在测绘、修测大比例尺地形图方面是可行的。

小像幅航空摄影具有下列优点：

（1）成本低。因为飞机耗油量少，据国外试验的资料表明，约为常规航空摄影费用的 1/15。

（2）机动性大。轻型飞机可以很方便地拆卸，由卡车搬运，而且轻型飞机对机场无特殊要求，其起落跑道的长度不超过 300m，甚至在较为开阔的公路上也能起降，这对小块地区的航空摄影特别有利。直升飞机的起降亦容易满足。

（3）摄影处理设备简单。小像幅相机能在飞机上很方便地替换暗匣，所以暗匣容量很小，常规的小型冲洗设备都能进行冲洗，冲洗后的负片经过放大处理后就能使用。

由于小像幅航空摄影具有上述优点，因此，对特殊地区，对诸如中、小型建设项目、矿山勘探、环境监测、地籍测量、房地产管理和大比例尺地形图修测等工作都是很有实用价值的研究方向。尤其是当前摄影物镜和感光材料的质量都在不断提高，航摄负片的极限放大倍数也在相应提高；而且数字摄影测量技术的发展，对系统误差的改正日益完善，从而充分发挥航摄负片的使用潜力。

二、海燕型动力滑翔机

我国早已成功地制造了轻型飞机，开展小像幅航空摄影的条件已经具备。表 4-7 列出我国沈阳滑翔机厂制造的海燕型动力滑翔机的主要技术参数。动力滑翔机的优点是当发动机发生故障时，仍可滑翔飞行，安全返回地面，从而在城市上空飞行的安全性有了可靠的保证。该机摄影时飞行速度可保持在 80km/h 之内，因此可以减少像移的影响，提高影像的质量。图 4-28 为海燕型动力滑翔机。

表 4-7 **海燕型动力滑翔机的主要技术参数**

项目 \ 型号	海燕 550	海燕 650
额定飞行重量	550kg	650kg
发动机功率	80HP	80HP
燃油量	40kg	40kg
有效载重	140kg（可乘 2 人）	210kg（可乘 3 人）
起飞离地速度	60km/h	60km/h
起飞滑跑距离	80m	120m
着落速度	57 km/h	62 km/h
最大平飞速度	120 km/h	110 km/h
最大爬升率（海平面）	2. 5m/s	1. 8m/s
实用升限	3000m	2700m
航程	400km	360km
续航时间	4h	4h
跑道长度	>300m	>300m

图 4-28 海燕型动力滑翔机

三、高精度的小像幅相机

1. Rolleiflex 6002 相机

该相机的标准型号为 120 型相机，标定像幅为 6cm×6cm，有多种可供替换的物镜，具有按快门优先的自动测光系统，能自动卷片，可供拍摄 6cm×6cm 的像片 12 张（120 胶片）或 24 张（220 胶片）。

2. Rolleiflex 6006 相机

该相机是在 6002 相机的基础上改进的，主要用于修测大比例尺地形图，与 6002 相机的主要区别是在焦平面的压平玻璃板上刻有 11×11 个网格点，在摄影测量中可用于改正负片变形。表 4-8 列出这两种相机的主要技术参数。

表 4-8　　**Rolleiflex 相机的主要技术参数**

型号 项目	Rolleiflex 6002	Rolleiflex 6006
焦距（mm）	40，50，55，60，80，120，150，250，350，500	50，80，150
曝光时间（s）	1/30～1/500	
光圈号数	4～22	
像幅	6cm×6cm（或 4.5cm×6 cm）	
胶片容量	可拍摄 6cm×6cm 12 张或 24 张（或 4.5cm×6cm16 张或 32 张）	
曝光时间间隔	>0.1s	
网络标志	—	11×11

现以 $f=50$mm 的 120 相机为例，如果轻型飞机的速度为 80km/h，摄影比例尺为 1∶1 万，航向重叠度为 60%，旁向重叠度为 20%，有效像幅为 55 mm×55mm，则摄影基线 B 的长度为

$$B=0.4\times55\times10000=220\text{m}$$

如果每条航线使用一卷胶片，其长度可拍摄 24 张负片，则一条航线的有效长度 L 为

$$L=(24-3)\times220=4.62\text{km}$$

如果曝光时间为 1/500s，则其像移值 δ 为

$$\delta=\frac{80\times10^9}{500\times10000\times3600}=4.4\mu\text{m}$$

相邻两次曝光的时间间隔 τ 为

$$\tau=\frac{220\times3600}{80\times1000}=9.9\text{s}$$

如果一小时摄影六条航线，则其有效摄影面积 S 可达到

$$S=5\times21\times0.4\times0.8\times10^8\times0.055^2=10.2\text{km}^2$$

即 1 小时的有效摄影面积就已达到 10km，足以完成小块面积的航空摄影任务。

四、小像幅航空摄影修测大比例尺地形图的可行性

一幅大比例尺地形图的地面覆盖面积列于表 4-9。

表 4-9　　**大比例尺地形图的地面覆盖面积**

成图比例尺	图幅边长（cm）	面积（km^2）
1∶500	50×50	0.0625
1∶1000	50×50	0.25
1∶2000	50×50	1
1∶5000	40×40	4

考虑到轻型飞机的特点和大比例尺航空摄影中领航工作的困难，设航向重叠度 $q_x=$

65%，旁向重叠度 $q_y = 30\%$，有效像幅边长为 55mm，则一个像对的有效使用面积将为

$$S_{有效} = 0.35 \times 0.7 \times 0.055^2 \ (\mathrm{m}^2)$$

表 4-10 为不同摄影比例尺时，测绘一幅大比例尺地形图所需要的模型数（分子）和图像比 K（分母）。

表 4-10　**不同摄影比例尺时测绘地形图所需要的模型数（分子）和图像比 K（分母）**

摄影比例尺	$S_{有效}$（km^2）	成图比例尺			
		1∶500	1∶1000	1∶2000	1∶5000
1∶5000	0.018	4/10	14/5	56/2.5	222/1
1∶10000	0.074	1/20	4/10	14/5	54/2
1∶20000	0.296		1/20	4/10	14/4
1∶40000	1.186			1/20	4/8

显然，测绘一幅地形图所需要的模型数太多，必将影响测绘效益和成图周期。而图像比太大，又受到航摄负片影像质量的限制。从表中可以看出，如果一幅图测绘四个模型，则此时图像比为 8~10，这是比较切实可行的方案。

以测绘 1∶500 地形图为例，设摄影机焦距为 50mm，图像比 K 为 10，航测内业加密控制点所规定的平面位置的中误差 M_s 为 0.1~0.15mm，高程中误差 $m_{\Delta h}$ 为 0.05~0.2m，若 M_s 取 0.125mm，$m_{\Delta h}$ 取 0.1m，则由（4-18）式和（4-19）式可知，航摄负片的分辨率需满足如下要求：

$$R_1 = \frac{K}{2M_s} = \frac{10}{0.25} = 40 \text{ 线对/mm}$$

$$R_2 = \frac{KMf}{l \cdot m_{\Delta h}} = \frac{10 \times 500 \times 50}{55 \times 100} = 45 \text{ 线对/mm}$$

由于轻型飞机速度低，像移值小，只要使用较高质量的胶片，航摄时曝光和冲洗条件保持正常，上述要求基本上是能满足的。但在数字化时应用较高的分辨率进行采样。

小像幅相机的检定则可在室内控制场进行。将小像幅相机调焦至无穷远，模拟空中摄影条件对室内控制场进行摄影，摄影处理后进行坐标量测，再利用单张像片空间后方交会法解算小像幅相机的内方位元素。

综上所述，小像幅航空摄影对小面积大比例尺成图还是很有发展前途的。小像幅航空摄影由于飞机重量轻、航高低、航线短、地物投影差大，因此对航空摄影的条件诸如对风速的限制、飞行安全高度、飞行姿态控制、航线的敷设、太阳高度角和滤光片的选择、曝光时间间隔的控制（因为不具备重叠度调整器）和影像质量的保证等方面，都是需要研究的课题。

4.6.2　无人机航空摄影

无人机是一种无人驾驶飞行器。它是通过无线电遥控设备或机载计算机程控系统进行操控的不载人飞行器。无人驾驶飞行器结构简单、使用成本低，不但能完成有人驾驶飞机

执行的任务，更适用于有人飞机不宜执行的任务，如危险区域的侦察、空中救援指挥和遥感监测。在无人驾驶飞行器上安装数字传感器，便可以获得数码航摄影像。

在航空遥感平台中，无人驾驶飞行器遥感系统由于具有机动、快速、经济等优势，已经成为世界各国争相研究的热点课题，现已逐步从研究开发阶段发展到实际应用阶段，无人驾驶飞行器的市场也逐渐成熟，将成为未来的主要航空遥感平台之一。

一、无人驾驶飞行器的种类

无人驾驶飞行器出现在1917年，早期的无人驾驶飞行器的研制和应用主要用作靶机，应用范围主要是在军事上，后来逐渐用于作战、侦察及民用遥感飞行平台。20世纪80年代以来，随着计算机技术、通信技术的迅速发展以及各种数字化、重量轻、体积小、探测精度高的新型传感器的不断面世，无人驾驶飞行器系统的性能不断提高，应用范围和应用领域迅速拓展。世界范围内的各种用途、各种性能指标的无人驾驶飞行器的类型已达数百种之多。续航时间从一小时延长到几十个小时，任务载荷从几公斤到几百公斤，这为长时间、大范围的遥感监测提供了保障，也为搭载多种传感器和执行多种任务创造了有利条件。

按照系统组成和飞行特点，无人驾驶飞行器可分为固定翼型无人机、无人驾驶直升机和无人驾驶飞艇等种类。

1. 固定翼型无人机

固定翼型无人机通过动力系统和机翼的滑行实现起降和飞行，遥控飞行和程控飞行均容易实现，抗风能力也比较强，是类型最多、应用最广泛的无人驾驶飞行器。如图4-29所示。该类无人机的发展趋势是微型化和长航时，目前微型化的无人机只有手掌大小，长航时无人机的体积一般比较大，续航时间在10h以上。起飞方式有滑行、弹射、车载、火箭助推和飞机投放等；降落方式有滑行、伞降和撞网等，起降需要比较空旷的场地。固定翼型无人机除机身外，能同时搭载多种遥感传感器，通常安装垂直相机或全景相机、红外探测设备、电视摄像机，定位、校射设备等。主要用于林业和草场监测、矿山资源监测、海洋环境监测、城乡结合部的土地利用监测以及水利、电力、军事等领域。

图4-29　固定翼型无人机

图4-30　无人驾驶直升机

2. 无人驾驶直升机

无人驾驶直升机（如图4-30所示）技术优势是能够定点起飞、降落，对起降场地的条件要求不高，其飞行也是通过无线电遥控或通过机载计算机实现程控。但无人驾驶直升机的结构相对来说比较复杂，操控难度也较大，所以种类不多，实际应用也比较少。

3. 飞艇

飞艇通过艇囊中填充的氦气或氢气所产生的浮力以及发动机提供的动力来实现飞行。如图 4-31 所示。它的出现和应用比飞机还要早，1884 年世界上最早的实用飞艇试飞成功。此后，飞艇作为当时最为成功的载人飞行器登上历史舞台，并在空中称霸一时。飞艇的飞行因为受大风和雷雨的气候条件影响比较大，到 20 世纪 30 年代，随着飞机的逐渐完善化和实用化，飞艇被飞机取代。但是无人驾驶飞艇独特的技术优势，使人们从未放弃对它的开发和应用，大型飞艇可以搭载 1000kg 以上的载荷飞到 20000m 的高空，留空时间可以达一个月以上；小型飞艇可以实现低空、低速飞行，作为一种独特的飞行平台能够获取高分辨率遥感影像，同时，无人驾驶飞艇系统操控比较容易，安全性好，可以使用运动场或城市广场等作为起降场地，特别适合在建筑物密集的城市地区和地形复杂地区应用，如城市地形图的修测、补测，数字城市建立时的建筑物精细纹理的采集、城市交通监测、通信中继等领域。表 4-11 列出了 LS-S1600 飞艇的主要技术参数。该飞艇主要用于空中广告宣传、空中摄影、摄像、航空遥测、遥感、科学实验、工程勘测、通信中继、侦察等领域。

图 4-31 LS-S1600 飞艇

表 4-11 **LS-S1600 飞艇技术参数**

艇长	16.2m	耗油率	4.0L/h
艇宽	5.2m	飞行速度	0~80km/h
艇高	6.1m	巡航速度	20~30km/h
最大直径	4.08m	续航时间	3.0h
气囊体积	$145m^3$	抗风能力	12m/s
广告面积	$10\times3.2m^2\times2$	最大商载	38kg
最大功率	15×2HP	机动载荷	+30kg

二、涉及的关键技术

无人驾驶飞行器遥感系统以获取高分辨率遥感数据为应用目标，通过 3S 技术在系统中的集成应用，达到实时对地观测能力和遥感数据快速处理能力。要使其成为理想的遥感平台，有多个关键技术需要解决。

1. 遥感传感器技术

根据不同类型的遥感任务，开发相应的机载遥感设备，如高分辨率 CCD 数码相机、轻型光学相机、多光谱成像仪、激光扫描仪、磁测仪、合成孔径雷达等，选用的遥感传感器应具备数字化、体积小、重量轻、精度高、存储量大、性能优异等特点。

2. 传感器及其姿态控制技术

遥感传感器的控制系统要能够根据预先设定的航摄点、摄影比例尺、重叠度等参数以及飞行控制系统实时提供的飞行高度、飞行速度等数据自动计算并自动控制遥感传感器的工作，使获取的遥感数据在精度、比例尺、重叠度等方面满足遥感的技术要求。对于抗风能力弱、飞行稳定性差的无人驾驶飞行器（如飞艇），应给遥感设备加装三轴稳定平台，以保证获取稳定的、清晰的高质量影像，遥感传感器的位置数据和姿态数据最好能够实时记录并存储，以便用于遥感数据的处理，提高工作效率。

3. 遥感传感器定标及遥感数据传输存储技术

无人驾驶飞行器搭载的主要遥感传感器为面阵 CCD 数字相机，而目前国内市场上的小型专业级数字相机还不能达到量测相机的要求，所以，为使获取的遥感影像能够满足大比例尺测图的精度，应根据相机的几何成像模型，作相关的检校工作，得到相机的内外方位元素参数，必要时需要采用特殊的检测手段，测定每个像元的畸变量。另外，大面阵 CCD 数字相机获取的影像数据量较大，需开发专用的数据传输和存储系统。飞行器的测控数据和遥感数据需要实时传输时还可以通过卫星通讯来实现。

4. 遥感数据的后处理技术

目前的无人驾驶飞行器遥感系统多使用小型数字相机作为机载遥感设备，与传统的航片相比，存在像幅较小、影像数量多等问题，所以应针对其遥感影像的特点以及相机定标参数、拍摄时的姿态数据和有关几何模型对图像进行几何和辐射校正，开发出相应的软件进行交互式的处理。同时还应开发影像自动识别和快速拼接软件，实现影像质量、飞行质量的快速检查和数据的快速处理，以满足整套系统实时、快速的技术要求。

5. 系统集成技术

无人驾驶飞行器遥感系统属于特殊的航空遥感平台，技术含量高，涉及航空、自动化控制、微电子、材料学、空气动力学、无线电、遥感、地理信息等多个领域，组成比较复杂，加工材料、动力装置、执行机构、姿态传感器、航向和高度传感器、导航定位设备、通讯装置以及遥感传感器均需要精心选型和研制开发。应根据遥感的技术要求和无人驾驶的特点，在系统的集成上重点攻关，达到工程化、实用化。

4.7 数码航空摄影

从 2000 年 ISPRS 阿姆斯特丹大会上，首次展示了大幅面的数码航空摄影相机以来，数码量测航空相机的发展受到了很大的重视。目前，数码航摄仪已由试验阶段开始进入实际使用中。数码航摄仪主要有两种方式：一种是利用面阵 CCD 记录影像；另一种是利用线阵 CCD 扫描记录影像。数码航摄仪的成像原理和前述的航摄仪是一致的，不同的是记录影像的介质由传统的胶片感光材料发展为利用电荷耦合器件（CCD）转换成数字图像直接记录在磁盘上。

4.7.1 数码航摄仪的特性

1. 像元尺寸及像元排列

像元的大小决定了数码航摄仪获取影像的几何分辨率，一般用地面采样距离 GSD（Ground Sample Distance）表示。所谓地面采样距离就是在扫描成像过程中，一个像元通过摄影系统投射在地面上的直径或边长。相同的航摄比例尺摄影时，像元小则分辨率高，GSD 小。

像元几何尺寸的一致性和排列的规则性也影响成像质量，高质量的数码航摄仪要求像元几何尺寸一致，排列规则，否则影响成像质量及几何精度。

像元的排列分为线阵排列和面阵排列，线阵排列的双线阵交错排列能提高影像的质量。面阵排列一般是按行列排列成规则的矩形。

2. 像元总数

对于面阵排列的 CCD 像元，像元总数为行和列的乘积。相同的像元尺寸，则像元总数越多，相同比例尺摄影时，一幅影像地面的覆盖面积越大。

3. 辐射分辨率和感色范围

辐射分辨率是指影像的灰度采样级数，以比特（bit）表示，记为 2^{bit}。例如，辐射分辨率为 8 比特，则灰度采样为 $2^8=256$ 级。

感色范围是 CCD 器件所能感受的光谱范围及对不同波长光的响应，数码航摄仪一般能感受可见光及近红外波段。

4. 数据压缩及记录

由于数码航摄仪在工作期间需连续获取影像并实时记录，对如此大量数据的传输及记录，就需要考虑对数据进行压缩。数据压缩用压缩率表示。

数据记录包括记录的格式和记录的速度。记录格式分为通用格式（例如 JPEG、TIFF 等）和专用格式，如果采用专用格式还需软件进行转换。记录速度用“数据量/秒”表示，同时还需要大容量的机载存储器。

5. 摄影物镜

因为数码航摄仪的实际像幅较模拟航摄仪的小，所以数码航摄仪摄影物镜的几何尺寸较小。考虑到 CCD 器件的特点，曝光量的确定一般以固定光圈的方式进行自动曝光，所以数码航摄仪多采用一个固定的光圈号数，一般是 4 或 5. 6。

6. 获取连续影像的最小周期

获取连续影像的最小周期是数码航摄仪进行连续摄影时的最小时间间隔。主要取决于 CCD 器件的响应时间、数据压缩率、数据记录的速度。

4.7.2　数码航摄仪种类及工作原理

下面介绍当代使用的三种数码航摄仪。

一、ADS40 数码航摄仪（数字影像航空摄影仪系统）

ADS40（Airborne Digital Sensor）传感器由徕卡公司与德国宇航中心 DLR 联合研制，2000 年 7 月在阿姆斯特丹的第 19 届国际摄影测量与遥感大会上首次推出。如图 4-32 所示。

它采用线阵列推扫成像原理，能同时提供 3 个全色与 4 个多光谱波段数字影像，其全色波段的前视、下视和后视影像能构成三对立体以供观测；相机上集成了 GPS 和惯性测量装置 IMU（将在第 4. 10 节介绍），可以为每条扫描线产生较准确的外方位初值，可以在四角控制或无地面控制的情况下完成对地面目标的三维定位，为摄影测量自动化开辟了崭新途径。

图 4-32 ADS40 数码航摄仪

1. 系统构成

ADS40 由传感器组件 SH40、数字光学组件 DO64、控制箱 CU40、大容量存储系统 MM40、操作面板 OI40 、导航界面 PI40、PAV30 陀螺稳定平台等部件组成。见图 4-33。

传感器组件 SH40 中镜头焦平面上安置 3 个全色线阵 CCD，每个为 2×12000 像元，交错 3.25μm 排列；4 个多光谱线阵 CCD，每个 12000 像元；像元大小为 6.5μm×6.5μm；除了复杂的传感器元件、电器部件、在线单板计算机外，还在聚焦平面上精确安装了惯性测量装置 IMU。在 CU40 中集成了 GPS 接收机及 Applanix 公司的 POS 系统，POS 通过对 IMU 数据及 GPS 数据的实时处理，保证了飞机的平稳飞行，并为后来影像的外部定向提供了高精度的初始值。MM40 由 6 个高速 SCSI 磁盘构成，能记录 4h 的航摄数据，传输率高达 40～50Mb/s。OI40 和

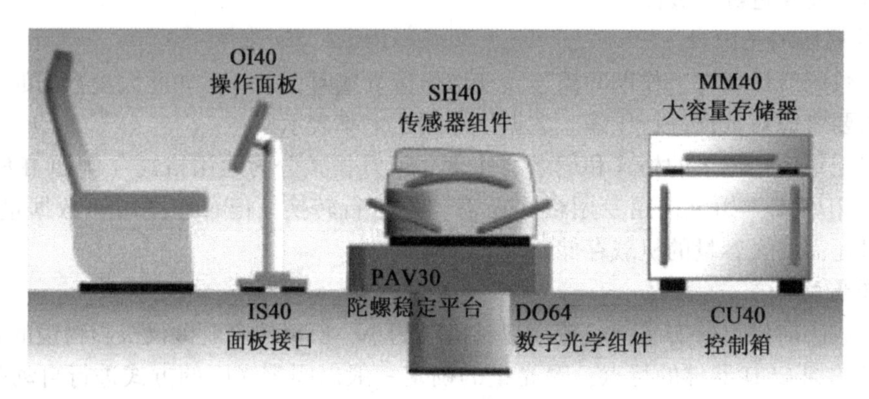

图 4-33 ADS40 数字影像航空摄影仪系统

PI40 界面采用图形化、触摸式、高分辨的显示屏，更易于操作。为控制、协调、监视各个独立部件的运行，ADS40 还提供了图形化的飞行控制管理系统 FCMS，大大减轻了用户正确操作传感器的压力。

2. 成像原理

ADS40 采用高分辨率线阵列 CCD 元件作为探测器件，镜头采用中心垂直投影设计，焦平面的 3 个全色波段阵列构成了对地面的前视、下视和后视成像格局，如图 4-34 所示，从不同方向进行前视、下视和后视扫描；获取三个不同方向上的数字影像，如图 4-35 所示；所有目标在三个全色扫描条带分别记录，能直接生成三对立体像对；这三个条带影像可以构成 100%的三度重叠，如图 4-36 所示。蓝、绿、红和近红外波段阵列安置在全色阵列之间，通过三色分色镜记录目标的多光谱信息。航空摄影时，传感器采用推扫式成像原理，七个通道同时对地面连续采样，同时获取目标的多波段影像。

图 4-34　前视、下视和后视扫描

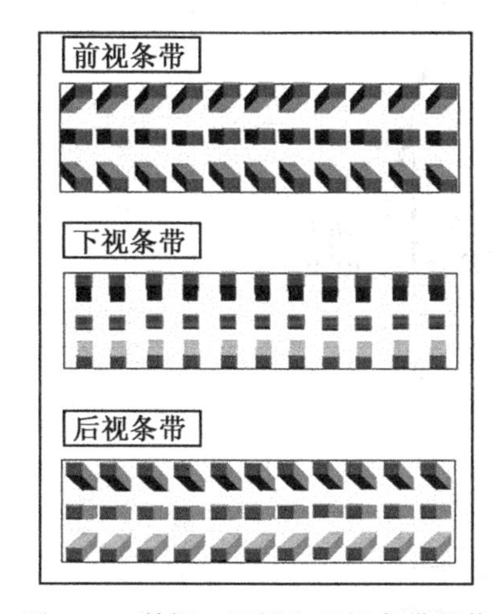

图 4-35　前视、下视和后视条带影像

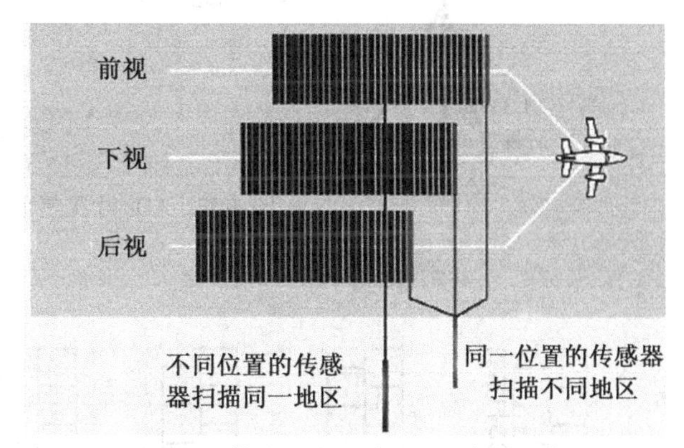

图 4-36　构成三度重叠的三个条带影像

ADS40 在焦平面上的布局如图 4-37 所示。全色波段的三条扫描线之间的立体角分别为：前视与下视的夹角为 28.4°，后视与下视的夹角为 14.2°，前视与后视的夹角为 42.6°。多光谱波段中，RGB 扫描线与下视扫描线的夹角为 14.1°，近红外扫描线与下视扫描线的夹角为 2°，所以 RGB 扫描线与近红外扫描线的夹角为 16.1°。

为了提高影像分辨率，ADS40 中的全色波段扫描线使用了交错的 CCD 线阵排列，即将两条 12000 个像素排列的 CCD 阵列，交错半个像素（3.25μm）排列，如图 4-38 所示，沿飞行方向读取速度为 1/2GSD，垂直飞行方向 CCD 错开 1/2 像元排列，每个记录在错位 CCD 上有 2 个记录，通过对 4 个不同位置 CCD 记录运算，可得到 1/2GSD 的全色影像，这样获得的影像为高分辨率全色影像。

数字光学组件 DO64，采用以三色光速分离器为核心的光学组件。在三色光速分离技术中采用了窄带干涉滤光片，该滤光片是一种带通滤波器，它利用电介质和金属多层膜的干涉作用，可以从入射光中选取特定的波长，见图 4-39。这种特殊的三色光速分离技术使能量损失最小，同时获得同一地区的全色、RGB 与近红外的数字图像信息，更有利于获得高分辨率的全色、真彩色、近红外数字影像。

在数码航摄仪中，采用 TDI（Time Delay Integrate）扫描方式进行像移补偿。TDI 是一

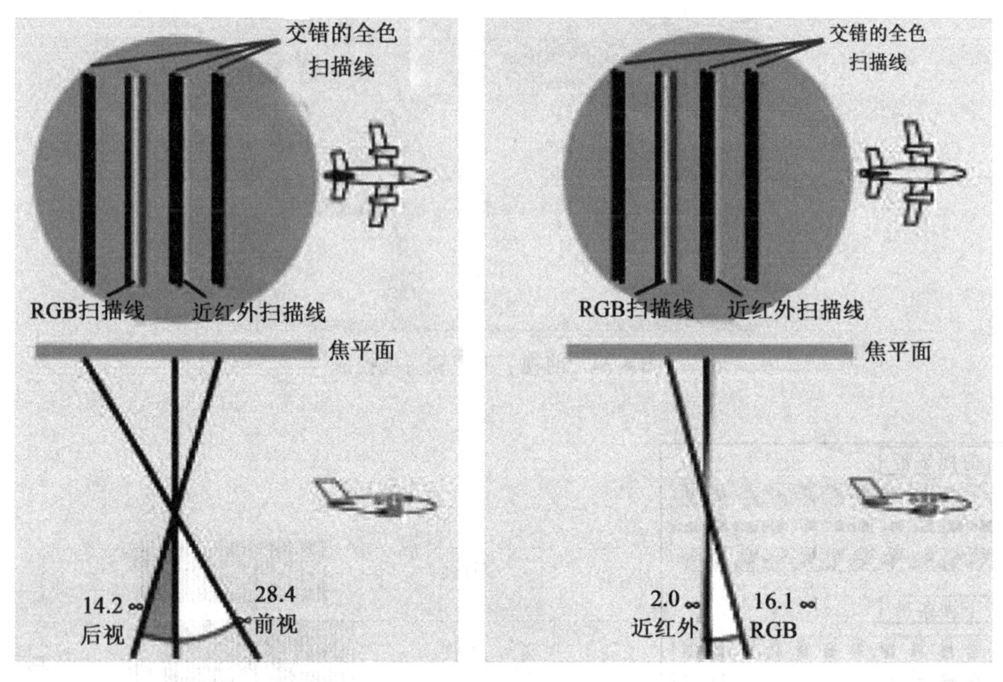

图 4-37 ADS40 在焦平面上的布局

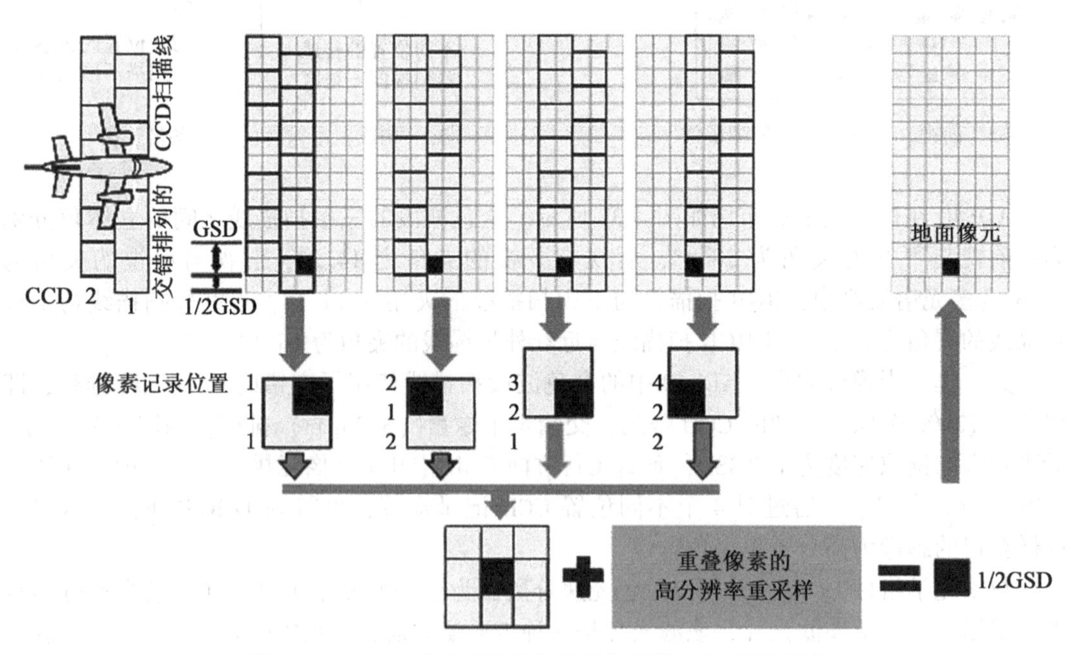

图 4-38 ADS40 中全色波段扫描线的交错 CCD 线阵排列

种扫描方式，它是一项能够增加行扫描传感器灵敏度的技术。与一般行扫描传感器相比，器件借助 6、12、24、48、96 等积分线来增加曝光时间。TDI 工作方式可以看成是对同一景物多次曝光，然后将多次曝光的结果累加，累加的电荷数与 TDI CCD 级数成正比。由于 TDI CCD 的特殊工作方式，使得它与一般行扫描 CCD 相比具有更大的灵敏度，它通常用于低光照环境下，同时又不会影响扫描速度。TDI CCD 的工作方式如图 4-40 所示。

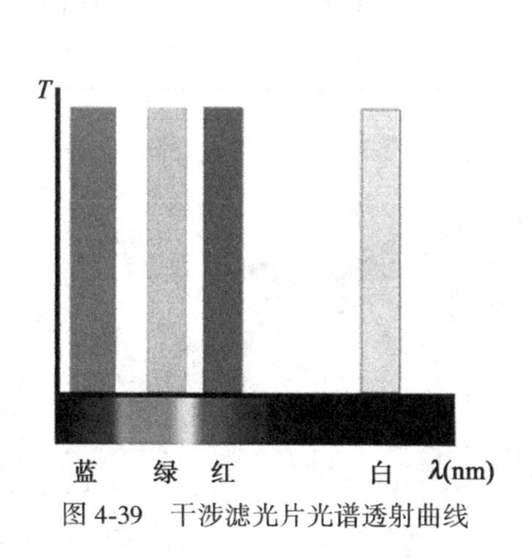

图 4-39　干涉滤光片光谱透射曲线

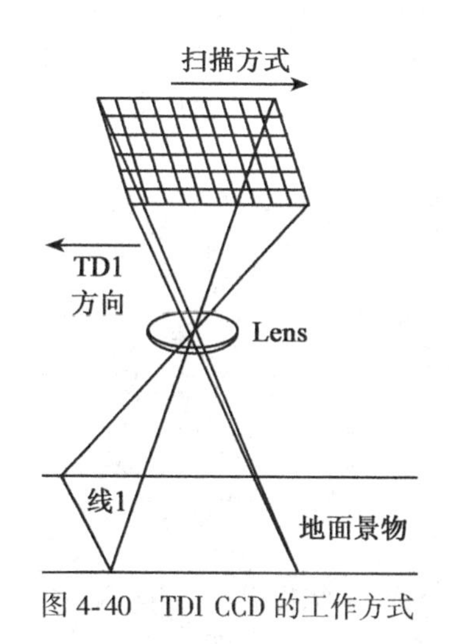

图 4-40　TDI CCD 的工作方式

TDI CCD 与景物间有相对运动，TDI CCD 的每行像素都在扫描成像。以第一行为例，在 T_1 时刻，扫描景物的线 1，积分时间结束后，TDI CCD 沿扫描方向向前运动一个像元的距离，此时 TDI CCD 的第二行开始对应扫描景物的线 1，同时，第一行中曝光生成的电子电荷通过时钟的控制转移到第二行中，与第二行的曝光生成的电子电荷相累加。以此类推，直到 N 级扫描结束（如图 4-41 所示），对景物线 1 的 N 次扫描累计的电子电荷在最后一次扫描结束后被转移到水平输出移位寄存器中输出。

由于 ADS40 是利用推扫式线扫描原理，像移补偿装置（FCM/TDI）是自身固有的，所以，不需要另外配备像移补偿装置。

飞行期间影像数据、GPS 接收机产生的 2 Hz 定位数据、IMU 产生的 200 Hz 定位和姿态数据以及其他管理数据以特定的格式记录在 MM40 中，整个系统呈现高度自动化、智能化和专业化特性。

3. 主要技术参数

（1）CCD 像元。全色波段为 2×12000 像元，交错 3.25μm 排列；蓝、绿、红和红外波段为 12000 像元，像元大小为 6.5μm。

（2）相机焦距为 62.77mm；光圈号数为 4；视场角为 64°；立体成像角为 16°、24°和 42°；在 3000m 航高时地面采样间隔（GSD）达到 16cm，扫描条带宽 3.75km。

（3）辐射分辨率为 8 比特，数据记录为 12 比特灰度等级。

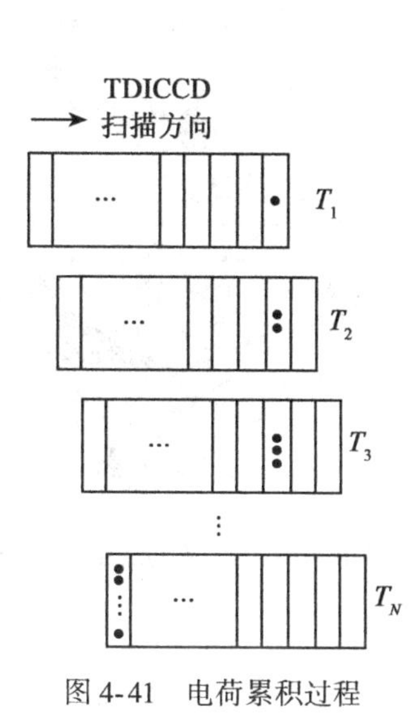

图 4-41　电荷累积过程

（4）光谱范围：420~900nm。

（5）1.5~25 倍数据压缩率。

（6）可移动的、抗震的硬盘存储器容量为 900GB。

操作员可以利用触摸屏操作面板 OI40 操纵 ADS40，使用方便，操作简单。

图 4-42 是 ADS40 获得的黑白航空影像，飞行高度为 3000m，地面采样距离为 25cm。图 4-43 是 ADS40 获得的彩色航空影像，飞行高度为 1850m，地面采样距离为 20cm。

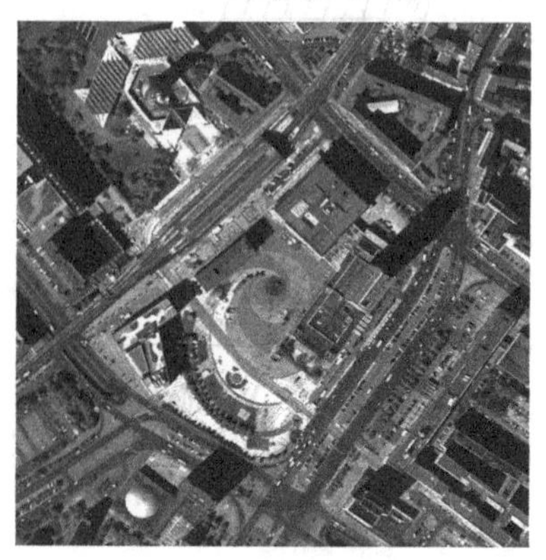

图 4-42　ADS40 获得的黑白航空影像

图 4-43　ADS40 获得的彩色航空影像

二、DMC 数码航摄仪（数字航摄仪系统）

DMC 数码航摄仪是 Z/I 公司研制的，见图 4-44。

图 4-44　DMC 数码航摄仪外貌图

DMC 由八个独立 CCD 相机整合为一体，解决了单个 CCD 成像尺寸不足的问题。这八个单独的相机模块都具有单独进行任务处理的能力，各自拍摄中心投影影像。其全色信道包含了四个 7K×4K 的 CCD 芯片和焦距为 120mm、最小光圈号数为 4 的高分辨率光学物镜，影像分辨率为：飞行方向为 7680 像素，垂直于飞行方向为 13824 像素。为了同时获取真彩色和假彩色影像，相机的电子单元合成了四个多光谱通道，每个彩色通道使用一个单独的、最小光圈号数为 4、焦距为 25mm 的广角物镜，和一个 3K×2K 的 CCD 芯片，还有一个基于无机材料的高品质滤镜。由于这八个相机模块使用各自的物镜，所以比起只配一个大口径物镜的情况而言，前者形成的最终整幅图像具有更高的影像质量。

图 4-45 显示了 DMC 八个物镜的位置情况，图 4-46 为经过纠正、拼接后的影像示意图，其中虚线为有效影像，全色影像包含了重叠部分。

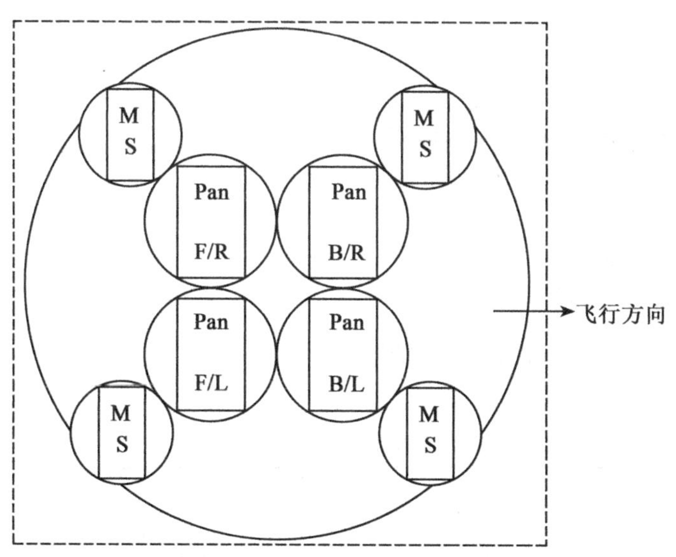

F/R—飞行方向的右侧　Pan—全色物镜
B/R—后方的右侧　Ms—多光谱物镜
F/L—飞行方向的左侧　B/L—后方的左侧
图 4-45　DMC 八个物镜的位置情况示意图

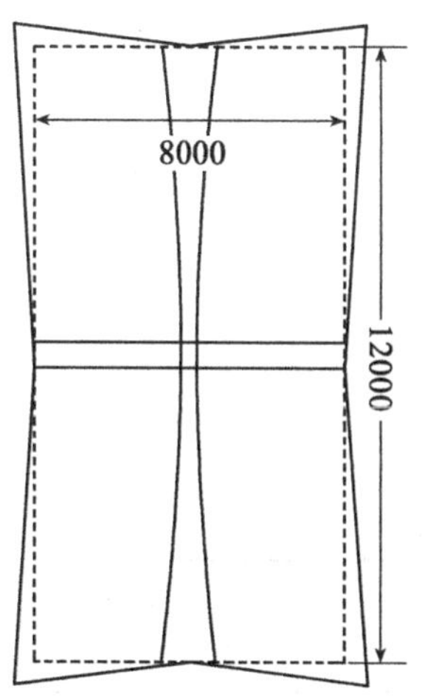

图 4-46　经过纠正、拼接后的影像示意图

DMC 采用的 CCD 均为全尺寸传感器，单个像素的尺寸是 12μm×12μm，提供高线性动态范围（大于 12 比特）。CCD 的排列结构允许并行从芯片上的四个角度去记录。由于采用二维面状传感器，影像数据在 X 轴和 Y 轴方向都拥有已知的几何参数。系统能做到每两秒钟一幅影像的连拍速度和极高的读出速度，这对于获得一个高信噪比是非常重要的。DMC 数字航摄相机系统还包含有：相机的电子处理单元，三个任务数据存储单元，合计存储空间为 840GB；飞机传感器管理系统，包括中央处理软件、专用传感器控制模块，动态视频摄像机；相机陀螺稳定平台；地面处理系统。

图 4-47　DMC 数字航摄相机系统获取的彩色航空影像

图 4-47 是 DMC 数字航摄仪系统获取的彩色航空影像，摄影焦距为 120mm，摄影比例尺为 1∶25000，地面采样距离为 30cm。

三、UltraCAM-X 数码航摄仪（数字航空摄影仪）

UltraCAM-X（UltraCAM-D 的升级型号）数字航空摄影仪由奥地利 Vexcel 公司研制，如图 4-48 所示。

UltraCAM 采用面阵 CCD 传感器件，其主要技术参数如表 4-12 所示。

图 4-48 Vexcel UltraCam 数码航摄仪

表 4-12 **UCX 和 UCD 数码航摄仪主要技术参数**

技术参数	UCX	UCD
全色像元尺寸	7.2μm	9μm
全色影像像素总数	14430×9420	11500×7500
面阵尺寸	104mm×68.4mm	103.5mm×67.5mm
全色物镜焦距	100mm	100mm
最小光圈号数	5.6	5.6
旁向视场角（航向）	55°（37°）	55°（37°）
彩色（多光谱性能）	四通道 R、G、B 和 NIR	四通道 R、G、B 和 NIR
彩色像元尺寸	7.2μm	9μm
彩色影像像素总数	4992×3328	4008×2672
彩色物镜焦距	33mm	28mm
彩色物镜最小光圈号数	4	4
彩色影像的旁向视场角（航向）	55°（37°）	65°
可选快门速度	1/500～1/32s	1/500～1/60s
像移补偿（FMC）	TDI 控制	TDI 控制
最大像移补偿性能	50 像素/s	50 像素/s
航高为 300m 时像元地面采样距离（GSD）	2.2cm	3cm
辐射精度	14 比特灰度等级	>12 比特灰度等级

UltraCAM 数字航空摄影仪有四个全色波段物镜，四个多光谱波段物镜，如图 4-49 所示。

UltraCAM 数字航空摄影仪同地点延时曝光成像原理为：UCX 系统的 4 个全色物镜沿飞行方向排列，在航摄过程中，当地一个物镜到达目标上空，正中心的一个 CCD 被曝光（如图 4-50（a））；第二个物镜（主物镜 master cone）到达同一位置时，四角的 4 个 CCD 曝光（如图 4-50（b））；第三个物镜到达相同的位置，上下 2 个 CCD 曝光（如图 4-50（c）），第四个物镜到达时，左右 2 个及红、绿、蓝、近红外 4 个 CCD 曝光（如图 4-50（d））。至此，整个像幅内所有 CCD 的曝光操作全部完成。由于每个相机镜头之间的距离很短（8cm），所以相邻物镜之间的曝光时间间隔也很短（大约 1ms），因此所有物镜几乎都是在同一位置、同一姿态下曝光，这样就能将 9 个 CCD 面阵拼接，得到一个完整的中心投影大幅面全色影像。

图 4-49 物镜组

影像无缝拼接次序见图 4-51：首先由主物镜形成四个阵面的 CCD 影像（a），然后由第一个从属物镜形成 2 个 CCD 阵面的影像（b），再由第二个从属物镜形成二个 CCD 阵面的影像（c），最后由第三个从属物镜形成一个 CCD 阵面的影像（d），拼接而成一幅大面阵影像。

4.7.3 数码航空摄影过程

航摄单位在进行数码航空摄影前，通常需利用与其配套的飞行管理软件进行飞行计划

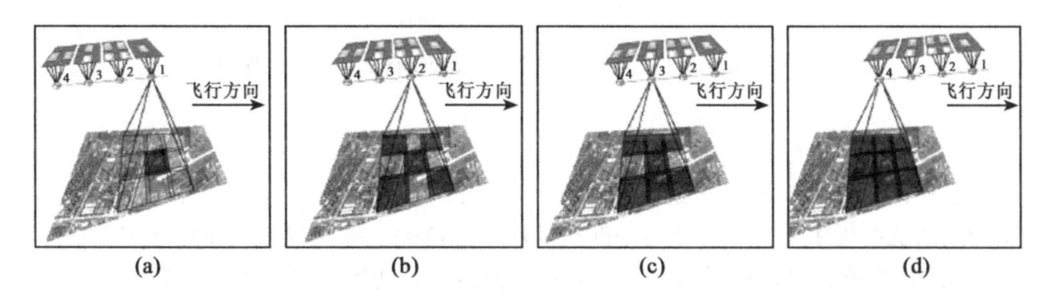

图 4-50 UltraCam 数字航空摄影仪同地点延时曝光成像原理图

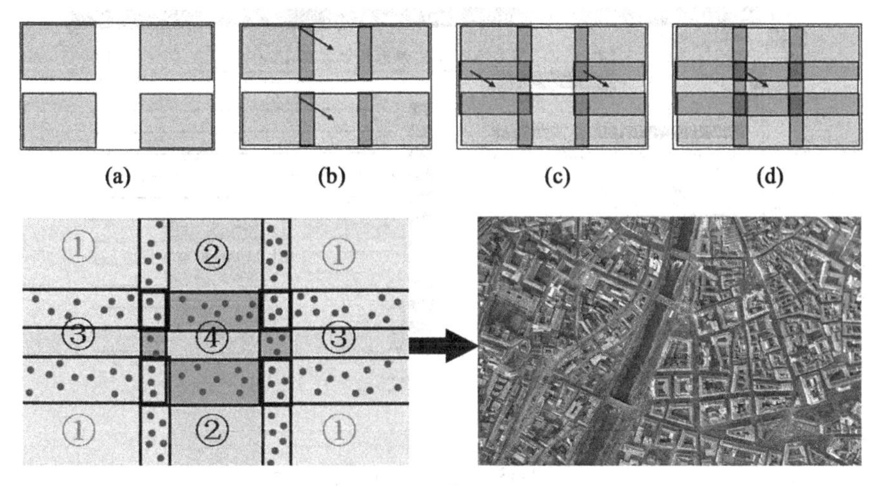

图 4-51 影像形成过程

设计。现以 ADS40 数码航摄系统中的飞行与传感器控制管理系统 FCMS 2.0 为例，介绍数码航空摄影过程。

图 4-52 为飞行与传感器控制管理系统 FCMS 2.0 在获取数据中的流程图。

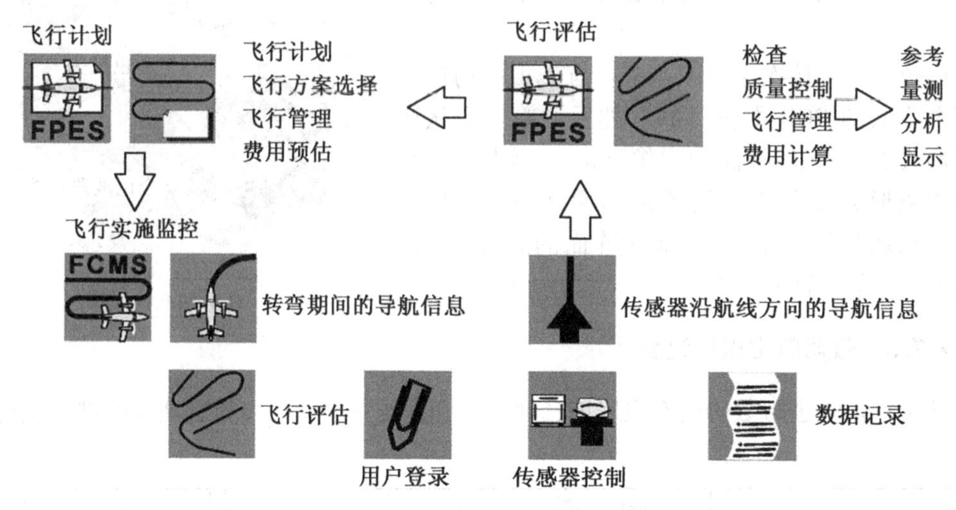

图 4-52　飞行与传感器控制管理系统 FCMS 2.0 工作流程图

一、设计飞行计划

首先输入待摄影地区的经度、纬度、要求飞行的重叠度、飞行速度等参数，FCMS 2.0系统会提供一套该摄区每条航线的经、纬度表，同时提供一幅航线图，如图4-53所示。利用该系统，可以选择最佳飞行方案、预估飞行费用、进行飞行管理。

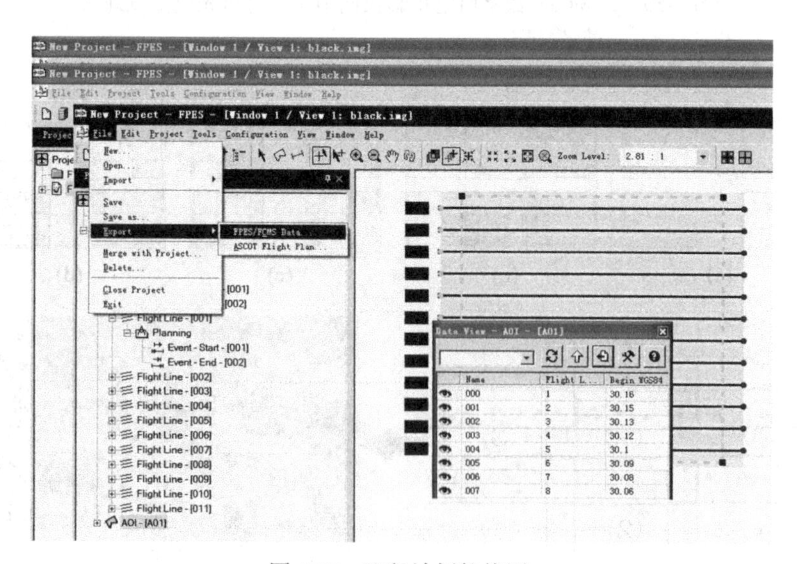

图 4-53　飞行计划航线图

二、飞行实施监控

OC50 提供给飞行员使用的操作控制显示器，如图 4-54 所示。OI40 为摄影员使用的操作控制显示器，如图 4-55 所示。飞行员和摄影员在不同页面上进行实时监控，随时了解飞行计划完成情况。在航摄监控过程中，可以锁定页面，以防误操作。

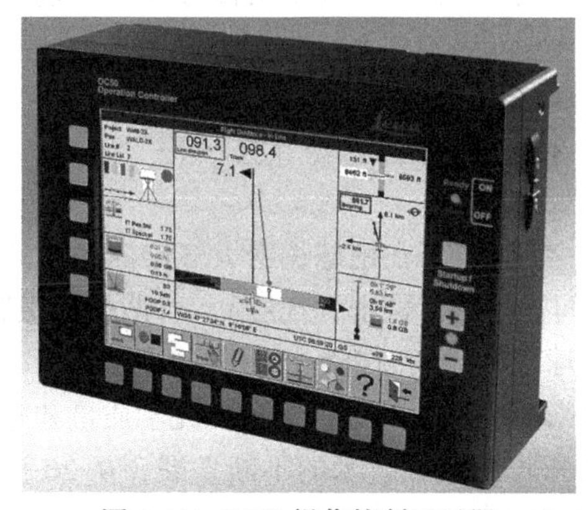

图 4-54　OC50 操作控制显示器

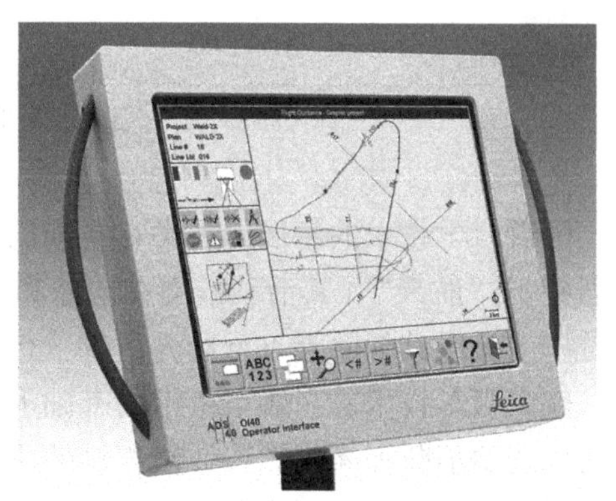

图 4-55　OI40 操作控制显示器

三、飞行导航

FCMS 2.0 系统与 GPS 接收器相连，可以进行实时定位与导航，摄影员可以通过显示屏，观察到飞机飞行航线。如图 4-56 所示。

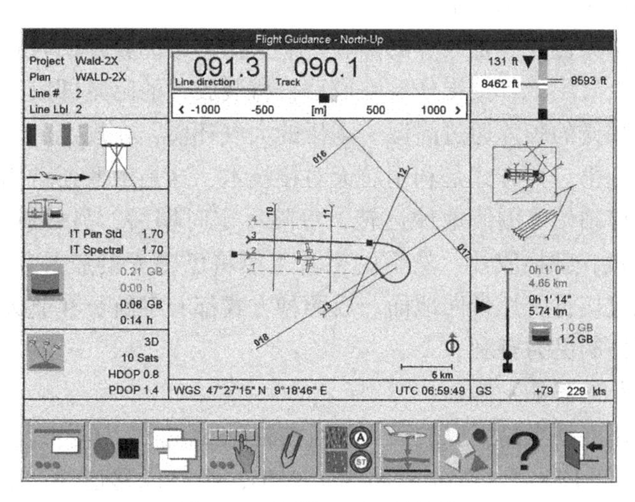

图 4-56　飞行过程中航线图

四、飞行评估

飞行中进行评估，摄影员可以自由选择不同类型的飞行数据，进行项目实施监控。飞行任务完成后，对飞行质量进行检查、评估后，将成果提供给用户，以便测量、分析、判读和显示。

FCMS 2.0 飞行与传感器控制管理系统有它独特的优点：传感器操作简便易行，菜单目录树结构简单明了；飞行作业高度自动化，自动曝光控制，按飞行计划自动控制传感器，随时了解监控飞行计划完成情况，自动控制传感器座架（包括偏流修正）；系统可以自我检测及故障监控，开机时系统自动对软硬件检测，飞行过程中对系统硬件及数据进行自我监控，自动故障检测并提供排故方案，维护排故简单易行；该系统可用于各种传感器，包括 RC30、ADS40、ALS50 和各种面阵、线阵传感器，根据使用传感器不同进行不同配置。

4.8 航天摄影

随着科学技术的发展，人类在空间的活动从“航空”（在地球稠密大气层内的活动），发展到了“航天”（其活动范围在地球和月球空间，超越了稠密大气层）。所谓航天摄影，就是以卫星或其他航天飞行器为遥感平台，对地球或月球表面进行摄影的技术。

航天摄影技术是在航空摄影的基础上发展起来的，随着航摄仪物镜的光学质量和感光材料性能的不断提高，像移补偿相机的成功使用和胶片回收技术的不断发展，从 20 世纪 60 年代初期就奠定了航天摄影的基础，使人类认识客观世界的能力大为开阔，从而为地球资源普查，环境监测和测绘等科学技术的发展开拓了新的前景。本节所述的航天摄影是指利用胶片记录影像的返回型航天摄影系统。

4.8.1 概述

一、需要特殊的胶片回收技术

航天摄影的技术关键之一是胶片的回收。航天摄影中的胶片回收技术大致有三种：一种是令胶片舱重返大气层，当摄影任务完成后，盛装胶片的暗匣即胶片舱与航摄仪自动分离，胶片舱携带已曝光的胶片通过高温、高压的大气环境，在规定的时间内着落在事先设计好的地面区域内；第二种方式是利用航天对接技术，这是俄罗斯常用的一种胶片回收技术，即科学实验轨道站始终围绕地球运转，每隔一定时期后，另一艘宇宙飞船（俗称货船）升空，通过对接，替换胶片，然后由宇宙飞船将已曝光的胶片带回地面；最后一种方式是由航天飞机直接将胶片带回地面。后两种方式都有宇航员在航天飞行器上工作，对航天摄影的操纵和控制更为有利。

二、需要像移补偿装置

航天飞行器的速度相当高，以航天飞机（Space Shuttle）为例，其飞行速度为 7km/s，如果摄影比例尺为 1∶100 万，曝光时间为 1/250s，则其像移值为 28μm，在地面上相当于 28m。如果要使航天摄影资料发挥更大的作用，就必须消除像移对影像质量的影响。因此，航天摄影中使用的航摄仪一般都带有像移补偿装置，以确保负片的影像质量。

三、摄影比例尺小

由于航天飞行器离地面很远，航天摄影的比例尺总是很小的，表 4-13 为国外几个主要航天摄影资料的技术参数。由表可见，由于摄影比例尺小，一般需要放大十几倍后才能进行作业，这就需要高质量的摄影物镜和相应的航摄胶片才能满足摄影质量的要求。

表 4-13　　部分航天摄影资料技术参数

国 别	相机型号	焦距（m）	像幅（cm×cm）	最大摄影比例尺	地面分辨率（m）
前苏联	KΦA-1000	1	30×30	1：25 万	5~10
美 国	LFC	0. 3	23×46	1：80 万	15
德 国	RMK	0. 3	23×23	1：80 万	20

四、环境因素

航天摄影是在稠密大气层外进行摄影，由于不存在空气，航摄仪必须采用内部空气增压来达到真空压平，而要保持一定的压力，就必须控制照相机的内部温度，因此，航天摄影用的摄影机不但质量要求高，而且在结构上也比常规航摄仪更为复杂。

五、统一的航天摄影技术计划

航天摄影与航空摄影在制定摄影计划时，有一个很重要的区别。航天摄影是在一次飞行任务中同时向各国、各部门提供各种不同要求的资料，而航空摄影一般都是单独根据某一用户单位的需要进行摄影的。因此，航天摄影中，航天摄影技术计划是统一制定的，各用户单位在遥感平台发射前一般都事先提出计划和具体要求，然后由发射单位统一安排。

六、航天摄影条件的控制

航天摄影的另一个技术关键是正确控制曝光条件。因为航天摄影是在几百公里上空按一定的轨道作全球性的摄影，摄影时不但要穿越浓厚的大气层，而且摄区面积相当大，这就必然会遇到云层的覆盖和大气条件变化的影响，使得整个摄区内地面景物的照度在6000~80000lx（勒克斯）之间变化，因此，要在整个摄区内都获得正确的曝光是相当困难的。所以，航天摄影时与地面控制站的联系是必不可少的，以便根据气象情况，决定是否开机摄影或由宇航员调整曝光参数，以弥补曝光中可能出现的偏差，避免浪费。

七、需要外方位元素的辅助数据

为了使航天摄影资料能进行精确确定点位和满足测绘地形图的要求，航天摄影时需要航摄仪在曝光瞬间的外方位元素辅助数据（φ，ω，κ）。这些姿态角辅助数据，可在航天摄影的同时，对恒星进行同步摄影的方法获取，也可以利用 GPS 测量获得。

综上所述，航天摄影与航空摄影在本质上并无区别，只是由于摄影条件不同，在技术上有其特殊的要求。

4. 8. 2　航天摄影系统和航天摄影的主要技术参数

一、航天摄影系统的基本结构

航天摄影系统是利用卫星或航天飞机作为遥感平台，沿着事先设计好的飞行轨道，在地面控制站的控制下完成全球性摄影任务的一种高度复杂的技术系统。

航天摄影系统分为三大部分，即空间系统、地面系统和辅助系统。

1. 空间系统

空间系统包括遥感平台和运载火箭。其中航天飞机是比较灵活的遥感平台，当航天飞机达到一定高度后，将通过航天飞机上的机械手发射“多次飞行舱飞船”，该飞船内装有摄影机，并且自备太阳能电池、姿态控制器、操纵和数据处理等系统，每当飞船拍摄完毕，由航天飞机上的机械手将其收回舱中，更换航摄胶片后，再行发射和继续拍摄，这样反复多次便可以获得覆盖全球表面的图像。也可以将航攘仪直接装在航天飞机上进行拍摄。由于航天飞机可以直接返回地面，因此它能完成胶片回收的任务。

2. 地面系统

地面系统包括空间系统的发射场和着落区，对空间系统进行跟踪；测量的地面跟踪站网以及与空间系统进行联系的通信控制网络。由于天线接收半径的限制，跟踪站和控制站必须在相当辽阔的范围内具有足够的数量和合理的布局，从而具备可靠的测轨和定轨精度，保证航天摄影系统的正常工作。

3. 辅助系统

包括温控系统、气压调节系统、姿态控制系统、遥控遥测系统、程控系统、返回系统。

二、航天摄影的主要技术参数

航天摄影的目的是在全球范围内获取地面实况的丰富信息，用于地球资源调查、环境监测、军事侦察和地形测绘等方面。其摄影技术参数包括摄影模式、焦距和重叠度的选择、像幅的确定、对航摄胶片的要求以及摄影条件等。

1. 摄影模式

为了建立立体模型，必须从不同摄站对同一地区摄取两张或两张以上的像片。在航天摄影中有自交摄影和互交摄影两种模式。

自交摄影，即按常规航空摄影的方式，每隔一定时间间隔拍摄一次。

互交摄影有两种方式：一种是用两台相机同步摄影，其中一台相机作垂直摄影，另一台相机作倾斜摄影；另一种是同一台相机采取前后摆动的方式摄取立体像对。由于互交摄影的方式在相机的结构上比较复杂，而且倾斜摄影的像片增加了摄影测量内业处理的工作量，所以，目前航天摄影中主要采用自交摄影的模式。

2. 焦距的选择

航天摄影机中，由于遥感平台离地面的高度是一定的（轨道参数之一），因此，焦距的大小将直接影响摄影比例尺。显然，焦距愈长，由于影像比例尺的增大将有利于地物的判读，但是，焦距增大，不但增加了像机的体积，给设计工作带来困难，而且由于焦距增大，在同样的重叠度时，将使基高比减小，影响立体观测的精度。因此，目前用于航天摄影的照相机的焦距在300~1000mm之间。

3. 像幅的确定

航天摄影机的像幅有23cm×23cm、23cm×46cm、19. 8cm×178cm等，但为了在重叠度相同的条件下，提高基高比，提高立体交会精度，相应的航向幅宽（像幅沿航线方向的长度）可以适当增大。例如，美国的大像幅像机LFC，其像幅为23cm×46cm，从而在相同条件下使基高比提高2倍。对于非测绘用的航天摄影系统，增大像幅可以增大地面覆盖，例如，我国国土卫星上全景扫描像机的像幅为19. 8 cm×178cm。

4. 航向重叠度

航天摄影中，航向重叠度一般都规定为80%，这是因为一张负片所覆盖的地面面积很大，当摄影比例尺为1∶80万时，一张负片的有效使用面积相当于六幅1∶10万地形图的面积。另一方面，航天摄影时可能会出现某些缺陷（如云层覆盖、曝光和冲洗条件的偏差等)，若采用80%的航向重叠，就有可能采用抽片的方式来弥补摄影中可能出现的缺陷，从而最大限度地满足用户的要求。

5. 对摄影胶片的要求

一台高性能的航摄相机必须与高性能的航摄胶片相匹配，航天摄影由于摄影比例尺小以及受大气光学特性的影响，要求使用高分辨率、高反差的感光材料。一般来说，感光材料的感光度是与分辨率相矛盾的，即分辨率愈高，反差系数愈大，而感光度愈低。但航天摄影用的摄影机，一般都具有像移补偿装置，这样，不但消除了像移的影响，同时也满足了由于胶片感光度较低需要延长曝光时间的要求。

此外，航天摄影用的感光材料，必须能适应一定的环境条件（如振动、温度和气压的变化)，具有抗粒子辐射、防静电、不脱膜、变形小等特性。因此，一般来说，航空摄影用的胶片在乳剂结构上与常规航摄胶片是不同的。

6. 曝光控制和摄影处理

航天摄影的特点是曝光条件变化较大，虽然采用了自动测光系统，但由于遥感平台在轨道上围绕地球的飞行过程中，地面照度变化范围约在6000~80000lx之间，在一卷胶片中，难以保证均匀一致的曝光，自动测光系统量测的数据由于云层等的影响将存在很大的偏差，所以航天摄影中的正确曝光远比常规航空摄影困难，尤其是多光谱摄影，曝光误差不能超过25%，对曝光的正确性要求更高。因此，为了获得良好的摄影资料，在航天摄影系统发射前，必须充分掌握气象条件和摄区地物波谱特性的资料，在此基础上选择合适的日期进行发射。此外，为了防止摄影条件的偶然变化，应做好各种模拟条件的试验，事先准备好确定曝光时间的图表，使宇航员能根据具体情况进行手动修正，以提高曝光的正确性。

摄影后，在冲洗航摄胶片时，还要采取适当的补救措施，例如，把预计摄影条件有明显变化的胶片分成几段，分别冲洗，冲洗时最好使用双浴显影液，以便改善和控制反差系数，从而使曝光量基本相同的每一段胶片都能达到一致的影像反差。

显然，为了保证航天摄影任务的顺利完成，航天摄影前，必须进行充分的动态模拟试验和科学论证工作，使选定的技术参数能满足各项任务的要求。

4.8.3 遥感平台的轨道参数与姿态参数

在使用任何一种航天遥感资料前，首先要了解遥感平台（卫星或航天飞机）的轨道参数。根据这些参数不但可以确定遥感平台在地心坐标系中的位置（X, Y, Z）及角元素（φ, ω, κ)，同时也可以了解遥感资料的特性及其对使用的要求。

一、二体问题

在讨论遥感平台围绕地球的运动轨迹时，我们近似地假设：

(1) 因为卫星的质量远远小于地球的质量，所以卫星对地球的引力作用是可以忽略不计的。

(2) 地球是一个密度分布均匀的球体，其质量集中于地球的中心。

(3) 卫星在真空中运动，既没有受到其他天体扰动的影响，也不受其他物理现象的影响。

上述假设在天文学中称为“二体问题”，这样的轨道称为“正常轨道”，但是，严格地说，卫星在运动中必然会受到诸如地球形状、大气阻力、太阳光压力和日（月）引力等的影响，如果考虑上述因素，这样的轨道就称为“摄动轨道”。正常轨道与摄动轨道之间的差异称为“摄动”。显然，摄动可分为地球形状摄动、大气阻力摄动、太阳光压力摄动和日（月）引力等多种。本书以正常轨道为基础讨论遥感平台的轨道参数。

二、天体运动的开普勒定律

卫星在空间的运行，遵循天体运动的开普勒三定律：

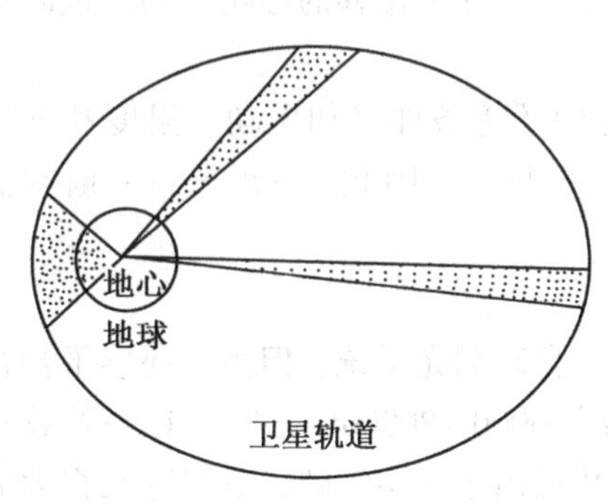

图 4-57　星体向径示意图

（1）星体绕地球（或者太阳）运动的轨道是一个椭圆，椭圆的长半轴为 a，短半轴为 b，地球（或太阳）位于椭圆的一个焦点上，该焦点称为实焦点，与此相对应的另一个焦点称为空焦点。

（2）从地心或太阳中心到星体的连线（星体向径），在单位时间内扫过的面积相等，如图 4-57 所示。

（3）星体绕地球或太阳运行一周所需要的时间称为星体运动的周期 P，周期的平方与椭圆轨道的长半轴 a 的立方成正比，即

$$\left(\frac{P_1}{P_2}\right)^2 = \left(\frac{a_1}{a_2}\right)^3 \tag{4-40}$$

了解开普勒定律可以更好地理解轨道参数的定义，而且轨道参数中个别公式的推导也是从开普勒定律直接引申的。

三、轨道参数

卫星的轨道特征可以用六个独立的变量 a、e、i、Ω、ω、t_N 表示。这六个独立的变量一般称为卫星轨道参数，如图 4-58 所示。轨道参数也可称为开普勒根数，卫星轨道根数或正常轨道根数等。

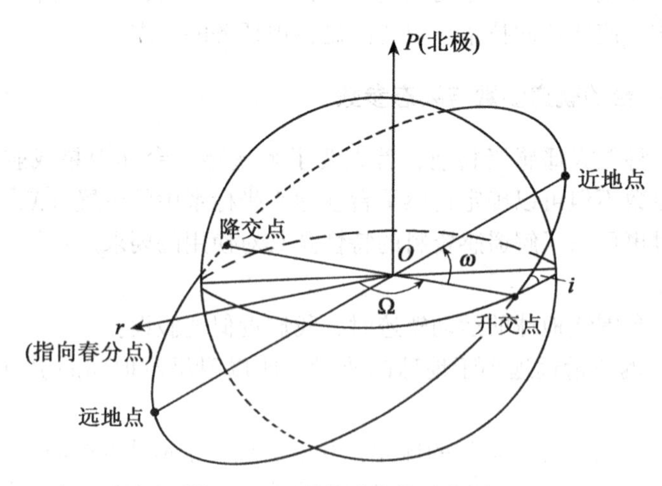

图 4-58　卫星轨道参数示意图

（1）长半轴 a

表示椭圆轨道长轴的一半（图 4-59），它决定了卫星轨道的大小和卫星沿轨道旋转一周所需要的时间。

根据开普勒定律，遥感平台相对于地面的速度 V_g 为

$$V_g = \frac{R(GM)^{1/2}}{(R+H)^{3/2}} \tag{4-41}$$

式中：G——地球引力常数（$6.67\times10^{-11}\ \mathrm{m^3\cdot s^{-2}\cdot kg^{-1}}$）；

M——地球质量（5.976×10^{24}kg）；

H——遥感平台离地面的平均高度，简称卫星的轨道高度；

R——地球的平均半径（6.371×10^6m）。

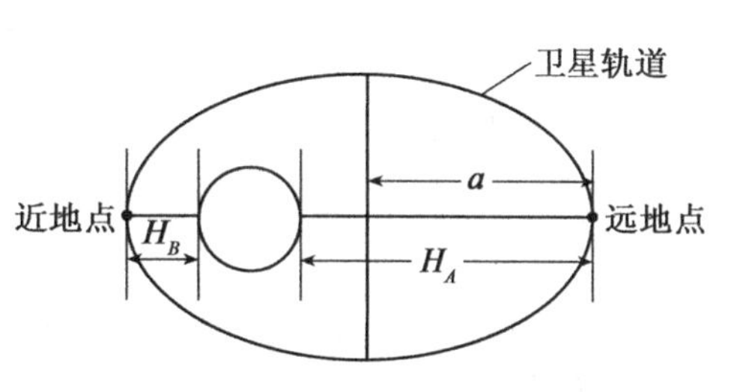

图 4-59　椭圆轨道长轴示意图

而由图 4-59 可见

$$a = R + \frac{H_A + H_B}{2} = R + H \tag{4-42}$$

式中：H_A——远地点高度；

H_B——近地点高度；

a——椭圆长半轴。

因此

$$V_g = \frac{R\ (GM)^{1/2}}{(a)^{3/2}}$$

将上述常数代入（4-41）式，得

$$V_g = \frac{127.2}{(a)^{3/2}}\ (\mathrm{km/s})$$

式中：a 以千公里表示。

而

$$P = \frac{2\pi R}{V_g} = 2\pi\sqrt{\frac{a^3}{GM}} \tag{4-43}$$

显然，a 越大，周期越长，当 H 达到 36000km 时，卫星周期为 24h，如果此时卫星运行方向与地球自转方向相同，则称为地球同步卫星，即卫星相对于地面是静止不动的。

周期 P 决定了卫星每天绕地球飞行的轨道数 N，即

$$N = \frac{24}{P} \tag{4-44}$$

（2）偏心率 e

表示轨道的形状，是描述轨道扁度的量。即

$$e = \sqrt{\frac{a^2 - b^2}{a^2}} \tag{4-45}$$

式中：b——椭圆轨道的短半轴。

卫星轨道的形状完全由入轨点（末级火箭关机时卫星的空间位置）速度的大小和方

向决定。对于椭圆轨道，显然 $0<e<1$，对于圆形轨道，$e=0$。

根据椭圆的基本参数，结合图 4-61，偏心率也可以用卫星离地球的远地点高度 H_A 和近地点高度 H_B 表示为

$$e=\frac{H_A-H_B}{2a} \tag{4-46}$$

（3）轨道倾角 i

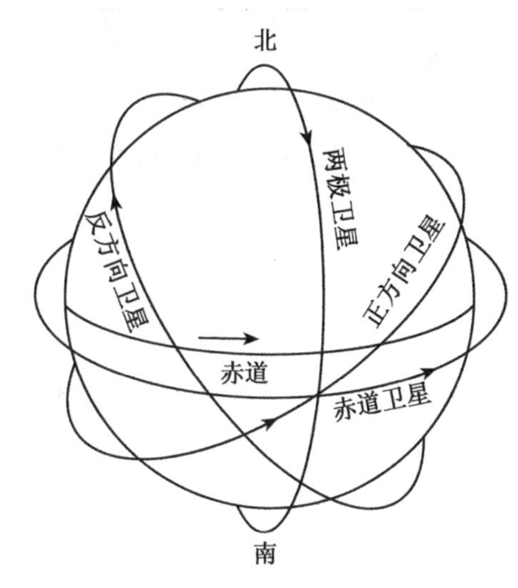

图 4-60　卫星运行方向示意图

表示轨道平面与赤道平面之间的夹角，自赤道平面起，逆时针方向量至卫星轨道平面上。当 $0°<i<90°$ 时，卫星运动方向与地球自转方向一致，称为正方向卫星；当 $90°<i<180°$ 时，卫星运动方向与地球自转方向相反，称为反方向卫星；当 $i=90°$ 时，卫星绕过地球两极运行，称两极卫星或极轨卫星；当 $i=0°$ 或 $180°$ 时，卫星绕赤道上空运行，称为赤道卫星，如图 4-60 所示。

轨道倾角 i 的大小，决定了卫星对地面的覆盖区域。对于正方向卫星而言，轨道覆盖的最高纬度与轨道倾角完全一致，例如美国的陆地卫星，$i=99.1°$，所以最大覆盖区域为南北纬 81°。对于赤道卫星，轨道覆盖性能最差，而两极卫星可以完全覆盖全球。

（4）升交点赤经 Ω

升交点赤经在赤道平面内度量，由春分点起沿赤道逆时针方向到升交点（卫星由赤道南飞向赤道北时经过赤道平面的点）之间的角度表示。显然，$0\leqslant\Omega\leqslant 2\pi$。轨道倾角 i 和升交点赤经 Ω 决定了卫星轨道平面在空间的位置。Ω 由卫星发射的时刻，摄影时对太阳高度角的要求来确定。

（5）近地点幅角 ω

近地点幅角在轨道平面内度量，由升交点沿卫星轨道逆时针方向量至轨道近地点之间的角度表示。显然 $0\leqslant\omega\leqslant 2\pi$。由于卫星入轨后，其升交点和近地点是相对稳定的，因此，ω 通常是不变的，它决定了椭圆轨道在轨道平面上的方位。

（6）卫星通过近地点的时刻 t_N

t_N 用来确定卫星在某一时刻的空间位置和卫星离地面的瞬时高度 H_t。从偏心率 e 可以看出，卫星的轨道有两种，即圆形轨道和椭圆形轨道。其中圆形轨道有利于制图工作，因为其摄影比例尺可保持不变，而椭圆形轨道的高度是变化的，因此，摄影比例尺也在变化。由卫星大地测量可知，椭圆形轨道任一时刻离地面的高度，即瞬时高度 H_t 为

$$H_t=\frac{1}{2}[H_A+H_B-(H_A-H_B)]\cdot\cos E \tag{4-47}$$

式中：H_A——远地点高度；

H_B——近地点高度；

E——偏近点角。

而 t_N 与 E 之间有下列关系

$$\frac{2\pi}{P}(t - t_N) = E - e\sin E = M \tag{4-48}$$

（4-48）式称为开普勒方程。式中：

M——平近点角；

P——卫星周期；

t——任一给定时刻；

e——轨道的偏心率。

将（4-48）式按泰勒级数展开，然后根据 t、t_N 和 P，利用迭代法可解算出 E 值，代入（4-47）式后就可以计算出瞬时高度 H_t，从而求得任一时刻的摄影比例尺，因此，它是地面内业处理中的一个重要参数。

最后应该指出，近地点高度 H_B 决定了卫星在轨道上的工作寿命，H_B 越大，空间的真空度越高，卫星与大气中的气体分子摩擦越小，卫星的工作寿命就越长。一般 H_B 在 300km 以上时，卫星的工作寿命达到一年以上。但是，对于军事侦察卫星，为了获取较大比例尺的高分辨率图像，H_B 一般都在 200km 以下，这种卫星的工作寿命大约为一个月。

四、姿态参数

卫星的姿态由三个参数确定，即卫星在运行方向上的俯仰角 φ、卫星在垂直于轨道方向上的倾斜角 ω 和卫星在垂直于地面方向上的转动角 κ。如图 4-61 所示。

卫星姿态的变化，将直接导致图像的几何变形，影响制图精度。因此，在航天摄影系统上必须有姿态控制系统，以便首先稳定卫星姿态。同时，通过星相机对恒星进行摄影，计算出卫星精确的姿态参数。

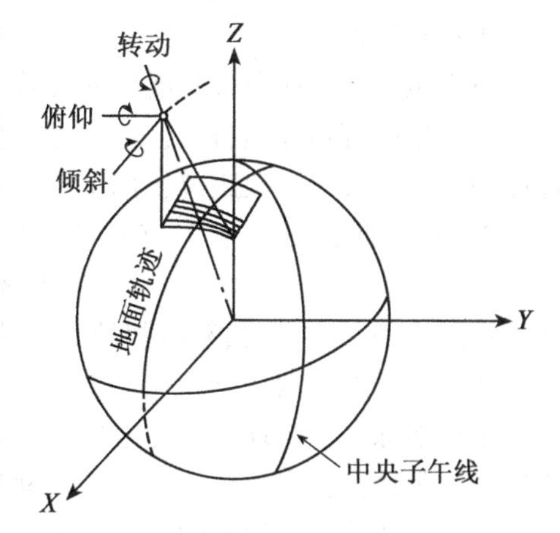

图 4-61　卫星姿态示意图

利用星相机确定卫星姿态参数的步骤为：

（1）卫星发射前，需精确地检定星相机与地相机（航摄仪）之间的夹角，从而确定两者间的定向矩阵 $[M_{S\cdot t}]$。

（2）利用星相机对恒星进行摄影，在像片上能识别的星体影像越多，图像越强。确定卫星姿态参数的精度越高。

（3）计算曝光瞬间星体的赤经和赤纬，从而确定恒星在地心坐标系中的方向余弦 $[u]$。

（4）量测星体影像的像片坐标（x，y），计算出恒星在星相机坐标系中的方向余弦 $[X]$。

（5）利用下式计算星相机在地心坐标系中的定向矩阵 $[M_S]$（φ'，ω'，κ'）。

$$[X] = [M_S][u] \tag{4-49}$$

（6）最后计算出地相机在地心坐标系中的定向矩阵 $[M]$（φ，ω，κ）。

$$[X_t] = [M_{S\cdot t}][M_S] \tag{4-50}$$

此外，也可以通过遥测系统来测定卫星的姿态变化，以便利用量测的数据，测定该机图像的几何质量。

4.8.4 航天摄影飞行计划的制定

在制定飞行计划时，必须根据遥感平台（卫星或航天飞机）所担负的主要任务，并考虑航天摄影的特殊条件，研究和确定航天摄影系统的轨道参数、重叠度、发射时刻、飞行持续时间和胶片容量等，以保证顺利地完成航天摄影的任务。

一、轨道参数的选择

1. 长半轴和偏心率

当近地点高度和轨道周期确定后，长半轴和偏心率也就相应地可以计算出来。

（1）近地点高度和点位的选择

①摄影比例尺。摄影比例尺的大小决定了一张像片所覆盖的地面面积、地面分辨率和点位的测绘精度。为了摄取高质量的像片，就必须增大摄影比例尺，并尽可能使近地点位于重点摄区的附近。

②返回航程。对返回型航天摄影系统而言，在近地点附近返回地面最为有利，因为返回点的高度越低，返回航程越短，在地面着落点处可能产生的离散圈越小，从而有利于胶片舱的回收。

此外，还应该考虑卫星的工作寿命、运载工具的运载能力以及地面站对卫星跟踪、测轨和定轨的精度要求。

（2）轨道周期 P 的选择

①重复周期

航天摄影要求所摄像片能全面覆盖卫星所经过的区域。

当卫星围绕地球运行时，地球也在绕其极轴由西向东自转，所以卫星运行一周后，地球已向东部转过了一段距离，如果轨道周期 P 为 90min，则卫星运行一周后，地球已转动了 1/16 周，即 22.5°，在赤道上同一天内，相邻两圈轨道之间的距离 S 约为 2500km，即

$$S = P \times 15 \times 111.3(\text{km}) \tag{4-51}$$

式中：S——同一天内相邻两圈轨道在赤道上交点之间的距离。111.3 为地球自转 1°后，在赤道上移动的距离（赤道半径为 6378.16km）。

由于地球是一个球面，加上轨道倾角的影响，相邻两轨道之间的距离并不是常数，在赤道处间距最大，在地理纬度 φ 等于轨道倾角 i 处间距最小。因此，卫星围绕地球运行一天后，并不能获得对地面的全面覆盖。但是，只要轨道周期与每天围绕地球运行的整圈数 n 的乘积不等于 24h，就有可能使相邻两天同一轨道圈次（如第二天的第一圈与第一天的第一圈）之间产生位移，其位移值在赤道上的距离 δ 为

$$\delta = (nP - 24) \times 15 \times 111.3(\text{km}) \tag{4-52}$$

若 $\delta>0$，则表示后一天的轨道在前一天同圈次轨道的西边，若 $\delta<0$，则表示后一天的轨道在前一天同圈次轨道的东边。

位移值 δ 为全面覆盖地面创造了条件。当经过一定的天数后，所有轨道又严格地重复运行，我们称该天数为重复周期。显然，在完成一次全面覆盖的重复周期内，卫星所转的圈数必须是一个整数，所以在轨道设计时，必须调整 P 的运行时间，这是轨道设计工程

师的一项非常重要的工作。

②轨道间距 D

任意两圈轨道之间在赤道上的最小距离称为轨道间距，这是与轨道周期和重复周期直接有关的另一个参数，轨道间距 D 为

$$D = \frac{P \times 15 \times 111.3}{\text{重复周期}} \tag{4-53}$$

显然任意两圈轨道之间的最小距离是随着地理纬度而变化的。在航天摄影中，为了保证一定的旁向重叠度，摄区上空的最小轨道间距必须小于航摄仪所摄取的地面在旁向的覆盖宽度，以免产生航摄漏洞。因此，这是轨道设计工程师在计算轨道周期时，必须考虑的又一个重要参数。

③摄影比例尺的稳定性

由于大气阻力的作用，对近地卫星而言，轨道衰减是相当严重的，随着飞行时间的增长，轨道高度下降，最小轨道间距减小，重叠度增大，这样就不能全面覆盖地面，为此，在选择轨道周期时，要选择偏心率较小的近圆轨道，以保证摄影比例尺的稳定性。

2. 轨道倾角

摄影区域的地理纬度确定了最小容许的轨道倾角。例如覆盖美国大陆需要49°的轨道倾角。由于遥感平台上安置多种仪器，除航天摄影外，同时还需进行许多其他项目的科学试验，因此，每次发射遥感平台之前，必须了解该次飞行可能摄取的范围，以便作出周密的安排。

3. Ω、ω 和 t_N

升交点赤经 Ω 与太阳位置有关，Ω 不同，则卫星飞越摄区上空的太阳高度角以及受太阳照射的时间也就不同，对返回型航天摄影而言，需在白天进行摄影，因此要求被摄地区的日照时间要长，且能满足一定的太阳高度角，因此，Ω 将由卫星的发射时刻决定。

近地点幅角 ω 应选在重点摄区的中间，以便在近地点附近能获得较大摄影比例尺的像片。

选择卫星通过近地点的时刻 t_N 时主要考虑运载工具的能力，返回时的落点位置以及允许的返回航程。

总之，为提高航天摄影的摄影质量，在确定轨道参数时，应选择近地点高度较低，偏心率较小的近圆近地轨道，轨道倾角应大于摄区的地理纬度，计算轨道周期时，应考虑对摄区的全面覆盖和保证一定的旁向重叠，近地点应选在重点摄区的中间，并选择合适的发射时刻以满足太阳高度角、日照时间和气象条件等方面的要求，但上述参数受到许多因素的制约，必须在精确计算的基础上，经过综合分析和平衡后才能作出最佳轨道设计。

二、航向重叠度的保证

为了使航天摄影所摄取的资料能满足立体观测和像片连接的要求，在同一条轨道上，像片之间应有一定的航向重叠度，相邻轨道之间应保证一定的旁向重叠度，但是航天摄影中，除了考虑轨道衰减的因素外，还应考虑地球自转和轨道形状对航向重叠度的影响。

为确保一定的航向重叠度，相邻像片之间的摄影时间间隔 τ 应满足

$$\tau = \frac{H}{W}(1 - q_x)\frac{l_x}{f} \tag{4-54}$$

由于航天摄影中的轨道不可能是圆形轨道，因此在不考虑地形起伏的情况下，式中的航高 H 应以瞬时高度 H_t 表示，而地速 W 应考虑地球自转的影响，即

$$W = V_g - W'\cos i \tag{4-55}$$

式中：V_g——遥感平台相对于地面的速度，即遥感平台在轨道上的运行速度在地球表面上的投影；

W'——地球在赤道上的自转速度（$W'=0.46384\text{km/s}$）；

i——轨道倾角。

显然，只有地面站对卫星轨道进行精确测轨，并提高卫星姿态的稳定性，才能通过程控系统对航摄仪的开、关进行遥控指令以满足要求的航向重叠度。

此外，由于航摄仪像幅的纵向边与轨道方向重合，所以由于地球的自转，相邻两张像片之间将产生旁向位移，该位移值在赤道上达到最大值，在 $\varphi=i$ 处接近于零。由于航天摄影时，一张像片所覆盖的地面面积很大，在一般情况下，这种影响可以不予考虑。

三、发射时刻的选择

发射时刻是指卫星发射的日期和时刻。由于地球围绕太阳运转，而卫星又围绕地球运转，因此不同的发射时刻，卫星相对于太阳的位置也就不同。为了使卫星上的航摄仪、姿态控制系统和温度控制系统都能正常工作，在轨道设计时应分别考虑卫星飞越摄区上空时的太阳高度角、轨道平面的法线方向与太阳—地球连线之间的夹角和卫星的受晒因子（卫星运行一周所受太阳光照射的时间与轨道周期之比）。轨道设计师将对这三个参数分别进行计算，在进行综合分析和平衡的基础上才能提出合适的发射时刻。

摄区的气象条件是影响航天摄影的另一个重要因素，在计划发射日期时，一定要对重点摄区可以成功地进行摄影的天气条件作出充分地估计。通过对世界各地历年来天气变化资料的分析，可以求得在某一地区很可能出现晴朗天气的特定时期，例如，10 月份是对美国大陆进行摄影的最好时期。另外，还需考虑地面景物的覆盖情况，如地面上是否有雪层覆盖以及植被生长的情况等。这些因素不但影响发射日期，而且与摄影条件（滤光片的选择、曝光时间的预估等）也有一定的关系。

四、飞行持续时间和胶片容量

飞行持续时间包括预定摄区面积达到全部覆盖所需要的时间、遥感平台进入规定的飞行状态的时间和离开轨道准备下降的时间。其次，为了克服气象条件的变化，还需考虑两次以上进入摄区所需要的时间。因此，飞行持续时间都比预计完成摄影任务所需要的时间长，一般都选择合适的轨道高度，尽可能缩小旁向重叠，减少完全覆盖所需要的时间，以便留下一定的时间作为补摄漏洞使用。

航天摄影系统中的有效载荷是有严格规定的，其中胶片容量是一个常数，因此必须仔细考虑，合理安排。首先要保证重点摄区的摄影任务，为此，要计划好每个飞行日可能拍摄的时间，求出航摄胶片的使用率，对于非重点地区，可以根据胶片容量和航向重叠度的要求作适当的调整。

通过上述分析可以看出，制定航天摄影的飞行计划是相当复杂的工作，尽管事先作出了统筹安排，但是，由于偶然因素（发射时刻的推迟、大气条件的变化、航摄仪的故障等）的影响，经常会改变原订的计划。此外，由于宇航员在遥感平台上需完成多种科研任务，不可能独立处理航天摄影中的所有问题，所以地面通信网络应保持与遥感平台的联

系。总的来说，根据事先准备好的处理偶然事件的应急措施，在统筹安排的基础上，保证重点摄区任务的顺利完成是制定航天摄影飞行计划的主导思想。

4.8.5 应用测图航摄仪进行的航天摄影

随着航天事业的发展，将精密的框幅式测图航摄仪直接安置在航天遥感平台上，沿着事先设计的轨道，按常规航空摄影的模式进行摄影。由于测图用的航摄仪是中心透视投影，因此，影像的几何精度高，影像质量也有了大幅度的提高，从而为编制1∶10万地形图或修测1∶5万地形图及全球资源详查开拓了美好的前景。

以下介绍用RMK型、LFC型及KΦA-1000型等三种测图航摄仪（量测相机）进行航天摄影的情况。表4-14列出了上述三种航天摄影机的主要技术参数。

表4-14　　三种航天摄影机的主要技术参数

相机型号	飞行高度（km）	焦距（mm）	摄影比例尺	像幅（cm）	一张负片覆盖的地面面积（km^2）	重叠度（%）	地面分辨率（m）
RMK	250	305	1/82万	23×23	188×188	60	<20
LFC	300	305	1/100万	23×46	225×450	80	<15
KΦA-1000	250	1000	1/25万	30×30	75×75	60	5~10

1. RMK型相机航天摄影

1983年10月在第9次航天飞机飞行时，欧洲空间局（ESA）的空间实验室（Spacelab）第一次将一台测图用的RMK型航摄仪安置在航天飞机上，成功地进行了航天摄影的试验。

这次试验飞行共摄取了470张黑白像片和550张彩色红外像片，摄影面积达到1100km^2，其中70%的资料能用于测图，即一次飞行就能提供5%左右全球陆地面积的测绘资料。试验分析证明，这些航摄资料放大八倍仍能满足修测地形图的需要。

RMK相机是第一次将经过检定的量测相机用于航天摄影。由于发射日期的推迟，摄影时的太阳高度角在10°~30°之间，光照条件较差，被迫延长曝光时间，增加了像移值。此外，由于云层的影响和航摄仪在工作过程中的暂时失灵，某些计划摄影的地区也未及拍摄，但总的来说，试验是成功的。欧洲空间局计划在今后的航天摄影中采用焦距为600mm的摄影物镜，并使用具有像移补偿的暗匣装置，以进一步提高航摄负片的质量。

2. LFC大像幅相机航天摄影

1984年10月，美国宇航局将一台具有像移补偿功能的大像幅相机，安装在航天飞机上，进行了航天摄影的试验。大像幅相机同样是高质量、高精度的测图航摄仪，与一般测图航摄仪的区别在于像幅为23cm×46cm（长边方向与飞行方向平行）。

与RMK相机比较，LFC相机具有下列特点：

（1）LFC相机的压片板上设置有格网标志，格网点的间距为5mm，网点小孔的直径为50μm，由发光二极管照明构像在胶片上，用以改正负片变形，进一步提高量测精度。

（2）由于LFC相机沿飞行方向的像幅边长为46mm，，而提高了基高比，有利于提高立体量测精度。若以80%航向重叠为例，则由表4-15可以看出，在重叠度相同时，基高比要比RMK相机提高一倍。

表4-15 **LFC相机和RMK相机的基高比**

像幅 1—i	重叠度	B/H	
		LFC相机	RMK相机
1—2	80%	0.3	0.15
1—3	60%	0.6	0.30
1—4	40%	0.9	0.45
1—5	20%	1.2	0.60

（3）考虑到大多数国家航测成图设备的要求，LFC负片的使用比较灵活，用户可以根据需要任选其中的半张，即左半片L、右半片R或中间片M。这样，只订购左片、右片或中间片，其像幅均为23cm×23cm，摄影时，若航向重叠度为80%，则对于23cm×23cm的像幅来说，其重叠度为60%，而基高比仍为0.3，如图4-62所示。

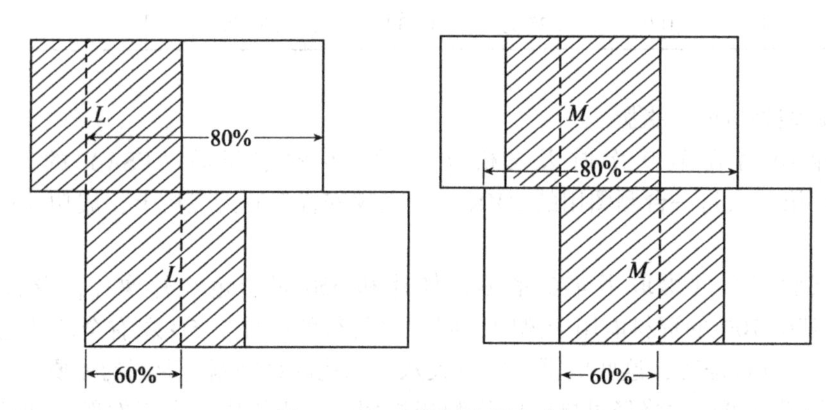

图4-62 LFC资料使用方式

（4）由于LFC相机的相对孔径大，又具有像移补偿的功能，因此，特别适合使用低感光度、高分辨率的航摄胶片。试验证明，在摄影比例尺为1∶100万时，其地面分辨率小于15m，所摄负片可放大10倍以上，可供测制1∶10万地形图或修测1∶5万地形图使用。

3. 俄罗斯的航天摄影

俄罗斯的航天遥感有三个特点：

（1）基本上采用摄影的方法获取原始资料；

（2）采用航天对接技术进行胶片回收；

（3）轨道站始终围绕地球运转，因此不受飞行持续时间的限制，可以对同一地区进行各种条件（各种型号的胶片和滤光片等）的摄影或对其进行“变化检测”，以进行长期的动态监督。

最有代表性的是从20世纪80年代后期开始使用的KФA-1000，焦距为1m，像幅为

30cm×30cm，是迄今焦距最长的一台测图航天摄影机。

轨道站的重复周期为15天，轨道站上有宇航员进行操纵，摄区上空大气条件较差或有云层覆盖时，宇航员可自动调整摄影条件，甚至关闭航天摄影机，以等待下一个重复周期。这样既能最大限度地保证摄影质量，又能毫无“漏洞”地完成所有指定的摄影任务。

4.9 多光谱摄影

随着通信技术和光电子技术的发展，数字影像的记录、存储、传输技术日趋完善，成像光谱仪等多光谱扫描技术正广泛应用于卫星影像的获取中，因此，目前已很少进行多光谱摄影的应用。本节仅对多光谱摄影作简单的介绍。

4.9.1 概述

一、多光谱成像技术

多光谱成像技术是根据不同地物波谱特性的差异，分波段地记录地物影像，从而利用地物在几个比较狭窄的波段内表现出的明显差异，进行判读等信息提取工作。多光谱成像必须在同一时间内，同时用几个不同的窄波段对同一地区进行成像。

根据成像方式的不同，多光谱成像技术有许多种，这里主要比较多光谱摄影和多光谱扫描两种成像方式。

1. 多光谱摄影

多光谱摄影用的摄影机一般都为框幅式摄影机，像幅较小，有多镜头、单镜头和多相机三种摄影方式。多光谱摄影的主要技术关键是波段的选择、滤光片与感光材料感色性的匹配、曝光时间的确定和曝光的同步性。由于感光材料的光谱感光范围在0.4~0.9μm之间，因此，这种方法在中、远红外波谱区的使用就受到了限制。

实际上，彩色摄影（包括假彩色摄影）也是一种多光谱摄影技术，因为它具有三层乳剂层，分别感受不同的波谱段，但彩色摄影是直接合成一幅彩色图像。而本节叙述的多光谱摄影技术是同时在各个波谱段上进行黑白摄影，然后，根据需要再对这些黑白图像进行不同的处理，以提取所需要的信息。

2. 多光谱扫描

多光谱扫描就是通过扫描镜的摆动或旋转来收集地面所反射或辐射的能量（图4-63），然后经棱镜或光楔分光后，由不同的光敏或热敏探测元件把所接收到的辐射能量（或亮度）转变成模拟电信号，再经模/数转换，以二进制为单位将亮度值量化成一定的等级后记录在存储介质上。目前普遍使用CCD作为传感器件。

二、多光谱摄影与多光谱扫描图像的区别

在遥感技术发展过程中，多光谱摄影和多光谱扫描是同时发展起来的，两者各有优点，可以互为补充。多光谱摄影的缺点是胶片对波谱的敏感范围有一定的限制，必须采用回收胶片的技术。由于胶片的容量有一定的限制，不能周期性地、多时相地重复对某一特定地区进行摄影，实现对自然环境或特定目标的动态监测。但是，摄影成像是中心透视投影，而且使用高分辨率的胶片，因此，内业处理的工作量较少。而多光谱扫描虽然可以克服上述多光谱摄影的某些局限性，但图像的质量和几何精度比多光谱摄影差，而且原始扫描数据都要经过预处理（辐射改正、几何改正、光敏元件改正和扫描仪异常改正等）以后才能提供给用户使用。

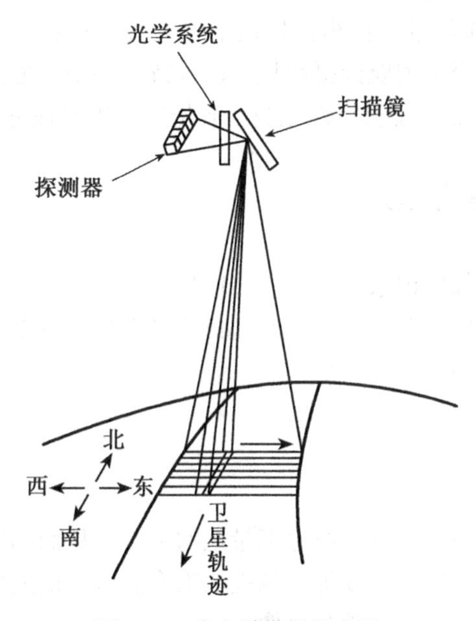

图 4-63 多光谱扫描示意图

1. 数据记录的形式

摄影法成像所得到的是一张负片，衡量负片上影像变化的是密度 D，也就是说，摄影法是将地面反射的光强以密度的形式记录在负片上，而密度则是对地面景物亮度的对数反映。

扫描图像则不同，在扫描法成像过程中，是将由光敏元件探测到的亮度值（在红外波谱区称为辐射度），经过量化后直接记录在磁带上，因此，多光谱扫描所获得的数据是以亮度为单位的线性记录，这种记录方式有利于对图像进存计算机处理。

2. 地面分辨率和空间分辨率（或瞬时视场，或地面采样距离）

由分辨率定义可知，如果摄影比例尺为 $1:m$，航摄负片的面积加权平均分辨率为 AWAR，则该航摄负片所能分辨的地物最小宽度，即地面分辨率 R_g 为

$$R_g = \frac{m}{\text{AWAR}}$$

但是，在扫描法成像中，每一个光敏探测元件所接收到的辐射能量是地面上瞬时视场 IFOV 内的平均亮度。所谓瞬时视场就是在扫描成像过程中，一个光敏探测元件通过望远镜系统投射在地面上的直径或边长（图 4-64），也称地面采样距离。因此，多光谱扫描仪某一瞬间所记录的数据就是各探测元件在相应瞬时视场内获取的地物平均亮度。

由图 4-64 可知，瞬时视场的计算公式为

$$\text{IFOV} = \frac{H \cdot S}{f} \tag{4-56}$$

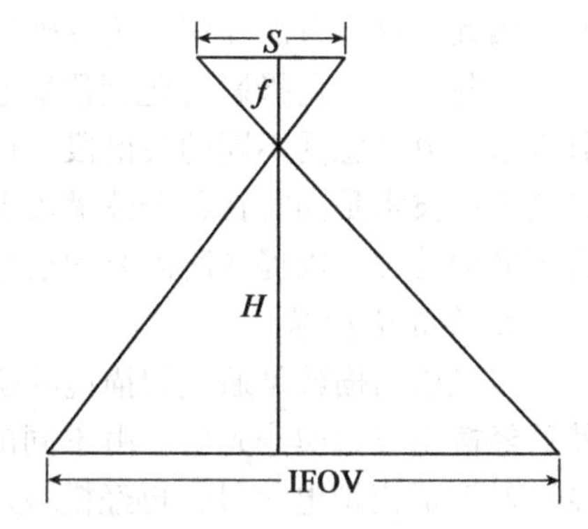

图 4-64 空间分辨率示意图

式中：S——探测元件的边长；

H——遥感平台的高度；

f——望远镜系统的焦距。

瞬时视场 IFOV 与地面分辨率 R_g 既有联系又有区别。瞬时视场代表扫描仪探测元件在地面上每次取样时的地面覆盖宽度，显然，瞬时视场越小，图像的分辨率越高。

瞬时视场与地面分辨率之间有以下经验关系式

$$R_g = 2\sqrt{2} \cdot \text{IFOV} \tag{4-57}$$

为了区别于地面分辨率，也有人将瞬时视场称为“场元”或“空间分辨率”或“地

面采样距离”。

和摄影法成像一样，航摄负片上像场各部分的分辨率一般是由中心向边缘递减的，而扫描仪的瞬时视场则是一个随着扫描方向的改变由垂直于地面向倾斜方向增加的数值。

3. 成像比例尺

摄影法成像所获取的是一张密度连续变化的模拟图像，其摄影比例尺定义为

$$\frac{1}{m}=\frac{f}{H} \tag{4-58}$$

但是，扫描法成像所获取的数据是离散数据，即将记录在磁带上的数据按其亮度的大小赋予不同的曝光量，“曝光”到胶片上后所得到的仍然是一张离散图像。如果要使观测者在明视距离内（25cm）将离散图像看成是一张连续的模拟图像，至少在胶片上每一毫米内需要包含十个瞬时视场的亮度值，因此，多光谱扫描仪所获取的数据能够输出在胶片上称为模拟图像的最大比例尺为

$$\left(\frac{1}{m}\right)_{最大}=\frac{1}{10\times \mathrm{IFOV}\times 10^{3}}=\frac{1}{\mathrm{IFOV}\times 10^{4}} \tag{4-59}$$

显然，记录在磁带上的数据，在未经曝光到胶片上之前，是与比例尺无关的，因为成像比例尺是像与物的线段之比，只有在决定胶片上每毫米内包含多少个瞬时视场的亮度值之后才能讨论扫描图像的成像比例尺。

4. 噪声

任何遥感器所接收的信号都带有随机噪声，在摄影法成像中，航摄负片上存在着乳剂颗粒噪声 RMS 和地面相邻景物反射光之间的交互反射，这种噪声无法完全消除，但可以通过选择合适的显影条件（显影液、显影温度和时间）及感光材料，适当地控制其中的乳剂颗粒噪声。

在扫描法成像中，在接收的信号中也包括噪声，除地面景物的影响外，噪声主要来自光敏探测元件受环境影响而产生的动态变化以及将景物亮度量化成不同等级时产生的噪声。显然，噪声的影响也会影响原始数据所能包含的数据量。

4.9.2 多光谱摄影

一、多光谱摄影机

多光谱摄影机的种类很多，按摄影方式分为多物镜、多相机和单物镜三种多光谱摄影方式。

多物镜摄影方式是在一个镜箱体上同时安装多个物镜，各物镜之间的光轴严格平行，每个物镜前各附加一块特定的滤光片，以达到分离光谱带进行摄影的目的，曝光后，在一张负片上同时记录各个波段的影像。这种摄影机的结构比较简单，迄今已有四物镜、六物镜、九物镜和十二物镜等多种摄影机。由于感光材料感色性的限制，在同一种胶片上同时接收各波段的影像，将使多光谱影像的光谱性能受到一定的影响。

多相机摄影方式是将几个相同的照相机组装在一起，各镜头之间的光轴严格平行，从而精确地对准地面同一景物进行摄影，有二机型、三机型、四机型和六机型等多种形式。由于各个相机可以结合镜头前所附加的滤光片的波谱传输特性，选用不同感色性的感光材料，因此所摄影像的光谱特性较好，这是目前广泛使用的一种多光谱摄影方式。

单物镜摄影方式也称为光束分离型多光谱摄影，于 1973 年问世。来自地面景物所反射的光束，通过物镜后，由棱镜分光系统分成不同波段的影像，并分别在各自的焦平面上成像。这种摄影方式的最大优点是保证了曝光的同步性，但是，由于分光系统比较复杂，所能分离的波段数受到限制。

从使用的角度来看，多相机摄影方式比较实用，灵活性较大，能适应多种用途。以下介绍在航天摄影中所用的几种典型的多相机摄影机。

1. S0-65 多光谱摄影机

该相机由美国阿波罗-9 号卫星于 1969 年 3 月首次在航天摄影中进行多光谱摄影试验。试验结果表明，多光谱摄影比黑白全色片摄影能提供更多的地面信息，该项试验也为光谱扫描仪波段的选择提供了基础。

这种摄影机由四台哈斯 EL-500 型摄影机组装而成，四台相机同步曝光在各自的胶片上。

2. S190 A 多光谱摄影机

S190 A 多光谱摄影机装载于“天空实验室”（Skylab）上，利用其获取影像进行地球资源勘察和科学研究。

S190A 相机由六个焦距完全相同的相机组成，摄影比例尺为 1∶285 万，相机采用了像移补偿装置，并且在压平玻璃板上刻有九个十字丝标志用于改正负片变形，所以影像质量很好。黑白片可放大至 1∶10 万，彩色片可放大至 1∶25 万。

3. MKF-6 和 MKF-6M 多光谱摄影机

MKF-6 及其改进型 MKF-6M 是德国蔡司厂与前苏联莫斯科空间研究所共同合作研制的一种六相机多光谱摄影机，主要用于军事侦察和地球资源普查。MKF-6 于 1976 年 9 月首次用于“联盟-22”号宇宙飞船上，共拍摄像片 2400 张，该相机的质量很好，可识别 10m 大小的物体或几米宽的线状地物，如道路、河流等。MKF-6M 于 1978 年 1 月安装在“礼炮-6”号科学轨道站上，拍摄的像片其影像质量比 MKF-6 更好，除判读外，还能用于制作小比例尺地形图或专题图。

二、多光谱摄影的技术要求

1. 波段的选择

任何多光谱图像主要都是用于地物信息的提取，为了满足不同的任务要求，有针对性地选择最佳波段（也称为波谱段、波谱通道或波道）是任何多光谱成像技术中首先需要解决的问题。选择最佳波段必须经过大量的地面调查。

地面调查就是在选定的区域内，对各种地物进行波谱反射特性的测定，根据调查和测定的资料，检验图像在判读工作中的实用性，并在此基础上进一步调整摄影机的技术参数。地面调查是多光谱摄影的基础研究课题之一，也是培训多光谱图像判读技术人员的重要途径，因为地物在各个波段图像上的影像色调与常规的黑白全色片、天然彩色片或假彩色片上的影像色调都不相同，只有根据实地调查才能取得一定的经验。除地物波谱特性的测定工作外，地面调查还包括地面地物的调查，地区气象条件的观测以及用同样的摄影方式在地面或空中进行实地模拟试验等工作。

一般来说，在选择波段时应尽可能地避免某些重点地物的波谱反射曲线在该波段内发生相交的情况，其次波段的带宽越窄，提取某种特定地物的可能性越大，这在地质勘测中尤为重要。但是，波段太窄，所摄资料的使用范围受到了限制，所以通常的解决办法是使用较多的波段，而每一个波段的带宽适当加宽，从而使地面上不同的土壤、水系、植被、建筑物等能同时显示在各个波段的像片上，经图像处理后，再进一步提取所需要的信息。这样，多光谱图像就能同时为地质、地理、水文、环境监测、农业、牧业、林业等部门应用。

2. 波谱滤光片

在选择好波段之后，如何在摄影时分离出这些波段是多光谱摄影中很重要的技术关键。除分离光束法多光谱摄影采用棱镜分离光束外，一般都采用特制的滤光片。这种滤光片与测图航空摄影中常用的滤光片不同，测图航空摄影中所用的滤光片主要用于消除大气蒙雾的影响，而多光谱摄影所用的滤光片是为了让某一有限的波谱段通过，图 4-65 为 MKF-6M 六个波段滤光片的波谱透射曲线。由图可见，对每一个滤光片而言，都有其各自的最大透射波段，在该波段以外；透射率迅速降低至零。

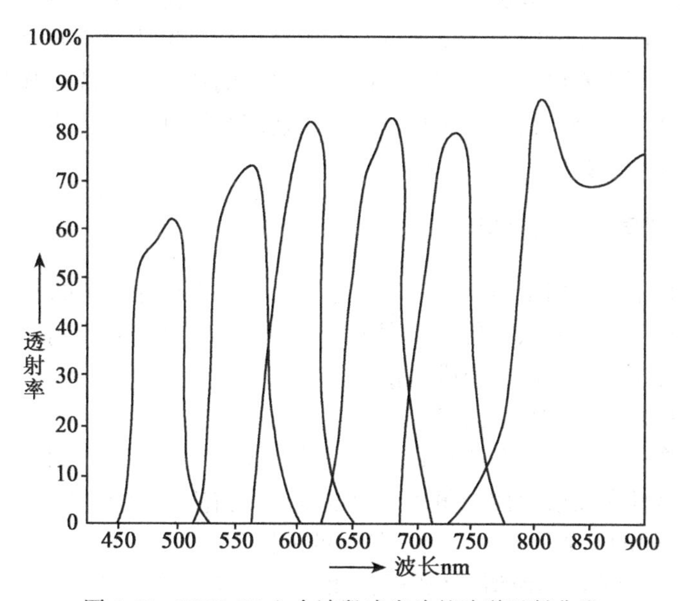

图 4-65　MKF-6M 六个波段滤光片的波谱透射曲线

确定波谱滤光片后，还需考虑感光材料的感色性，应使感光材料的增感高峰与滤光片的最大透射率匹配，从而达到分离波段的最佳效果，这样，不但增强了图像的判读性能，而且将减小滤光片倍数，缩短曝光时间。因此，在多光谱摄影中，在各个波道上一般都应使用具有不同感色性的感光材料。

3. 曝光时间的确定

正确曝光是获得优质影像的必要条件，影响曝光时间的因素，归纳起来一共有两类，即摄影系统因素和环境因素。摄影系统因素包括物镜的透光率、滤光片倍数和感光材料的感光度。环境因素包括大气条件、太阳高度角和地面景物所反射的亮度。对多光谱摄影而言，正确确定滤光片倍数是获得正确曝光的关键。但是，滤光片倍数并不是一个常数，它与感光材料的感色性，光源的色温和被摄景物的波谱反射特性有关，因此，在多光谱摄影中，各个波段所需要的曝光量并不相同，为了控制像移的影响，最好以“快门优先”的原理设计照相机的自动测光系统，即保持较短的曝光时间，而用改变光圈号数的方法来调整各波段的曝光量。

4. 像移补偿

多光谱图像主要用于判读，为了提高影像的分辨率，航天摄影中一般都需要进行像移补偿，对多相机多光谱摄影而言，如果每个相机都配置各自的像移补偿暗匣装置，必然使多光谱摄影机的结构和操作系统更为复杂。但由于各个相机都安装在一个公共的座架上，因此较为简单的方法是在曝光时使座架瞬时摆动，以进行像移补偿，但每次曝光后镜箱体必须立即恢复到原来的状态，而且自动测光系统都必须以“快门优先”的原理设计，从而使每个相机上都得到相同的像移补偿。

5. 图像配准

在多光谱图像处理中，一般都是将几个波段的图像进行叠合（图像配准），以便在叠合后的一张图像中同时能提取更多的地物信息。为了保持图像配准的精度，首先要求多光谱摄影机中各物镜的主光轴彼此保持平行，其次摄影对应保持快门的同步精度。

通过上述分析可以看出，多光谱摄影由于其自身的特点，与常规航空摄影相比，在摄影技术上更为复杂。此外，在冲洗胶片时，必须连同光楔试片一起冲洗；因为在图像处理中需要冲洗时的反差系数值。

4.9.3 多光谱图像的信息量

多光谱成像技术主要用于提取地物的信息，为了评定成像系统的实用性，就必须研究图像的信息量。这里从影像数字化的角度出发，讨论多光谱摄影图像信息量的分析方法，这一思想也同样适用于多光谱扫描成像技术。

一、多光谱图像的波谱特征空间

在多光谱成像中，任何一个地物在各波段中的亮度值 B 之全体构成了该地物的一个波谱特征向量，这种多光谱图像的量度空间称为多光谱图像的波谱特征空间（或称为谱空间）。该特征空间的维数等于多光谱成像时的波段数。

图 4-66 表示三个波段的波谱特征空间，地物 A 在 i、j 和 k 波段上的亮度值分别为 B_i、B_j 和 B_k，这三个分量的合成向量 I_A 即为地物 A 在该三维特征空间中的特征向量。

如果两个地物在各波段中的亮度值都相等，则在该特征空间中就位于同一点，或者说两种地物的属性越相似，彼此在特征空间中的位置也越接近。

但是，由于地形起伏、地物的状态、太阳高度角、邻近地物反射光之间的交互反射和图像的地面分辨率等因素的影响，即使完全相同的地物在特征空间上也不可能位于同一点上。因此，在多光谱图像中，所有波谱反射特性相似的物体，在特征空间中的对应点将会聚成一个“集群”空间，一般来说，不同的集群对应于不同属性的地物。

二、图像间的波谱相关

评定多光谱图像的质量固然可以和航空摄影相同，采用诸如地面分辨率、影像清晰度和摄影系统的调制传递函数等方法来进行分析，但是，多光谱图像有一个重要的特点，即一次摄影同时获得同一地区几个不同波段的黑白图像，经图像处理后提取所需要的信息。那么同一地区，同时摄影的几张负片所含有的信息量是否就是一张负片的几倍呢？这个问题比较复杂，因为这涉及地物的识别特性和波谱相关的问题。

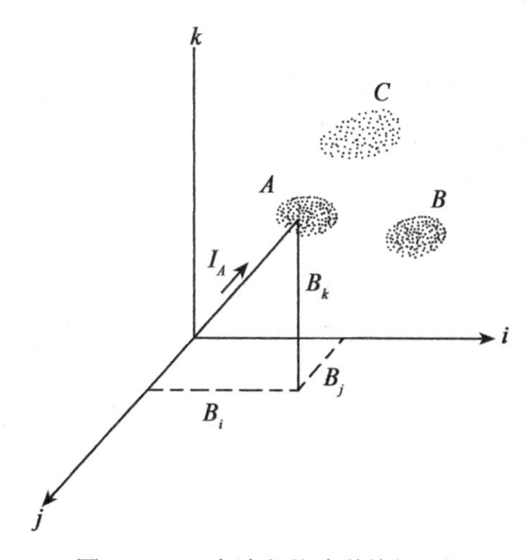

图 4-66　三个波段的波谱特征空间

为了分析问题简单起见，假定多光谱摄影时只使用两个波段 i、j，摄取的是同一类地物。如果根据地面实况调查的结果，在取样区内该类地物在 i、j 波段上的二维谱空间图如图 4-67 所示的情况，即该类地物在 i（或 j）波段中的亮度值与 j（或 i）波段中的亮度值尽管不相等，但却是一一对应的，也就是说摄影后尽管两张负片影像的密度不同，实质上代表了地物同样的状态，这种情况就称为多光谱成像中的波谱相关。

波谱相关意味着两倍的数据量，并不能提供比一张负片更多的信息，如果在多光谱摄影中出现这种情况，在研究该类地物时其中有一个波段的图像将是多余的，无论图像质量多好，在多光谱图像的信息提取中并无实用意义。

相反，图 4-68 表示波谱不相关的情况，即在 j 波段中某一确定的亮度值 B_j，在 B_i 波段中有许多对应值（或反之），这种情况意味着存在不确定性，此时只根据一张图像上的影像密度难以完全识别出地物的状态，因为两张图像上各自含有不同的信息，如以植物为例，B_i 波段可能表示植物的成熟状况，而 B_j 波段则表示植物的健康状况。为了充分地提取地物的信息，在多光谱图像的信息提取中，这两张负片必须同时使用。

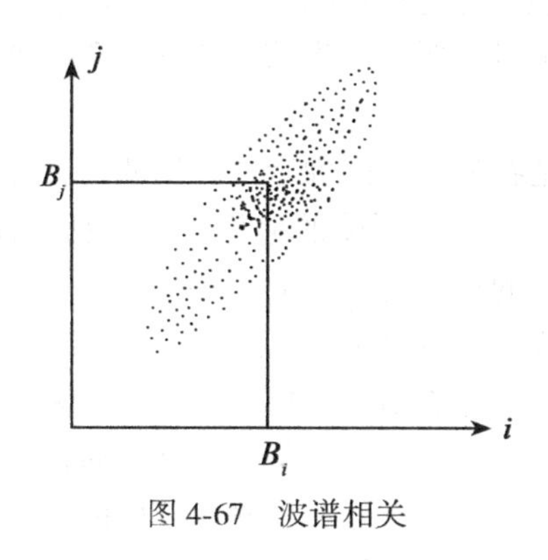

图 4-67　波谱相关

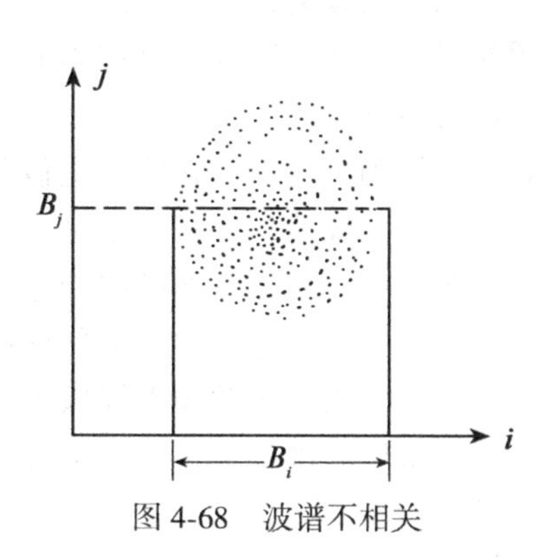

图 4-68　波谱不相关

从数学上讲，所谓波谱相关，即表示两张负片上同类地物之间的相关系数为 1，波谱不相关，则相关系数接近于零。图 4-67 和图 4-68 是用二维直方图解释两张图像之间波谱相关与否时，影响地物信息提取的一种直观表示，其含义与用相关系数判断是相同的。

多光谱图像主要用于判读，因此对图像中包含多少信息的研究，是评定多光谱图像的一个重要质量指标。但是，在多光谱成像中，所用的波段数至少为三个以上，而地物种类繁多，所处的自然环境又千差万别，实际情况要复杂得多，一般来说，任何两个波段的图像上，或多或少总是对某类地物存在着波谱相关的情况。

三、信息传输系统的基本概念

任何遥感系统都可以看做一个信息传输系统，对摄影法成像而言，可用图 4-69 的框图表示。由被摄景物反射的各种波谱信号，以反射光强的形式穿过大气层进入摄影系统，获取的影像以密度的形式记录在负片上，然后经过判读和量测而提取所需要的信息。

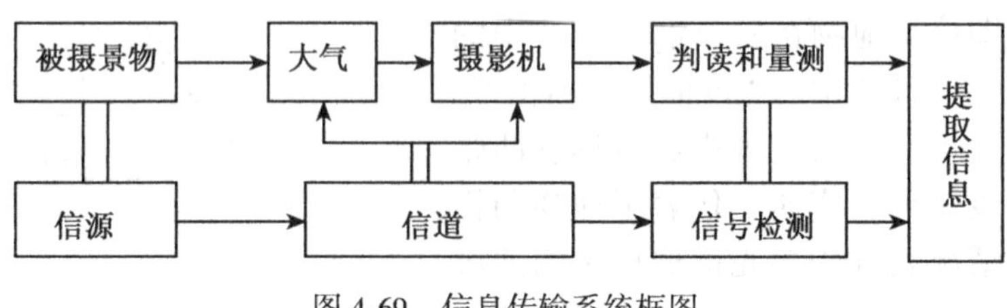

图 4-69　信息传输系统框图

如果进一步从信息论的观点来分析上述框图，我们也可以作如下的理解。

被摄景物是信源，信源发出具有一定波谱的电磁信号。地物发出的信号其强度将受到大气条件和太阳高度角的影响，此外也要受到旁向地物反射光之间交互反射的干扰，这些干扰可以看做是一种噪声。

地物发出的信号经过大气进入摄影机成像，大气传输途径和摄影机（包括感光材料）一起可以看做是一个信道。信道起传输和存贮信号的作用，此时在摄影法成像中波谱信号以密度的形式记录在负片上。信道的第一个特性是允许输入怎样的信号，对多光谱摄影而言，在一定的大气条件下，就是依靠滤光片和感光材料感色性的匹配而控制某一波谱段成像。信道的第二个特性是信号在信道中要受到噪声的干扰，其中包括空中蒙雾亮度、影像移位、飞机发动机的震动、照相机的杂光、物镜的透光率和畸变差、摄影时的曝光和冲洗条件以及感光材料的颗粒度等。这些影响将使信号变弱或产生信号畸变。我们把上述两种特性统称为信道传输特性。

摄影处理后得到了负片，在负片上包含着地物的许多图像特征，这些特征在信息论中称为代表信息的符号或消息。就摄影法成像而言，赖以判读的地物特征包括影像的大小、形状、色调、阴影、纹理、图案结构和地物之间的相关特征等七个特征符号，根据这些特征进行地物识别和分类，这种地物的判读过程称为信号检测。

通过对信号的检测，从图像上提取出信息。信息表示某一抽象的、原来未知而有待提取的内容。在信息传输过程中，信号本身虽然伴随着一定的能量，但其实质性内容不是做功，而是信号所代表的状态。信息是通过对一系列特征符号的检测而获取的，这些特征符号虽然是具体的，但并不含有物理意义，只有经过理解它的含义之后才能提取所需要的信息。这就必然涉及这些特征符号的随机性。当符号的出现具有随机性时，就可以用随机变量来代表它，从随机变量出发来研究信息是香农（Shannon）信息论的基本假设。这里所讨论的就是在影像数字化的基础上，根据香农信息论的观点来分析多光谱摄影所能获得的信息量，其结论也同样适用于多光谱扫描成像，其区别在于摄影成像是以密度的形式记录在负片上而构成连续的模拟图像，扫描成像是以亮度的形式记录在介质上而构成离散的数字图像。

四、一张图像的信息量

以下从影像数字化的角度来分析图像的信息量，首先我们先来分析一下在摄影法成像中，用于判读的七个图像的基本特征。

（1）影像的大小。影像的大小主要取决于摄影比例尺，在倾斜摄影时，还受到摄影倾角的大小和地形起伏的影响。

（2）形状。表示物体的外部轮廓，除物体固有的特性外，形状还取决于摄影比例尺、地面坡度、物体的高度和摄影时的倾角。当摄影比例尺很小时，微小细部的形状将消失，当平面形物体位于倾斜平面上以及地物本身具有一定高度时，由于中心透视投影，地物在像片上的形状将会发生变形。此外，同一地物在像片的不同位置上也会表现出不同的形状。

（3）色调。对黑白像片而言，色调表现为不同层次的密度。色调主要取决于地面受到的照度，地物的波谱反射特性，地物表面的粗糙程度和信道的波谱传输特性。

（4）阴影。高出地面的物体在阳光照射下都有阴影存在，根据阴影的长短，在一定程度上可分辨出地形的起伏和地物的高度。阴影主要取决于大气条件和太阳高度角。

（5）纹理。所谓纹理特征，也就是影像的空间结构，它反映了地物亮度的空间分布。在像片上主要表现为影像平滑与粗糙的程度。一个很小的物体在像片上难以识别，但是许多很小的物体组合在一起，就使影像色调造成有规律的重复，这就是影像的纹理特征。纹理特征是物体固有的，例如，森林和草地，虽然波谱反射性能相同，但森林具有较粗的粒状结构，很容易与草地区别开。

（6）图案结构。不同地物有各自独特的图案结构，例如经济林与树林虽然都是由众多的树木组成的，但是其图案排列有明显的差别，因为经济林是经过人工规划的树林，其行距和株距都有一定的规律。再如，公路和铁路虽然在像片上都表现为一种线状地物，但公路有较大的坡度，较急的弯度和众多的交叉口，而铁路则没有，这种图案结构上的差别有助于我们识别地物的种类和状态。

（7）地物间的相关特征。各种地物之间常常有某种联系，因为一种事物的产生和发展总是和其他一些事物的发展有相互联系的，这就是地物之间的相关特征。例如铁路、公路与小溪等，在沟谷交叉处一般总是建有桥梁和涵洞，根据地物之间的这种相关性，就能够辨认出一般难以觉察的细小的涵洞影像。

通过对上述七个图像特征的分析可知，如果不考虑地物本身的物理状态，代表信息的这些特征主要体现在地物反射光强的空间分布和波谱分布（即以下三个要素）上：

（1）摄影比例尺；

（2）分辨率；

（3）图像密度的分布。

摄影比例尺是表示一张像片所覆盖的地面面积。从影像数字化的角度来看，分辨率决定了取样孔径的大小。图像密度的分布，也就是像元灰度（密度）的分布是随机的，因此当取样孔径确定后，就可以根据香农信息论的理论来研究它的信息量。

按照香农信息论的观点，信息量表示随机变量的不肯定度。设代表信息的某一个符号为 X，取值于

$$X=\{a_1, a_2, \cdots, a_n\}$$

如果每一取值出现的概率为 p_i，则定义随机变量 X 的信息量 $H(X)$ 为

$$H(X)=\sum_{i=1}^{n}p_i\log_2\frac{1}{p_i}=-\sum_{i=1}^{n}p_i\log_2 p_i \tag{4-60}$$

直观来看，它表示随机变量取值概率对数的数学期望，单位为比特（bit）。

若以像元灰度作为随机变量 X，设 X 的某一取值所出现的概率为 p_i，像元灰度可能取值的范围 n 取决于负片的密度差（影像反差），则（4-60）式就表示度量一张负片信息量的计算公式。表示随机变量的不肯定度，即对图像中可能提取的信息作出客观的量度，在评定多光谱成像系统的实用性和波段的选择中有重要的意义。

对信息量 $H(X)$ 的物理意义进行分析，如果整张负片上像元灰度是没有变化的，即灰度为某一常数 a_i，则由于 $p_i=1$，$H(X)=0$，也就是说，负片上并不包含任何可供提取的信息，这很容易理解，当负片上密度等于某一常数时，实际上就是一张灰片，不存在任何地物影像。

同样，从信息量的概念出发，很容易理解为什么在航摄负片的复制过程中，必须采取匀光技术才能改善影像质量。因为匀光前，影像偏黑或偏淡，即图像中某些密度出现的概率太大，其一维直方图如图 4-70（a）所示。而匀光后，由于密度比较均匀，即所有密度出现的概率比较一致（图 4-70（b）），则由于 $p_i\approx\frac{1}{n}$，$H(X)\rightarrow H(X)_{\max}$，即匀光后，该图像可能提取的信息量达到最大，有利于充分地提取信息。

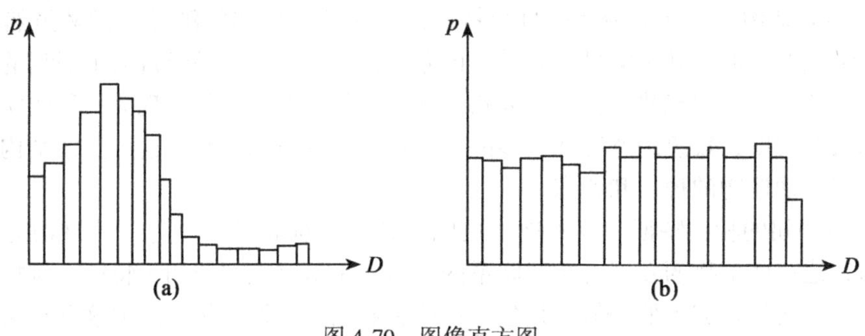

图 4-70　图像直方图

五、多光谱图像的信息量

假定多光谱摄影时只有两个波段，设第一张负片的信息量为 $H(X)$，第二张负片的信息量为 $H(Y)$，$X=\{a_1, a_2, \cdots, a_n\}$，$Y=\{b_1, b_2, \cdots, b_m\}$，以下直接给出当两张负片共同使用时的信息量 $H(XY)$ 的计算公式：

$$H(XY)=H(X)+H(Y/X) \tag{4-61}$$

$$H(XY)=H(Y)+H(X/Y) \tag{4-62}$$

式中：

$$H(X/Y)=-\sum_i\sum_j q_j\cdot q_{ij}\cdot\log_2 q_{ij} \tag{4-63}$$

$$H(Y/X)=-\sum_i\sum_j p_i\cdot p_{ji}\cdot\log_2\cdot p_{ji} \tag{4-64}$$

$$H(XY)=-\sum_i\sum_j r_{ij}\log_2 r_{ij} \tag{4-65}$$

$$H(X)=-\sum_i p_i\log_2 p_i \tag{4-66}$$

$$H(Y)=-\sum_j q_j\log_2 q_j \tag{4-67}$$

式中：

$$r_{ij}=P(X=a_i,\ Y=b_j)$$

$$p_i=P(X=a_i)=\sum_{j=1}^{m} r_{ij}$$

$$q_j=P(Y=b_j)=\sum_{i=1}^{n} r_{ij}$$

$$p_{ji}=P(Y=b_j\mid X=a_i)=\frac{r_{ij}}{p_i}$$

$$q_{ij}=P(X=a_i\mid Y=b_j)=\frac{r_{ij}}{q_j}$$

$H\ (Y\mid X)$ 和 $H\ (X\mid Y)$ 称为条件熵，它表示一个符号已知条件下另一个符号的信息量（信息量，也可称为熵）。

当有 L 个波道时，其信息量定义为

$$H(X_1,\ X_2,\ \cdots,\ X_L)=-\sum_{i_1i_2\cdots i_L} p_{i_1i_2\cdots i_L}\cdot\log_2 p_{i_1i_2\cdots i_L} \tag{4-68}$$

式中：X_1，X_2，…，X_L 分别为各个波段的像元灰度（密度）；$p_{i_1i_2\cdots i_L}$称为 L 个变量的联合概率。(4-68) 式也可写成为

$$H(X_1,\ X_2,\ \cdots,\ X_L)=H(X_1)+H(X_2\mid X_1)+H(X_3\mid X_1,\ X_2)+\cdots+H(X_L\mid X_1,\ X_2,\ \cdots,\ X_{L-1}) \tag{4-69}$$

以上就是评定多光谱图像信息量的计算公式，由于一张负片不可能包括所有的景物，可以按地物样区分别计算，这样也可以缩小计算时的数据量。

例如：设多光谱摄影中，有两个波段图像，第一张图像为 X，第二张图像为 Y，影像数字化后，X 图像的灰度为两级（$n=2$），Y 图像的灰度为三级（$m=3$），这些灰度出现的联合概率 r_{ij}列于表 4-16。

表 4-16　　**X、Y 图像的联合概率**

r_{ij}	$Y\ (b_1)$	$Y\ (b_2)$	$Y\ (b_3)$
$X\ (a_1)$	0.1	0.2	0.3
$X\ (a_2)$	0.2	0.0	0.2

则

$$p_1=\sum_{j=1}^{3} r_{1j}=0.6$$

$$p_2=\sum_{j=1}^{3} r_{2j}=0.4$$

$$q_1 = \sum_{i=1}^{2} r_{i1} = 0.3$$

$$q_2 = \sum_{i=1}^{2} r_{i2} = 0.2$$

$$q_3 = \sum_{i=1}^{2} r_{i3} = 0.5$$

于是，X 图像的信息量为

$$H(X) = -[0.6\log_2 0.6 + 0.4\log_2 0.4] = 0.97\text{bit}$$

Y 图像的信息量为

$$H(Y) = -[0.3\log_2 0.3 + 0.2\log_2 0.2 + 0.5\log_2 0.5] = 1.49\text{bit}$$

X、Y 两张图像同时使用时的信息量为

$$H(XY) = -[0.3\log_2 0.3 + 3\times 0.2\log_2 0.2 + 0.1\log_2 0.1] = 2.25\text{bit}$$

当使用 X 图像后，再使用 Y 图像的信息量为

$$H(Y|X) = H(XY) - H(X) = 2.25 - 0.97 = 1.28\text{bit}$$

当使用 Y 图像后，再使用 X 图像的信息量为

$$H(X|Y) = H(XY) - H(Y) = 2.25 - 1.49 = 0.76\text{bit}$$

从以上的算例中可以发现，$H(Y)$ 大于 $H(X)$，这是因为 Y 图像有三级灰度，影像的色调层次较 X 图像丰富，所以信息量比 X 图像大。此外，两张图像的信息量之和大于两张图像同时使用时的信息量，说明这两张图像中存在着部分波谱相关的情况。

当 $H(X) = H(Y) = H(XY)$，或 $H(X|Y) = H(Y|X) = 0$ 时

则这两张多光谱图像是典型的波谱相关，当使用一张图像后，再使用另一张图像时，不可能再提取任何信息，其信息量为零。

对多光谱图像进行信息量的分析，不但可以从信息论的角度对某一个多光谱成像系统作出客观的评价，而且对该成像系统能适用于研究哪些地物或选择哪几个波段图像能最大限度地提取出某类地物的信息作出科学和实用的估计。这对成像系统的研制和多光谱图像的正确使用都有重要的现实意义。

4.9.4 多光谱图像的彩色合成

在多光谱成像中，对同一地区同时获得了几个波段的图像，传统的单张图像的室内判读方法已不能适应当前任务的要求，而如何将多光谱图像中某些波段的图像进行“变换”或合成在一张图像上进行判读，是我们需要解决的问题。

本节主要介绍图像的彩色合成，图像变换在后续课程（遥感原理与应用）中介绍。

一、多光谱图像彩色合成的方法

多光谱图像的彩色合成就是将多光谱黑白图像合成彩色图像。合成后的图像颜色与景物本身的天然颜色并不要求相同，而是人为地赋予的。因此，这种方法也可以称为多光谱图像的“彩色合成”。一般来说肉眼在判读黑白像片时，对灰度的分辨能力最多只能达到16级（4bit），而在同样条件下，肉眼分辨彩色的能力可以达到256级（8bit），从而使被摄地物反射波谱的细微变化能用彩色的差别显示出来，但在黑白像片上，这些都是难以被肉眼察觉的现象。由于彩色合成后的图像能使判读人员更充分地提取地物的信息，所以这

种方法也称为“彩色增强”。

当前常用的彩色合成方法为加色法彩色合成。加色法彩色合成即是用三原色成色系统合成颜色的方法。图 4-71 是加色法彩色合成的示意图。在彩色合成仪的三个投影器上分别放上三个波段的透明图像（F_i、F_j、F_k），在投影器物镜前面分别放上红（R）、绿（G）和蓝（B）滤光片，当投射在承影面上的三个图像精确重叠（配准）后，在承影面上就得到了一幅用三原色光线合成的彩色图像。如果在承影面上放上彩色感光材料，同时曝光并经摄影处理后，就能将合成后的彩色图像记录在像片上。计算机图像处理法则是将不同的波段数据分别赋予红（R）、绿（G）和蓝（B）三个图层合成一幅彩色影像。

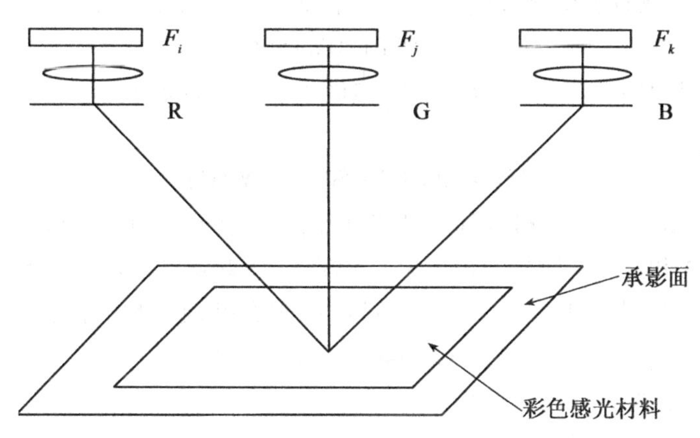

图 4-71　加色法彩色合成的示意图

二、彩色合成的成色方程

将多光谱黑白图像合成彩色图像，使人眼感受到彩色印象，就是三原色光线分别对人眼锥体神经细胞中感红、感绿和感蓝单元刺激后综合反映的结果。所以，彩色合成后的颜色 H 可写成下列通式

$$H = \alpha \mathrm{R} + \beta \mathrm{G} + \gamma \mathrm{B} \tag{4-70}$$

式中：R、G、B——分别表示三原色色光；

α、β、γ ——分别表示三原色色光的含量。

由彩色摄影的基本原理可知，色别表示不同颜色之间的主要区别，它取决于辐射的光谱成分。对于单色光而言，色别完全决定于该辐射的波长，而对混合光而言，色别取决于各种波长辐射的相对含量。

明度表示肉眼所感受的辐射能的数量，它表示颜色的深浅。

饱和度表示彩色成分与消色成分的比例，它表示颜色的鲜艳程度。

因此，可以直观地判断出合成后颜色的三个基本特征，即

色别取决于 α、β、γ 中的最大值：$\max(\alpha, \beta, \gamma)$

饱和度取决于 α、β、γ 中的最小值：$\min(\alpha, \beta, \gamma)$

明度取决于 α、β、γ 的总和：$\alpha+\beta+\gamma$

从计量的要求来看，用上述方法表示颜色的基本特征，当然不太严密，但从实用的角度来看，对多光谱图像的彩色合成相当有用。因为根据成色方程可以对合成后的颜色特征

作出大致的估计，有利于在科学研究和生产中进行调整。

三、彩色合成中的颜色预估

根据成色方程和地物波谱反射曲线，很容易对彩色合成后的地物颜色作出估计。以植物为例，如果波段图像选定为 i（0.5~0.6μm）、j（0.6~0.7μm）、k（0.8~1.1μm）三个波段；植物在 i 波段的反射率为15%，在 j 波段的反射率为10%，在 k 波段的反射率为50%；彩色合成时都用负片（即波谱反射率越大，负片的透射率越小），则其相应的负片透射率分别为0.85、0.9和0.5。如果彩色合成时，所用的滤光片分别为B、G和R，则合成后，由于蓝色光线在彩色感光材料上生成黄色染料（Y）、绿色光线生成品红色染料（M）和红色光线生成青色染料（C），所以，合成后植物的颜色为

$$H=85Y+90M+50C$$

由于颜色的饱和度取决于 α、β、γ 中的最小值，色别取决于 α、β、γ 中的最大值。因此，可写成

$$H=40M+35Y+50\ (Y+M+C)$$

由彩色摄影可知，品红染料（M）可透过红、蓝光线，M前的40表示这一品红染料将透过40%的红光和蓝光。同样，由于品红色染料层要吸收绿光，因此40M也可理解为吸收40%绿光。按照同样原理，上式中的35Y可理解为吸收35%蓝光，则

$$H=40R+40B-35B+50\text{灰}$$

所以合成后，植物的颜色为暗红色。

如果三个波段图像都用正片，则

$$\begin{aligned} H &= 15Y+10M+50C=40C+5Y+10\ (Y+M+C) \\ &= 40G+40B-5B+10\text{灰}=40G+35B+10\text{灰} \end{aligned}$$

可见，此时植物的颜色呈现为暗青色。

从正负片的合成中，我们还可以看出，两者的饱和度不同。用正片合成时，消色成分较少（10灰），而用负片合成时，消色成分较多（50灰）。因此，在这种情况下用正片合成的饱和度比用负片合成的好。

以上是对一种地物合成后的颜色估计。当研究多种地物时，可以按照同样的方法分别进行估计。彩色合成的颜色预估方法适用于摄影法彩色合成，也适用于计算机图像处理。

4.10 GPS在空中摄影中的应用

GPS是英文Navigation Satellite Timing and Ranging/Global Positioning System的缩写NAVSTAR/GPS的简称，其确切含义是“导航卫星测时和测距/全球定位系统”。GPS在空中摄影中的应用主要是进行实时飞行导航和航摄仪定位及姿态测量。

4.10.1 全球定位系统（GPS）概述

美国1993年建成的“全球定位系统”（GPS），是具有在海、陆、空进行全方位实时三维导航与定位能力的新一代卫星导航与定位系统。它由空间部分、地面监控部分和用户

设备三大部分组成。

一、空间部分

空间部分由 24 颗卫星组成，其中有 21 颗工作卫星和 3 颗备用卫星，在离地高度约 20200km 处有均匀分布的 6 个椭圆形轨道平面，轨道倾角 55°，每个轨道上均匀分布 4 颗卫星（图 4-72），运行周期 11h58min。每颗卫星绕地球运行两圈时，地球恰好绕其轴转一周，这样每颗卫星每一个恒星日有 1～2 次通过同一地点的上空。因此，地球上的同一观测站，每天出现的卫星分布图形相同，只不过由于恒星日较平阳日略短，卫星经过地球上同一地点的时间每天提前约 4min，每月提前约 2h。GPS 卫星星座的这种空间布局，使得每颗卫星每天大约有 5h 在地平线以上，

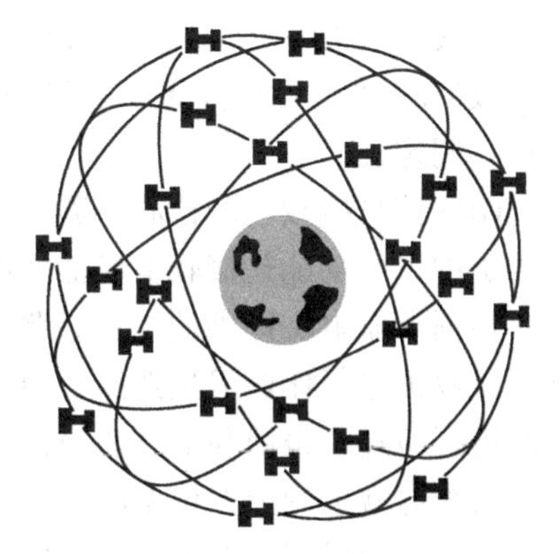

图 4-72　GPS 卫星星座

但同时位于地平线上的卫星数目将随时间和地点的不同而异，最少为 4 颗，最多可达 11 颗。因卫星信号的传播和接收不受天气影响，故 GPS 是一种全球性全天候的连续实时定位系统。

二、地面监控部分

地面监控部分是 GPS 全球定位系统的中枢。它由 1 个主控站、5 个监控站和 3 个信息注入站组成，各站之间的关系如图 4-73 所示。

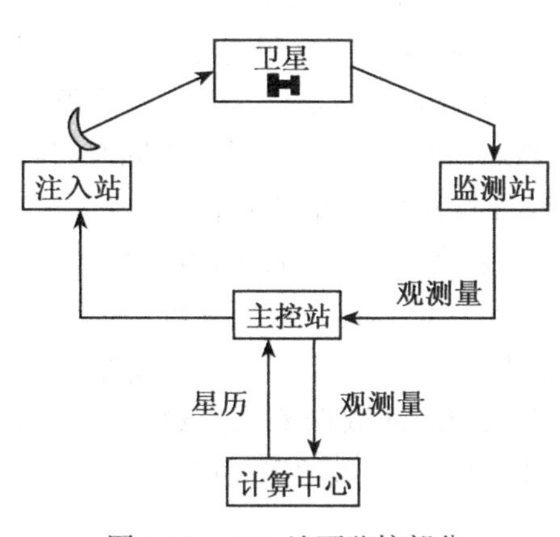

图 4-73　GPS 地面监控部分

监测站是在主控站下的数据自动采集中心。站内设有双频 GPS 信号接收机、高精度原子钟、环境数据传感器和计算机。它的主要任务是收集卫星播发的导航电文信息，对卫星进行连续的监测，取得各项观测资料，同时还收集当地的气象数据。所有这些观测数据均送入计算机进行初步处理并存储和传送至主控站，用以确定卫星轨道。

主控站对地面监控部分实行全面控制。其主要任务是收集各监控站对 GPS 卫星的全部观测数据，利用这些数据推算、编制每颗 GPS 卫星的星历、卫星钟差和大气层的修正参数等，并按一定格式转化为导航电文，以便由注入站注入到卫星的存储器，再由卫星转发给用户。此外，它可调整偏离轨道的卫星，使其沿预定轨道运行，还可启用备用卫星以取代失效的工作卫星。

注入站由 1 台直径为 3.6m 的天线、1 台 C 波段发射机和 1 台计算机组成。其主要任务是在每颗卫星通过其上空时，在主控站的控制下，将主控站推算和编制的卫星星历、钟差、导航电文及主控站的指令等注入卫星，并负责监测注入到卫星的导航信息的正确性。每颗卫星的导航数据间隔 8h 注入 1 次。

三、用户设备部分

用户设备部分主要由 GPS 信号接收机硬件、GPS 数据处理软件和微处理机及其终端设备组成，而 GPS 信号接收机硬件一般包括主机、接收天线和电源。用户设备的主要任务是接收 GPS 卫星发射的无线电信号，以获得必要的定位信息和观测数据，并经数据处理实现空间定位。

GPS 信号接收机的核心是微电脑、石英振荡器，还有相应的输入、输出设备和接口。接收机的主要功能是接收卫星播发的信号，并利用本机产生的伪随机噪声码取得距离观测量，根据导航电文提供的卫星位置和钟差改正信息计算接收机的位置。在专用软件控制下，接收机进行作业卫星选择、数据采集、加工、传输、处理和存储，并对整个设备系统状态进行检查、报警和部分非致命故障的排除，承担整个接收系统的自动管理。

天线通常采用全方位型的，以便采集来自各个方位任意非页面字度角的卫星信号。由于卫星信号较微弱，在天线基座中有一个前置放大器，将信号放大后，再由同轴电缆馈入主机。

电源为主机和天线供电。

四、GPS 工作原理

用户定位接收机利用接收的、来自由其星历数据准确获知空间位置的卫星发射的、以光速传播的信息，测出该信息传播的时间，计算出其与该卫星的相对位置，即距离。利用距离三角形测量原理，用户 GPS 接收机同时接收 3 颗卫星的信号，可以计算出用户 GPS 接收机所在的三维空间位置；同时，利用对在测量时间内获得的距离进行时间微分，根据线性速度与多普勒频率的关系，用户 GPS 接收机可测量出卫星的多普勒频率，从而计算出自身的运动速度。由于用户接收机的时钟基准，相对于 GPS 的原子钟基准存在误差，因此，将其实际测量距离称为“伪距”（Pseudo Range），将在其实际测量时间间隔内对该伪距离微分所得之速度测量值称为“差伪距”（Delta Pseudo Range），亦称“伪距率”。为了确定用户 GPS 接收机所在的三维位置并对其时钟误差进行校准，必须至少同时跟踪接收 GPS 导航星座中的 4 颗卫星的信号，才能完成导航计算任务。若同时跟踪接收 GPS 导航星座中的 4 颗以上的卫星，则在使用相同的惯性导航系统时的导航计算的精度会更高。

GPS 定位分为单点定位和相对定位（差分定位）。单点定位就是根据一台接收机的观测数据来确定接收机位置的方式，它只能采用伪距观测量，可用于车船、飞机等的概略导航定位。相对定位（差分定位）是根据两台以上接收机的观测数据来确定观测点之间的相对位置的方法，它既可采用伪距观测量也可采用相位观测量，大地测量或工程测量均应采用相位观测值进行相对定位。

4.10.2 GPS 辅助空中摄影技术

一、航摄飞行导航

航空摄影飞行必须按航摄计划中的要求，在一定的高度沿设计的航线飞行，以保证所得影像具有一定的摄影比例尺、航向重叠度及旁向重叠度。

早期航空摄影导航是由领航员按地形图上的特征点引导飞机进入航线，确定开关机点通知摄影员工作。由于飞机对领航员的“视线”影响及地物的变化，导航难度较大，效果也不理想。随着 GPS 的广泛应用，现在已普遍使用 GPS 进行航空摄影导航。GPS 用于航空摄影导航采用单点定位即可满足精度要求。单点定位就是根据接收机的观测数据，利用C/A码伪距实时GPS定位来确定接收机位置，即飞机的实时位置。

（1）将航摄设计书中GPS领航数据表中的航线数据输入到GPS中，并编辑各导航点生成航线。航线数据是指各条航线的进入点、开机点、关机点的经纬度，是在地形图上设计的航线上按要求进行量算获得的。

（2）航摄飞行时，领航员根据GPS显示屏上显示的计划航线指挥飞行员进入航线并保持飞行按计划航线飞行，在开关机点通知摄影员开关机。

（3）GPS仅用于航摄飞行导航时，摄影航高一般是按飞机上的高度表确定的。GPS只负责平面位置的确定。

二、GPS辅助空中三角测量中的导航与定位

GPS辅助空中三角测量的目的是利用GPS精确的测定摄影曝光瞬间航摄仪物镜中心的位置，将所测数据应用于摄影测量内业加密，以求尽可能减少地面控制点。

用于确定摄影曝光瞬间航摄仪物镜中心的位置时需采用高精度相位差分的GPS动态定位方法，其实时差分定位可用于摄影导航，而确定航摄仪物镜中心的位置则利用2~3台GPS的观测记录数据进行后处理获得。

1. 差分动态GPS定位

差分动态GPS定位是利用安置在一个运动载体和一个或多个地面基准站上的GPS信号接收机来联合测定该运动载体的三维位置，从而精确给出其运行轨迹的GPS测量方法。根据定位实时性要求的不同，差分动态GPS定位可分为实时差分动态定位和后处理差分动态定位两种方式，前者可用于飞机航空摄影时的飞机导航等。根据使用数据类型和方法的不同，差分动态GPS定位又可分为位置差分、伪距差分、伪距相位综合差分以及载波相位差分等多种定位模式。研究表明，在已知整周相位模糊度的情况下，利用载波相位可以获得厘米级精度的差分动态定位结果，它非常适用于无需实时定位而要求高精度位置的GPS辅助空中三角测量。

2. 用于GPS辅助空中三角测量的航空摄影系统

为了能在航空摄影的同时用GPS来确定航摄仪的空间位置，需对现行航空摄影系统进行改造。首先，应在航摄飞机的外壳顶部适当位置加装高动态航空GPS天线，以便能接收到GPS卫星信号；其次，应在航摄仪里加装曝光传感器及脉冲输出装置，以便能将航摄仪快门开启时刻的脉冲信号引出；再次，应在机载GPS信号接收机上加装外部事件输入装置（Event Marker接口），以便能将航摄仪曝光时刻精确地写入机载GPS信号接收机的时标上；最后，应通过馈线将上述三大部件稳固地联成一体，以构成图4-74所示的带GPS信号接收机的航空摄影系统。

3. GPS辅助空中三角测量航空摄影

在GPS辅助空中三角测量的航空摄影作业中，应在地面上选定至少一个基准站，并安装性能可与机载GPS信号接收机相匹配的静态GPS信号接收机，以相对GPS动态定位方式来同步观测GPS卫星信号，图4-75为一个单基准站相对动态定位模式GPS航空摄影。

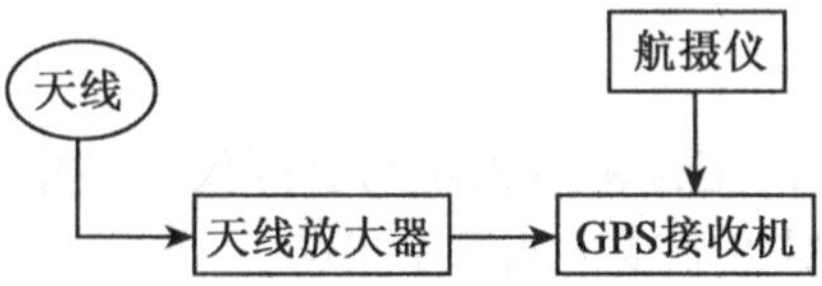

天线

航摄仪

天线放大器 → GPS接收机

图 4-74　带 GPS 信号接收机的航空摄影系统示意图

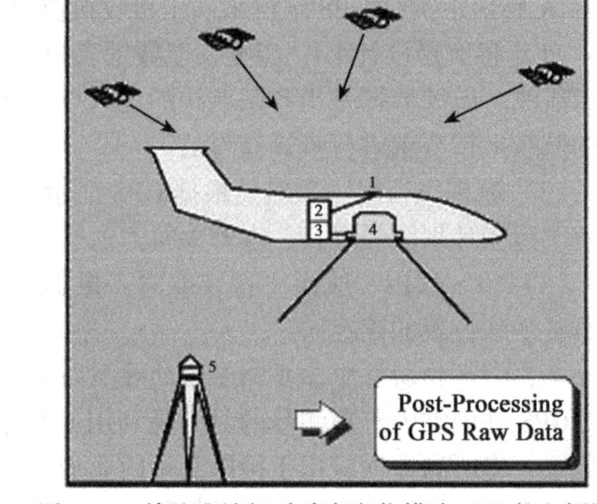

图 4-75　单基准站相对动态定位模式 GPS 航空摄影

4.10.3　IMU/DGPS 组合系统辅助航空摄影技术

进入 20 世纪 90 年代以来，诞生于军事工业的 DGPS（差分 GPS）技术与 IMU（惯性测量单元 Inertial Navigation System）的组合应用使准确地获取航摄仪曝光时刻的外方位元素成为可能，从而实现无（或少）地面控制点，甚至无须空中三角测量工序，即可直接定向测图，从而大大缩短作业周期、提高生产效率、降低成本。国际上有很多机构和公司都将 DGPS/ IMU 组合成的高精度位置与姿态测量系统（简称 IMU/DGPS 系统）应用于航空摄影项目中。

应用于航空遥感等领域的导航及姿态测量系统主要有卫星无线电导航系统（如全球定位系统 GPS）以及惯性导航系统（INS）。

GPS 的基本定位原理是卫星不间断地发送自身的星历参数和时间信息，用户接收到这些信息后，经过计算求出接收机的三维位置、三维方向以及运动速度和时间信息。在精密定位应用中主要采用差分 GPS 定位（DGPS）技术。INS 姿态测量主要是利用惯性测量单元（IMU）来感测飞机或其他载体的加速度，经过积分等运算，获取载体的速度和姿态（如位置及旋转角度）等信息。

为提高定位精度，在精密定位应用中通常采用差分 GPS（DGPS）技术：将一台（或几台）GPS 接收机安置在基准站上，与机载接收机进行同步观测。根据基准站已知精密坐标，计算出基准站到卫星的距离改正数，并对机载接收机的定位结果进行改正，从而提高定位精度。在 IMU/DGPS 辅助航空摄影测量中主要采用载波相位差分 GPS 技术，该技术可使定位精度达到厘米级，大量应用于动态需要高精度位置的领域。

一套完整的 IMU/DGPS 系统硬件主要包括：IMU、机载双频 GPS 接收机及高性能机载 GPS 天线、地面 GPS 接收机、机载计算机以及存储设备。软件包括 DGPS 数据差分处理软件、GPS/IMU 滤波处理软件以及检校计算软件。目前国际上常用于航空摄影测量的 IMU/DGPS 系统主要有两种，即德国 IGI 公司的 AEROControl 以及加拿大 Applanix 公司的

POS/AV 系统。上述两个厂家的设备的性能基本相当。

IMU/DGPS 系统可以与多种传感器（如光学航摄仪、高光谱仪、数字航摄仪、L IDAR以及 SAR）相联，实现直接传感器定向或辅助定向测量。其中线阵推扫式数字航摄仪（如徕卡公司的 ADS40）以及 L IDAR（机载激光三维扫描系统）中必须包含 IMU/DGPS 系统。

IMU/DGPS 辅助航空摄影测量是指利用装在飞机上的 GPS 接收机和设在地面上的一个或多个基站上的 GPS 接收机同步而连续地观测 GPS 卫星信号，通过 GPS 载波相位测量差分定位技术获取航摄仪的位置参数，应用与航摄仪紧密固连的高精度惯性测量单元（IMU）直接测定航摄仪的姿态参数，通过 IMU、DGPS 数据的联合后处理技术获得测图所需的每张像片高精度外方位元素的航空摄影测量理论、技术和方法。

IMU/DGPS 辅助航空摄影测量方法主要包括：直接定向法和 IMU/DGPS 辅助空中三角测量方法。

1. 直接定向法

利用高精度差分 GPS 和惯性测量单元（IMU），在航空摄影的同时获得差分 GPS 数据和姿态数据，通过事后 GPS 差分处理及姿态测量数据处理，获取摄影时刻航摄仪精确位置坐标和姿态，通过对系统误差的校正，进而得到每张像片的高精度外方位元素。这种方法称直接定向法（国际上称 Direct Georeferencing，简称 DG）。

2. IMU/DGPS 辅助空中三角测量方法

将基于 IMU/DGPS 技术直接获取的每张像片的外方位元素，作为带权观测值参与摄影测量区域网平差，获得更高精度的像片外方位元素成果。这种方法即 IMU/DGPS 辅助空中三角测量方法（国际上称 Integrated Sensor Orientation，简称 ISO）。

无论采用哪种方法，必须在摄区内或摄区附近布设一个或多个固定检校场，用于满足将 IMU/DGPS 坐标系统转换到本地坐标系统的需要。

练 习 题

1. 名词解释：基高比、速高比、图像比、垂直夸大、坡度夸大、静态分辨率、动态分辨率、地面分辨率、空间分辨率、辐射分辨率、时间分辨率、波谱分辨率。

2. 现对某一地区进行航空摄影，共有四家用户要求对资料共享，且每家用户要求航片的航向重叠度为 60%，问摄影时应保持多大的航向重叠度才能满足用户的要求？

3. 已知：某一地区地面的平均高程为 150m，平均最高高程为 300m。当航摄比例尺为 1∶10000、航摄仪焦距为 152mm 时，若要保证整个摄取的航向重叠度不小于 60%，则航摄计划时平均平面的航向重叠度至少应为多大？

4. 了解基高比、速高比、图像比各有何实际意义，实际工作中如何应用。

5. 试述航摄中选择摄影比例尺的原则。

6. 试述航摄中选择焦距的原则。

7. 试述航摄计划的制作步骤。

8. 如何用感光测定理论评定航摄资料的曝光、冲洗质量？

9. 航摄资料飞行质量的验收主要包括哪些内容？如何检查？

10. 三层假彩色片的结构如何？使用时应注意什么？试举例说明其彩色再现过程。

11. 何谓小像幅航空摄影？试分析小像幅航空摄影资料用在大比例尺测图中的可能性。

12. 何谓无人机航空摄影？使用中有哪些特点？

13. 数码航摄仪有哪几种？有何特点？

14. 试分析数码航摄仪的优缺点。

15. 试述航天摄影系统中六个轨道参数的定义及其意义。

16. 试分析为保持一定的旁向重叠度，航空摄影与航天摄影有何区别。

17. 试分析为保持一定的航向重叠度，航空摄影与航天摄影有何区别。

18. 已知 SPOT 全色波段图像的空间分辨率为 10m，若在胶片上以 25μm×25μm 曝光一个像元的亮度值，则其成像比例尺为多少？

19. 已知：卫星的远地点高度和近地点高度，求：P、Vg、N、θ、T、e。

20. 已知：卫星的轨道高度、重复周期和扫描带的地面覆盖宽度，求：赤道上的旁向重叠度和卫星相邻两天同一轨道圈次在赤道上的距离。

21. 何谓轨道倾角？其意义如何？若要获得航天影像的区域在东经 102°~128°、北纬 20°~70°。试问应选择多大的卫星轨道倾角才能完全覆盖此区域？

22. 如何使用 LFC 资料？已知 $f=300$mm，$q_{12}=80\%$，求：M_1/L_3 之间的重叠度和基高比。

23. 何谓多光谱图像的波谱特征空间？地物在特征空间中的聚类统计特性是什么？

24. 何谓信道传输特性？在多光谱摄影中主要表现在哪些方面？

25. 信道容量与信息量有何区别？研究信息量有哪些实际意义？

26. 从信息量的角度分析晒印航片时匀光操作的基本原理。

27. 一张图像信息量的计算公式怎样？多光谱图像信息量的计算公式怎样？

28. 设多光谱摄影中有两张图像（X，Y），经影像数字化后，这些灰度出现的联合概率 r_{ij} 列于下表。

r_{ij}	$Y(b_1)$	$Y(b_2)$	$Y(b_3)$
$X(a_1)$	0.3	0.0	0.0
$X(a_2)$	0.0	0.3	0.0
$X(a_3)$	0.0	0.0	0.4

求：$H(X)$、$H(Y)$、$H(XY)$。

29. 何谓多光谱图像的彩色合成？彩色合成的成色方程如何表示？试举例说明之。

30. 试述 GPS 的组成。

31. GPS 在航摄中有哪些用途？

32. 何谓 IMU/DGPS 组合系统？有何用途？

第 5 章　遥感图像的质量评定

5.1 概　　述

对遥感器（包括航摄仪和多光谱扫描仪）及其图像的质量评价是遥感器的设计者和影像产品的使用者非常关心的一个重要问题，因为：

（1）通过对图像质量的评价，可为某种图像产品可供使用的范围提供依据；

（2）了解在遥感器产生图像的全过程中，影响图像质量的各个环节，然后有针对性地改善或控制生成影像的某一物理过程，以便提高图像的质量；

（3）为遥感器的研制和检定提供切实可靠的方法。

一般来说，遥感器本身的质量称为静态质量，由遥感器在实际使用条件下所生成的图像质量称为动态质量。

从本质上讲，图像的质量包括三重意义：图像的可检测性、可分辨性和可量测性。

图像的可检测性表示遥感器对某一波谱段的敏感能力。以黑白摄影为例，如果在可见光谱区内，摄影系统能把某一亮度的景物记录在负片上，并且其影像密度超过灰雾密度（D_0）0.1 以上，则我们说摄影系统对该景物是可检测的。

图像的可分辨性表示遥感器能为目视分辨相邻两个微小地物提供足够反差的能力，或简单地说就是遥感器对微小细节反差表达的能力。

图像的可量测性表示遥感器能正确恢复（量测）原始景物形状的能力。

图像的可检测性和可分辨性统称为图像的构像质量，而图像的可量测性称为图像的几何质量。

几何质量的评定比较简单和直观，它表示遥感器所构成的像点与其相应的理想像点在几何位置上的差异。以航空摄影为例，航摄仪光学系统的畸变差、航摄负片的不均匀变形或局部变形以及压平精度等都是评定图像几何质量的主要参数。

图像构像质量的评定比较复杂和困难，它既包括图像的表达层次（如影像反差），也包括显微结构（如乳剂颗粒度等）对构像质量的影响，而且还与图像产品使用者的要求有关。本章讲述的内容都是讨论各种构像质量的评定方法。

本章首先讨论像质评价的基本原则，并对几种像质评价方法进行比较和分析，在此基础上介绍摄影系统调制传递函数的基本概念、测定方法、数字扫描图像的像质评价方法和在生产实际中如何对航摄资料的质量进行综合评估。

5.2 像质评价的基本原则

由第4章4.9节可知，遥感器记录影像的全过程，实质上是一个信息传输的过程，以航空摄影为例，由地表面所反射的地物信息，穿过大气层，进入航摄仪物镜到达航摄胶片上构成影像，然后利用所得像片，由航测仪器进行测绘或判读（图5-1）。在这整个过程中，地物信息由于通过了不同的介质而受到损失。

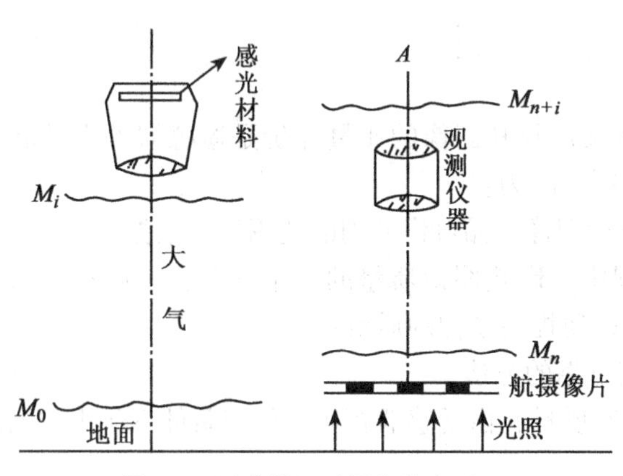

图5-1 遥感器记录图像的全过程

在航空摄影的全过程中，影像质量受到下列诸因素的影响：由于大气对阳光散射而引起的空中蒙雾亮度，航空摄影时飞机发动机的震动，在曝光时间内由于飞机前进运动而引起的像点移位，航摄仪物镜的残余像差，感光材料的性能（其中包括感光特性和显出影像的显微特性）以及冲洗条件等。所有这些因素都会影响影像的质量，使得影像的反差和影像边沿的清晰度降低，并使地物的微小细节受到损失。

根据上述分析，我们可以把整个航摄过程看做是一个摄影系统，地物信息通过的每一介质都是摄影系统的一个组成部分，因此航空摄影的全过程也就是地物信息在各个介质中的一个传输过程。

从信息传输的基础上来理解航空摄影的全过程是有重要意义的。因为，航空摄影的最终结果是获得航摄影像，要分析和提高影像的质量，必须研究组成该摄影系统的每一个介质对影像质量的影响，或者根据航摄负片的影像质量，或者根据数码相机得到的数字影像，分析摄影系统中哪一个介质的影响最大，以便针对具体情况，设法改进影像质量。

5.2.1 对各种像质评定标准的分析

一、分辨率

分辨率是表示分辨影像微小细节的能力。我们知道，摄影物镜和感光材料的分辨率都不是常数，前者取决于分辨率觇板反差、投射光的波长和光圈号数，后者取决于觇板反差、曝光量和摄影处理条件等因素。上述摄影物镜或感光材料的分辨率称为静态分辨率，而航摄影像的分辨率称为动态分辨率。航摄负片的分辨率不但取决于航摄物镜和航摄胶片的质量，也取决于航空摄影的条件和航摄比例尺的大小，如果用上述方法能测定出航摄负片的面积加权平均分辨率，则根据摄影比例尺的大小，就可以估算出该航摄负片能够分辨的最小地物的实地宽度 R_g，并称为地面分辨率，即

$$R_g = \frac{m}{\mathrm{AWAR}} \tag{5-1}$$

式中：R_g——地面分辨率；

m——航摄比例尺分母；

AWAR——面积加权平均分辨率。

在比较不同摄影物镜或感光材料的质量时，在相同的测试条件下，直接用分辨率数值就可以进行比较。而动态分辨率必须归算成地面分辨率，即必须考虑摄影比例尺的大小。例如，有两张航摄负片，其动态分辨率均为 25 线对/mm，但第一张负片的摄影比例尺为 1/1 万（地面分辨率为 0.4m），第二张负片的摄影比例尺为 1/2.5 万（地面分辨率为 1m）。很明显，这两张负片尽管分辨率相同，但在地面上所能分辨的最小地物宽度是不相等的。

在实验室条件下，测定分辨率的方法比较简单，因此在照相工业中被广泛采用。

在多光谱扫描仪中，与地面分辨率相应的质量指标是空间分辨率或瞬时视场 IFOV，两者之间有下列经验公式，即

$$R_g = 2\sqrt{2} \cdot \text{IFOV} \tag{5-2}$$

而

$$\text{IFOV} = \frac{H \cdot S}{f} \tag{5-3}$$

式中：S——探测元件的边长；

H——遥感平台的高度；

f——望远镜系统的焦距。

但是，应该指出分辨率这个指标有很多局限性：

（1）如果要测定动态分辨率，即影像的实际分辨率，就必须在地面上布设一个大型的分辨率觇板，这显然是很困难的。

（2）在航摄系统中，即使分别知道航摄物镜及航摄胶片的分辨率，也不能求出摄影后在航摄负片上的实际分辨率（动态分辨率）。因为，没有一种叠加关系可表示出物镜-软片的组合分辨率，也就是说摄影系统中各种介质的分辨率之间是无法传递的。

（3）分辨率只是表示对微小地物的极限分辨能力，不能从分辨率的数值中了解遥感器对较大地物的表达质量。

（4）由于各人在显微镜下观测时的判断标准不同，分辨率测定的数值往往很不一致，也就是说分辨率的测定与观测者的经验和熟练程度有关。

二、清晰度

一个直边地物，如道路、屋顶、田埂和水坝等，摄影后，显出的影像照理也应该是一条直边，但实际的影像却不是这样，边界两旁的密度不是跳跃的变化，而是平缓的过渡，因而边界显得没有原来那样明显。影像清晰度就是指影像边沿清晰的程度，或者指边界密度变化的速率。

如果在被测试的感光材料的表面上压放一把刀片进行曝光，则乳剂层被刀片遮盖的部分是未受光的部分，未被刀片遮盖的部分是受光部分。试片显影后放在测微密度计上沿着垂直于刀刃（刀刃就相当于直边地物）的方向，每隔一个固定的距离 Δx（一般取 10μm），量测其密度值，并获得刀刃的边界曲线，如图 5-2 所示。理想的刀刃的边界曲线应该是一条直边陡线（如图中 $ACDB$ 折线所示），但是由于光在乳剂层中的扩散及显影过程中可能产生的邻界效应，实际刀刃的边界曲线在黑白界线之间有两个平缓的过渡，我们

称曲线 AB 为刀刃曲线或边界曲线。显然，刀刃曲线越陡，清晰度越好；刀刃曲线越平缓，清晰度越差。

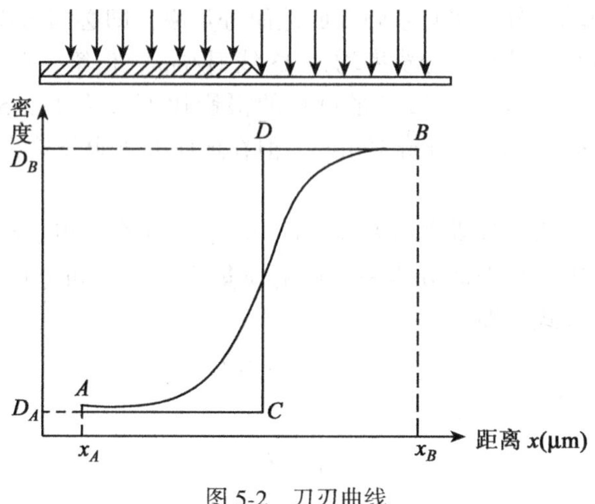

图 5-2　刀刃曲线

清晰度可以用锐度表示，其计算公式为

$$A = \frac{G_x^2}{\mathrm{DS}} \tag{5-4}$$

式中：$\mathrm{DS} = D_B - D_A$，而 G_x^2 称为均方梯度，即

$$G_x^2 = \sum \left(\frac{\Delta D_i}{\Delta x_i}\right)^2 / n \tag{5-5}$$

其中：以刀刃曲线上斜率为每微米密度变化为 0.005 的点作为起点 A 和终点 B 的位置。

由于曝光时，光在乳剂层中的散射以及由此而引起的光晕现象是造成影像清晰度变坏的主要原因，因此影响清晰度的因素有：

1. 乳剂层的特性

卤化银颗粒的大小，乳剂层的厚度都对清晰度有影响。一般采用微粒乳剂并薄层涂布可以减少光在乳剂层中的散射，从而提高影像的清晰度。

2. 防光晕层

从第 1 章中知道，防光晕层的作用是吸收片基向乳剂层反射的光线，因此涂了防光晕层的材料可以大大提高影像的清晰度。显然，如果防光晕层涂在乳剂与片基之间，则效果更好，清晰度也可进一步提高。

3. 保护层的种类和厚度

保护层对光线散射得愈多，清晰度愈差，保护层的厚度愈厚，清晰度也愈差。

4. 显影条件

显影液的成分、温度和显影时间的长短以及搅动的情况等对清晰度都有一定的影响。用微粒显影液比用具有强碱的硬性显影液清晰度要高，温度过高或显影时间过长都会降低影像清晰度。

清晰度表示影像边沿清晰的程度，它的测定方法是客观的，基本上不受主观因素的影响，尤其重要的是这种方法在生产实践中有现实意义。因为航摄负片上总是存在着许多直边地物（道路、水库、房屋等），只要利用测微密度仪扫描出直边地物影像的边界曲线（刀刃曲线）就可以计算出影像的清晰度，因此这种方法在生产实践中，诸如选择感光材料，评价和检定摄影机的质量、比较不同条件下的摄影效果等，都比测定分辨率要方便且实用得多。

清晰度是在一维方向上计算密度变化的速率。对于数字扫描图像，可以采用像元平均梯度$\overline{\text{Grad}}$进行像质评价。它表示在图像的取样区域内（200 像元×200 像元左右）相邻像元之间在 x、y 方向上的平均梯度，其计算公式为：

$$\overline{\text{Grad}} = \sum \frac{A_i}{A}\text{Grad}_i \times 100 \tag{5-6}$$

式中：

$$\text{Grad}_i = \sqrt{\frac{1}{2}\left[\left(\frac{\mathrm{d}}{\mathrm{d}x}\right)_i^2 + \left(\frac{\mathrm{d}}{\mathrm{d}y}\right)_i^2\right]}$$

A_i——具有某一梯度的像元数；

A——取样区域内的像元总数。

$\overline{\text{Grad}}$是在 x、y 两个方向上，以面积为权计算的加权平均值，反映了图像对微小细节反差表达的能力，能更为敏感地反映出图像的质量。

但是清晰度或像元平均梯度也是不能传递的，而且其数值本身并没有绝对的意义，尤其是像元平均梯度对地物种类相当敏感，在同一张航摄负片上，不同的地物，其像元平均梯度值相差很大，因此都只能作为相对的比较。

三、颗粒度

颗粒度 RMS 表示乳剂颗粒的平均尺寸及其分布的情况，它从颗粒噪声的角度来分析感光材料表达微小细节的能力。这种方法主要用于感光材料制造工业，作为评定和验收产品的一种质量指标。此外，在影像的数字化中，为了设计数字化器，对于密度的量化（分级）也必须知道感光材料的颗粒度。

在一块均匀曝光、均匀显影，并使密度达到 1.0 左右的试片上，用 50μm 的孔径在测微密度仪上对其扫描，然后按下式计算颗粒度

$$RMS = 1000 \times \sigma$$

而

$$\sigma = \sqrt{\frac{\sum (x_i - a)^2}{n}} \tag{5-7}$$

式中：x_i——在测微密度仪上量测的某一像元的密度值；

a——平均密度；

n——量测的像元数（>1000）。

尽管颗粒度的测定方法是客观的，但是它只表示感光材料的静态质量（乳剂的颗粒噪声），若要考虑它的传递作用，还必须进一步研究乳剂颗粒的自相关函数和维纳频谱。此外，摄影系统中，许多因素与颗粒度无关，例如颗粒度并不受影像移位、震动和物镜像差的影响。

四、感光测定法

航空摄影结束后，在剩余的片头上曝光光楔，使光楔试片与航摄胶片同时冲洗，然后

用感光测定方法求出在该冲洗条件下感光材料的特性曲线和反差系数。与此同时，量测负片的最大密度 $D_{最大}$、最小密度 $D_{最小}$ 和影像反差 $\Delta D = D_{最大} - D_{最小}$。将上述数值标注到特性曲线上后，就可以检查航空摄影时的曝光和冲洗质量。

感光测定方法主要用于航摄资料的质量验收，对控制航空摄影的正确曝光和冲洗条件也有重要意义，由于这种方法结合了摄区的地物、地形特征，因此在生产中很值得推广。但是，感光测定法只评定图像的宏观质量，并不能反映出图像对微小细节反差表达的能力（可分辨性）。例如，飞机发动机的震动和影像移位的影响用感光测定法是无法评定的。

五、遥感器的信道容量

遥感器的信道容量 C 表示一幅图像中所能包含信息的数据量，单位为比特。

对像幅为 23cm×23cm 的航摄负片而言，其计算公式为

$$C = \left(\frac{23 \times 10^4}{d}\right) \times 8 \tag{5-8}$$

式中：

$$d \leqslant \frac{1}{2\sqrt{2}\,\mathrm{AWAR}} \times 1000 \ (\mu\mathrm{m})$$

AWAR——航摄负片的面积加权平均分辨率；

d——最佳扫描孔径。

由于（5-8）式中包含了负片的微观质量（动态分辨率），因此这是从影像数字化的角度提出的一种像质评价的方法。

对数字扫描仪而言，其信道容量的计算公式为

$$C = N_1 \times N_2 \times N_3 \tag{5-9}$$

而

$$N_1 = \frac{S}{\mathrm{IFOV}^2}$$

式中：N_1——一幅图像所包含的像元总数；

N_2——波段数；

N_3——每个像元的量化级数；

S——一幅图像所覆盖的地面面积；

IFOV——瞬时视场。

以 SPOT 图像为例，每幅图像所覆盖的地面面积为 60km×60km，全色波段的瞬时视场为 10m，多光谱有三个波段，其瞬时视场为 20m；每个像元都将地物量化成 8 个比特（0~255）的亮度值。因此

$$C_{全色} = 36 \times 10^6 \times 8 = 288\mathrm{Mbit}$$

$$C_{多光谱} = 3 \times 9 \times 10^6 \times 8 = 288\mathrm{Mbit}$$

扫描仪信道容量的大小，直接关系到数据的传输速率，即在地面接收站每天的有效接收时间内，遥感器能输送出多少幅图像，同时也影响到对原始数据进行预处理所需要的时间。此外，信道容量的大小也将对用户在图像处理中的软件开发提出相应的要求。

六、图像的信息量

信息量表示随机变量的不肯定度，是对图像中可能提取的信息所作出的客观度量。单位为比特。其计算公式为

$$\overline{H}(x) = \frac{-\sum_{i=0}^{n} p_i \log_2 p_i}{S} \tag{5-10}$$

式中：S———一张负片所覆盖的地面面积，单位为 km^2；

p_i———一个图像中出现某个灰度（或亮度）的概率；

n——像元灰度（或亮度）可能取值的范围。

信道容量和信息量是两个不同的概念，信道容量表示图像中可能含有信息的数据量，而信息量表示图像中（或取样区域内）为提取信息，表示数据时所必须使用的二进制的最小数目，尤其在评定多光谱成像系统的实用性和波段选择中，这种方法很有使用价值。但在数值上，由于对地物的种类比较敏感，信息量也只具有相对的意义。

5.2.2 对像质评定标准的要求

从上面的分析中可以看出，随着影像数字化的不断发展，虽然开拓了许多新的像质评价方法，但这些方法在使用中都具有一定的局限性。一个较为理想的像质评定标准应该符合以下几个要求：

（1）评定标准要尽可能客观，而且重复性要好；

（2）这种标准应该全面地表示影像质量，而不能只局限于某一个方面；

（3）这种标准中所确定的质量指标应该便于实际测定，即能够较为方便地测定出图像的动态质量；

（4）这种标准所确定的质量指标必须是能够传递的，即只要知道成像系统中各个介质对图像表达的质量，就可以用简单的“叠加”方法求得图像的动态质量。例如，组成航摄系统的介质包括大气、物镜（包括滤光片）、震动、像点移位、航摄胶片（包括冲洗条件）等五大部分，如果知道了每一部分对影像的表达质量，用“叠加”的方法就可以计算出整个摄影系统（航摄负片）的动态质量。叠加性的重要意义在于：通过分析可以知道哪一个介质在成像过程中起主要作用，这对于研究和提高影像质量有很重要的意义。

调制传递函数是目前认为最符合上述要求的一种评定影像质量的标准。

传递函数的思想来源于信息论，它的数学基础是傅里叶变换，早在20世纪50年代初期，就已经有人提出利用调制传递函数（当时叫反差传递函数或频率响应）作为评定摄影质量的标准，这种方法首先用于摄影物镜的优化设计和感光材料制造工艺的质量控制。从70年代初期起，调制传递函数又从航摄负片上评定航摄系统的成像质量（动态质量），并开始用于数字扫描仪的质量评定。

当然，这并不是说调制传递函数是唯一的像质评定标准，事实上为了更正确地理解调制传递函数的意义，就需要其他评定标准在测定中的知识和经验。因此，目前照相工业中，无论是摄影机或是感光材料的制造厂商，除了公布调制传递函数的数据外，同时也公布其他的特性数值，以供使用者参考。

5.3 摄影系统的调制传递函数

5.3.1 名词解释

一、正弦形觇板（正弦形光栅）

我们知道，测定分辨率，需要利用一个特制的分辨率觇板，例如三线条觇板。如测微密度仪量测其中任何一组线条的密度分布，得到的结果显然是一个密度呈矩形变化的图案，这种图案称为方波或矩形波。也就是说所测分辨率觇板上的线条，其光强 I 是呈矩形分布的图案，如图 5-3 所示。而分辨率 R 为

$$R=\frac{1}{r}=\frac{1}{2d} \tag{5-11}$$

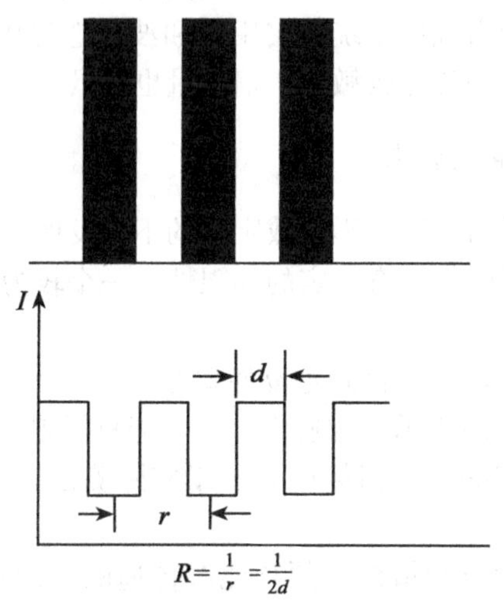

图 5-3　三线条分辨率觇板

从理论上说，测定调制传递函数，也需要利用一个觇板，但是这种觇板条纹间的光强是呈正弦形变化的，如图 5-4（a）所示。我们称这种觇板为正弦形觇板（或称正弦形光栅）。通常，正弦形觇板条纹间的密度是连续变化的，图 5-4（b）表示一个正弦波觇板的光强分布。

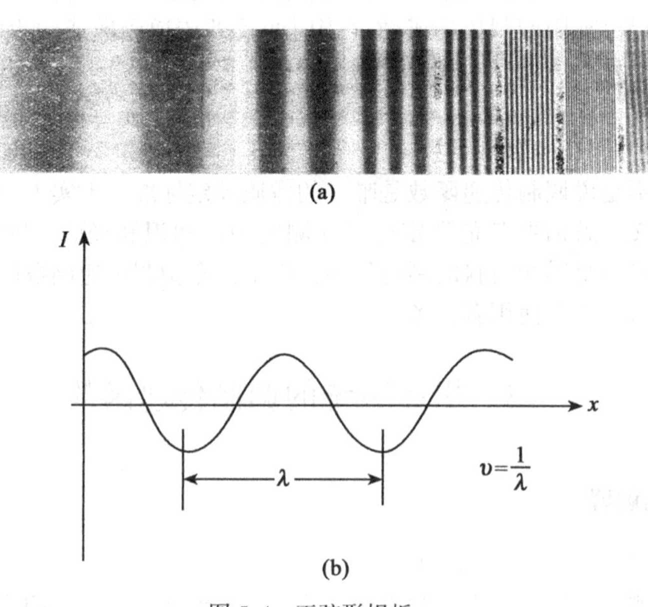

图 5-4　正弦形觇板

二、空间频率

如果有一个光强呈正弦形分布的觇板，该觇板相邻两条白线（或黑线）的距离定义为空间周期，以 λ 表示，单位为 mm，则 λ 的倒数称为空间频率 v，而 $2\pi v=\omega$ 称为空间角频率，即

$$v=\frac{1}{\lambda} \tag{5-12}$$

及

$$2\pi v=\frac{2\pi}{\lambda}=\omega \tag{5-13}$$

也有将空间周期 λ 称为波长的，与此相应的空间频率 v 则称为波数。

显然，空间频率 v 与分辨率觇板的 R 值是同一个意思，因为

$v=1$，表示每毫米内有 1 个光强呈正弦形分布的图案；

$v=2$，表示每毫米内有 2 个光强呈正弦形分布的图案；

⋮

$v=n$，表示每毫米内有 n 个光强呈正弦形分布的图案。

$R=1$，表示每毫米内有 1 对等宽的线条；

$R=2$，表示每毫米内有 2 对等宽的线条；

⋮

$R=n$，表示每毫米内有 n 对等宽的线条。

三、调制（反差）

前几章中，我们所讲的景物反差 u，都是指景物的最大亮度与最小亮度之比（或以其对数之差表示），例如，分辨率觇板的反差就是以底色与黑线的亮度之比表示的。但是，在传递函数中，正弦形觇板的反差是按照无线电理论中的调制值定义的，即

$$M=\frac{I_{max}-I_{min}}{I_{max}+I_{min}}=\frac{I_a}{I_o} \tag{5-14}$$

显然，$0\leqslant M\leqslant I$。

式中：I_a 表示正弦形觇板的振幅，I_o 表示正弦形觇板的平均亮度。如图 5-5 所示。

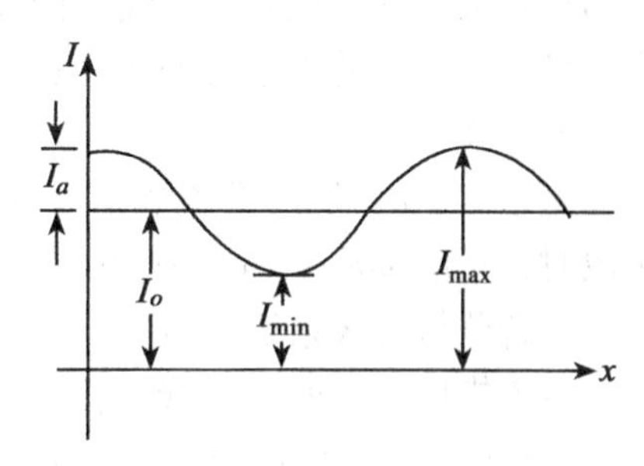

图 5-5　正弦形觇板的亮度分布

我们称 M 为正弦形觇板的调制，也就是正弦形觇板的反差，由图 5-5 很容易看出，对于某一个空间频率为 v 的正弦形觇板而言，任意一点处的光强分布 $I(x)$ 为

$$I(x)=I_o+I_a\cos 2\pi vx \tag{5-15}$$

$$=I_o\left(1+\frac{I_a}{I_o}\cos 2\pi vx\right)$$

$$I(x)=I_o(1+M\cos 2\pi vx) \tag{5-16}$$

显然，景物反差 u 与调制值 M 之间有下列关系，即

$$M=\frac{u-1}{u+1} \tag{5-17}$$

我们知道，在分辨率测定中，一般有两种反差的觇板，一种是高反差（1000 : 1）觇

板，另一种是低反差（1.6：1）觇板。按（5-17）式计算，其相应的调制值分别为0.998和0.23。

四、点扩散函数和线扩散函数

1. 点扩散函数

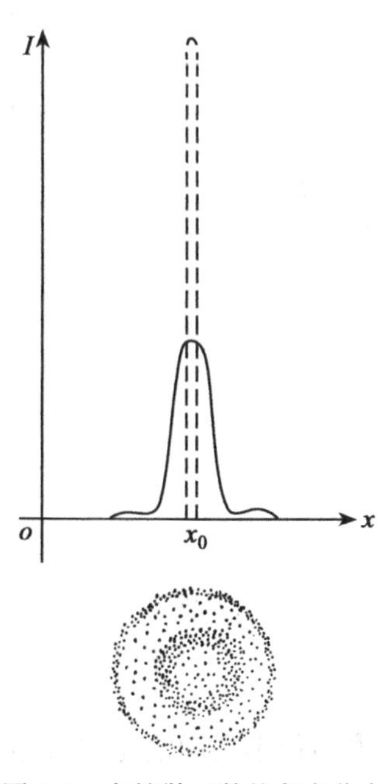

图5-6　点扩散函数的亮度分布

物方一个亮点，通过摄影系统后，理想的情况下应该还是一个点，其亮度应该是很集中的，如图5-6中x_0处的虚线所示。

但是，由于光的衍射作用，物镜的像差、光在乳剂中的散射以及摄影系统中其他介质的影响，实际所得的点像是一个光斑，其亮度由中心向四周散开。若用测微密度仪沿着x方向量测其密度分布，并根据感光材料的特性曲线（$D=\lg H$曲线），将密度变化换算成曝光量的变化，则得到图5-6中实线所示的轨迹。我们将点像的光强分布定义为点扩散函数。

一般来说，点像的光强分布并不对称于中心，所以点扩散函数以二维坐标$p(x, y)$表示。其中x、y表示像平面上光斑任意一点处的位置坐标，p表示某一位置(x, y)处亮度的大小。一般$p(x, y)$可以画成立体图，即将图5-6中的实线轮廓线绕中心x_0旋转一周而成的立体空间来代表点扩散函数。

2. 线扩散函数

物方一条亮线可以看做是由无穷多个亮点组成的，所以亮线通过摄影系统后的构像也就是无穷多个亮点构像的集合。由于同样的原因（光的衍射、像差等），亮线的影像不再是一条亮线，其影像将向两边扩散。如果把像面上线像的长度方向定为y方向，那么线像沿x方向的光强分布$A(x)$就称为线扩散函数，如图5-7所示。

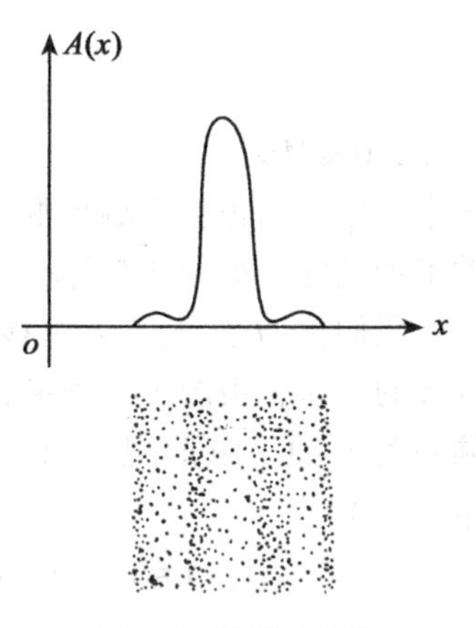

图5-7　线扩散函数

由于$A(x)$是一维函数，计算简单，因此在研究传递函数时，一般都从x、y两个方向分别研究线扩散函数，然后再综合分析成像系统的质量。

应该指出，一般来说线扩散函数的图形并不是对称的（即把$A(x)$轴向右移到图形的中间，左、右两半部分曲线的形状不是对称的），只有在线性的摄影系统中，线扩散函数$A(x)$的图形才是对称的。

五、空间不变线性系统

设x为系统的输入，$f(x)$为系统的输出，则对任意两个输入x_1和x_2及常数c，满足下列条件的系统称为线性系统，即

$$f(x_1+x_2)=f(x_1)+f(x_2) \tag{5-18}$$

$$f(cx)=cf(x) \tag{5-19}$$

对摄影系统而言，（5-18）式表示，只要知道组成摄影系统中各个介质对影像表达的质量，就可用简单的“叠加”方法来求得整个摄影系统对影像表达的质量。而（5-19）式表示系统的特性与输入信号的平均强度无关，即与曝光量无关。

所谓空间不变性，在摄影系统中则表示系统的特性在像场任何位置上都应该是一致的。

从理论上说，调制传递函数（MTF）的理论只适合于空间不变线性系统，但实际的摄影系统并不满足这一要求，因为诸如焦平面上的照度分布，摄影物镜残余像差在焦平面上的分布，显影的邻界效应和摄影处理时反差系数不等于 1 等因素，都会影响空间不变线性。因此，在 MTF 测定中必须给予某些条件的限制，以便尽可能符合 MTF 理论的要求(见 5.4 节)。

5.3.2 光学传递函数

当分析一个线性系统的物理过程时，总是把一个复杂的输入信号利用傅里叶变换理论分解为一系列简单的输入，然后研究组成这个线性系统的各个介质对这一系列简单输入的“响应”，最后把每个单独的响应“叠加”起来，就得到该系统的总响应。

光学传递函数理论也是根据这一思想发展起来的，所谓光学传递函数就是研究各种频率的正弦波光栅在通过光学系统后是经过怎样的变化才构成影像的。具体地说就是：组成物体的各个频率的正弦波在成像以前其振幅和相角如何，成像以后其振幅和相角发生了什么变化，加以对比，以比值作为纵坐标，频率作为横坐标作图，这就是光学传递函数。

一、调制传递函数（MTF）

图 5-8 表示一个频率为 υ，光强分布为 $I(x)=I_o+I_a\cos 2\pi\upsilon x$ 的正弦形光栅，通过摄影系统后由于种种原因（光的衍射、物镜的像差、光在乳剂层中的散射等），其影像的光强分布将变成

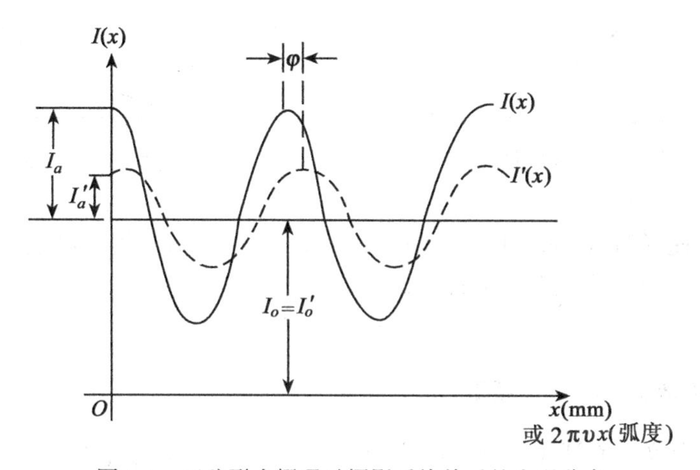

图 5-8 正弦形光栅通过摄影系统前后的光强分布

$$I'(x)=I'_o+I'_a\cos 2\pi\upsilon x$$

显然 $$M_{物}=\frac{I_a}{I_o},\ M_{像}=\frac{I'_a}{I'_o}$$

而 $$M_{像}\leqslant M_{物}$$

正弦形光栅调制值 $M_{像}$ 降低的程度除与摄影系统各种介质有关外，也与正弦形光栅的频率有关，现定义

$$T_{(v)}=\frac{M_{像(v)}}{M_{物(v)}} \tag{5-20}$$

我们称 $T_{(v)}$ 为调制传递函数。英文缩写为 MTF（Modulation Transfer Function）。

图 5-9 为调制传递函数的图形，它如同一条瀑布状的曲线，在零频率处 MTF 恒等于 1，而到某一空间频率处 MTF 下降到几乎等于零。

二、相位传递函数（PTF）

由图 5-8 还可以看出正弦形光栅成像以后，除了上述调制值降低外，还可能产生相角的移动，即成像的位置不在理想成像的线条位置上，而是沿着 x 方向移动了一段距离。该距离用弧度值 φ 表示，即

$$I'(x)=I_o+I'_a\cos(2\pi vx-\varphi)$$

相角移动也与频率有关，故称为相位传递函数，英文缩写为 PTF（Phase Transfer Function），记作 $\varphi_{(v)}$）。图 5-10 表示相位传递函数的图形（因为相位、相角、位相是同一个意思，所以也有人把 PTF 称为位相传递函数或相移传递函数）。

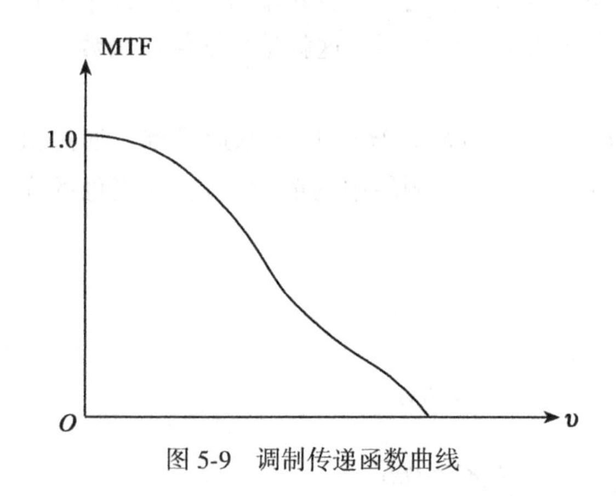

图 5-9　调制传递函数曲线

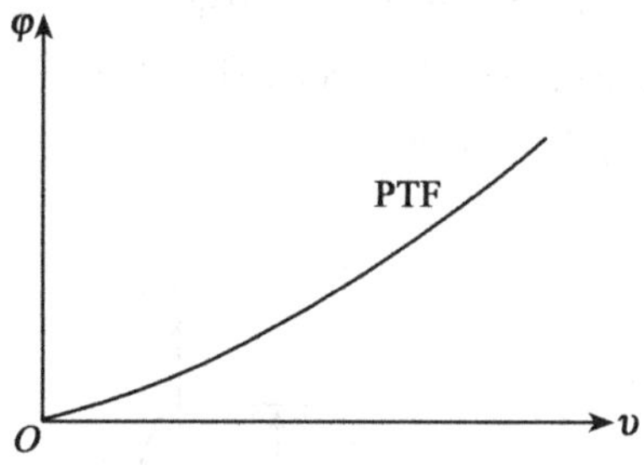

图 5-10　相位传递函数的图形

所谓光学传递函数（Optical Transfer Function），它是调制传递函数 MTF 和相位传递函数 PTF 的综合，其英文缩写为 OTF，即

$$\mathrm{OTF}=T_{(v)}\mathrm{e}^{-i\varphi(v)} \tag{5-21}$$

5.3.3　线扩散函数与传递函数

以上从物理意义上叙述了 OTF 的大概内容。下面则分析为什么一个正弦形光栅通过摄影系统后，振幅、相角会发生变化，以及线扩散函数与传递函数有什么关系。

一、正弦形光栅通过摄影系统后的光强分布

一个正弦形光栅可以认为它是由无穷多个非常密集的线条紧密排列在一起的，每一个

线条通过摄影系统后，都会在感光层上形成自己的线扩散函数。但是由于光栅本身的亮度是呈正弦形分布的，因此每一线条的光强不一，也就是说在感光层上形成的每个线扩散函数的高度并不相等，必须乘上线条所在的位置 $I(x)$。而正弦形光栅通过摄影系统后所构成的影像就是由这些线扩散函数叠加而成的，如图 5-11 所示。

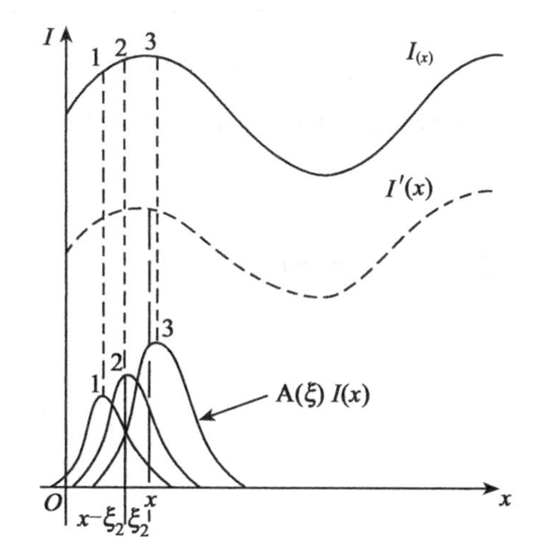

图 5-11　正弦形光栅通过摄影系统后光强分布

若以 $A(\xi)$ 表示线扩散函数（ξ 是相对于 $A(\xi)$ 坐标系而言的），则各点散射到 x 处的光量分别为

点 1：　　$A(\xi_1)\ I(x-\xi_1)$

点 2：　　$A(\xi_2)\ I(x-\xi_2)$

点 3：　　$A(\xi_3)\ I(x-\xi_3)$

全部相加就得到了正弦形光栅通过摄影系统后的光强分布 $I'(x)$，即

$$I'(x)=\int_{-\infty}^{\infty}A(\xi)I(x-\xi)\mathrm{d}\xi \tag{5-22}$$

上式称为 $I(x)$ 对 $A(\xi)$ 的卷积，记作 $I'(\xi)=A(\xi)*I(x)$

因为　　$I(x)=I_o+I_a\cos2\pi\upsilon x$

所以　　$I(x-\xi)=I_o+I_a\cos2\pi\upsilon(x-\xi)$

故

$$\begin{aligned}I'(x)&=I_o\int_{-\infty}^{\infty}A(\xi)\mathrm{d}\xi+I_a\int_{-\infty}^{\infty}\cos2\pi\upsilon(x-\xi)A(\xi)\mathrm{d}\xi\\&=I_o\int_{-\infty}^{\infty}A(\xi)\mathrm{d}\xi+I_a\left[\int_{-\infty}^{\infty}\cos2\pi\upsilon x\cos2\pi\upsilon\xi A(\xi)\mathrm{d}\xi+\int_{-\infty}^{\infty}\sin2\pi\upsilon x\sin2\pi\upsilon\xi A(\xi)\mathrm{d}\xi\right]\\&=I_o\int_{-\infty}^{\infty}A(\xi)\mathrm{d}\xi+I_a\cos2\pi\upsilon x\int_{-\infty}^{\infty}\cos2\pi\upsilon\xi A(\xi)\mathrm{d}\xi+I_a\sin2\pi\upsilon x\int_{-\infty}^{\infty}\sin2\pi\upsilon\xi A(\xi)\mathrm{d}\xi\end{aligned}$$

或

$$I'(x)=I_o\int_{-\infty}^{\infty}A(\xi)\mathrm{d}\xi+I_aA^c_{(\upsilon)}\cos2\pi\upsilon x+I_aA^s_{(\upsilon)}\sin2\pi\upsilon x \tag{5-23}$$

式中

$$A^c_{(\upsilon)}=\int_{-\infty}^{\infty}A(\xi)\cos2\pi\upsilon\xi\mathrm{d}\xi \tag{5-24}$$

$$A^s_{(\upsilon)}=\int_{-\infty}^{\infty}A(\xi)\sin2\pi\upsilon\xi\mathrm{d}\xi \tag{5-25}$$

（5-24）式称为线扩散函数的余弦傅里叶变换，（5-25）式称为线扩散函数的正弦傅里叶变换。所以

$$I'(x)=I_o\int_{-\infty}^{\infty}A(\xi)\mathrm{d}\xi+I_a|A|\cos(2\pi\upsilon x-\varphi) \tag{5-26}$$

式中：

$$|A|=\sqrt{[A^c_{(\upsilon)}]^2+[A^s_{(\upsilon)}]^2} \tag{5-27}$$

$$A^c_{(\upsilon)}=|A|\cos\varphi \tag{5-28}$$

$$A^s_{(\upsilon)}=|A|\sin\varphi \tag{5-29}$$

由(5-27) 式可以看出，$I'(x)$ 仍然是一个亮度呈正弦形分布的图案，频率不变。但是

振幅由 $I_a \to I_a|A|$，相角变动了 φ 角，平均值由 $I_o \to I_o\int_{-\infty}^{\infty} A(\xi)\,d\xi$。

二、线扩散函数与调制传递函数

根据调制传递函数的定义(5-20) 式可知

$$T_{(v)} = \frac{M_{像(v)}}{M_{物(v)}}$$

对于某一个频率 v 而言，有

$$M_{物} = \frac{I_a}{I_o}$$

$$M_{像} = \frac{I'_a}{I'_o} = \frac{I_a|A|}{I_o\int_{-\infty}^{\infty} A(\xi)\,d\xi}$$

所以

$$T_{(v)} = \frac{M_{像}}{M_{物}} = \frac{|A|}{\int_{-\infty}^{\infty} A(\xi)\,d\xi} \tag{5-30}$$

由上式可见，在求调制传递函数时，对于每一个空间频率 v 而言，都要除以一个公共因子

$$\int_{-\infty}^{\infty} A(\xi)\,d\xi$$

实际上这就是把传递函数规格化，所以一般都假定 $\int_{-\infty}^{\infty} A(\xi)\,d\xi = 1$

于是

$$T_{(v)} = |A| \tag{5-31}$$

公式（5-31）告诉我们，所谓调制传递函数，就是线扩散函数傅里叶变换的模（振幅），即

$$|A| = \sqrt{[A^c_{(v)}]^2 + [A^s_{(v)}]^2}$$

$$= \sqrt{\left[\int_{-\infty}^{\infty} A(\xi)\cos 2\pi v\xi\,d\xi\right]^2 + \left[\int_{-\infty}^{\infty} A(\xi)\sin 2\pi v\xi\,d\xi\right]^2}$$

因此，只要求出线扩散函数，就可以解算出调制传递函数（当然，利用（5-28）式或（5-29）式也可以同时解算出相位传递函数 $\varphi_{(v)}$，因本章只讨论调制传递函数，故 $\varphi_{(v)}$ 的解算从略）。

三、讨论

1. 从数学上说，我们已经证明调制传递函数就是线扩散函数的模，但应该如何来理解其物理意义呢？

对于一个线光源来说，它在物方的亮度分布如图 8-12（a）所示，在数学上称为函数（或单位冲量函数）即

$$\delta(x) = \begin{cases} 0, & x \neq 0 \\ \infty, & x = 0 \end{cases} \quad 且 \quad \int_{-\infty}^{\infty} \delta(x)\,dx = 1$$

我们可以对 δ 函数进行傅里叶变换，即进行频谱分析，则

$$F(\omega) = \int_{-\infty}^{\infty} \delta(x)\,e^{-i\omega x}\,dx$$

$$= \int_{-\infty}^{\infty} \delta(x)\cos\omega x \mathrm{d}x - \mathrm{i}\int_{-\infty}^{\infty} \delta(x)\sin\omega x \mathrm{d}x$$

$$= \cos(0) - \mathrm{i}\sin(0) = 1$$

这就是说 δ（x）函数在所有频率分量上的振幅都相等，而且等于 1（即 $I_a = 1$），它的频谱是一条平行于 x 轴的直线，如图 5-12（b）所示。

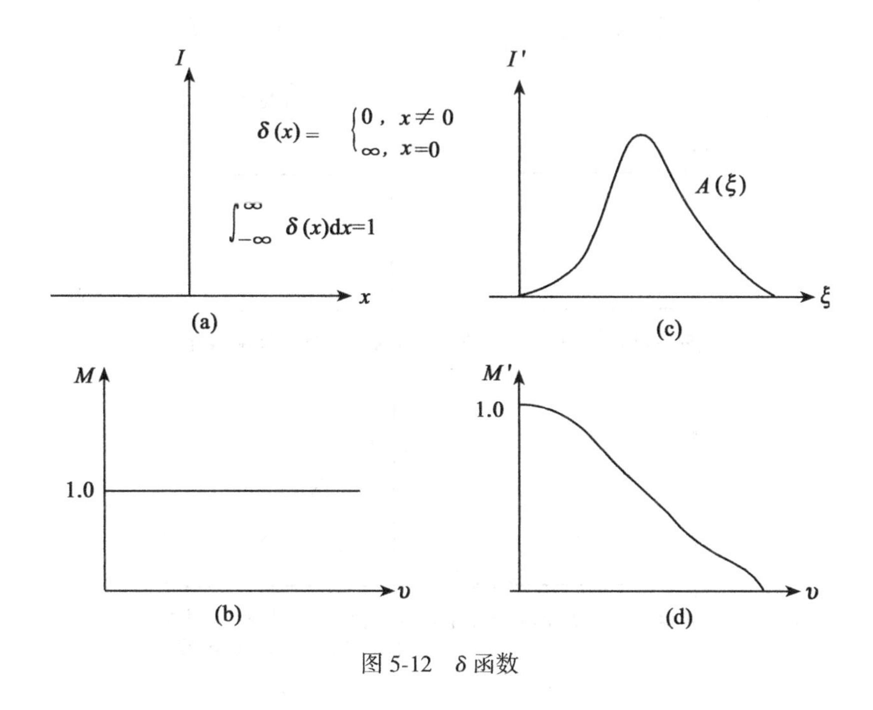

图 5-12　δ 函数

但是，通过摄影系统以后，δ（x）的构像为线扩散函数 A（ξ），如图 5-12（c）所示，而对线扩散函数作傅里叶变换，就得到了组成线扩散函数 A（ξ）的所有频率分量的振幅 $|A|$，如图 5-12（d）所示。因此从物理意义上来理解，所谓调制传递函数就是各个空间频率的正弦波影像，经过成像系统后调制损失的百分比。如果将它的作用与滤光片作一比较，意义就更为清楚。白光在未通过滤光片之前，可以认为它包含不同波长的色光，其强度是近似相等的，通过滤光片后，由于滤光片对光的选择性吸收，其中有些波长的色光被完全吸收，有些波长的色光被减弱，因此形成通过滤光片后的光谱透光曲线，如图 5-13 所示。

2. 如果 $\upsilon = 0$，则

$$T_{(0)} = |A| = \sqrt{[A^c_{(\upsilon)}]^2 + [A^s_{(\upsilon)}]^2} = A^c_{(\upsilon)}$$

$$= \sqrt{\left[\int_{-\infty}^{\infty} A(\xi)\cos 2\pi\upsilon\xi \mathrm{d}\xi\right]^2} = \int_{-\infty}^{\infty} A(\xi)\mathrm{d}\xi = 1$$

这就表示，在空间频率为零时，调制传递函数 $T_{(0)}$ 恒等于 1，这就是 MTF 曲线在零频率处一定等于 1 的原因。

3. 如果 A（ξ）的图形对称于纵轴，即 A（ξ）为偶函数，这时线扩散函数 A（ξ）的正弦傅里叶变换为零，即

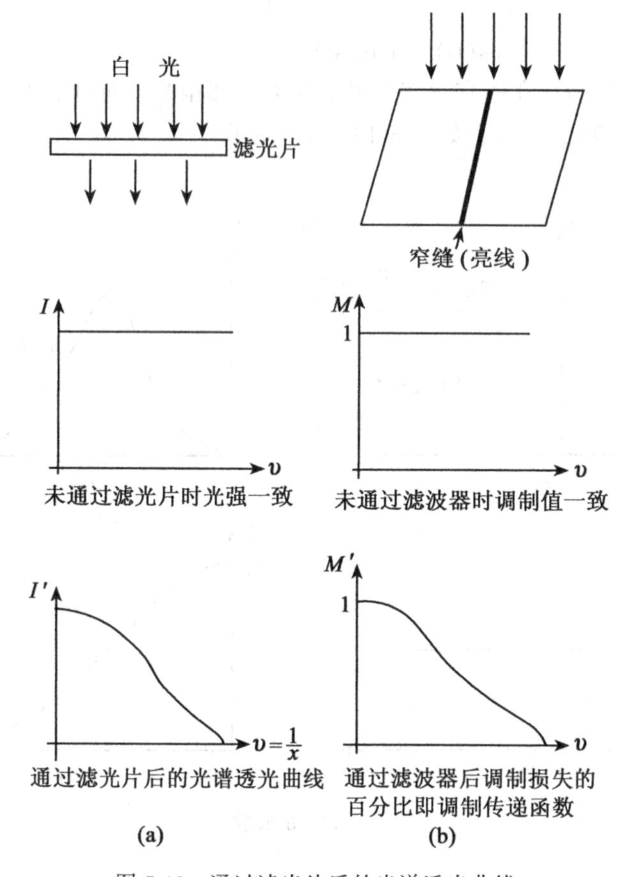

图 5-13　通过滤光片后的光谱透光曲线

$$\int_{-\infty}^{\infty} A(\xi)\sin 2\pi v\xi \mathrm{d}\xi = 0$$

所以

$$T_{(v)} = \int_{-\infty}^{\infty} A(\xi)\cos 2\pi v\xi \mathrm{d}\xi$$

显然，由于 $A^{s}_{(v)} = 0$，所以 $\varphi = 0$，也就是没有相位的变化，此时我们称这个摄影系统为线性系统。

5.4　在航摄负片上测定调制传递函数的方法

5.4.1　刀刃曲线的成像过程

在实验室条件下测定摄影物镜或胶片调制传递函数的方法非常之多，本节只研究如何在航摄负片上测定摄影系统调制传递函数的方法。为此，先研究一下在摄影技术课程中测定影像清晰度时所依据的刀刃曲线的成像过程。

在两个受到同样光照强度的半平面上，未被刀刃遮盖的半面可以看做是由无穷多个密集排列的狭长亮线所组成的，如图 5-14 中的 1，2，3，4，…线。因为每一条狭长亮线通过摄影系统后，其影像的光强分布可以由线扩散函数 $A(x)$ 表示。由图 5-14 可见，刀刃曲线任意一点 x_0 处的光强分布 $I(x_0)$，就是影像每一点处所相应的线扩散函数值的总和。与上节正弦形觇板通过摄影系统后的光强分布所不同的是，在目前这种情况下，线扩散函数的高度都是相同的，即

$$\begin{aligned} I(x_0) &= [A(x_0 - x_4) + A(x_0 - x_3) + A(x_0 - x_2)] + A(x_0 - x_1) + \cdots] \cdot \Delta x \\ &= \int_{-\infty}^{\infty} A(x)\,\mathrm{d}x \qquad (5\text{-}32) \end{aligned}$$

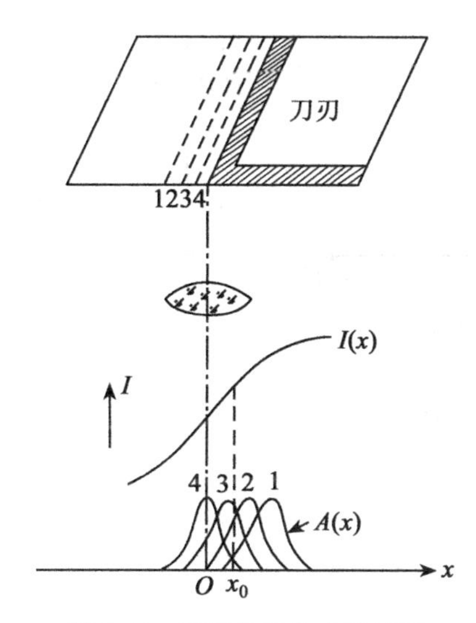

图 5-14　刀刃曲线的成像过程

在数学上（5-32）式称为刀口函数。

将（5-32）式两边微分得

$$\mathrm{d}I = \mathrm{d}\int_{-\infty}^{+\infty} A(x)\,\mathrm{d}x = A(x)\,\mathrm{d}x$$

所以

$$\frac{\mathrm{d}I}{\mathrm{d}x} = A(x)$$

即刀刃影像光强分布曲线任何点处的斜率，就等于在该点的线扩散函数值。因此，利用刀刃曲线 $I(x)$，就可以求出线扩散函数 $A(x)$，而对 $A(x)$ 求傅里叶变换，就可以求出调制传递函数。

利用刀刃曲线可以求出调制传递函数有极为重要的意义，在航摄负片上直边地物是很多的，从而为在航摄负片上评定摄影系统的动态质量创造了条件。为此以下讲述在航摄负片上测定调制传递函数的具体步骤。

5.4.2　利用刀刃曲线测定调制传递函数

（1）在航摄负片上选取直边地物（如道路、田埂、水坝、屋顶等），然后用密度标尺一致的测微密度仪，量测地物的边界曲线，即刀刃曲线，得 $D=f(x)$，如图 5-15（a）

所示。

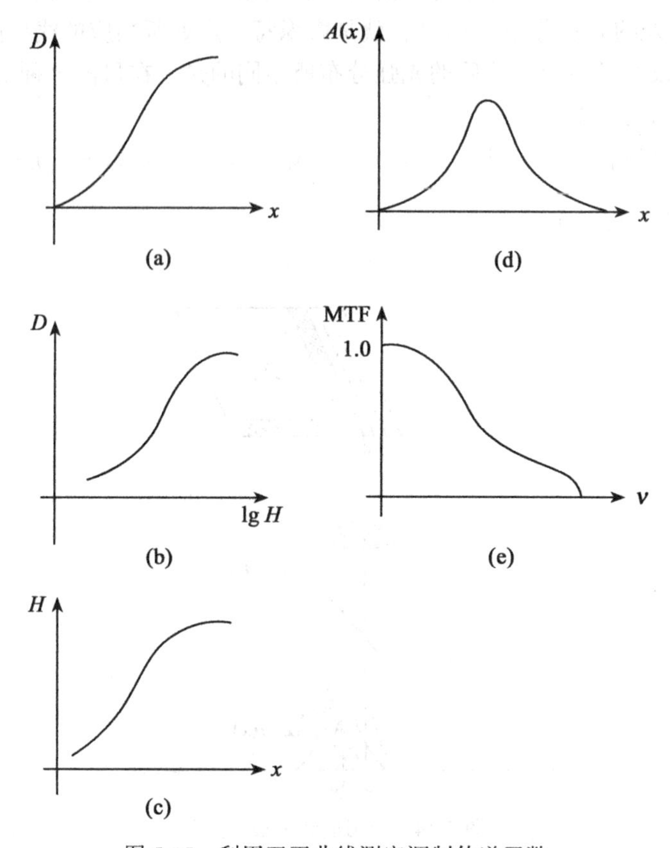

图 5-15　利用刀刃曲线测定调制传递函数

量测时的有效缝隙宽度为 1～5μm，高度为 80～300μm。一般来说，缝隙的长度与宽度之比须大于 57.3，通常沿着同一个直边地物，在不同位置量测 10 次以上，最后取其平均值。

（2）用测微密度仪量测的刀刃曲线是密度分布曲线 $D=f(x)$，为了求得刀刃曲线的光强分布，必须根据感光材料的特性曲线即 $D=\lg H$ 的数据进行换算。为此，航摄负片冲洗时，必须连同在感光仪上已经曝光的光楔试片一起冲洗，然后用测微密度仪以相同 的缝隙量测试片各级密度，得到感光材料在此冲洗条件下的特性曲线即 $D=\lg H$，如图 5-15（b）所示。

（3）根据 $D=\lg H$ 曲线的数据，将刀刃曲线 $D=f(x)$ 换算成 $H=f(x)$，如图 5-15（c）所示，一般采用线性内插的方法进行换算。

（4）将刀刃曲线 $H=f(x)$ 逐点求导数，从而得到线扩散函数 $A(x)$，如图 5-15（d）所示。

（5）将 $A(x)$ 进行傅里叶变换，从而解算出调制传递函数 MTF，如图 5-15（e）所示。

在 MTF 的测定过程中，关键技术是刀刃的选择、缝隙的定向和对量测数据的滤波。

由上一节知道，MTF 的理论只适用于空间不变线性系统，但实际的摄影系统并不满足这一要求，尤其在用刀刃曲线测定 MTF 时，更应考虑刀刃两边的反差在显影中所产生的邻界效应，因为邻界效应将使刀刃曲线的两端产生畸变，这样由刀刃曲线求导而产生的线扩散函数就不能代表狭长亮线通过摄影系统后的光强分布，即邻界效应将使影像产生非线性的变化。因此，在选择刀刃时，刀刃的密度差应小于 0.7，以便将显影的邻界效应降低到可以忽略的程度。

由于航摄仪的像场角太大，难以满足空间不变性的要求，在测定 MTF 时，只能有目的地在像场各部分选择互相垂直的两条刀刃影像，然后按面积加权平均分辨率的计算方法，在相应频率处分别计算面积加权平均 MTF（AWAMTF）。

一般来说，量测时缝隙的长度与宽度之比需大于或等于 57.3。这是为了确保缝隙与刀刃影像之间的平行性，以尽可能减少量测时刀刃的定向误差。因为人眼的定向精度为 1°，因此，若使缝隙的长度与宽度之比保持在 57.3 以上，就可以最大限度地减少缝隙的定向误差。另一方面，缝隙的宽度不能太大，根据取样定律，缝隙的宽度不能超过图像截止频率的一半，因此一般取缝隙的宽度为 2~5μm。

由于乳剂颗粒噪声和测微密度仪中光电噪声的影响，在量测的刀刃数据中必将含有大量的噪声，因此刀刃曲线（图 5-15（a））决不可能是一条光滑的曲线，为了消除噪声的影响，以提高 MTF 的测定精度，必须对量测数据进行滤波（光滑）。滤波可以在空间域中进行（空间域滤波），也可以在频率域中进行（频率域滤波）。从数学意义上讲，滤波是一种卷积运算，以空间域滤波为例，即设法找到一个滤波函数 $h(x)$，将含有噪声的量测数据 $e(x)$ 与滤波函数 $h(x)$ 进行卷积运算，从而求得消除噪声后的数据 $e'(x)$，即

$$e'(x) = e(x) * h(x) \tag{5-33}$$

在实际计算中，一次滤波并不能消除全部噪声的影响，因此，在图 5-15 的每一个计算步骤中，都应包括一次对曲线的滤波，以保证 MTF 的测定精度。

5.5 数字扫描成像系统调制传递函数的测定

随着多光谱扫描仪成像质量的不断提高，所摄取的图像数据开始从试验性应用阶段走向实际应用阶段，与此同时，影像数字化技术也在不断发展，因此，从 20 世纪 80 年代开始，人们不断探索数字扫描成像系统的像质评价方法。

一般来说，本章 5.2 节所讨论的像质评价方法，除胶片颗粒度和感光测定法外，对数字扫描成像系统的像质评价都是适用的，尤其是像元平均梯度、信道容量、信息量和数字扫描图像的有效比特数等，本身就是随着数字扫描成像和影像数字化技术的兴起而发展起来的，但是，对成像系统的质量评价，最全面、应用最广的还是调制传递函数。

本节以 CCD 摄像机为例，介绍测定数字扫描成像系统调制传递函数的方法。

假定 CCD 摄像机中，每个像元的构像特性都相同，而且其点扩散函数在任意一个方向上都呈高斯正态分布，则任一像元的点扩散函数也就代表了系统的线扩散函数，而其傅里叶变换的模就得到了调制传递函数。

与模拟图像（航摄负片）相比，只需将扫描图像显示在屏幕上，选定刀刃后，直接“开窗”取样，就能获得刀刃的扫描数据。此外，扫描图像由于没有经过摄影处理，不受非线性影响（显影的邻界效应）的干扰，因此，对刀刃的反差也无特殊要求，这比在航

摄负片上选择和扫描刀刃要方便得多。但对数字扫描图像而言，扫描孔径太大（在航摄负片上数字化时），取样孔径为25~50μm，而CCD摄影机的像元宽度为13μm，沿着一条刀刃的扫描数据量太少，如果对扫描数据不作附加处理，难以精确地表示出一条完整的刀刃曲线。

以下介绍几种对刀刃扫描数据进行附加处理的方法。

5.5.1 内插法

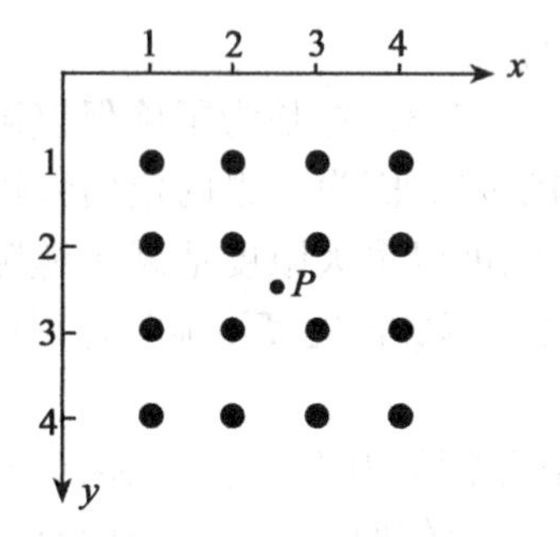

图 5-16 按双线性三次内插示意图

假设沿着一条刀刃扫描了 n 条数据，对每一条数据都按双线性三次内插函数进行内插，如图 5-16 所示，其计算公式为

$$B_p = \sum_{j=1}^{4} \sum_{i=1}^{4} B_{ij} \cdot W(x_{ip}) \cdot W(y_{jp}) \tag{5-34}$$

式中：B_p——内插点 P 的亮度值；

B_{ij}——P 点四周16个已知点的亮度值；

x_{ip}——以 P 点为原点，在 x 方向上，邻近像元（i）离 P 点的距离；

y_{jp}——以 P 点为原点，在 y 方向上，邻近像元（j）离 P 点的距离；

$W(x_{ip})$、$W(y_{jp})$——权系数。

进而

$$\left.\begin{aligned} W(x_{ip}) &= 1 - 2|x_{ip}|^2 + |x_{ip}|^3 \qquad (0 \leqslant |x_{ip}| \leqslant 1) \\ W(x_{ip}) &= 4 - 8|x_{ip}| + 5|x_{ip}|^2 - |x_{ip}|^3 \qquad (1 \leqslant |x_{ip}| \leqslant 2) \end{aligned}\right\} \tag{5-35}$$

在 y 方向上计算权系数时，只要将 x_{ip} 换成 y_{jp} 即可。

为了节省计算时间，可以根据刀刃方向只在 x 或 y 方向上进行内插，其计算公式为

$$\left.\begin{aligned} B_p &= \sum_{i=1}^{4} B_i \cdot W(x_{ip}) \\ &\text{或} \\ B_p &= \sum_{j=1}^{4} B_j \cdot W(y_{jp}) \end{aligned}\right\} \tag{5-36}$$

式中：

$$B_i = \sum_{j=1}^{4} B_{ij} \cdot W(y_{jp}),\ B_j = \sum_{i=1}^{4} B_{ij} \cdot W(x_{ip})。$$

内插后，每一条扫描数据的数据量增加一倍，然后将 n 条扫描数据取平均后作为一条刀刃扫描数据，由于CCD摄像机是对地物的亮度进行量化，因此，不需要进行曝光量换算，由刀刃曲线逐点求导后，就得到了线扩散函数，而线扩散函数傅里叶变换的模就是CCD摄像机的调制传递函数。

5.5.2 综合法

内插法的优点是计算简单，但在使用上有局限性，对CCD摄像机而言，其像元宽度一般为13μm，经内插后，刚好能表示出一条刀刃曲线，但数据量仍显不足，影响调制传

递函数的测定精度，尤其在影像数字化中，扫描孔径为25~50μm，数据量更少，无法表示出一条完整的刀刃曲线。

为了增加数据量，使刀刃相对于扫描缝隙倾斜一个角度，这样沿着刀刃扫描 n 条数据后，每一条扫描数据只代表刀刃曲线中的 n 个离散值，而将 n 条扫描数据综合后，就能表示出一条完整的刀刃曲线。因为根据卷积成像原理((5-22）式)，像函数（$I'(x)$）是物函数（$I(x)$）和线扩散函数（$A(x)$）的卷积，即

$$I'(x)=I(x)*A(x) \tag{5-37}$$

因此，在 n 条扫描数据中，任意一个扫描数据都可能是刀刃曲线中的某一个扫描值，利用线性回归原理，就可以将 n 条扫描数据综合成一条刀刃曲线。

利用综合法测定CCD摄像机调制传递函数的步骤如下：

(1) 在含有直边地物的取样区域内，逐行（y_j）求出最大亮度值（A_i）及其相应的坐标 x_i，如图5-17所示，此时直边地物的方向相对像元的扫描方向必须倾斜一个角度。

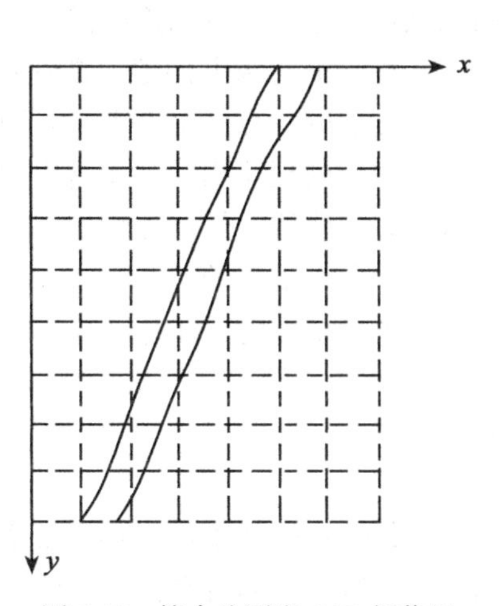

图5-17　综合法测定CCD摄像机调制传递函数

(2) 在 x_i 的左右各取两点，于是在每一个 y_j 行上，各自得到了5对数据，即

$$\begin{matrix} x_{i-2,j} & x_{i-1,j} & x_{i,j} & x_{i+1,j} & x_{i+2,j} \\ A_{i-2,j} & A_{i-1,j} & A_{i,j} & A_{i+1,j} & A_{i+2,j} \end{matrix}$$

(3) 根据 n 行扫描数据，用一元线性回归方程求出系数 a、b，即

$$\bar{y}=a+b\bar{x} \tag{5-38}$$

而

$$b=\frac{\sum_{i=2}^{n}(x_i-\bar{x})(y_i-\bar{y})}{\sum_{i=2}^{n}(x_i-\bar{x})^2}$$

$$a=\bar{y}-b\cdot\bar{x}$$

式中：$\bar{x}$、$\bar{y}$——x、y 的平均值。

(4) 求出每一行上 x_i 的新坐标 $\tilde{x}_i$，即

$$\tilde{x}_i=\frac{y_i-a}{b}$$

(5) 在每一行上对5个数据点的坐标都进行改正，即

$$\Delta x=x_i-\tilde{x}_i$$

(6) 把各行的五对数据（Δx_i，A_i）合并，并按 Δx_i 的大小重新排列，就得到了一条完整的刀刃曲线

$$\Delta x_i=f(A_i)$$

(7) 对刀刃曲线滤波后，即可逐点求导求出线扩散函数，而线扩散函数傅里叶变换的模即为调制传递函数。

5.5.3 数学模型法

一、数学模型法拟合刀刃曲线

选择数学模型拟合刀刃曲线，是求取数字影像调制传递函数的一种方便而有效的方法。本文根据刀刃曲线的一般形状，提出用如下的余弦函数来模拟刀刃曲线：

$$H(x) = A\cos Bx + C \tag{5-39}$$

式中：x 表示像元坐标；$H(x)$ 表示该像元的灰度值。

如要解出式（5-39）中 A、B、C 三个参数，则至少需要三对$(H(x),x)$数据。如何从图像中提取出这三对或更多对的数据是一个关键问题。刀刃特征反映在数字影像中就是一组灰度值递增或递减的连续像元。因此，可以利用这一特点，在整幅图像中按一定规律提取出一些特征边缘上的值，把这些值综合起来，作为式（5-39）的初值，拟合出刀刃曲线。该方法的特点就是不需要在图像上选取明显的刀刃，而按照一定的方法，对图像中与刀刃曲线排列规律相同的连续像元进行统计，并将其拟合到某一特定的函数关系式上，以此求出刀刃曲线。具体方法如下（以计算 x 方向上的刀刃曲线为例）。

1. 提取特征数据

沿图像 x 方向，在每一行上寻找符合如下条件的 5 个连续像素（g 为像素灰度值）：

$$g_i<g_{i+1}<g_{i+2}<g_{i+3}<g_{i+4}$$

或者

$$g_i>g_{i+1}>g_{i+2}>g_{i+3}>g_{i+4}$$

在每一行的搜索中，如果无符合上述条件的数据，就跳过该行，并将行数减 1；否则，在该行取得的所有符合条件的数据中查找一个最大值，仅保留包含该最大值的那一组数据，然后将该组五个数据从大到小排序。

上面的条件可用图 5-18 中的两个图形表示，每组数据中的最大值可近似地与刀刃曲线的最大值相对应。这个模型中之所以取五个值，主要是考虑到一般数字遥感影像的刀刃宽度都在五个像元左右（或以内），如果刀刃过宽，则说明影像模糊严重，用本文的模型也很难取得好的恢复效果。

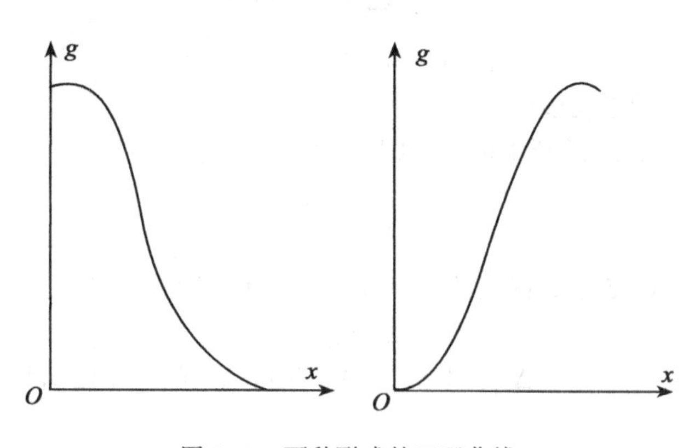

图 5-18　两种形式的刀刃曲线

2. 数据合并

将上面取得的各组数据从大到小对应取平均，合并成为一组 g_0，g_1，g_2，g_3，g_4。显然，存在 $g_0>g_1>g_2>g_3>g_4$。

3. 计算刀刃曲线的参数

由上述可知，数据是从模拟刀刃的最大值开始，由大到小排列的。对于式（5-39）来说，A 应为一正值，自变量 x 为 0 时函数值最大，在以像素大小为采样间隔的条件下，五个刀刃数据的 x 值应分别对应为 0、1、2、3、4。这里取前 3 个值进行计算，后两个可用来检核，代入式（5-39），有

$$g_0 = H(0) = A + C$$
$$g_1 = H(1) = A \cdot \cos B + C$$
$$g_2 = H(2) = A \cdot \cos 2B + C$$

解得：

$$A = \frac{2(g_1 - g_0)^2}{(g_2 - 4g_1 + 3g_0)}$$
$$C = g_0 - A \tag{5-40}$$
$$B = \arccos \frac{g_1 - C}{A}$$

将 A、B、C 的值代入式（5-39），就得到用余弦函数模拟的刀刃曲线。

用这种方法计算出的刀刃曲线能全面地表示出整幅图像的刀刃分布情况，结合了图像本身的灰度分布特征，在图像恢复中具有自适应性，所以用这种方法得到的 MTF 对整幅图像进行恢复时也就更为合理。

二、近似的线扩散函数的求解

因为按亮度分布的刀刃曲线 $H(x)$ 各点处的斜率，即为该点的线扩散函数，即

$$A(x) = \frac{\mathrm{d}H(x)}{\mathrm{d}x} \tag{5-41}$$

由刀刃曲线求取线扩散函数过程中，可采用更简明的方法近似地求得线扩散函数。

设成像系统为一个空间不变线性系统，其线扩散函数呈高斯对称分布，则

$$A(x) = \frac{1}{\sqrt{2\pi}\sigma} \mathrm{e}^{-\frac{x^2}{2\sigma^2}} \tag{5-42}$$

所以

$$H(x) = \frac{1}{\sqrt{2\pi}\sigma} \int_{-\infty}^{+\infty} \mathrm{e}^{-\frac{x^2}{2\sigma^2}} \mathrm{d}x \tag{5-43}$$

令 $\sigma=1$，得：

$$H(x) = \frac{1}{\sqrt{2\pi}} \int_{-\infty}^{+\infty} \mathrm{e}^{-\frac{x^2}{2}} \mathrm{d}x \tag{5-44}$$

（5-44）式称为规格化的刀刃曲线函数，呈标准正态分布。查表可知：

$$H(\sigma) = 0.16 \qquad H(-\sigma) = 0.84$$

也就是说，若将刀刃曲线的亮度差压缩在 0~1 之间，$H(x)$ 值为 0.16 和 0.84 所对应的 x 值之差应为 2σ。如图 5-19 所示。

$$2\sigma=|x_1-x_2| \qquad 故\ \sigma=\frac{|x_1-x_2|}{2}$$

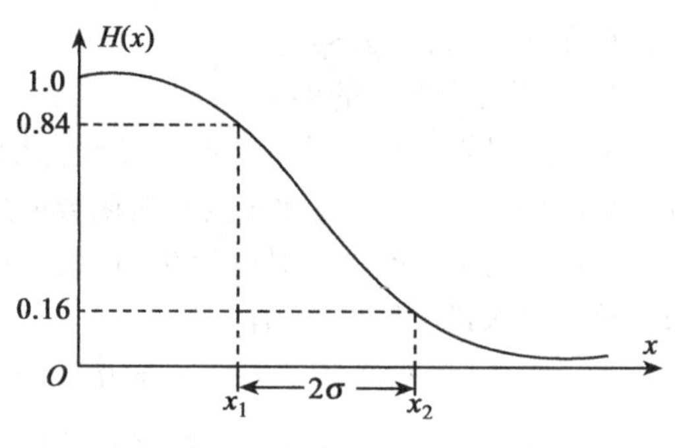

图 5-19　按亮度分布的刀刃曲线

将 σ 代入式（5-42）即可求出线扩散函数 $A(x)$，对 $A(x)$ 进行傅里叶变换的模即为该数字扫描系统的调制传递函数。

用数学模型法拟合刀刃曲线比较灵活，可以采用上述的余弦函数拟合，也可以采用抛物线函数拟合。用该方法计算出的刀刃曲线是近似的，但根据提取的原理，在计算过程中无须人工选取刀刃影像数据，具有自适应性。

5.6　数字扫描图像的有效比特数

用多光谱扫描仪或将航摄负片放在测微密度仪上进行影像数字化时，一般都将地物的亮度（或负片的密度）量化成 256 级（2^n），即 8 比特。这是因为计算机磁带上可提供 8 个磁道记录数据，但是任何遥感器所接收的信号中都带有随机噪声。就多光谱扫描仪而言，噪声主要来自扫描仪本身的量化噪声和景物相邻地物中反射光之间的交互反射。在航摄负片数字化时，除了上述噪声影响外，还要受到航空胶片颗粒度的影响，所有上述随机噪声（统称为量化噪声）都会对量化值产生影响。

现从影像数字化出发，介绍一种分析量化噪声的方法。

假定相邻两个像元的灰度值分别为 g_1 和 g_2，如果这两个像元实际上代表同一状态的地物，则 $g_1=g_2$，否则就表示存在量化噪声。噪声的大小可以用比特数表示。如同一状态的地物，相邻像元的灰度差为 2，则表示存在 1 比特的量化噪声，相差 4，表示存在 2 比特的量化噪声。以此类推，如图 5-20 所示。

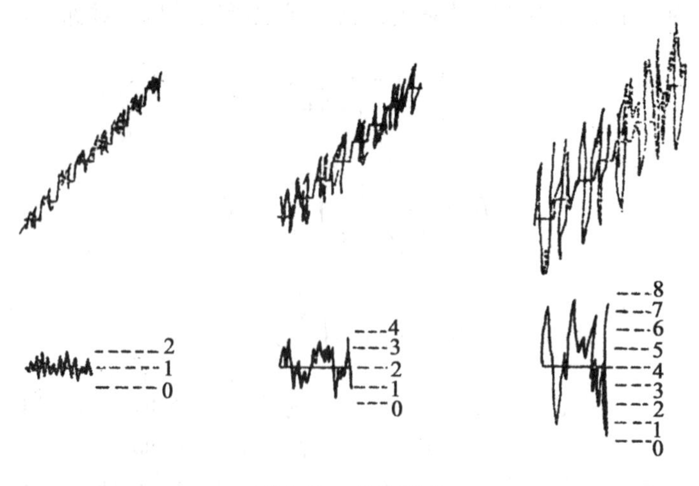

图 5-20　量化噪声

但是，对噪声的分析是不可能按像元逐个分析的，只能在一个包括各种地物要素且能代表典型地物的取样区域内进行综合的分析。以下介绍一种用“比特分割”分析量化噪声的方法。比特分割就是将取样区域内量化后的数据分成不同的比特位，因为在每个比特位上只有 0 和 1 两个数字，因此，若在每个比特位上分别以黑、白标记表示 0 和 1，就能分别形成八幅独立的二值比特位图像。然后，逐个分析每个比特位（0~7 位）的图像，如果量化的等级是合理的，则从最低的比特位（0 位）起都应能显示出图像中某一部分的信息。

假如图像上有一条公路，量化后的灰度值在 24~27 之间，图 5-21（a）表示量化后的原始数据，图 5-21（b）、（c）、（d）表示比特分割后在 0、1 和 2 三个比特位上的图像。一条公路应该是光强均匀分布的地物，由图 5-21 可见，只有在 2 比特位上才能完整地显示出公路的图像，而在低于 2 比特位的图像上，由于量化级数太细（太多），显示不出公路的图像，因此在图 5-21 的情况下，量化噪声为 2 比特。

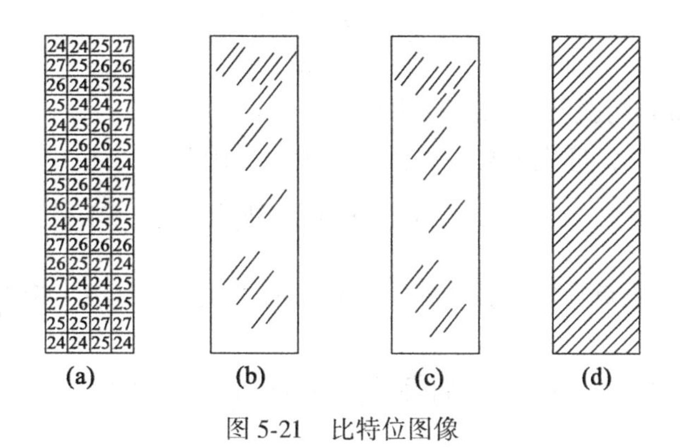

图 5-21　比特位图像

图 5-21 只是一个极为简单的例子，由于地面景物是由不同光强分布、不同地形、地貌特征的地物所组成，因此比特分割必须在整个亮度（灰度）范围内，由低比特位到高比特位进行系统的分析。如果前 n 个比特位都显示噪声图像，则量化噪声就为 n 比特，即 $n=1$，表示 1 比特量化噪声（±1），$n=2$，表示 2 比特量化噪声（±2）等。通过比特分割的方法确定了量化噪声后，就可以将原始灰度数据进行比特压缩，从而消除量化噪声。

例如，对一幅用 8 比特量化的黑白影像进行比特分割后，发现在最低 3 个比特位上都是量化噪声，即实际有效的比特数为 5 比特，则该幅图像可以去掉 3 个低比特位，而压缩成 5 比特来表示该幅图像。

用比特分割方法确定了每个像元的有效比特数后，就可以评定出任何一种遥感器的有效信道容量 $C_{有效}$，此时（5-8）式和（5-9）式可改写成

$$C_{有效} = \left(\frac{23 \times 10^4}{d}\right)^2 \cdot N \tag{5-45}$$

及

$$C_{有效} = N_1 \times N_2 \times N \tag{5-46}$$

式中：N——每个像元的有效比特数。

除了应用比特分割的方法外，在影像数字化中，根据负片的影像反差 ΔD 和胶片的颗粒度 RMS，也可以估算出影像数字化时每个像元灰度的有效比特数。因为灰度等级的划分，首先取决于负片的密度范围，影像反差越大，灰度等级数越多；反之，影像反差越小，灰度等级数越小。其次，灰度等级的大小取决于胶片的颗粒度，如果灰度分得太细，相邻两级的级差小于航摄胶片的颗粒噪声时，则地物信息将被乳剂的颗粒噪声所淹没，反之，如果灰度级差太小则不能充分地保持记录在负片上的全部信息。按照最小二乘法原理，量化等级的划分应小于或等于航摄胶片 RMS 值的 2~3 倍。

如果以两倍 RMS 值为准，影像反差为 ΔD，则量化的级数 N 为

$$N = \frac{\Delta D \times 1000}{2\sigma_d} \tag{5-47}$$

式中：σ_d——与最佳取样孔径相应的航摄胶片的颗粒度。

由于对不同的取样孔径，有下列经验公式，即

$$\sigma_d = \frac{\sigma_{50} \times 50}{d} \tag{5-48}$$

式中：σ_{50}——以 50μm 孔径量测的胶片颗粒度。

根据信息论的要求，量化级数应以比特数表示，因此

$$N = \log_2\left(\frac{\Delta D \times 1000}{2 \times \sigma_d}\right) \tag{5-49}$$

（5-49）式为航摄负片影像数字化时，估计有效比特数的又一种计算公式。

5.7 调制传递函数的应用

5.7.1 求摄影系统的调制传递函数

假定一个线性系统由 n 种介质组成，如果已知每一种介质的调制传递函数分别为 $T_{1(v)}$，$T_{2(v)}$，…，$T_{n(v)}$，则由图 5-22 可见，当一个调制为 M_0 的信号，输入到调制传递函数为 $T_{1(v)}$ 的介质 1 之后，其输出信号的调制 M_1 由于

$$T_{(v)} = \frac{M_{像}}{M_{物}}$$

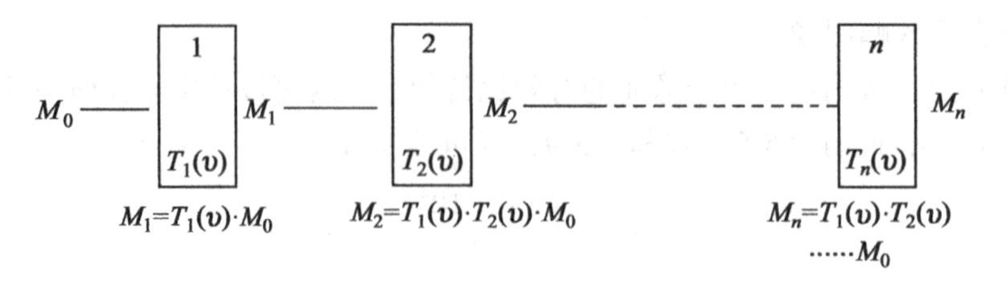

图 5-22　摄影系统的调制传递函数

所以
$$M_1=M_0\cdot T_{1(v)}$$
同理，M_1 的信号继续输入到调制传递函数为 $T_{2(v)}$ 的介质 2，则输出信号的调制 M_2 为
$$M_2=M_1\cdot T_{2(v)}=M_0\cdot T_{1(v)}\cdot T_{2(v)}$$
依此类推得
$$M_n=M_0\cdot T_{1(v)}\cdot T_{2(v)}\cdot\cdots\cdot T_{n(v)}$$
整个摄影系统的调制传递函数为
$$T_{S(v)}=\frac{M_n}{M_0}$$
所以
$$T_{S(v)}=T_{1(v)}\cdot T_{2(v)}\cdot\cdots\cdot T_{n(v)} \tag{5-50}$$
前面已讨论过调制传递函数可以从物理意义上理解成各个空间频率的正弦波影像经过成像系统后调制降低的百分比，因此根据公式（5-50），如果知道组成某一摄影系统各个介质的调制传递函数，用简单的“叠加”方法——对应频率处的 $T_{i(v)}$ 相乘，就可以求出整个摄影系统的调制传递函数 $T_{S(v)}$。这就解决了本章 5.2 节提出的评定影像质量的标准应该具有“叠加”性的要求。

就航摄系统而言，组成该摄影系统的主要介质是大气、物镜、航摄胶片、飞机发动机引起的震动和像点移位等，其中大气蒙雾对反差的降低一般认为是一致的，不随频率而变，物镜和航摄胶片的 $T_{(v)}$，可以在实验室条件下测定，而其他两项，目前一般以下列公式表示
$$T_{震(v)}=J_0(\pi av) \tag{5-51}$$
式中：J_0——零阶贝塞尔函数；

a——曝光瞬间由于飞机震动引起的 2 倍振幅值。
$$T_{移(v)}=\frac{\sin(\pi av)}{\pi av} \tag{5-52}$$
式中：a——曝光瞬间由于飞机的前进运动引起的影像移位值。

显然，将实验室条件下测定的物镜、航摄胶片的调制传递函数综合起来，就可以估计出摄影系统的动态质量，这就为提高航摄负片质量的研究提供了非常有利的条件。

如果我们已经得到了摄影系统的调制传递函数（图 5-9），如何根据这条曲线来评定影像的质量呢？在频谱分析中知道，低频部分主要决定影像的反差，高频部分决定了影像细部的表达能力和边沿的清晰度。因此，我们总是希望 MTF 的曲线所包含的面积越大越好，这样所摄的负片，不但反差良好，而且非常清晰。但实际上要完全满足这些要求是很困难的，而且用面积的大小来表示影像的质量本身就很笼统，所以近几年来，许多研究工作者一直致力于研究 MTF 曲线的评价问题。目前比较一致的意见是选取几个特定频率（如 $\nu=12$，20，30，40，50 等），如果这几个特定频率处的 MTF 值符合规定的要求，就认为摄影系统是符合要求的，是合格的。就航摄而言，人们关注的是应该选取哪几个特定频率，在每一个特定频率处的 MTF 值最低应该为多少，才能保证航摄负片的质量。

5.7.2 由 MTF 曲线求分辨率

人眼在固定的距离观测不同大小的物体时，能否区分开两个物体，主要取决于物体的

反差。显然，物体越大，区分这两个物体所需要的最低反差越小，反之，物体越小，区分这两个物体所需要的最低反差越大。我们把区分最小物体所需要的反差称为阈值，一般取调制值为 0.05。显然如果我们求得子摄影系统或系统中某一介质的调制传递函数 MTF 曲线，则 MTF 曲线和 0.05 阈值的水平线交点就是该系统或某一介质的分辨率，如图 5-23 所示。用这种方法求出的分辨率符合分辨率的定义，在理论上是可靠的，而且不受主观因素的影响，比实验室条件下用显微镜观察所求的分辨率要客观得多。

图 5-24 表示两个摄影物镜的调制传递函数，分别以 a、b 表示，由图可以看出，对曲线 a 而言，它一直延伸到较高频率，因此物镜 a 的分辨率要比物镜 b 高，即 $R_a>R_b$，但是在低频率，物镜 b 的 MTF 的值要比物镜 a 好得多，由图 5-24 可以得到启示，为什么高分辨率的物镜不一定能摄得优质影像。

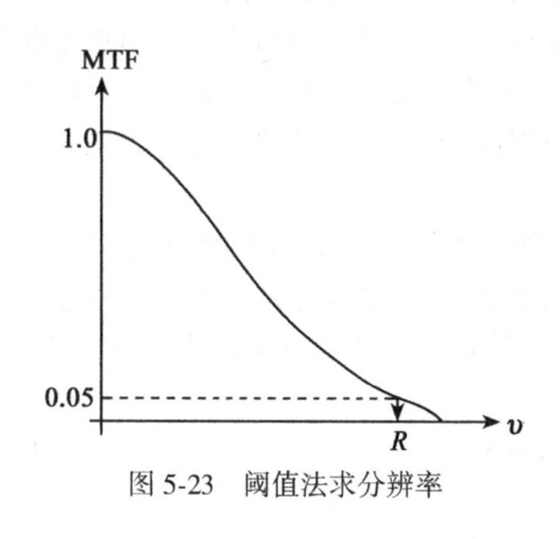

图 5-23　阈值法求分辨率

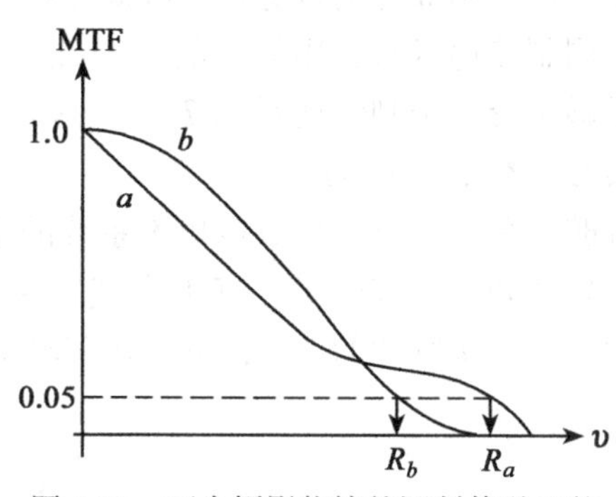

图 5-24　两个摄影物镜的调制传递函数

另一种计算分辨率的方法是根据线扩散函数的等效宽度 EQW，即

$$R=\frac{1}{EQW} \tag{5-53}$$

所谓线扩散函数的等效宽度，即依线扩散函数的高度为准，计算出一个与线扩散函数面积相同的矩形面积，则矩形的宽度就称为线扩散函数的等效宽度，如图 5-25 所示。

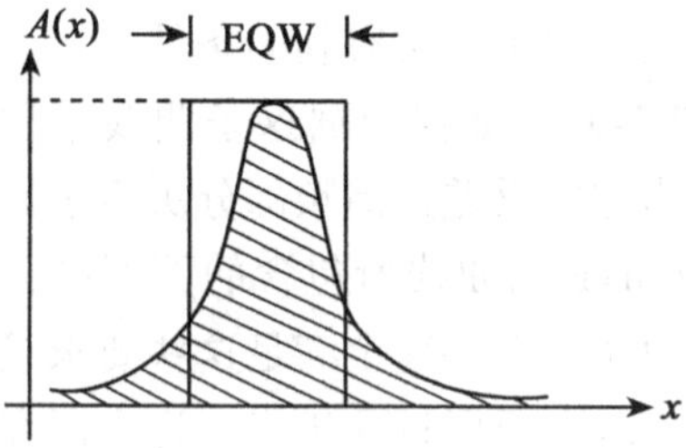

图 5-25　线扩散函数的等效宽度

研究证明，只要经过适当地滤波，按阈值 0.05 求出的分辨率与按（5-53）式计算的分辨率相差并不太大，如果取其平均值，则更能进一步提高测定分辨率的精度，从而无须布设地面分辨率觇板，就能在航摄负片上直接测定动态分辨率。

5.7.3　评定航摄仪的定焦质量

航摄仪在安装、调试过程中，需同时检查航摄仪的焦平面是否位于最清晰的位置上（定焦），检查定焦的方法很多，如分辨率、清晰度等。但是，由于调制传递函数是在整个频率域内分析输入与输出信号之间的关系，所提供的信息要比分辨率（只提供一个可分辨的极限频率）和清晰度（直边地物密度变化的速率）多，另一方面，评定清晰度和调制传递函数都需要刀刃曲线，但求出 MTF 曲线后又可直接计算出分辨率，因此，调制传递函数无疑是最适用的评价手段。

考虑到像场内中心部分和边缘部分的影像质量是不同的，因此检定时可在像场四角和中心处各布设两个互相垂直的直边（图 5-26），直边地物两边的反差要保证冲洗后密度差小于 0.7，曝光时光圈号数一般选用 5.6，冲洗时必须连同光楔试片一起冲洗，以便进行曝光量的换算。

用 5.4 节所述方法分别测定出每条刀刃曲线的 MTF 曲线，然后在相应频率处分别计算面积加权平均 MTF 曲线（AWAMTF），这样，就能全面地评定航摄仪的定焦质量。

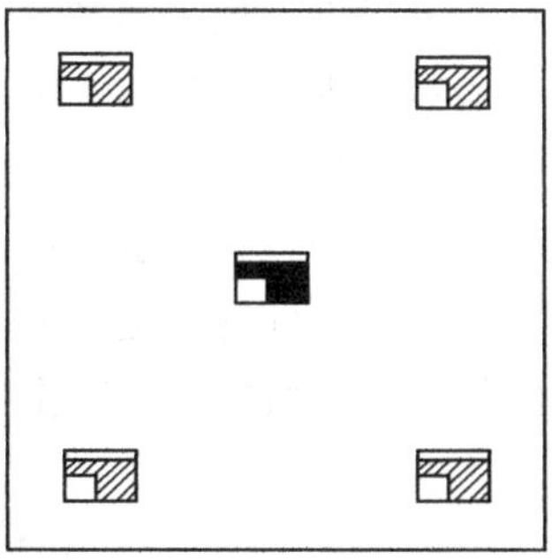

图 5-26　面积加权平均 MTF 曲线测定示意图

5.7.4　影像质量的改善

在航摄负片上，可用测微密度仪量测任意一段地物影像的密度，然后根据特性曲线将密度分布换算成曝光量的变化，从而获得地物的相对光强分布 $f(x)$。若它与地面上地物的实际光强分布 $F(x)$ 不相应，则显然是由于摄影系统的滤波作用——传递函数的缘故，才使得 $f(x) \neq F(x)$。现在的问题是能否将 $f(x)$ 恢复为 $F(x)$，这就是所谓影像质量改善或叫做模糊图像的处理。

根据卷积的傅里叶变换定理可知，假定函数 $f(x)$ 的傅里叶变换为 $F(\omega)$，函数 $g(x)$ 的傅里叶变换为 $G(\omega)$，即

$$FTf(x)=F(\omega)$$

$$FTg(x)=G(\omega)$$

则

$$FTf(x) * g(x)=F(\omega) \cdot G(\omega)$$

即两函数卷积的傅里叶变换为两函数各自傅里叶变换后的相乘积，上述卷积定理表示两个空间坐标函数在空间域的卷积关系，到了频率域就成了各自变换式的简单相乘。

由（5-22）式可知

$$I'(x)=\int_{-\infty}^{\infty} A(\xi) I(x-\xi) \mathrm{d}\xi$$

$$I'(x)=A(x) * I(x)$$

所以，根据卷积定理得

$$FTI'(x)=FT[A(x) * I(x)]=FTA(x) \cdot FTI(x)$$

式中：$FTI'(x)$ ——影像的频谱 $M_{像(v)}$；

$FTA(x)$ ——传递函数；

$FTI(x)$ ——物体的频谱 $M_{物(v)}$。

由此可知，影像的频谱就是传递函数与物的频谱的乘积，即

$$M_{像(v)}=T_{s(v)} \cdot M_{物(v)}$$

所以

$$M_{物(v)}=\frac{1}{T_{s(v)}} \cdot M_{像(v)} \tag{5-54}$$

式中：$\frac{1}{T_{s(v)}}$——称为逆滤波器。

上述影像质量改善的问题，在影像数字化的预处理中首先需要用到，因为如果知道了逆滤波器，就可以求出 $M_{物(v)}$，而 $M_{物(v)}$ 的傅里叶逆变换就得到地物原来的光强分布。

应该指出，模糊图像的处理是一个非常复杂的问题。首先，逆滤波器中应该包括相位传递函数，因为实际的摄影系统其线扩散函数并不是对称的，也就是说，逆滤波器应该是1/OTF；其次，在航摄负片上，无论哪个方向，无论像幅的哪个位置上 OTF 都是不同的。此外，传递函数只表示了摄影系统对信号的传输特性，并不包括摄影系统自身的噪声影响，因此具体处理时是一个非常复杂的问题。但是，传递函数毕竟为影像质量的改善开拓了前景，为今后的研究工作指明了方向。

5.8 航摄资料质量的综合评估

在航摄生产中，对航摄资料的质量评估是一个非常复杂的问题。因为不同的用途，根据摄区地物、地形的特征对质量有其不同的要求；由于信息的时限性，不需要对航摄资料的质量作出统一的规定。

因此，应该制定出区分航摄资料质量等级的方法，以保证质量，满足不同用户的要求。下面根据模糊数学原理，介绍以“综合评估”的基本思想，对航摄资料质量进行评估的方法。

综合评估的公式如下：

$$(S_1, S_2, \cdots, S_m) = (W_1, W_2, \cdots, W_n) \circ \begin{pmatrix} r_{11} & r_{12} & \cdots & r_{1m} \\ \vdots & \vdots & & \vdots \\ r_{n1} & r_{n2} & \cdots & r_{nm} \end{pmatrix} \tag{5-55}$$

式中：“∘”表示模糊矩阵的合成运算符；$(S_1, S_2, \cdots, S_m)$ 为质量评估的最后结果，可分为 m 个质量等级，如优、良、中、合格和不合格五种或优、良、合格和不合格四种；$(W_1, W_2, \cdots, W_n)$ 为综合评估时，赋予的几个评定指标 $u_i(1, 2, \cdots, n)$ 的权系数。显然，$\sum_{i=1}^{n} W_i = 1$，$(r_{ij}) = R$ 是一个模糊矩阵，其中 r_{ij} 表示某一项评定指标 u_i，在评估时作出某一评估结果 $V_j(j = 1, 2, \cdots, m)$ 的可能性(隶属度)。

如果某一评价指标 u_i 中又包括 k 个评定因素 $(u_{i1}, u_{i2}, \cdots, u_{ik})$，则又有一个 $k \times j$ 的模糊矩阵，其相应的权系数为 $(W_{i1}, W_{i2}, \cdots, W_{ik})$，此时，(5-55) 式中的 r_{ij} 为

$$r_{ij} = (W_{i1}, W_{i2}, \cdots, W_{ik}) \circ (r_{kj(u_i)}) \tag{5-56}$$

在求出综合评估结果 S 后，按最大接近度原则决定质量的等级。

就航摄资料而言，综合评估的步骤如下：

1. 确定评定指标（评定因素集 u）

评价指标既要客观、全面、实用，又要避免重复，能在生产实际中推广，不同的用户对评价指标的要求是不同的，而且对权系数的分配也不相同，在一般情况下，评价指标可由下列参数构成：

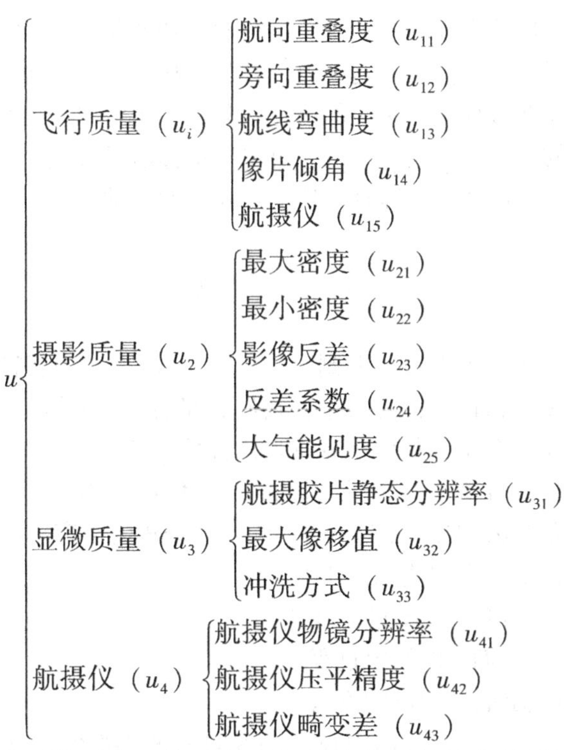

在显微特性中，由于分辨率、清晰度和调制传递函数等参数难以在生产实际中推广，因此改用航摄胶片静态分辨率、像移值和冲洗方式等参数。

2. 单项指标的质量评定

如果单项指标 u_i 的质量评估集 $V=(V_1,V_2,\cdots,V_m)$ 中包括优、良、合格和不合格四种，则如何区分其质量等级是综合评估中首先需要解决的问题，这就需要进行科学的论证。其中既涉及成图的精度，也涉及作业率和经济效益。以影像反差 ΔD 为例，根据研究，当 $0.6<\Delta D<0.9$ 时，量测精度最为稳定，若以此评为优级，下限保持不变，上限每变化 0.2 为一个档次，则影像反差的等级可划分为四级：

优	良	合格	不合格
$0.6<\Delta D<0.9$	$0.6<\Delta D<1.1$	$0.6<\Delta D<1.3$	$\Delta D<0.6$ 或 $\Delta D>1.3$

3. 模糊矩阵元素 r_{ij} 的确定

在模糊数学中，关键在于如何确定隶属度 r_{ij}，即如何用数量来表示定性的指标。但是，在航摄资料的质量评估中，隶属度 r_{ij} 的确定相对来说比较简单，因为任何一个评定指标的质量等级，在任何一个摄区内的分布都是不均匀的，可以借助于概率统计的数值来表示符合某一质量等级的隶属度，因此 r_{ij} 的确定就成为抽样调查的问题。以飞行质量为例，可以百分之百地进行全面调查，然后用统计的方法确定属于某一等级的百分比，即 r_{ij}。

4. 权系数的分配和价值法则

各项评定指标权系数的分配应该由用户决定，航摄单位根据用户对权系数的分配制定相应的技术措施。为了使航摄单位和用户之间达成彼此都能接受的协议，价值法则应起主导作用。根据“按质论价”的方法来刺激航摄单位更新设备，加强技术培训，从而提高航摄质量乃是综合评估的精髓。

显然，要使用和推广综合评估法验收航摄资料，必将涉及许多基础理论课题的研究，并在此基础上进行航摄规范的修订。这就需要教学、科研和生产单位共同协作，对航空摄影和后续的各项航测作业过程进行系统的研究和分析，规定出全面而有效的评定指标，设计出确定每类隶属度的简便而实用的方法，对单项指标质量等级的划分和权系数的分配进行科学的论证，从而为航摄资料的综合评估奠定扎实的基础。

练 习 题

1. 名词解释：清晰度、颗粒度、调制、点扩散函数、线扩散函数。

2. 何谓空间分辨率？何谓地面分辨率？它们之间的关系怎样？

3. 从颗粒噪声的角度分析，如何估算有效比特数？

4. 已知：某负片影像分辨率为 30 线对/mm，影像反差为 1.5，对此感光材料进行颗粒度测定时平均密度为 1.0，RMS (50) = 6。求：可分辨的密度等级为多少。

5. 何谓调制传递函数？有何实用意义？

6. 试述在航摄负片上测定 MTF 的具体步骤。

7. 试述数字成像系统 MTF 的测定过程。

8. 试述用 MTF 曲线求取分辨率的方法。

9. 利用卷积定理，论述如何使用 MTF 在频率域中改善影像质量。

附录Ⅰ　光度学名词

一、发光强度（I）

表示点光源向各方向辐射的光分布于一定立体角 ω 内的光通量 F 与该立体角 ω 之比，即在单位立体角发出的光通量的数量。单位为“坎德拉”，国际代号“cd”。

$$I=\frac{F}{\omega} \tag{Ⅰ-1}$$

在单位立体角内辐射的光通量为1流明时，光源的发光强度即为1坎德拉，即

1坎德拉 = 1流明／球面度

球面度为立体角的单位，若球面上的面积 $S=r^2$（r 为球的半径），则其对球心所张的立体角的大小即为1球面度，也称单位立体角。

二、光通量（F）

单位时间内通过某一面积的光能称为通过该面积的光通量，其单位为“流明”，国际代号“lm”。即：光源为1坎德拉的均匀发光的点光源在1单位立体角内辐射的光通量为1流明。也就是说将光强为1坎德拉的均匀发光的点光源置于半径为1米的球心，则该球面上1米^2 的面积上单位时间通过的光能就是1流明。

若点光源各个方向上的发光强度都相同，则由它发出的总光通量为

$$F=4\pi I \tag{Ⅰ-2}$$

三、照度（E）

光通量与受光通量所照明的面积之比，即照度等于投射在单位面积上的光通量。

$$E=\frac{F}{S} \tag{Ⅰ-3}$$

式中：S 为受光通量 F 所照明的面积。

照度的单位为流明/米^2，又称“勒克司”，即1流明的光通量，均匀分布在1米^2 的物体表面上，该表面的照度即为1勒克司。照度的另一个单位叫“辐透”，1厘米^2 的面积上均匀分布1流明的光通量，此时的照度即为1辐透。显然：

1辐透 = 10^4 勒克司

物体表面的照度除了与照射它的光源发光强度有关以外，还与被照面离光源的距离以及光线照射到这个表面的角度有关。因此有照度定律：点光源对被照面产生的照度与其发光强度 I 成正比；与光源至被照面距离 L 的平方成反比；与入射光线与该面法线之夹角 i 的余弦成正比。有公式：

$$E = \frac{I}{L^2}\cos i \qquad (\text{Ⅰ-4})$$

表Ⅰ-1列举了一些常遇到的典型情况的光照度近似值。

表Ⅰ-1　**典型情况的光照度近似值**

产生照度的情况	照　　度（勒克司）
阳光明亮时的开阔地面上	70 000～100 000
阴暗天气时的开阔地面上	500～1 500
明亮的室内	100～1 000
办公室工作是必须的照度	20～100
阅读时所需的充分照度	20
接近天顶的满月在地面上所产生的照度	0.2

四、亮度（*B*）

光源表面沿某个方向上单位面积的发光强度叫做光源的亮度，即

$$B = \frac{I}{S} \qquad (\text{Ⅰ-5})$$

式中：当光强I用“坎德拉”、发光面积S用平方厘米时，则光源亮度B的单位为“坎/厘米^2”，或称“熙提”，国际代号为“Sb”。照度E和亮度B之间具有下列关系：

$$B = \frac{\rho \cdot E}{\pi} \qquad (\text{Ⅰ-6})$$

式中：ρ为漫射系数。

对于理想散射的无光泽表面来说，$\rho=1$，于是

$$B = \frac{E}{\pi}$$

表Ⅰ-2列出了一些实际光源的光亮度的近似值。

表Ⅰ-2　**一些实际光源的光亮度的近似值**

光　　源	亮　　度（熙提）
在地面上所见到的太阳	150 000
钨丝白炽灯	500～1 500
乙炔焰	8
煤油灯焰	1.5
阳光照明的洁净雪面	3
地球上看到满月的表面	0.25

五、色温

当某一光源的辐射能量在可见光谱部分的分布与绝对黑体在某绝对温度 K（以 −270℃为零度）时的辐射能量在可见光谱部分的分布相似，即某光源的颜色与某绝对温度 K 时的绝对黑体的颜色相同，则该绝对黑体的绝对温度（K）就称为该光源的色温。

表Ⅰ-3 列举了部分光源的色温。

表Ⅰ-3 **部分光源的色温**

	光　源	色温（K）
人造光	蜡烛光	1 900
	煤油灯	2 000
	60W 电灯泡	2 500
	100W 电灯泡	2 660
	500W 碘钨灯	2 960
	摄影用钨丝灯	3 200
	电子闪光灯	5 000~6 000
自然光	月光	4 125
	日出、日落时的阳光	1 850
	日出后、日落前一小时的阳光	3 500
	日出后、日落前两小时的阳光	4 400
	夏天正午时地球表面的阳光	5 300~5 600
	浅蓝的天空	19 000~24 000
	有云的天空	6 400~6 900

附录Ⅱ　色度学基础

一、光与物体的颜色

在日常生活中，我们感觉到物体的存在，都是在有光的情况下才产生的。有了光，我们不仅能看到物体的形状，而且可见到物体所呈现的各种颜色。物体的颜色来源于光。

物体可以分为发光体和非发光体两类。

发光体发出的光（激光除外），含有多种光谱成分，这些光谱成分的综合色彩就是该发光体的颜色。非发光体又分为透明体和非透明体。对透明体而言，投射到它本身的光线，具有吸收、反射或透射功能；对于非透明体，投射到它本身的光线，具有吸收、反射的能力。

各种物体对光的吸收程度是不同的。如果物体对于白光中所有光谱成分的光线都具有同样的吸收能力，则称它具有非选择吸收性。在非同等程度吸收时，即当物体对光谱中某种光线的吸收能力比对另一种光线的吸收能力较强时，则称它具有选择吸收性。

物体对光谱中的光线具有选择吸收时，便产生了颜色。不论是透明体或非透明体，其颜色都取决于它表面所反射或散射光线的光谱成分。当投射到物体上的光线的光谱成分改变时，或照明的光源种类不同时，其反射光的光谱成分也随之改变，因而物体的颜色也就发生改变。物体的颜色是随所照射的光源的光谱成分而变化的。

二、彩色视觉

人的眼睛是个球状体，叫做眼球。分布在眼球内层的视网膜是眼睛的感光层。视网膜的神经纤维末梢有两种形状的细胞，即柱体细胞与锥体细胞。

柱体细胞感光很灵敏，但不能引起色感。

锥体细胞的感光能力较小，只能在中等或大亮度时才能感光。但是它对不同波长的光线，能引起不同的色感反应。锥体神经细胞有三类：一类对蓝光（400~500nm）最敏感，叫做感蓝单元，另一类对绿光（500~600nm）最敏感，叫做感绿单元，第三类对红光（600~700nm）较灵敏，叫做感红单元。

三类感色单元受到同等程度的刺激，便得到“消色”的感觉，并且由于所受刺激的强弱程度不同，会分别得到不同的感觉：刺激强烈时，得到白色的感觉；刺激中等时，得到灰色的感觉；刺激微弱时，得到黑色的感觉。这种由白色到灰色，直至黑色，统称为消色色调。

三类感色单元所受的刺激程度不等时，便得到彩色感觉，具体的色感则取决于各感色单元所受刺激量的相对数值。

三、色的基本特征

在颜色视觉领域里，通常由色别、明度、饱和度来描述彩色特性，故称这三者为彩色三特征或三要素。在曼赛尔颜色样品里，H 表示色别、V 表示明度，C 表示饱和度。

1. 色别。指不同颜色之间的质的区别，是彩色彼此相互区分的一种特性。色别决定于投射到人眼的光线的光谱成分。对于单色光而言，色别完全决定于该光线的波长；对于混合光而言，色别决定于各种波长光线的相对量。色别以光谱为自然标尺，可以用波长来表示不同的色别。

2. 明度。人眼对物体明暗的感觉，取决于人所感受的辐射能数量。明度的高低同样与两个因素有关，对于发光的光源来讲，亮度越大，明度越高。而不发光的彩色物体，在照明光源一定的情况下，光谱反射比或光谱透射比越高，则明度越高，或者说引起人眼明暗感觉的程度大。明度除和亮度有关以外，还受色调和背景的影响。同一彩色物体，亮背景的明度远高于在暗背景的明度。

3. 饱和度。指彩色的纯洁性，也称纯度。表现为颜色中所含彩色成分与消色成分的比例，含消色成分的比例愈大，则颜色愈不饱和，含彩色成分的比例愈大，则颜色愈饱和。

在可见光谱中，各种波长的单色光是最纯的彩色。如在单色光中搀加白光，则纯度将下降。同样，物体色的饱和度与其本身的光谱反射特性有关，如反射光的波长范围很窄，其他波长的光全部吸收掉了，则说明物体的颜色纯度很高。对于消色，它们只有明度的差别，而无色别和饱和度等特性。

四、标色方法

1. 圆锥体标色法——曼赛尔法

颜色的基本特征可以用图解法标明。图Ⅱ-1（a）即为表明颜色三特性的彩色圆锥体。它的底是由彩色色调构成，底面又可视为由无数的彩色同心圆组成，每一个色圆按照光谱顺序分布着各种色别的颜色，如图Ⅱ-1（b）所示。锥体的顶点为黑色，锥体的底面中心为白色，也就是锥体的轴表示消色色调。这样，任何一种色别、任何一种明度和饱和度的颜色都可在彩色圆锥体上确定。

例如，在彩色圆锥体中取任何一点，则这一点表示三个特性值：（1）它在圆周上的位置可确定色别；（2）它与顶点的距离可确定明度；（3）它与底面中心的距离可确定饱和度。

2. 国际照明协会（CIE）的标色方法

国际照明系统的标色方法是只用一个点或两个坐标数字来标志色的方法。它是分别用光谱透光率近似于人眼三感色单元敏感性的三个滤光片 X、Y、Z 来求得的。在分光光度计中，测出每一色的三个色系数，然后根据下式求出各色的相对色系数 $\bar{x}$、$\bar{y}$、$\bar{z}$ 值：

$$\left.\begin{aligned}\bar{x}&=\frac{X}{X+Y+Z}\\ \bar{y}&=\frac{Y}{X+Y+Z}\\ \bar{z}&=\frac{Z}{X+Y+Z}\end{aligned}\right\}\qquad(\text{Ⅱ-1})$$

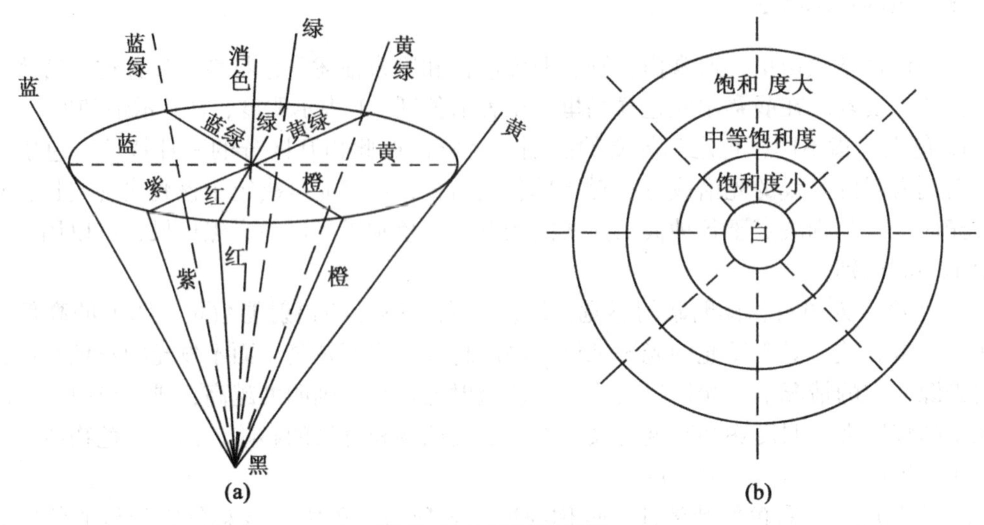

图Ⅱ-1　圆锥体标色法

显然，$\bar{x}+\bar{y}+\bar{z}=1$，只要计算出 $\bar{x}$、$\bar{y}$ 两值，便可在平面直角坐标系中确定各色的位置。用此方法得出的光谱轨迹如图Ⅱ-2 所示的舌形曲线，其色系数的数据见表Ⅱ-1。

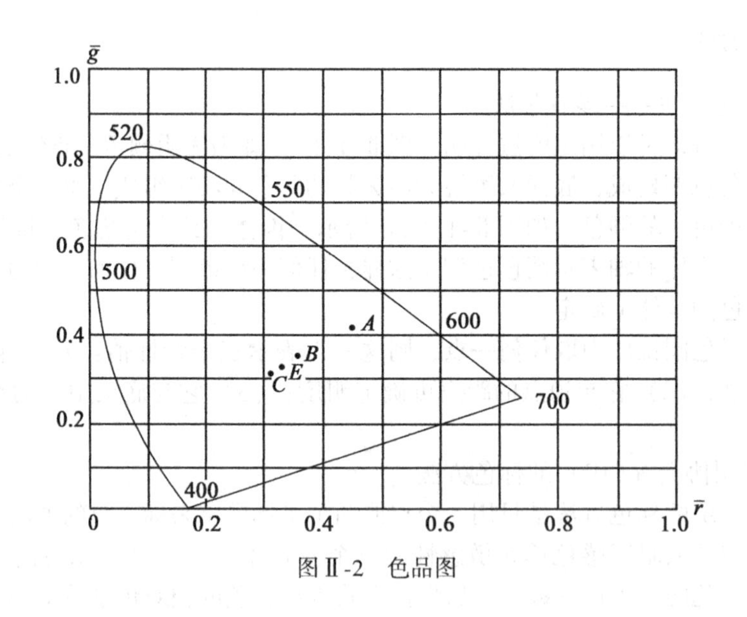

图Ⅱ-2　色品图

光谱色为最纯的色，其余各色都在舌形图内，所以此舌形图称为色品图。舌形的底边代表不存在于光谱中的品红色，以其补色（与之相加成白色的色）的波长加一撇来表示它的色别，图中近中心有一点位无颜色，表示消色，这一点称为中性点。中性点的位置，因测定的光源而不同。

表Ⅱ-1 **不同波长的相对色系数**

波　长（nm）	相对色系数		
	r	*g*	*b*
400	0. 1733	0. 0048	0. 8219
450	0. 1566	0. 0177	0. 8257
500	0. 0062	0. 5334	0. 4534
520	0. 0743	0. 8338	0. 0919
550	0. 3016	0. 6923	0. 0061
600	0. 6270	0. 3725	0. 0005
650	0. 7260	0. 2740	0. 0000
700	0. 7347	0. 2653	0. 0000

标准光源本身也可视为一个色点，在舌形曲线所围的面积内表示出来，如 *C* 光源的相对色系数 $x=0.3101$，$y=0.3163$，图Ⅱ-1 中 *C* 点就表示了它的位置。其他几种国际标准光源和它的相对色系数如表Ⅱ-2 所示。

表Ⅱ-2 **标准光源相对色系数**

标准光源	色　温	相对色系数	
		r	*g*
A	2880K	0. 4476	0. 4075
B	4880K	0. 3485	0. 3518
C	6748K	0. 3101	0. 3163
D	理想光源	0. 3333	0. 3333

色品图中，中性点和某色点的连线与舌形曲线相交的交点，其波长表示色别；中性点与该色点的距离表示色纯度，离中性点愈远，则色纯度愈大。色纯度以百分数表示。光谱色的色纯度是 100%，而消色的色纯度是零。一般地说，色纯度愈大，颜色也愈饱和。但是，饱和度与色纯度又有区别，饱和度包括了人眼的主观因素，而色纯度则为单纯的计量结果。因此色纯度很高的色，看上去饱和度并不很大，黄色就是一个很突出的例子。

图Ⅱ-3 是说明某色点的色别和纯度的求解方法。图中 *G* 为色点，*W* 为中性点。连接 *WG* 画一直线，并延长之与舌形曲线相交，此相交点 *S* 处读得的波长 510 毫微米，即为 *G* 色点的色别。然后量取 *WG* 和 *WS* 距离，则 *WG/WS* 值即为 *G* 色点的色纯度。根据本图的情况 *G* 点的色纯度约为 80%。也就是说，这一颜色有相当大的色纯度，它只含 20% 白光。如果该色点在 *H* 处，则色别未变，而色纯度就大大降低了。

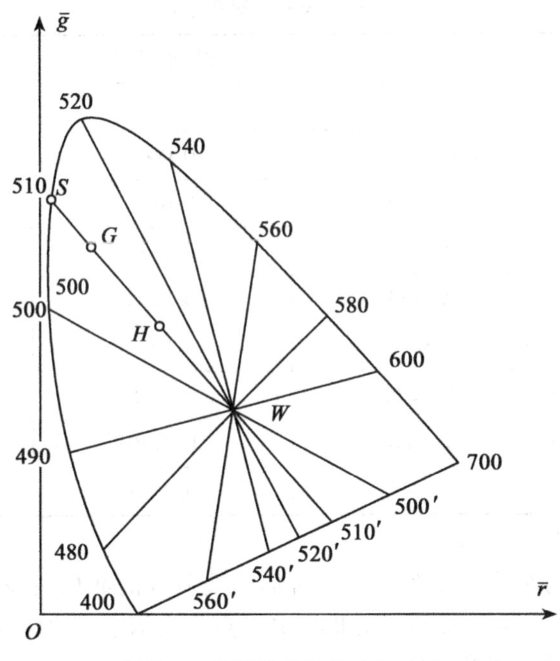

图Ⅱ-3　色别和纯度的求解方法

五、彩色成色原理

摄影中采用蓝（Blue）、绿（Green）、红（Red）作为三原色，分别用 B、G、R 表示；采用黄（Yellow）、品红（Magenta）、青（Cyan）作为三补色，分别用 Y、M、C 表示。

如果将三种原色光线等量混合就成白色（White），即：B+G+R = W；如果用两种原色光线等量混合，成另一种原色光线的补色。即 R+G=Y，Y 与 B 为互补色；R+B=M，M 与 G 为互补色；G+B=C，C 与 R 为互补色。

利用三原色光混合以取得彩色影像的方法称为加色法彩色合成，如图Ⅱ-4 所示；利用三补色染料涂合而得到彩色影像的方法称为减色法彩色合成，如图Ⅱ-5 所示。

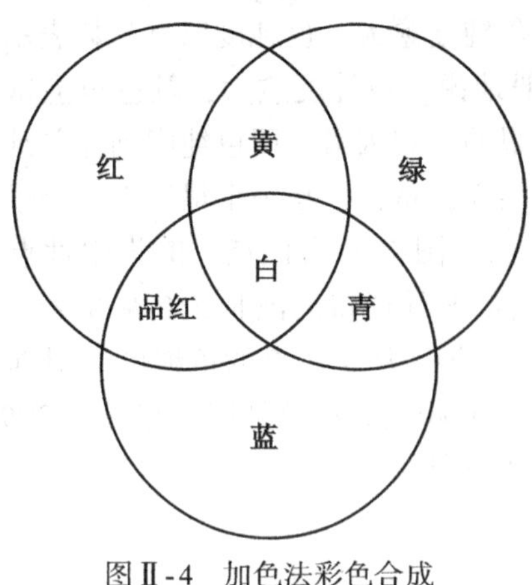

图Ⅱ-4　加色法彩色合成

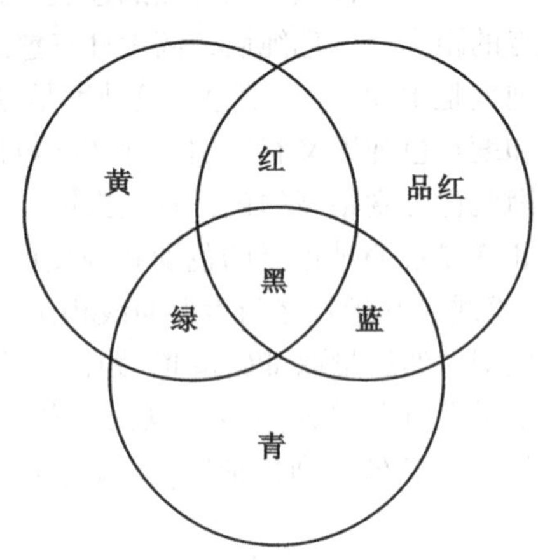

图Ⅱ-5　减色法彩色合成

主要参考文献

[1] 俞浩清. 摄影与空中摄影学. 北京：测绘出版社，1985.

[2] 宣家斌. 航空与航天摄影技术. 北京：测绘出版社，1992.

[3] 陈琳. 数字摄影. 浙江：浙江摄影出版社，1998.

[4] 谢善本. 摄影技术. 北京：科学出版社，2001.

[5] 张世兴，吴祖义. 摄影技术. 武汉：武汉测绘科技大学出版社，1994.

[6] 袁修孝. GPS 辅助空中三角测量原理及应用. 北京：测绘出版社，2001.

[7] 孙家抦. 遥感原理与应用. 武汉：武汉大学出版社，2003.

[8] 卜兆宏. 资源遥感与制图. 南京：南京工学院出版社，1987.

[9] 王庆有. CCD 应用技术. 天津：天津大学出版社，2000.

[10] A. A. 拉巴乌里著，傅鹤鸣译. 摄影光学原理与应用. 北京：科学出版社，1958.

[11] A. C. 库奇科著，蔡俊良，沈鸣岐译. 航空摄影学. 北京：测绘出版社，1982.

[12] L. 罗贝尔，M. 杜伯华著，王慧敏译. 感光测定. 北京：中国电影出版社，1980.

[13] 陈晓丽，冯勇，龙夫年. TDI 线扫相机光学通道建模与仿真. 光学技术，2006（5）：765-769.

[14] 郑跃鹏，和志军，周鸿军. 全球定位系统简介及 GPS 在地学中的应用概述. 矿产与地质，2004（1）：82~85.

[15] 宣家斌，胡庆武. 遥感图像准无损压缩技术的研究. 武汉测绘科技大学学报，1999（4）：290~294.

[16] 李学友. IMU/ DGPS 辅助航空摄影测量综述. 测绘科学，2005（5）：110~113.

[17] 邹调洞. 滤色镜在航空摄影中的应用. 三晋测绘，1996（4）：41~42.

[18] 郭大海，吴立新，王建超，郑雄伟. MU/ DGPS 辅助航空摄影新技术的应用. 国土资源遥感，2006（1）：51-55.

[19] ADS40 Documentation.

[20] Leica FCMS Flight Simulator 2. 02 User Manual.

主要参考文献

[1] [illegible]，1993.
[2] [illegible]
[3] [illegible]，1998.
[4] [illegible]
[5] [illegible]
[6] [illegible]
[7] [illegible]
[8] [illegible]
[9] [illegible]
[10] [illegible]
[11] [illegible]
[12] [illegible]
[13] [illegible]
[14] [illegible]，2004（11）：[illegible]
[15] [illegible]
[16] [illegible]
[17] [illegible]
[18] [illegible]
[19] [illegible]
[20] [illegible]